二十四节气

〈经典谚语释义〉

中国农业博物馆

隋　斌　主编

中国农业出版社

北京

《二十四节气经典谚语释义》编委会

前　言

二十四节气蕴含着丰富的科学知识、哲学思想和文化价值，是中华优秀传统文化的典范，体现着中国人特有的宇宙观和自然观，彰显着人与自然和谐相处的生产方式、生活态度和理念精神，绵延赓续数千年，是当代社会发展进步可以持续汲取营养的优秀文化遗产。在二十四节气文化丰富多彩的表现形式中，节气谚语尤为引人注目，它诞生早、根基深、数量多、流传广、影响大，世代传承，是探究节气文化的绝佳"窗口"，更是弘扬发展二十四节气文化的重要载体。

节气谚语是我国劳动人民生产生活经验的概括和总结，体现着中华民族的文化创造、精神面貌和心理特征，也展现着我国悠久的风土人情、民间智慧和历史痕迹，称得上是农耕社会的"活化石"和"教科书"。节气谚语不仅传授生产生活知识，而且还潜移默化地影响着人们的衣食住行，具有普遍的教育意义和指导作用。

节气谚语涉及领域非常广阔，包括农、林、牧、副、渔等生产实践及天文、气象、物候和民俗、文化、饮食、养生等诸多内容，总的讲可分为三个类型：气象类、生产类和生活类。气象类谚语是我们的先人观测天文、物候等自然现象的经验总结，能够比较准确地反映出气象、气候变化的规律性。生产类谚语在节气谚语中所占比重最大，是对农业生产时序的概括和总结，体现出农事活动的规律性，涵盖农、林、牧、副、渔等多个领域。千百年来，农民借助谚语适时开展农事活动。生活类谚语是日常生活实践的方向标，指导人们安排日常生活节奏和内容，是表达思想感情、生活态度以及价值观念的重要体现。

全国各地流传着的节气谚语数不胜数，深受人们喜爱并广为传诵。节气谚语是中华优秀传统文化中的瑰宝，具有口头性、通俗性、韵律性、概括性、群众性、科学性、地域性等特点。

口头性。节气谚语具有口口相传和朗朗上口的显著特点，富有旺盛的"生命力"。《说文解字》称："谚，传言也。"在文字尚未创制的远古社会，口耳相传是人们传播、传承各种生产生活经验的主要方式，谚语作为一种承载人类知识的简练语言，为推动人类社会的发展进步发挥了重要作用。进入文字社会以后，谚语仍然是传授各类经验知识的主要载体。节气谚语一直活跃在劳动人民的生产生活实践中，并成为宝贵的精神财富。

通俗性。节气谚语的语言朴素，多运用白描手法，叙述的道理浅显明白，具有一语中的、一字传神的特点。例如"立了夏，把扇架，立了秋，把扇丢"，"架"和"丢"生动地把节气、扇子和冷热变化的关联性展现出来。一些节气谚语还善于使用拟人、比喻、对比、夸张等修辞方式，使语言更加形象生动。例如黑龙江地区流传的"小满前后一场雨，强如秀才中了举"。这种类比、夸张的手法，使农民对于小满雨重要性的认识更为深刻。

韵律性。节气谚语大多整饬和谐，例如"芋蛋种小满，不够掘一碗"，"白露过一天，蚊子死一千"，类似谚语的句式两两相对，体现出结构的均衡性和对称性。绝大多数谚语包含着诗歌的特征，有韵律、有节奏，其语言带有音乐性特点，平仄协调，说起来顺口、听起来顺耳。除对称式的谚语外，长短句式的谚语和单句式的谚语同样具有这种节奏和韵律的特点，它们常常以押韵来增添口头表达的音乐性。例如湖南衡阳等地流传的"惊蛰早，清明迟，春分播种正当时"，读起来合辙押韵、朗朗上口，好懂易记，广为流传。

概括性。节气谚语大多是短小精炼的短句或韵语，也是微型的口头语言作品，这种简约的语言具有明快、简练的语言形式。《文心雕龙·书记》："谚，直言也。"也就是说，谚语能够运用三言两语的简短形式，生动形象地将丰富的内容概括和表达出来。这些简短有力的节气谚语是人民群众表达生产生活经验的"现成话"，多为完整的判断句表达，在词汇和结构上具有相对固定性。例如上海一带流传的"夏至种芝麻，当头一枝花"，河南是"夏至种芝麻，劈顶一枝花"，两种说法在词汇上不完全相同，但表达的都是夏至种芝麻太迟的意思。

群众性。节气谚语是人民群众共同创作、修改、使用和鉴定的结果，是民间流传广泛的通俗语言艺术，具有深厚的群众基础。《尚书·无逸》称："俚语曰谚。"《礼记·大学》释文："谚，俗语也。"作为集体智慧的艺术创作，节气谚语的民间性和群众性，使其在漫长的历史长河中，得以大量创作和普遍流传，呈现出生生不息、代代相传的生命活力。

科学性。节气谚语又被称为"科学的小诗"，传授的知识大部分以劳动群众的生产生活实践经验为基础，是人们经过劳动、学习、观察、体验而得到的结果，在不同程度上概括了客观事物的普遍联系和运动规律，具有很强的科学性，尤其是二十四节气气象类和生产类谚语表现得最为明显。

地域性。节气谚语表达的内容与形式和当地的气候、物产、方言等息息相关。我国幅员辽阔，同一个节气，各地的气候不尽相同。人们多根据各地气候特点来具体地安排农事活动，许多节气谚语都充分体现了这一点。例如采茶讲究时令，浙江一带是"清明一杆枪，姑娘采茶忙"，湖南地区则是"清明发芽，谷雨采茶"，这显示出了农事活动时间在地域上的差别。陕西宝鸡一带流传着"早晨立了秋，后晌凉飕飕"的民谚，其中"后晌"为当地方言，鲜明地体现了节气谚语表达的地域文化特色。

我国流传的节气谚语历史之长、地区之广、内容之丰富、影响之深远是举世无双的。节气谚语是劳动人民创造的美的言词，扎根于中国的乡土社会，为中华民族的繁衍生息、世代相传做出了不可磨灭的贡献。从传统走向未来，在科学昌盛的现代社会，节气谚语对于人们了解民风民俗、指导生产生活，依旧具有重要价值，它不仅描绘着我国作为农业古国和大国的灿烂文化图景，更是我们传承发展提升农耕文明、有力推动农业农村现代化可以持续汲取营养的重要文化源泉。

本书对经典节气谚语进行解读释义，同时对节气内涵及相关知识也作了阐释，按春、夏、秋、冬四个季节分为四大部分，每一部分包含六个节气，每一节气为一个单元，每个单元包含三个方面内容，分别为节气概述、谚语释义、常用谚语。节气概述主要介绍天文、气象、物候、农事、养生、民俗等相关内容；谚语释义对精选出的有较强代表性的 20 余条节气谚语，从气象特点、农事活动和生活习俗等方面深入解读；常用谚语则选取约 100 条流传较广的节气谚语。书中配有插图 200 余幅，作为文字的补充，使阅读更加直观生动。为方便读者阅读和查询，本书还专门设置了释义谚语索引。

本书力求全面系统、深入浅出、通俗易懂地展现节气文化魅力，科学普及节气知识和传统农耕文化，具有较强的科学性、趣味性和可读性。在编写过程中反复研究推敲，数易其稿，但由于我们的学识水平有限，难免有不足之处，恳请广大读者批评指正。

本书编委会

2021 年 6 月

目　录

谚 语 索 引

春　季

　　一年之计在于春，一生之计在于勤。当太阳黄经达315°，北斗七星的斗柄指向东方的时候，春季开始了。春天孕育着新生，蕴含着希望。春季包含立春、雨水、惊蛰、春分、清明、谷雨六个节气。春天到来，微雨如酥，预示着万物的复苏，田里的庄稼能得到滋润。

　　"律回岁晚冰霜少，春到人间草木知"，立春之时土地开始解冻。"好雨知时节，当春乃发生"，雨水节气水润万物。"惊蛰天宇春雷震，唤醒冬虫百鸟鸣"，惊蛰时节雷惊虫动。"仲春初四日，春色正中分"，春分之后白日渐长。"蚤是伤春梦雨天，可堪芳草更芊芊"，清明丰沛的雨水使草木生长旺盛。"洛表衡皋谷雨天，归来景物尚鲜妍"，谷雨时气温快速升高，气候由晚春转向夏季。

　　春种一粒粟，秋收万颗子。只有春种才能秋收。"开春地解冻，犁地要当紧"，立春要做好备耕的准备。"过了雨水天，农事接连连"，农民们已经开始忙碌起来。"过了惊蛰春分，万籽落地生根"，一些地方个别作物开始下种。"春分麦动根，一刻值千金"，麦田长势正旺，要抓紧耙地、除草、施肥。"清明谷雨防病虫，中耕追肥不放松"，随着温度的升高，要注意防治虫害。

　　春季阳气旺盛，人们要顺应春阳、提振精神。咬春、尝辛是春季饮食养生的重要习俗。养生重在养肝，少酸适辛，多素少荤。饮食宜清淡，多食新鲜蔬菜水果。

立　春

一、节气概述

立春，二十四节气的第一个节气，通常在每年 2 月 3 日至 5 日，太阳到达黄经 315°进入立春节气。立春标志着万物闭藏的冬季即将过去，开始进入风和日暖、万物生长的春季。

立春分三候：一候东风解冻，指东风送暖，大地开始解冻；二候蛰虫始振，指冬眠的虫兽开始苏醒蠕动；三候鱼陟〔zhì〕负冰，指河里的冰开始融化，鱼开始到水面上游动。

立春后气候的最大特点是乍暖还寒，气温开始逐渐上升，日夜温差较大，雨水增多，冷空气活动频繁，倒春寒时有发生，北方大风天气增多。

立春后要开始备耕生产，准备种子肥料、修整农具、修筑水利设施、保苗防冻、果树整枝修剪等。冬小麦由南向北陆续返青、拔节，要预防春季冻害，防控病虫草害，开展促根增蘖工作。

立春有"鞭春""打春""报春""说春""咬春""躲春""戴春"等民俗活动。立春也有吃春卷春饼、五辛盘等辛甘发散之品，以及春捂秋冻等饮食养生经验。

二、谚语释义

气象类谚语

一立春，地温升

从立春起，一年四季开始，从这一天到立夏期间，都被称为"春天"。立春是冬春之间的分界线，立春意味着寒冷的冬季结束。气温、日照、降雨都处于转折点，趋于上升或增多。土壤由下层开始化冻，冻土变浅。随着立春后气温开始升高，土地温度也随之上升，万物复苏，人们开始感觉到早春的气息，正如古人总结的立春一候东风解冻，即东风送暖。

立春节气到了，春天开始了。从气象学分析，立春节气，东亚南支西风急流开始减弱，隆冬气候快要结束。但北支西风急流强度和位置基本没有变化，大风低温仍是盛行的主要天气。寒冷是属于将走未走的一种状态，虽然有着回暖的迹象，但是天气依旧是寒冷的，还可能会出现持续 40 天左右的低温天气。即使气温有所上升，也会出现倒春寒的现象。倒春寒气象灾害，会给农业生产和人们生活带来一定影响。但在强冷空气影响的间隙期，偏南风频数增加，并伴有明显的气温回升过程。

春季的天气变化无常，它在寒冬之后，盛夏之前，这时南方已热，北方还冷着，南北的温度差别全年最大。因此，北方的冷空气，南方的热空气，常发生冲突，造成锋面，发展成气旋。气旋来了，天便下雨；气旋去了，天又转晴。春季的气旋最多，天气也就变化无常，所以也有"春天孩儿面，一天三变脸"的说法。

海南省定安县香草田园绿意盎然（张茂　摄）

两春夹一冬，无被暖烘烘

立春一般在阳历 2 月 3 日或 4 日，已过冬季最冷的"四九"天气，这时的天气已较稳定地转暖。若立春在农历十二月中，即春节在立春之后，这就是"两春夹一冬"的意思，根据经验每逢这种情况一般会是暖冬。明朝徐光启《农政全书》中也有"立春在残年，主冬暖"的说法。

"两春"，又叫"双春""双春年"，指在一个农历年之内出现了两个立春，如 2020 年的第一次立春是 2 月 4 日，农历正月十一；第二次立春是 2021 年 2 月 3 日，农历腊月廿二，所以农历 2020 年是很典型的"双春年"。农历年中全年都没有立春的年份，被称为"无春年"，如农历 2021 年。这是中国纪年历法中出现的独特现象，是阳历和阴历之间的"阴差阳错"造成的。阳历是按照地球绕太阳公转的规律制定的，地球公转1周为1年，12个月，365天（闰年则有366天）。阴历是按月亮盈亏变化的规律制定的，以月球绕行地球1周为1月，一年12个月，354天。中国的历法就是结合太阳和月亮运行的周期制定的，这样，在农历和阳历之间就出现了11天的偏差，为解决这个时间差问题，每隔2年到3年，就必须增加1个月，增加的这个月叫"闰月"。

春打河开，南雁北来

立春之后阳气上升，气温升高，河面逐渐解冻，大雁也感知到春天的到来，从南方飞回北方。大雁是一种"候鸟"，生活在温和的气候中，立春后南方的气温逐渐升高，不再适宜大雁的生存。而这时北方的气候由寒冷逐渐变为温暖，是大雁生存的最佳气候，所以春天大雁北飞。

立春以后气温逐步攀升，水面寒冰似融非融，一派"冻痕消水中，波起轻摇绿"的景象，这正是立春一候"东风解冻"的景致，也应了古诗"春江水暖鸭先知"。二十四个节气中，每个节气15天左右。我国古代劳动人民又将"五天"称为"一候"，"三候"为一个节气，它既是气候变化的一个时段标志，其开始的日期和时分同时也是气候物候变化的精确时间节点。人们将每个节气的"三候"根据气候特征和一些特殊现象分别起了名字，用来简洁明了地表示当时的天气、动植物生活状态等。很多谚语也与三候相映衬，如"交春三日，鱼头向上"这句福建长汀谚语，意思是立春后水暖三分，水底冬眠的鱼儿感知到阳气，也浮游上升至水面。

立春阳气转，塘堰都落满

我国的降水类型主要是锋面雨，即性质不同的两种气流相遇而形成。在春季，随气温的上升，来自北方的冷空气力量开始减弱，而此时来自南方太平洋上的暖湿气流开始增强，因此，冷暖空气长期在一些地方停留，形成降水。立春后，湖北大悟地区降雨明显增多，有时还会出现"连阴雨"的天气，一两周不见日头，以至于塘堰都被灌满了。事实上，立春后暖湿气流旺盛，从而带来了充沛的水汽，导致雨水开始增多。在福建厦门，往往一过立春，降雨就明显增多，有时还会出现"连阴雨"的天气，一两周不见日头，

1983 年春厦门还有过连续 22 天降雨的纪录。总的来说，丰润的降水对于农业生产是极为有利的，能够有几次透雨，那是再好不过的事情了，春天雨水丰盈，预示着会是一个丰收之年。

这句谚语里浸润着浓浓的水文化印记，反映出人们对于雨雪旱涝的关切。一般来说，春季不是降雨最多的季节，立春节气的降雨和分布也很少，有"春雨贵如油"的说法。人们希望立春时有一场春雨，滋润大地，让万物复苏，洗涤尘埃，降解雾霾，杀死病菌，带来吉祥。

立春刮风，春风多

中国季风气候显著，东面是浩瀚的太平洋，春天季风多从东面来，因此人们习惯把"春风"叫做"东风"，如立春一候"东风解冻"，宋朝著名文学家王禹偁［chēng］著有《东风解冻诗》；还有宋代朱熹的《春日》："等闲识得东风面，万紫千红总是春。"

浙江仙居县城立春节气 200 多株玉兰花迎春绽放（陈月明　摄）

古时还有"花信风"一说，意即带有开花音讯的风。二十四节气中，从小寒到谷雨这 8 个节气里共有 24 候，每候都有某种花卉绽蕾开放，所以有"二十四番花信风"之说，也称二十四风。立春一候是迎春花，因适应能力很强，所以又跟梅花、水仙花、山茶花并称为"雪中四友"。立春二候是樱桃花，唐代诗人元稹写的"樱桃花，一枝两枝千万朵，花砖曾立摘花人，窨破罗裙红似火。"最能说明此花在早春丽景中的独特位置。唐朝时园林庭院已广泛栽培极具经济价值和观赏价值的梅花和樱桃花。立春三候是望春，即玉兰，也是早春时节重要的观花类乔木，白玉兰还是上海市市花。早春花事，从迎春花看起，樱桃花、玉兰花、菜花、杏花、李花、桃花等次第开放。

农事类谚语

一年之计在于春，一日之计在于晨

这句耳熟能详的古谚语有很多出处，有唐代宋若莘、宋若昭姐妹《女论语》："一年之计，惟在于春。一日之计，惟在于寅（凌晨3～5时）。"南朝·梁·萧绎《纂要》："一年之计在于春，一日之计在于晨。"明代《增广贤文》有"一年之计在于春，一日之计在于晨。一家之计在于和，一生之计在于勤。"明无名氏《白兔记·牧牛》中有"一年之计在于春，一生之计在于勤，一日之计在于寅。春若不耕，秋无所望；寅若不起，日无所办；少若不勤，老无所归。"朱自清《春》："'一年之计在于春'，刚起头，有的是功夫，有的是希望"等。

一年的收成在于春天的种植，只有在春天积极备耕、辛勤劳动才能获得丰收；一天中最宝贵的时间是早晨，用功晨读，才能学到知识。它也是励志谚语，被用来比喻人生需要珍惜时间。

农家人讲究"立春赶春气"，就是说立春之后万象回春，特别是南方地区，稻田、池塘等水面开始蒸发，农业生产上要尽早做好防冻防寒防雪、开沟排水、果树修剪、畜禽栏舍保暖和疫病预防等工作，适宜的地区抓紧种植树木、蔬菜等作物。

立春一日晴，风调雨顺好年成

湖北恩施的农家认为立春日天气晴朗的话，之后的天气就会比较好，风调雨顺，庄户人家耕田、种田都不用发愁，因为在风调雨顺的前提下，万物很容易生长，这就为丰收打好了基础，会是个好年景。南方地区流传的经典农谚"立春晴一春晴"，说的也是立春日这天如果是大晴天，那么在春天就是晴天居多，非常利于农民进行春耕，并且对农作物的生长有利，预示着是风调雨顺的一年。相反，谚语"打春天气阴，当年有倒春"，则是认为在立春这一天若是阴雨天气，之后可能会遇上倒春寒，农作物的收成也会受到影响。

类似的农谚很多，如"立春晴一日，耕田不费力""立春之日天气晴，当年会成好年景"等，说明农家普遍希望立春日天气晴朗。这些集多年观察的经验总结，对于未来的气候变化有很重要的预测作用，对于我们现阶段农业生产仍具有重要的指导意义。

事实上立春时节大部分地区是雨水较少的干燥季节，在立春这一天，全国范围内大面积的降雨是很难出现的，只有某些地区会出现一些降水现象。

立春雨水阳气转，平田锄地修地堰

从立春到雨水节气期间，农家都在做犁地、松土、施肥等田间农事，同时修筑或加固蓄水堰塘等以备耕种。水利是农业的命脉，人们早就从耕作中认识到了，这样做才能保证在雨水节气时蓄好水，满足水稻等农作物的灌溉需要。

备耕是立春节气期间的主要农事。立春节气前后，农家就借相互串门拜年、喜庆闲聊之机，商议来年耕种的事宜，因为立春过后白天开始逐渐变长，阳光也越来越充足，阳气生发，春风回暖，必须要做好春播备耕，着手准备农具、种子、车辆、肥料等，大麦、春麦、豌豆等作物需要在立春后九九（冬至过 81 天）前播种，也需要提前做好准备。此外，对长势加快的作物，如油菜（处于抽薹时）、小麦（处于拔节时）等，应该及时浇灌、追肥，促进其生长。

立春备耕农谚体现了古人对备耕在农业创高产争优质过程中重要性的认识，是对春播备耕的重视。当代农民们也遵循传统，立春前后就开始积极筹备，为一年的农业生产而谋划，如当代《立春》诗："东风带雨逐西风，大地阳和暖气生。万物苏萌山水醒，农家岁首又谋耕。"

春打六九头，渠水向东流；备耕忙送粪，土地唤耕牛

这条农谚生动地描绘出在六九头立春的年份，农家人准备好水、肥、耕牛等，充满希望开始农耕的景象。"春打六九头"，民间往往认为这预示着丰收好年景，还有很多"春打六九头，吃穿不犯愁"等这样的谚语。

"六九头"是六九的第一天。"数九"是由头年冬至开始的，每九天为

四川广安农民为水稻旱育秧准备苗床地（张启富　摄）

一个阶段，一共是九个阶段，81天，也就是我们常说的"数九"。一般来说，立春都是在"六九"的第一天，即"六九头"，这是春季的开始，气温开始回暖，需要考虑春耕了，这句谚语是提醒农民进入备耕春播的时候到了，必须马上开始计划一年的农事活动，这样才能为一年有好收成打下基础。

我国各地立春主要农事如下：西北地区主要购置农资，及时检查薯窖、菜窖，修置农机具；东北地区主要是购买种子、化肥、农药等农资，检修机具；华北地区小麦处于越冬期，清沟、沥水、防渍、顶凌，温室防冻。西南地区春种马铃薯破膜引苗，果树整枝修剪，苗木定植；华东地区旱垡地耙耱保墒，购置肥料、农机具，防倒春寒；华中地区冬小麦大部处于拔节期，清沟降渍，防冻保苗。

正月立春雨水到，黄瓜西红柿种早造

广西地区立春后要开始进行蔬菜等作物的播种。农作物栽种对种苗龄有时间要求，如辣椒一般低温季节播种的苗龄要求35～50天。黄瓜、西红柿、茄子等蔬菜作物的栽种，要抓住立春至雨水节气之间播种，宁夏等西北地区、长三角等地区，洋芋（土豆）也在这段时间抢种。

土豆在5～8℃的条件下就能萌发生长，最适温度为15～20℃，所以，在春季种植要利用立春后温度回升抢种，尽早收获，多季种植，提高土地利用效率。

浙江南浔农民正采收草莓（张斌　摄）

大部分北方地区立春节气还无法进行蔬菜露地种植，而现代种植业则可以利用温室大棚等设施，抓住立春后温度虽然低但日渐回升的时机，开展育苗、整地及温棚蔬菜管理。日光温室内早春茬黄瓜、番茄、茄子、辣椒、西葫芦苗开始定植，大棚早春茬栽培此时应及时施肥整地，甘蓝、菜花苗可以定植。大棚小拱棚双层覆盖的西瓜在2月上中旬开始育苗。中小棚短期覆盖的黄瓜、西葫芦抓紧育苗。2月下旬，大棚、中棚双膜覆盖的菜豆和豇豆开始直接播种，温室、大棚中可培育早春大白菜苗，注意夜温不可低于13℃，以防春化。大棚春萝卜此期也可以种植。

采收期在3—7月上旬的春季大棚瓜菜，大部分品种在立春后进入营养生长期，茄果类蔬菜进入营养生长与开花结果期，这时，要做好保温、通风透气、保花保果、病虫防治等培育管理工作。

春脖子短，农活往前赶

春脖子，北方方言，在黑龙江地区使用较多。从节气上讲，是指从打春结冰河流解冻之后到春种之前，这段备耕生产阶段，叫春脖子。一般在春节前立春则叫做春脖子长，春节后立春叫做春脖子短。"春脖子短"的年份，气温回升快，大地回春早，此外，立春后由于天气转暖气候适宜，人们感觉舒服，觉得时光过得很快，所以用"春脖子短"来比喻。这种情况下，不能只看天气温度高低，而是要根据庄稼播种到成熟的时间和生长周期，把备耕等农活抓紧提前做好，保证春季作物的按时播种，才不会影响下一茬作物收成。这句谚语正好体现了"一年之计在于春"。

我国大部分地区的气候特点决定了露地栽培需要待气温转暖且稳定之后（一般清明前后）才开始播种，立春节气还不能马上开始农作物播种，但备耕事宜却要抓紧往前赶，以免耽误农时，影响农作物产量、质量以及下一季秋季农作物的播种。

生 活 类 谚 语

立春大过年初一

立春作为古时的春节，历来就是最重要的节日，受到格外重视。一到立春，就意味着冬季结束，进入了春天。类似的谚语还有"立春大似年"等。我国人民崇尚生活勤俭，尤其在生计艰难的年代，但在春节，人们也会大方吃喝、恣意享乐一下，表达自己努力追求快乐幸福并让自己身心焕发活力的心情。除了用食物犒劳自己，人们还以鸣放鞭炮、舞狮舞龙等多种形式呼唤、拥抱大自然生机重现，感恩大自然的馈赠。过年还是阖家欢聚的时刻，离家的游子，总要克服千难万险回家团聚，大家告别过去、调整心态，整合与家人、与事业、与天地的关系，蓄积新的能量，满怀希望再次出发。相传孔子的门生子贡看到鲁国人在腊祭时举国狂欢，就问自己的老师这是为什么，孔子便用"百日之劳，一日之乐"作答，说这是上天的恩泽，是"一张一弛，文武之道也"。

十年难碰一个金满斗，百年难遇一个元旦春

这里的"元旦"指春节大年初一，"金满斗"指正月初一是六十甲子中的"金日"，又是黄道中的"满日"，还是二十八宿的"斗日"、首日春，这样的正月初一立春日比较少，人们认为预兆吉祥。长三角地区类似谚语为"百年难遇岁朝春"，为什么出现这种现象呢？

二十四节气最初是依据"斗转星移"制定的，当北斗七星的斗柄指向寅位时为立春。后来计算二十四节气的时间，是按隋唐时代人们研究提出

的方法计算出来的，就是把地球绕太阳轨道360°除以24，每15°为一个节气的，两个节气间相隔日数为15天左右，全年即二十四个节气。零度点位是春分，太阳移至黄经315°时为立春。

古时候一般是精确不到时刻的，而现在按科学的计算公式计算，甚至可以精确到几分几秒。立春日计算公式为：$[Y×D+C]-L$，就是年数的后2位乘0.2422加3.87取整数减闰年数。21世纪C值=3.87，22世纪C值=4.15。例如：2058年立春日期的计算式为：

$$[58×0.2422+3.87]-[(58-1)/4]=17-14=3$$

则2月3日立春。

春日春风动，春江春水流；春人饮春酒，春官鞭春牛

古时人们在立春迎春仪式上饮酒祝福、鞭打春牛。这一民俗，流行于我国许多地区，又称为"鞭春"。据《事物纪原》记载："周公始制立春土牛，盖出土牛以示农耕早晚"，后世历代统治者都在立春这天举行鞭春之礼，即在立春这天一早，皇帝（或当地最高行政长官）就率领文武百官祭拜，鞭打耕牛，祈求风调雨顺，意在鼓励农耕发展生产。县府的开耕仪式则由县官主持，乡村的春耕仪式由民间组织主持，并历代沿袭下来。现在广西侗族有以

古时立春日州县及农民鞭打土牛，象征春耕开始，以示丰兆，策励农耕

（河南内乡县衙博物馆供图）

立春为"春牛节"的风俗，由村寨里的劳动能手和歌舞能手组成"送春牛"小分队，敲锣打鼓，演春牛舞，挨家挨户"送春牛"，除提示农耕外，还有将丰收和幸福送到各家各户的意思。

鞭打春牛的来历还有其他说法，如"春交五九尾呀，春打六九头。手举鞭条打春牛，打得春牛下田去，打得昏君不露头。"相传隋炀帝下江南，正赶上立春这天过生日，随行的文武百官下令奉献佳品，为皇上庆寿。不仅如此，因隋炀帝属牛，还下令天下耕牛休息百日。当时正是春耕大忙季节，没有耕牛，田地荒芜，百姓遭灾，有许多灾民逃荒要饭，天下百姓恨透了昏君，但只敢怒而不敢言，只好拿牛出气，后来演变成鞭打春牛并吟唱这段民谚。

唐朝差我送春人，特来贵府开财门

在贵州石阡花桥镇坡背村，侗族人民世代流传下来一种活跃在"立春"时节前后的综合性民俗活动"说春"。从唐代起，每年立春前十日，春官执木刻春牛，着古衣，到镇远、施秉、天柱、八拱（三穗）、剑河等地的村寨，挨家挨户唱诵吉祥春词，开财门，并派送印制的"二十四节气"春贴，劝人们及时行农事，这项活动还辐射到周边县市。它保存了独特民间音乐艺术、民间说唱艺术的原本文化元素，既吸收了其他民族的文化成分，又在其他民族中传播，表现出石阡侗族独特的农耕意识。近年来，石阡县加大对"说春"文化的保护力度，对传承人进行专门培训和财政补贴，并把"说春"引入校园课堂，让"石阡说春"这项古老的非遗文化焕发活力，得以代代相传。

春官说春的来历，缘于上古时候农夫不了解准确的农时节令，耕种十分盲目，常常有种无收，"三皇""五帝"十分着急，便常骑一头耕牛四处游说，宣传农时和种田技术，年年如此，便形成了说春习俗。后来改由春官说春，唐代以后春官成为掌管天文历法、传播春耕信息的官职。后来民间春官兴起，明清时极为盛行。

立春雨水到，早起晚睡觉

该谚语包含两层意思：一方面是说立春后农家人要早起忙农事，另一方面，谚语也概括了立春的养生内容和特点。立春以后日照渐长，环境温度逐渐升高，人体的脑部供血充足，血液循环系统工作处于兴奋状态，人体在相

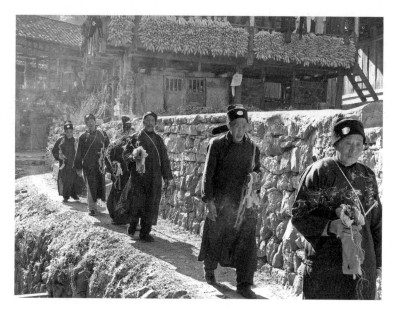

立春前后，贵州石阡春官手持"春牛"走村串寨"说春"，
提醒农家按时农耕（高强　摄）

对较短的时间内休息就能缓解疲劳，因此在起居方面也应顺应这些变化，相
对冬天来说晚一点睡、早一点起，使人体气血如自然界一样，在立春时节借
助阳气的生发，增加室外活动，舒展形体，畅通血脉，让自己的精神情趣与
大自然相适应，身心和谐，精力充沛，保证工作和学习效率得到提高。早起
劳作或锻炼还可以起到抑制病毒病菌的繁殖、提高抵抗力的作用。类似的谚
语还有"早晨起得早，八十不觉老"等，倡导的都是一种健康生活和养生的
方式。

　　春天也是很容易进入疲劳状态的季节，即"春困"。这是因为立春后气
温升高，皮肤毛孔舒展，供血量增多，供给大脑的氧相应减少所致。可以通
过经常开门开窗增加新鲜空气，适当增加户外活动、体育锻炼等方法来
减轻。

正月葱，二月韭

　　"正月葱"是说农历正月宜吃葱，这时的葱不仅营养最丰富，也最嫩、
最香、最好吃，保健功能也最强，这时适当多吃葱，能有效减缓病情，对怕

冷的人，也可以起到补充热量的作用。"二月韭"，指初春早韭，不仅对人体有保温作用，还能增进体力和促进血液循环，完全符合"春夏养阳，秋冬养阴"的养生之道，杜甫诗"夜雨剪春韭"正是深谙此道的生动写照，也正好与现代人养生主张吃当季蔬菜的健康理念相吻合。

春天容易出现脾胃虚弱现象，养生以"养肝"为主，宜少酸，食用葱、韭等辛、甘、温蔬菜和食物。现在立春时节人们可食用的蔬菜更多了，辣椒、青椒、洋葱、花椰菜、甜豆、豌豆、油菜、菠菜、春笋、菜心、豆苗等，多食用这些温性青绿色蔬菜，可以帮助人体阳气的生发和肝气的疏泄，还能祛阴散寒，杀菌防病。

有的地区还流传立春这天吃南瓜馅饺子或包子的习惯。南瓜性温，味甘，有解毒、保护胃黏膜、消除致癌物质等功效，能增强肝、肾细胞的再生能力，帮助肝、肾功能的恢复，符合春季养生原理。

打春萝卜立夏瓜

古时立春人们食用的最具有代表性的食品是萝卜，明代刘若愚《明宫史》记载：至次日立春之时，无贵贱皆嚼萝卜，名曰"咬春"。萝卜的功效有很多，春天食用不仅可以解春困，还可以帮助消除体内的废物，促进身体的新陈代谢。通过咬春，人们有"咬得草根断，则百事可做"的说法，立春赋予人们吃苦耐劳、无惧风雨的韧劲。

晋朝时就有立春吃五辛盘的风俗，食用大蒜、小蒜、韭菜、云苔、胡荽［suī］，与现在扬州人立春时吃的五辛（新葱、韭黄、蒜苗、萝卜、芫［yán］荽）相似。唐朝杜甫诗"春日春盘细生菜"，就是把饼与生菜用盘装好，称春盘（也叫辛盘），宋代改叫春饼。民间有馈春盘的风俗习惯，就是在立春日将蔬菜、饼饵、果品、糖果等装在大陶盘里，亲友间相互馈赠、共同享用，取生机蓬勃、迎春纳福之意。后来立春还吃春盘面，据元代《饮膳正要》描述，"春盘面"由面条、羊肉、羊肚肺、鸡蛋煎饼、生姜、蘑菇、蓼［liǎo］芽、胭脂等十多种原料构成。明、清时除饼与生菜外兼食水萝卜。

如今，立春时节的蔬菜品种越来越多，配合春饼（春卷）的炒"和菜"，就是用时令蔬菜，如韭黄、豆芽、香干等切成的丝，或拌或炒，还可加海参丝、肚丝、香菇丝、火腿丝，更好吃、更营养。

现代人也用饺子、面条代替春饼、春盘，所谓"迎春饺子打春面"。

立春节气，山东省临沂市某幼儿园的小朋友们
亲手制作春卷（刘光霞　摄）

三、常用谚语

立春一日，水暖三分。　湖北

春不打，天不暖。　山东（邺城）

立过春，赤脚奔。　湖南（株洲）

打罢春，麦起身。　河南

交春三日，百草发芽。　福建（三明）

立春三日，百花齐放。　江西（宜春）

立春阳气生，草木发新根。　湖北（来凤）

立春阳气升，雪消屋檐冰。　河南（郑州）

立春不是春在，雨水还结冰。　湖北（崇阳）

打了春，冰块化成酥麻糁[shēn]。　山西（沁源）

立春动了风，三月比正月冷得凶。　宁夏、湖北（仙桃）、湖南（怀化）、江苏（张家港）、山东（曹县）、陕西（咸阳）

立春东北风潮大，黄梅时节雨天多。　上海

立春天气阴，百日多寒冷。　广东（茂名）

立春阴十天，四十雨绵绵。　福建（永安）

打春天气阴，当年有倒春。　湖北（随州）

立春晴一晴，雨水会调匀。　广东、浙江（金华）

立春晴，一春晴。　福建（永定）、河南（新乡）

立春天好，春里雨少。　上海

立春晴，一春晴，立春落雨到清明。　湖南（湘潭）

大雨过立春，螟虫死纷纷。　海南（文昌）

立春一日霜，立夏十日旱。　海南、贵州（铜仁）

雪打立春节，惊蛰雨不歇。　天津

立春晴，暖一春；立春雨，冷清明。　江西（赣南一带）

打春满天雪，春上百日干。　河南（信阳）

打春还见雪，雪后暖融融。　吉林

立春的雪站不住脚。　山东（海阳）

春打六九头，雪水绕街流。　河北（望都）

早雷早春，春夏雨纷纷；晚雷晚春，春夏少雨云。　福建（长泰）

雷打立春前，二月三月是旱天。　广西（马山）

雷打立春节，惊蛰雨不歇。　吉林、安徽、湖南、广东（肇庆）、江苏
（镇江）

立春打雷半月雨。　浙江（宁波）

立春寒，春不寒；立春雨，春不雨。　福建（云霄）

两春加一闰，黄牛没人问。　山东（台儿庄）

立春天转暖，必有倒春寒。　吉林、云南（西双版纳）、河南（开封）

春前十日暖，春后倒春寒。　湖南（衡阳）

早晨立了春，下午暖烘烘。　四川（甘孜）

百年难遇岁朝春。　长三角地区

立春风向管全年。　河南（焦作）

立春风向定三年，偏东主涝偏西旱。　西北地区

立春吹南风，三春雨水多。　上海

立春西北风，来年地裂缝。　上海

打春的北风不入骨。　山东（兖州）

打春刮大风，风后冻死人。　宁夏

立春北风起，早春必有雨。　天津、四川、吉林、河南（开封）、湖南

（衡阳）、江西（临川、临高）

一年三百六十日，单望立春一日晴。　海南

立春晴，一春晴；立春下，一春下；立春阴，花倒春。　湖北（黄石）

立春难得雨，立秋难得晴。　广西（玉林）

立春之日天气晴，当年会成好年景。　河南（郑州）

正月初一逢立春，当年五谷庆丰登。　贵州（贵阳）

立春北风米千斗，立春南风粮仓空。　海南

一路活计春打头。　江苏（徐州）

节气不等人，春日胜黄金。　河北、湖北、湖南、黑龙江、吉林、山东（临淄）

春光一刻值千金，农时季节不饶人。　河南（商丘）

节令不等人，春暖赛黄金。　天津、宁夏（固原）

盲年（指无春年）春播好做秧。　广东（清远）

立了春，忙备耕。　江苏（南通）

立了春，送粪起五更。　江苏（连云港）

立春到，农人跳。　安徽（宿松）、湖北（安陆）

立春一到，家人起跳。　内蒙古

春打六九头，蓄水防歉年。　海南

立春接雨水，春耕做准备。　山东（龙口）

立春转阳气，雨水送粪缸。　江苏（扬州）

打春就送粪，雨水唤耕牛。　宁夏

正月立春雨水到，除草施肥把土松。　海南（澄迈）

立春雨水二月到，出间劳动要趁早。　江西（赣东）、福建（光泽）

开春地解冻，犁地要当紧。　山西（太原）

立春顶凌耙耱地，好比蒸馍聚住气。　陕西（渭南）

春打六九头，遍（满）地走耕牛。　四川、湖北、安徽、山西、陕西、甘肃、宁夏、河南（漯河）

立春育苗清明栽。　安徽

立春栽早秧，谷子堆满仓。　云南（玉溪）

立春不浸谷，大暑稻不熟。　上海、福建（龙海）、河北（望都）

春早不宜早，春迟不宜迟。　广西（贺州）

立春放甘蔗，糖多秆秆大。　四川

立春种青菜，雨水惹人爱。　江苏（南京）

立春栽菜，担断萝绳。　江西

立春种竹，雨水种木。　广西（平南）

立春好栽树，果木顶一谷。　河北

立春好栽树，栽树过歉年。　江苏

栽松不让春知道，栽柳不过清明节。　安徽

一般栽树逢开春，砍柴刮树白露后。　河南

正月立春雨水到，黄瓜西红柿下种早。　华南地区

立春大似年。　湖北、湖南、江苏（南京）

立春五戊为春社，立秋五戊为秋社。　湖南

立春下雨三十六，春社下雨五十天。　广西（武宣）

打过春，光脚奔；拔野菜，掘树根。　江苏（苏州）

打了春，刮四十天摆条风。

打（立）春的北风不入骨。　山东（兖州）

打（立）了春，赤脚奔，棉袄棉裤不上身。

早上打了春，后晌温腾腾。　宁夏

早上立了春，中午吃饭不用温。　安徽（和县）

立了春，冷皮不冷心。　四川

立了春，四十五天牛犊风。

立春一日，人暖三分。

百草回芽，百病易发。

春不减衣，秋不戴帽。

二月休把棉衣撤，三月还有梨花雪。　北方地区

春寒防感冒，春暖防过敏。

感冒不避风，从春咳到冬。

春三月，每朝梳头一二百下。

打春吃瓜，活到八十八。

立春日吃春橘。

橘子看不得灯，萝卜打不得春。

立春的萝卜，立秋的瓜。

雨　水

一、节气概述

雨水，二十四节气的第二个节气，通常在每年 2 月 18 日至 20 日，太阳到达黄经 330°进入雨水节气。雨水标志着降雨的开始，农谚云"春得一犁雨，秋收万担粮"，适宜的降水有利于缓解春季旱情，促进农作物的生长。通常进入雨水节气，我国北方地区仍是阴寒未尽，但南方地区大多已迎来早春之景。

雨水有三候：一候獭祭鱼，冰雪融化，獭开始捕鱼，并将鱼摆在水边，如同陈列供品祭祀；二候鸿雁来，冬寒渐退，作为知时之鸟的大雁开始从南方飞回北方；三候草木萌动，阳气既达，草木开始抽出嫩芽，是为农耕之候将至。

浙江宁波老街穿"新衣" 庆祝元宵节（沙燚杉　摄）

雨水时节，中国大部分地区气温回升到 0℃以上。如华南气温在 10℃以上，桃李含苞，樱桃花开，确已进入气候上的春天。黄淮平原日平均气温已达 3℃左右，江南平均气温在 5℃上下。长江中下游地区日平均气温 5～7℃，降水量 30～40 毫米，大、小麦陆续进入拔节孕穗期。华北及东北地区平均气温仍在 0℃以下。雨水节气的气候特征是乍暖还寒，变化无常。农业上要注意保墒，及时浇灌，以满足小麦拔节孕穗、油菜抽薹开花需水关键期的水分供应。川西高原山地仍处于干旱季节，空气湿度小，风速大，容易发生森林火灾。

雨水节气期间，一般能赶上农历的元宵节，主要有赏花灯、吃汤圆、猜灯谜、放烟花等一系列传统民俗活动。雨水还有很多节气习俗，川西一带汉族的节日习俗是"雨水节，回娘家"，嫁出的女儿纷纷带上礼物回娘家拜望父母。四川成都东山客家的特色习俗是"送雨水"，女儿给父母、女婿给岳父母送一丈二尺长的红棉带，祈求岳父母长命百岁，表达感恩之情。华南稻作地区流行"占稻色"，就是通过爆炒糯谷米花来占卜当年稻谷的成色。"花"与"发"语音相同，有发财的预兆。

广西融水多彩民俗迎"雨水"（龙林智　摄）

二、谚语释义

气象类谚语

雨打五更头，午时有日头

浙江地区民间认为雨水节里五更下雨，到了中午天就会放晴。古人把一昼夜分为 12 个时辰，用 12 地支表示，每个时辰等于现代的 2 个小时。古时与现时对照：子时从夜间 11 点到次日凌晨 1 点，丑时从 1 点到 3 点，寅时从 3 点到 5 点，依此类推，每隔 2 小时分别为卯时、辰时、巳时、午时、未时、申时、酉时、戌时、亥时。午时为上午 11 点至下午 1 点。戌初一刻为一更，亥初三刻为二更，子时整为三更，丑正二刻为四更，寅正四刻为五更。"更天"前最大的数字是五，五更天是指后半夜 3 点至 5 点。五更是最后一更，到了五更，天就快亮了。此时，夜光隐退，曙色降临，黑白交替，时光融合，雄鸡高唱，百鸟争鸣。旭日出东方，光芒弥大地。五更天，是一夜最黑的时候，也是最冷的时候。

这条谚语是人们对几千年劳动经验的积累和总结，是在雨水节气判断下雨停止时间的方法。通常认为，在雨水节气，如果在早上 3 点多钟下雨，那么中午 12 点左右就停止了。相似的谚语还有"早晨下雨当天晴，晚间下雨到天明""开门见雨饭前雨，关门见雨一夜雨"，意思都基本相同。

雨水日晴，春雨发得早

江西地区民间认为雨水这天天晴的话，春雨就会来得早。春雨发得早是指阳历 3 月份不仅下雨天数多，而且雨量显著增多。在南方，3 月份通常是一年中雨量多的月份，一般 2 月下半月少雨，多晴天，雨水节气就在其中，故有"雨水日晴，春雨发得早"的说法。

雨水节气一般在 2 月 19 日前后。从气候规律上看，此时冬去春来，气温开始回升，湿度逐渐加大，加上冷空气活动频繁，中国南方地区雨日与雨量均有明显增加，雨水节气算得上是名副其实。古往今来，多少文人墨客在雨中寄情，多少人赞美春回雨临。雨的到来，人们往往是渴望已久，这种特定的轮回滋润着大地，把绿色播撒世间，在人们心中孕育着希望与春意。

安徽亳州"雨水"无降雨，农民抗旱忙（张延林　摄）

作为以耕作为主的农民来说，要抓住"一年之计在于春"的关键季节，进行春耕、春种、春管，实现"春种一粒粟，秋收万颗籽"的愿望。就大田来看，"雨水"前后，油菜、冬麦普遍返青生长，对水分的需求相对较多。而华北、西北以及黄淮地区，这时降水量一般较少，常不能满足农作物的需求。若早春少雨，"雨水"前后应及时春灌，可取得较好的效果。淮河以南地区，此时一般雨水较多，应做好农田清沟沥水，中耕除草，预防湿害烂根。华南双季稻早稻育秧工作已经开始，为防忽冷忽热、乍寒还暖的天气对秧苗的危害，应注意抓住"冷尾暖头"天气，抢晴播种，力争一播保苗。

雨水节日一天雨，气候温和雨均匀

"雨水"这一天下雨，这一年气候会很适宜，雨水也很平均。"雨水"的"雨"，是喜雨、好雨。"好雨知时节，当春乃发生。随风潜入夜，润物细无声。"在《春夜喜雨》中，诗圣杜甫用拟人手法赞美春夜喜雨是"好雨""知时节"。好雨知道下雨的节气，正是在植物萌发生长的时候，在夜里它随着春风悄悄落下，悄无声息地滋润着大地万物。明太祖朱元璋的《新雨水》更是充满了磅礴气势、与民同乐的情感："片云风驾雨飞来，顷刻凭看遍九垓。槛外近聆新水响，遥穷一碧见天开。"出身贫寒的他深知春雨对农作物的益处，有了雨水，就没有荒年之乱，自己的江山社稷也就稳定了许多。

《红楼梦》第七回中宝钗的"冷香丸"配方，要春天开的白牡丹花、夏天开的白荷花、秋天开的白芙蓉花、冬天开的白梅花花蕊各十二两研末，又要雨水这日的天落水十二钱，以及白露这日的露水、霜降这日的霜、小雪这日的雪各十二钱，丸了龙眼大的丸子，埋在花根下。这些唯美的表述中，雨水这日的雨也有了美的意境。

冷雨水暖惊蛰，暖雨水冷惊蛰

如果雨水节气天气比较冷，那么惊蛰期间就会很暖，相反，如果雨水节气比较暖和，那么惊蛰期间就会比较寒冷。惊蛰是雨水后的节气，时间是3月5日，进入3月份后，温度继续回升，正常情况下，惊蛰期间已经可以穿单衣服，如果惊蛰期间天气比较寒冷，很有可能出现了倒春寒，不利于农作物的生长。因此，人们认为雨水节气当天冷一些比较好，到了惊蛰期间会比较暖，发生倒春寒的几率也会减小。

雨水节气气温回升、冰雪融化、降水增多，故取名为"雨水"。这时的北半球，日照时长和强度都在增加，气温回升较快。同时，冷空气在减弱的趋势中并不甘示弱，与暖空气频繁地进行着较量，降雨逐渐增多，但降雨量级多以小雨或毛毛细雨为主。

据《月令七十二候集解》记载："天一生水，春始属木，然生木者必水也，故立春后继之雨水。"这时，黄河流域一带冬季的降雪已不多见，雪开始变成雨水降落。雨水节气，江淮地区盛行的天气过程也会发生显著的变化，冷空气影响前后，气温变化幅度加大，冷暖气团交汇时，会出现连阴雨雪天气。但此时北方处于春旱季节，"春雨贵如油"是其真实的写照。

南风紧，回春早；南风不打紧，会反春

湖南地区民众认为雨水节里南风刮得紧密，说明天气暖得快；雨水节里南风少，很可能会出现"反春"现象，即天气会转冷。南风指的是从南向北吹来的风，中国所刮的南风（东南风）是季风，是海陆热力性质差异造成的。就是说，陆地比热小，海洋比热大，所以在升温阶段，陆地升温快升温幅度大，海洋升温慢升温幅度小，因此陆地相对于海洋来说是"热"的，是低压的。简单地说就是：陆地热海洋冷，陆地低压海洋高压。风从高压区流向低压区，从而形成东南风。如果雨水节气期间风刮的大，则说明后期的天气比较温暖，"回春早"指的是春天到来的早，温度上升得快，出现倒春寒

安徽滁州，"雨水"时节雪后麦田忙施肥（宋卫星　摄）

的几率小。如果雨水节气期间风刮得小，很可能会反春，就是说温度该升高不升高，出现倒春寒的几率大。

在一年四季中，气温、气流、气压等气象要素变化最无常的季节就是春季。经常是白天阳光和煦，让人有一种"暖风熏得游人醉"的感觉，早晚却寒气袭人，让人倍觉"春寒料峭"。这种使人难以适应的"善变"天气，就是通常所说的"倒春寒"。据历史资料显示：北京 30 年出现"倒春寒"的几率在 57％左右。特别是早春时节，这种气候特点表现得尤为明显。

农事类谚语

七九八九雨水节，种田老汉不能歇

七九、八九指的是数九天中的第七个和第八个九天。"七九河开，八九燕来"，说的是天气转暖，河面冰冻消解，燕子从南方归来，有万物复苏，冬去春来之意。这之后就是雨水节来临，农民此时开始为耕种奔忙了。对于大多数的地区来说，冬季的降雨量不充足。如果在这个时候，一直是晴天，就可能导致土壤因温度升高，水分丢失太快而干旱。在这个时候，温度升高的同时，非常需要有一定的降雨。一方面是随着温度持续的升高，在温度适宜的时候，作物开花发芽，进入生长期；另一方面是降雨有利于提升土壤的含水量，特别是一些比较容易干旱的地区，使作物有一个快速的生长期，若这个时候土壤缺水严重，会导致作物生长不好。

永安新农村农民在忙农事（杨作贵　摄）

雨水过后，农作物进入生长的重要时期，农人们也结束了漫长的农闲时光，逐渐开始忙碌起来，准备春耕、施肥、浇灌等工作。在这个时候，就体现出了雨水节气的降雨非常重要，就像油那么珍贵，因此有"春雨贵如油"的说法。一般来说，雨水节气正是春耕农忙的时候，种庄稼的农夫是不得休息的，必须抓紧时间进行春耕，否则可能会耽误了农时，影响收成。

蓄水如屯粮，水足粮满仓

作物生长任何时候都离不开水，农作物生产中应有充足的水源，才可能做到旱灾时保丰收。水是农业生产的命根子，是连接土壤—作物—大气这一系统的介质，水在吸收、输导和蒸腾的过程中把土壤、作物、大气联系在一起。对于作物生产来说，水的收支平衡是高产的前提条件。

土壤水分含量的多少，直接影响作物根系的生长。在潮湿的土壤中，作物根系不发达，生长缓慢，分布于浅层；土壤干燥，作物根系下扎，伸展至深层。作物水分低于需要量，就会萎蔫，生长停滞；高于需要量，根系缺氧、窒息、最后死亡。只有土壤水分适宜，根系吸水和叶片蒸腾才能达到平衡状态。

农作物含有大量的水，约占它们自重的 80%，其中蔬菜含水更是达到 90%～95%，水生植物含水 98% 以上。水几乎参与植物所有的生命功能，它为植物输送养分，参与光合作用，制造有机物等。通过蒸发水分，植物使自己保持稳定的温度，不致被太阳灼伤。植物浑身是水，而作物一生都在消耗水。科学家计算过，1 千克玉米，是用 368 千克水浇灌出来的；同样的，小麦需水 513 千克，棉花需水 648 千克，水稻竟高达 1000 千克。一籽下地，万粒归仓，农业的大丰收，水是最大的功臣。

麦田返浆，抓紧松耪

麦田返浆期，就要加紧用锄翻松土地。土壤返浆是北方地区所特有的自然现象。由于冬季寒冷，土地中的水分在冷凝和扩散的作用下，不断地向上层移动，在耕层聚集冻结。早春，气温开始回升，冻土层从上、下部向中间融化，在土体没有化透之前，上层中冻结的冰屑融化后不能下渗，从而形成返浆水，这一时期亦称为返浆期。

土壤耕翻，一是要根据不同的土质和墒情变化，掌握好合适耕期，一般以土壤水分相当于田间最大持水量的 60%～70% 时进行耕翻为宜。黏重土壤尤其要掌握好耕、耙（[bà] 用耙弄碎土块）、翻的时间和方法，以免造成大泥条和大坷垃。二是麦田翻耕后要及时耙细、耙实，平整土地，对于土层过松或有翘空的田块，还应进行适当镇压，以防透风和水分过多蒸发。小麦播种后和生长期间田间湿度大，或下雨、灌水后，或北方麦田早春土壤解冻返浆后，可采用中耕、耙地或耧 [lóu] 地等措施，及时破除地表板结，疏松表土，改善通气条件，以利小麦出苗和生长；麦播后如遇到土层土壤疏松、表土干燥或越冬前后麦田经冻融交替、土松空隙增大，应及时镇压，以保麦苗安全越冬和健壮成长。对于缺少稳固性结构和过于松散的土壤，应减少中耕和耙地次数，以防破坏土壤团粒结构，造成水土流失或风蚀；盐碱土和低湿黏土不宜镇压，以防返盐或使土壤过于紧密，影响麦苗生长。在小麦生长期间，适时、适度中耕有利于小麦生长；深中耕和镇压可抑制小麦旺长，预防倒伏。

雨水、惊蛰节，柑橘好嫁接

中国柑橘分布在北纬 16°～37°，海拔最高达 2600 米（四川巴塘），南起海南省的三亚市，北至陕、甘、豫，东起台湾省，西到西藏的雅鲁藏布江河谷。但中国柑橘的经济栽培区主要集中在北纬 20°～33°，海拔 700～1000 米。在种植柑橘的时候，繁殖方法是非常重要的。一般情况下，最常用的繁殖方法是嫁接繁殖。柑橘树嫁接方法通常有三种，分别是芽接法、切接法、腹接法。广东地区采用单芽腹接法较多，因单芽腹接法可省去切接涂蜡工序，又不受时间限制，还可用于较小的砧木。

柑橘对土壤的适应范围较广，紫色土、红黄壤、沙滩和海涂，pH（酸碱度）4.5～8 均可生长，以 pH 5.5～6.5 最适宜。柑橘根系生长要求较高的含氧量，以质地疏松、结构良好、有机质含量 2%～3%、排水良好的土壤最适宜。柑橘在冬季低温环境下不能嫁接，最好还是在春秋两季进行。

广东、广西、四川等地，雨水、惊蛰的时候，正好是柑橘的嫁接时期。嫁接是指两个亲本植株拼接后，能形成一个新的植株。其成活与否，关键在于砧木与接穗二者的形成层密切结合，砧穗双方的形成层、维管束鞘、次皮层、木质部薄壁细胞以及髓部等能形成愈合组织。在愈合组织产生的过程中，分化出新的形成层及新的输导组织，二者结合成为一个统一的有机体，相互同化，开始共生生活。

四川华蓥雨水时节植树忙（邱海鹰　摄）

春雨贵如油，保墒抢时候

豫北平原属于华北平原一部分，春季降水少，气温回升快，水分蒸发快，土壤干燥，所以保墒特别重要。因农作物的生长需要水分供应，如小麦拔节孕穗、油菜抽薹开花等。保墒的意思是保住土壤里的水分，利用自然有积雪保墒，人工保墒主要方法是耙地、中耕或增加地面覆盖物。

中耕是指松土，即通过松土来保护土地里的水分。中耕可疏松表土、切断毛管水的上升、减少水分蒸发、破除板结，改善土壤通气、增加降水渗入以蓄积降雨、提高地温、加速养分的转化、消灭杂草、减少水分养料等非生产性的消耗，以利作物的生长发育。

小麦、玉米、油菜、棉花等旱作物中耕，可增加土壤的通气性和土壤中氧气含量，增强农作物的呼吸作用。农作物在生长过程中，不断消耗氧气，释放二氧化碳，使土壤含氧量不断减少。中耕松土后，大气中的氧不断进入土层，二氧化碳不断从土层中排出，因而农作物的呼吸作用旺盛，吸收能力加强，从而生长繁茂。土壤微生物因氧气充足而活动旺盛，大量分解和释放土壤潜在养分，从而提高土壤养分的利用率。

雨水节后麦返青，农民准备搞春耕

雨水时节也被称为"可耕之候"，华南地区已经开始备春耕。随着春天的到来，气温逐渐上升，小麦的种植和管理逐渐进入关键时期。如果实行春小麦管理，可以大大提高小麦的产量和质量，对增加农民的收入起着重要作用。小麦春季种植管理很重要，小麦叶片从越冬状态开始重新生长，管理要早抓早管、分类指导、合理运筹肥水，为小麦高产奠定良好的基础，避免造成不必要的损失。

早春麦田半数以上的麦苗心叶（春生一叶）长出部分达到1~2厘米时，称为"返青"。从返青开始到拔节之前，历时约一个月，属苗期阶段的最后一个时期，称"小麦返青期"。这个时期的生长主要是生根、长叶和分蘖，小麦返青期也是促使晚弱苗升级、控制旺苗徒长、调节群体大小和决定成穗率高低的关键时期。

要谨防"倒春寒"和晚霜冻害。小麦拔节后农民要密切关注天气预报，留意气温转变，在暖流到来之前，采取浇水、喷洒防冻剂等办法，防备晚霜冻害。一旦发作冻害，要实时采取浇水施肥等弥补办法，促使麦苗尽快恢复生长。

雨水节，深中耕，断根散墒立头功

河南民权县龙塘镇在2008年、2009年连续两年出现了亩①产小麦700千克的高产田。当地农民认为小麦进入早春管理后，不要着急施肥浇水，应把中耕除草放在首位。通过中耕，给小麦培土，提高地温，保墒、提墒、踏实悬空的表土层，为今后小麦稳产、高产立下头一功。

雨水与惊蛰之间，正是小麦返青与起身的时间。这时中耕可以控制小麦节间伸长，对防小麦倒伏，保冬蘖［niè］，促进小麦春季分蘖起很大作用。小麦春季管理要抓紧机遇浇返青水施返青肥，促弱稳壮控旺。冬季未浇越冬水或墒情缺乏的地块，气温到达5℃以上时要实时浇水，施返青肥，放慢浇麦进度、扩展浇灌面积，撒施小麦返青肥，为小麦高产奠定良好的根底。要依据小麦田杂草的草种挑选除草剂品种。除草剂使用在返青期至拔节期前，使用时，要严格按照配比浓度和工艺操作规程。要增强田间管理，搞好病虫害的防治，特别是小麦条锈病和麦田红蜘蛛、蚜虫、吸浆虫等的防治，密切监督，提早防备。要谨防"倒春寒"，留意气温变化，在暖流到来之前，及

---

① 亩为非法定计量单位，1亩≈667平方米。下同。

时浇水、喷洒防冻剂等，防备晚霜冻害。

雨水无雨多春旱，清明无雨多吃面

江苏地区老人们常说：雨水时节没有雨，春天大多是干旱的，清明没有雨，今年的麦子一定能收成好。这句话用在小麦的种植上面就特别合适，因为雨水还有清明两个节气属于小麦生长的重要时节，如果这个时间段它们的生长很旺盛，那收成就有保障。农田里雨水充足，才能够确保小麦的根系生长，植株才能够苗壮。到了清明时节，雨水就不能多了，此时的小麦已经到达了抽穗期，也就是不能够受到雨水的拍打，不然的话可能就阻碍麦穗的繁育。

小麦属禾本科小麦属，是温带长日照植物，适应范围广，根据温度的要求不同，分为冬小麦和春小麦，中国以冬小麦为主。在辽东、华北、新疆南部、陕西、长江流域各省及华南一带栽种冬小麦，秋季10—11月播种，翌年5—6月成熟，生育期较长；黑龙江、内蒙古和西北种植春小麦，于春季3—4月播种，7—8月成熟，生育期较短。小麦的整个生育期可分为：营养生长阶段和生殖生长阶段，生殖生长阶段，可细分为：出苗、分蘖、越冬、返青、起身、拔节、挑旗、抽穗、开花、灌浆、成熟各期。春小麦、长江以南和四川盆地冬小麦无越冬期和返青期。

栽松莫过雨水节，过了雨水不得活

安徽地区老人讲究在雨水节前栽种松树。松树是常绿树，因为它一整年都是绿色，在长新叶子的时候，老叶才会掉落，且没有固定的落叶时间。它的叶子生长周期很长，可长达3～5年。松树在入冬或早春季节可进行移栽。入冬后松树处在休眠期，此时移栽有利它的成活，但在较冷的地区要做好防冻的措施，提高成活率，早春季节移栽则有利于它的恢复生长。此期处在生长萌动期，有利于根系生长，有利于移栽后的生长恢复。

松树移植有很多注意事项。移植时先要在需要栽植的地点挖好穴，再去挖树，挖树时要带土球。要尽量缩短松树在入穴前的滞留时间，避免叶片的蒸发而使植株失去大量的水分，影响成活率。栽植时要掌握深度，以原深度为准，不能过深。栽植时要先填一半的土，踏实后再填另一半的土，最后也要踏实。栽后立即浇透水，并用清水喷洗叶片、枝条，增加空气的湿度，以利于植株恢复生机。要立支架支撑，避免风吹倒伏，影响生根。间隔1～2

天后第二次浇透水，还要注意当年尽量不施肥，翌年春季再进行施肥。

广西凤山雨水时节造林忙（周恩革　摄）

雨水一过，菜籽落地

中国南方地区雨水节气前后，油菜普遍返青生长，对水分的要求较高。古人根据气候变化以及不同花卉开花顺序，用花表达候应。雨水节气花信分别为：一候菜花、二候杏花、三候李花。

油菜按照播种季节划分，可分为秋冬播油菜和春播油菜。秋冬播油菜一般每年10—11月种植，来年5—6月收割；春播油菜一般每年4—5月种植，当年9—10月收获。

云南罗平雨水时节春耕忙（毛虹　摄）

春播油菜主要分布在内蒙古、青海、新疆、甘肃等西北省份，种植面积与产量占全国的比重在7%～8%。中国秋冬播油菜面积和产量占全国的比重在92%～93%，主要集中在两个地区：一是长江流域油菜主产区，包括江苏、浙江、安徽、湖北、江西、湖南、重庆等省市，常年种植面积和产量占全国比重的50%～60%。其中湖北省是中国最大油菜生产省，连续15年位居全国第一。二是西南油菜主产区，常年种植面积和产量占全国的20%～30%，包括四川、贵州、云南。最近几年四川已成为中国第二大油菜生产省。

雨水茧上坑，清明蛾露头，谷雨蚕子响，立夏蚕上山

"雨水茧上坑"中的"茧"是柞蚕。柞蚕以蛹越冬，当越冬蛹解除滞育后，在适宜的温湿度环境下，蛹体就会逐渐发育成蛾，此为暖茧。确定暖茧期应与当地气候和柞树的发育相适应，主要以正常年的收蚁日期、暖茧加温的方法及蛹的积温为依据，坦蛹的积温依品种和加温方法而不同，早熟品种比晚熟品种积温要少；加温起点温度高则积温多，反之则少。中国各地柞蚕的暖茧时期不尽相同，河南省较早，通常2月上旬开始暖茧，经40天左右，3月中旬发蛾，4月上旬蚁蚕上山；山东省稍迟，该谚语讲的就是山东地区的情况；辽宁省更迟，一般于3月初开始暖茧。

柞蚕在东北南部地区一般于雨水节前后暖茧，4月上旬（黑龙江清明前后）发蛾，谷雨前后产卵。柞蚕起源于山东省鲁中南地区，其茧丝的产量仅次于家蚕。柞蚕产业主要分布于辽宁、山东、河南、吉林、黑龙江、内蒙古、山西、贵州、四川等省区，日本、韩国、印度、朝鲜等国家也有少量分布。中国是世界柞蚕的发源地，柞蚕资源丰富，分布广泛，柞蚕的产量高，具有很高的经济价值，可以说柞蚕是中国的特色产业，柞蚕年产量已达到7万吨，其中辽宁省的柞蚕产量占到全国的80%和世界的70%。柞蚕卵营养丰富，是农林业防治害虫用赤眼蜂的极好寄主，每粒柞蚕卵可寄生赤眼蜂60～70头。用柞蚕卵繁育的赤眼蜂发育良好，生命力强。利用柞蚕蛹繁殖用于生物防治的啮小蜂获得成功，为农林害虫的生物防治开辟了新的途径，也为柞蚕的综合利用开辟了新的领域。

到了雨水天，生产全开展

到了雨水节气，万物复苏，气温、日照、降雨等因素的变化提醒人们寒

冬快结束了，适宜开展农事活动。

在重视农桑的古人看来，雨水正是小春管理、大春备耕的关键时期。内蒙古地区的气候特点是雨水无雨，寒意未消。大部分地区仍在−15℃左右，个别地区尚在−30℃上下，仍在降雪期，还是严冬景象。这个节气是小春管理、大春备耕的关键时期，除继续抓紧顶凌耙地、磙压保墒等一切防旱抗旱措施外，还要做好种子复选检验、维修春耕农具、倒粪送粪等备耕农事活动。在山东临沂郯城，农技人员根据土壤墒情监测系统提供的数据和小麦实际生产状况，对春季小麦田间管理进行综合研判，出具麦田春季管理信息，指导农民科学种植小麦。在甘肃永登县柳树镇的田间地头，蒜苗种植也拉开了序幕，农民耙地起垄、施肥播种，全力投入春季生产中，到处呈现出一派繁忙的景象。

广西罗城雨水时节农事忙（蒙增师　摄）

雨水前，胡麻高粱种在田

胡麻是胡麻科胡麻属植物，也称巨胜、方茎、油麻、脂麻、芝麻，是一种油料作物，一般用于榨油食用，也能够作为菜肴的配料，而且营养价值丰厚。胡麻起源于地中海东部沿岸，大多种植在中国高纬度地区。山西、内蒙古、甘肃、宁夏等地区都有种植。

胡麻播种期一般在3月下旬至4月上中旬。内蒙古地区一般是在雨水前播种，胡麻幼苗根系纤弱，植株前期生长缓慢，后期对水分和养分要求高且较集中，因此，为使胡麻丰产，必须进行精细整地，整地要求深耕细糖，耙地保墒，使土壤疏松湿润，以利出苗。播种整地时，要求每公顷施农家肥30～45吨，增施磷肥225～300千克，尿素75～105千克（主要用作追肥）。因此，胡麻合理施肥应以基肥为主，基、追（肥）并重，氮、磷结合。

胡麻具备改良皮肤脂肪含量，使肌肤更细滑、滋润、柔软、有弹性；可以消耗体内多余脂肪，达到健康减肥的效果；还可以稳定情绪，保持心态平衡，降低患忧郁症和失眠症的风险。

正月菠菜才吐绿，二月栽下羊角葱

这句谚语来源于《蔬菜歌》，全文是：正月菠菜才吐绿，二月栽下羊角葱；三月韭菜长得旺，四月竹笋雨后生；五月黄瓜大街卖，六月葫芦弯似弓；七月茄子头朝下，八月辣椒个个红；九月柿子红似火，十月萝卜上秤称；冬月白菜家家有，腊月蒜苗正泛青。勤劳智慧的中国先民，早就将一些种地种菜的窍门编成朗朗上口的农谚。

羊角葱在民间又叫"龙角葱"或者"龙爪葱"，这种葱多是年前种植没刨出来的大葱，到第二年春天重新萌发的新葱。因新萌的葱叶状如羊角而得名。其特点是茎白、叶绿、叶厚，并且生吃非常的辣，甚至吃一口之后都会因其"太辣"而流泪。而在民间这种大葱一般都是人们刻意为之而产生的品种，虽然也有人喜欢吃这种大葱，但毕竟是少数，大多数人对"羊角葱"的"毒辣"特点不能接受，所以在大部分人眼中"羊角葱"也是"四毒"之一。

老葱生嫩芽，成了羊角葱。羊角葱颜值很高。葱叶厚实翠绿，葱白儿白皙丰满，多汁娇嫩，光泽亮丽。羊角葱好吃，吃法多样，普通百姓一般拿羊角葱包饺子、蒸包子、包馄饨、烙葱油饼等。

生活类谚语

二月休把棉衣撇，三月还有梨花雪

老话说"春捂秋冻，不生杂病"，是非常有道理的。春天的气温变化很大，明明中午二十几度，晚上突然就几度了，前一天是春风和煦，可能第二天突然就寒流涌动。"春捂"既是顺应阳气生发养生的需要，也是预防疾病的自我保健良方。适当"春捂"，将会减少发病的机会。棉衣不可过早脱去，多备几件夹衣，随天气变化增减。

"春捂"，一是要把握时机。在冷空气到来前24～48小时未雨绸缪。专家认为，许多疾病的发病高峰与冷空气南下和降温持续的时间密切相关，比如感冒、消化不良等。二是把握气温。15℃是春捂的临界温度。研究表明，对多数老年人或体弱多病而需要春捂者来说，当气温持续在15℃以上且相对稳定时，就可以不用捂了。三是注意温差。春天的气温变化无常，面对"孩子脸"似的春天，昼夜温差大于8℃时是该捂的信号。四是持续时间，通常7~14天恰到好处。捂着的衣衫，随着气温的回升总要减下来。减得太快，就可能出现"一向单衫耐得冻，乍脱棉袄冻成病"。气温回冷需要加衣御寒，即使此后气温回升了，也得再捂7天左右，体弱者或高龄老人得捂14天以上身体才能适应，减得过快有可能冻出病来。

八月十五云遮月，正月十五雪打灯

这句谚语之所以被大家熟知，也是因为中秋节和元宵节是中国的传统节日。中秋节这天晚上，大家都有赏月的习惯，若是遇上乌云遮月的天气，难免觉得让人扫兴，而元宵节晚上，也有许多的活动，若是碰上下雪的天气，人们倒会觉得新的一年将有好运气。

雨水节气期间，一般能遇上农历的元宵节。当年农历八月十五中秋节这天，如果天空被云幕遮蔽，出现阴天、下雨等气象，看不到中秋圆月，来年正月十五这天就会阴天或下雪。

元宵节，又称上元节。正月是农历的元月，古人称"夜"为"宵"，正月十五是一年中第一个月圆之夜，所以称正月十五为"元宵节"。根据道教"三元"的说法，正月十五又称为"上元节"。民间流传，在正月十五上元节都是不宜洗头的，因为头发代表着发，是发财的意思，如果这一天洗头的话，就很容易导致自己的财富都被洗掉，导致自己这一年都不会有什么好运气。所以一般都不宜在正月十五上元节这一天洗头。

这句谚语似乎是一种对于月的描述，实则是对气象的预测。大量的气象历史资料证实，每当八月十五中秋节这天出现"云遮月"的天气现象，来年的正月十五就会"雪打灯"，即当天会是阴雨天，或是降雪天气。这句谚语是劳动人民在长期生产实践中总结出来的天气预报经验，反映了节日天气之间的呼应关系。

随着对气象方面的研究不断深入，很多研究也表现这句谚语的准确性很高，且具有一定的科学道理。虽然天气变化莫测，但是大气的运动还是有一定规律性的。正是因为天气存在着前后对应的韵律关系，在现代的气象学中，把这种大气中存在的联系叫做"大气韵律活动"。

山东烟台正月十五雪打灯（唐克　摄）

三、常用谚语

早雨晚晴，晚间一天淋。　广西（桂林）

早晨下雨当天晴，晚间下雨一夜雨。　江苏

早晨落雨晚担柴，下午落雨打草鞋。　湖南

早雨天晴，晚雨难晴。　江苏、浙江

早雨不会大，只怕午后下。　湖南

雨滴黄昏头，行人不要愁；雨滴鸡开口，一行人不要走。　江西、浙江

雨打夜，落一夜。　浙江

白天下雨晚上晴，连续三天不会停。　吉林

雨下黄昏头，明天是个大日头。　陕西

开门见雨饭前雨，关门见雨一夜雨。　浙江

"雨水"阴寒，春季勿会旱。　闽南

暖雨水，冷惊蛰。　广东（韶关）

雨水日晴，春雨发得早。　江西

雨水落雨三大碗，小河大河都要满。　湖南

雷起未雨水，有雨落无水。　福建（德化）

雷响雨水后，晚春阴雨报。　福建（闽南）

雨水不冷，冷到芒种。　广西（田阳）

雨水不冷冷惊蛰。　广西（马山）

过了雨水天，农事接连连。　江西（丰城）

雨水节雨不歇，庄稼不丧德。　重庆（巫山）

雨水晴，庄稼歉收成。　重庆（巫山）

雨水无雨，犁耙捡起，雨水带雨。　广东（阳江）

雨水无雨，犁耙拾起。　海南（保亭）

雨水无雨春天旱，惊蛰响雷春后旱。　广东（韶关）

雨水无雨旱死牛。　广西（横县）

雨水阴，夏天多风雨。　海南

雨水有水年成好，雨水无水收成少。　江苏（连云港）

雨水有雨百日阴，雨水有雨好收成。　湖南（湘潭）

雨水有雨病人稀，端午有雨是丰年。　山西（临汾）

雨水有雨春水好。　湖南（湘西）

雨水有雨好年景。　福建（清流）

雨水有雨冷一旬，无雨无雷旱怕人。　广西（隆安）

雨水有雨农家忙。　安徽

雨水早，春分迟，惊蛰育苗正当时。　广东

雨水早，春分迟，惊蛰育苗正适时。　河南（开封）

雨水节，莫偷闲，早稻谷种准备全。　四川

雨水无雨落，抗旱插早禾。　广东

雨水无雨落，有田插早禾。　广西（资源）

雨水下雨庄稼好，小麦穗大籽粒饱。　河南（周口）

雨水修渠道，抽水把麦浇。　陕西（咸阳）

雨水有水，农家不缺米。　宁夏

雨水甘蔗节节长，春分橄榄两头黄。　安徽（青阳）

雨水种瓜，惊蛰壅麻。　湖南（湘西）

雨水种瓜，惊蛰种豆。　广西、江苏（淮阴）、陕西（西安）

雨水种落水，清明人布田。　广东

雨水种竹，清明点豆。　四川

雨水过罢，种树插花。　陕西（汉中）

雨水过后，植树插柳。　陕西（安康）

雨水雨，落不歇。　海南

雨水雨，水就匀；雨水晴，水不匀。　海南

雨水雨，鱼公虾仔下海底；雨水晴，虾公鱼仔上茅坪。　广西（桂林、荔浦）

雨水雨带风，冷到五月中。　河南（郑州）

雨水雨连绵，寒露风连天。　海南（儋县）

雨水雨淋淋。　江西（宜黄）

雨水雨绵绵，寒露风连天。　广东（肇庆）

春打五九尾，家家吃白米；春打六九头，家家买黄牛。　山东、河南

雨水阴，夏至晴。

雨水有雨百日阴。

雨水东风起。伏天必有雨。

雨打雨水节，二月落不歇。

七九河开，八九雁来。

雨水东风起，伏天必有雨。

雨水非降雨，还是降雪期。

雨水节，雨水代替雪。

水是庄稼血，没有了不得。

水是金汤玉浆，灌满粮囤谷仓。

雨水，种落水。

雨水日下雨，预兆成丰收。

春雨贵如油，保墒抢时候。

蓄水如屯粮，水足粮满仓。

雨水有雨庄稼好，大春小春收不了。

雨水有雨庄稼好，大春小春一片宝。

雨水到来地解冻，化一层来耙一层。

雨水阴寒，春季勿会旱。

雨水春雨贵如油，顶凌耙耱防墒流；多积肥料多打粮，精选良种夺丰收。

有收无收在于水，收多收少在于肥。

低产变高产，水是第一关。

黄河水可用不可靠，来水赶快把麦浇。

水来蓄满塘，用时不用慌。

水满塘，粮满仓，塘中无水仓无粮。

麦子洗洗脸，一垄添一碗；麦润苗，桑润条。

雨水节里降雨，小麦长得好，谷粒饱满，能增产。

雨水甘蔗，节节长。

顶凌麦划榜，增温又保墒。

种地别夸嘴，全凭肥和水。

粪大水勤，不用问人。

种地不上粪，等于瞎胡混。

人靠地养，地靠粪养。

七九六十三，路上行人把衣宽。

雨打上元灯，云罩中秋月。

一天之计在于晨，一年之计在于春

春打五九尾年景困难，春打六九头年景好，人们生活宽裕。

百草回芽，百病易发。

感冒不避风，从春咳到冬。

热不急脱衣，冷不急穿棉。

二月休把棉衣撇，三月还有梨花雪。

春困秋乏夏打盹，睡不醒的冬三月。

春夏莫贪睡，秋冬可安眠。

惊　　蛰

一、节气概述

惊蛰，二十四节气的第三个节气，通常在每年 3 月 5 日至 6 日，太阳到达黄经 345°进入惊蛰节气。惊蛰，标志着春雷乍动、大地回暖、越冬蛰虫始动，农谚云"惊蛰春雷响，农夫闲转忙"，春耕活动由南至北渐次忙碌起来。

惊蛰分三候：一候桃始华，桃花即将绽放、热闹春景将至；二候鸧鹒鸣，黄鹂知春暖，鸣悦耳之音以报春；三候鹰化为鸠，鹰躲藏起来孵育小鹰，鸠开始鸣叫求偶，渐多。

惊蛰时节已进入仲春，农事方面，华北冬小麦开始返青生长；江南小麦已经拔节，油菜也开始见花，这时应做好土壤保墒的工作，保证土壤肥力，干旱少雨的地方应做到适当浇水灌溉和施肥。华南地区，应抓紧进行早稻的播种，做好秧苗防寒的工作，对于茶树、各种果树如桃、梨、苹果等应适当修剪、及时追肥，保证收成。

山西运城新绛县村民在给中药材远志追肥（高新生　摄）

由于惊蛰在农事上的重要意义，民间在这一节气有着丰富多彩的民俗节庆活动。"二月二龙抬头"通常在惊蛰节气中，即中和节。惊蛰前后，农民开始耕作，因此这天又被称为"春龙节"或"春耕节"，扫虫、驱虫也是这时的大事。在广东，惊蛰有祭白虎的传统。当地传说，凶神之一的白虎会在惊蛰出来觅食，搬弄是非，开口吃人。因此，人们会用纸绘制老虎，用猪血泡纸，再将生猪肉抹在老虎嘴上拜祭，意为吃饱后不再出口伤人、不能张口说人是非。有的地方用鸭蛋喂纸老虎，以求平安。

二、谚语释义

气象类谚语

惊蛰打雷喜

惊蛰时气温回升较快，明显增强的暖湿空气与负隅顽抗的冷空气僵持不下，容易引发强烈的空气垂直对流运动。当潮湿的暖空气上升到一定高度时就会形成积云雨，云中强烈的电场使正负电荷发生碰撞而放电，从而发生雷电现象。因此长江流域大部地区已渐有春雷，南方大部分地区，亦可闻春雷初鸣。

在河北保定，人们认为惊蛰打雷意味着天气转暖，冬眠动物出土活动，预示着降雨的来临，标志着春耕季节到来，农民要由闲转忙干农活。中国的农业生产在很大程度上受气候资源的影响，温度的高低、降水量的多少，直接关系到作物播种和出苗，影响作物生育进程及最终产量和品质。俗话说"好雨知时节"，在北方，春季的降雨对春耕有着重要意义。充足的降雨量会保证春插用水，滋润土地，助力农作物的生长。天津也流传着"惊蛰春雷响，农夫闲转忙、惊蛰雷一声，大地万物生"的说法。

惊蛰时节，浙江省永嘉县云雾缭绕，如梦如幻（刘吉利　摄）

未惊蛰先惊雷，四十日雨霏霏

在惊蛰节气之前，若听到打雷的声音，意味着天气回暖过快，伴随着的往往是一段较长时间的降雨天气。初春，气温在正常年景是缓慢上升的，偶尔也会出现气温迅速攀升、短时间大幅度波动的情况。气温的波动会带来雷雨天气的增加，受天气系统影响，强盛的对流云系出现，特别是锋前暖区天气尤其常见。每当冷空气过境时，冷暖锋面相遇，锋面雷雨天气常常就此产生，对当地的气候造成影响。在本谚语流传的长三角地区与珠三角地区，受南岭静止锋或南海静止锋的天气系统影响，阴雨天气笼罩于此地的概率相对增多，影响农事活动的正常开展。

惊蛰前后作为春播育秧工作的关键时间点，农作物对于日照时间、光热条件都有着较高的要求：出苗前要严格控制温度，既要防止作物在低温下生长，又要避免高温条件下形成徒长、细弱苗等问题。出苗后要逐渐加大通风量，降温炼苗，还要控制浇水量，保证作物的健康生长。因此，遇到连续的阴雨天气时，要注意增强田间排水，及时疏通排水沟。降雨停止后适量追肥，减轻连续的降雨天气给春播育秧带来的不利影响。

春寒不算寒，惊蛰冷半年

吉林当地认为初春的寒冷对全年气温的参考意义不大，但是若惊蛰当天温度偏低，接下来的半年气温都将处于低迷的状态，在农事及生活等方面要做好应对低气温年份的准备。虽然吉林省的平均气温仍处于0℃以下，但已有明显回升。若这一天气温有明显的下降，或持续阴天，预示着这半年的气温与往年相较会持续偏低。

春季气候的最大的特点就是乍暖还寒：一是春季的气温日夜温差较大；二是春季冷空气活动频繁，天气变化较多。倒春寒，指初春（北半球一般指3月）气温回升较快，而在春季后期（一般指4月或5月）气温较正常年份偏低的天气现象。它主要是由长期阴雨天气或冷空气频繁侵入，或常在冷性反气旋控制下晴朗夜晚的强辐射冷却等原因所造成的。如果春季后期的旬平均气温比常年偏低2℃以上，则认为是严重的倒春寒天气，会给农业生产造成危害，特别是前期气温比常年偏高而后期气温偏低的倒春寒，其危害更加严重。简单来说就是：在春季天气回暖的过程中，因冷空气的侵入，使气温明显降低，因而对作物造成危害，这种"前春暖，后春寒"的天气，可使正处于返青或拔节生长阶段的冬小麦遭受不同程度的冻害，可使已经出土的幼苗大量被冻死。

惊蛰寒，秧成团；惊蛰暖，秧成秆

广东、上海、福建、云南等地的农民总结出耕作的经验为：惊蛰的气候对作物生长有着重要的意义，惊蛰时节天气冷，早稻秧长得好；惊蛰时节天气暖，秧苗就会烂得只剩下来零星几根，又瘦又高。水稻根据播种期、生长期和成熟期的不同，可分为早稻、中稻和晚稻三类。一般早稻的生长期为90～120天，中稻为120～150天，晚稻为150～170天。它们的播种期，由于各地区气候条件的不同，也有很大的差异。早稻，一般指的是栽培时间较早且成熟早的南方籼稻，以产季不同区分于中稻、晚稻。早稻生产的大米称为早籼米或早米，口感较差，一般作为工业粮或储备粮。

温度稳定于12～14℃时，是水稻发芽和生长的最低温度。而自然条件下，白天高于日平均温度，夜间低于日平均温度，日平均温度10℃和12℃分别是粳稻和籼稻生长的最低温度。

因此，早稻的播种条件为连续3天日平均温度稳定超过12℃，长江流域的适宜播期为3月下旬至4月上旬。随着纬度和海拔增加而温度降低，播期应推迟。在生产中，应注意当时的天气预报，应掌握在"冷尾暖头"抢晴播种。利用播后一段晴暖天气，使种子根早入土，这样到第二次冷空气来临时，秧苗已扎根立苗，不至于受低温冷害而造成烂种烂芽。

海口市东山镇村民正在播种水稻苗（石中华　摄）

不怕正月十五风吹灯，就怕惊蛰刮黄风

惊蛰的风蕴含着独特的意义，在这时，东亚高空环流初步完成了形势调整，呈现出过渡时期的特点：来自俄罗斯、蒙古的冷气团南下，与中国南方的暖气团带来的暖空气交替频繁，冷空气尽显余威，暖空气与时俱进，势力渐强，二者轮番登场。我们俗称的"倒春寒"有时会在该种形势下作威作福，并影响接下来的温度。在天津，民间流传着这样的说法：惊蛰这段时间要是刮了大风，风吹得黄土肆扬，后面就会有倒春寒天气的出现，而且这种冷天气持续时间长。万物复苏时，突然寒冷的气温，将给作物带来伤害。若出现倒春寒天气的话，农作物的生长将受影响，轻则冻伤，重则冻死。

黄风的成因，多是由沙尘导致的。北方的春天多沙尘暴，强风将地面的沙尘大量卷起，使水平能见度小于1千米，形成突发性和持续时间较短、概率小、危害大的灾害性天气现象。其中沙暴是指大风把大量沙粒吹入近地层所形成的挟沙风暴；尘暴则是大风把大量尘埃及其他细颗粒物卷入高空所形成的风暴。沙尘暴是荒漠化的标志，近年来，随着人们对环境保护逐步重视，沙尘暴现象渐有好转，惊蛰刮"黄风"的现象也逐渐消失。

惊蛰时节北京市朝阳区沙尘暴肆虐（郭尧　摄）

过了惊蛰老冰开

河北涉县地处中国北方，在冬季的时候河流结冰，气温长期处在0℃以下，河水迅速冷却，从河流表面到河床底部迅速降温，水面和水内几乎可以

同时结冰。大多数研究者认为，河流结冰是同时在水面和水中发生的，理由是河流混合作用强，在结冰前河水上下都能达到大体相同的温度，只要有结晶核，就可以在任何地方开始结冰。底冰的存在证明了这种理论的可能性。河流封冻有两种情况：一种是从岸边开始，先结成岸冰，向河心发展，逐渐汇合成冰桥，冰桥宽度扩展，使整个河面全被封冻。还有一种是流冰在河流狭窄或浅滩处形成冰坝后，冰块相互之间和冰块与河岸之间迅速冻结起来，并逆流向上扩展，使整个河面封冻。

而到了惊蛰节气，长江两岸自西向东气温缓步上升，先后进入了真正的春天。这时，在河北的涉县，冰雪开始慢慢消融，河流解冻，河水滋润土地。冰雪的融化为农耕提供了充足的灌溉水源，为作物的生长提供了水分保证，有利于农作物的生长。

不用算，不用数，惊蛰节后五日就出九

浙江湖州地区惊蛰日后 5 天左右，气温逐渐升高，一年中最寒冷时光逐渐远去。民间有数九的传统，即：从冬至开始算起，每 9 天算一个时间段，是一年之中最为寒冷之时段。在中国古代，有阳数和阴数之分。古人认为，单数为阳数，9 又是个位数中最大的，故经常用以表示至阳，还被作为时令数用以确认节令时段。为了应对寒冷且无聊的冬季，古人用不同的方法来

农民画《牧童》（中国农业博物馆藏）

记录、计算这段时光。比较常见的便是传唱九九歌、绘制九九消寒图或写九等方法。出九后，农事活动繁忙，到了耕地播种的关键时刻。俗话说："九九加一九，耕牛遍地走"。惊蛰后，人们忙于田间地头，开始积肥、松土、耕田，为新一年的"九尽杨花开，农活一齐来"，农民们一手持鞭、一手扶犁，人走在耕牛的左侧，嘴里不断发出"喊""嘿"的声音，控制着耕牛的行进速度，指挥着耕牛的前进方向。现在，随着科学技术的进步，耕牛逐渐被农机所代替，耕整机、铧式犁、旋耕机、微耕机轮番上阵，高效助力春耕工作。

雪打惊蛰头，农家发大愁

在宁夏，流传着"雪打惊蛰头，农家发大愁"的谚语。惊蛰节气本应是气温逐渐回升的时候，近年来全球气候变暖趋势持续，极端天气发生频繁，惊蛰节气前后突然降雪，气温骤降，也就是我们常说的"倒春寒"现象，极易引发春霜冻灾害。

倒春寒其实仍属春季低温阴雨范畴。因为在出现时间上偏晚，危害性更大，因此农业上将其区别对待。春霜冻又称为晚霜冻，这种气象灾害对刚刚进行的春耕播种尤为不利，突然的降温会影响农作物的成长。宁夏地区是葡萄的重要产区之一，春霜冻灾害会直接影响果树的产量和品质，甚至造成葡萄地上部分的死亡，影响葡萄的成活率。

近年来，通过对于酿酒葡萄产地气候特点进行研究，专家们掌握了霜冻灾害发生的大致规律，对于容易发生春霜冻灾害的时间，及可能发生该类型灾害的区域进行归纳总结。以春霜冻强度和发生频率作为参考指标，对葡萄生产的区域减灾防灾工作提供科学依据。结合这些灾害发生规律，面对"雪打惊蛰头"的情况，农民们已经可以提前采取相应的防灾减灾措施，有条不紊地开展春耕工作，减轻灾害带来的损失。

农 事 类 谚 语

惊蛰不犁地，好似蒸笼跑了气

惊蛰时节，在农事活动上，一直被视为农忙的开始，在耕作活动中，惊蛰时节华北冬小麦返青、江南小麦已经拔节、油菜开始见花。惊蛰作为农事生活中的关键节点，日照时数和雨量明显增加，对水、肥的要求很高，应适时追肥，干旱少雨的地方应适当浇水灌溉。

惊蛰是春耕的关键时期，在这时土壤解冻，地温回升，土壤里的水分容易顺着土壤毛细管上升而蒸发掉。就像蒸馒头的时候，蒸笼没有盖好，热气流失，蒸出来的馒头口感较硬，且有半生不熟的情况出现，品相也差。

犁（中国农业博物馆藏）

惊蛰是防旱保墒的宝贵时机，惊蛰不犁地，农作物会因为营养不足，很难获得好的收成。为了保证耕作质量，这时应中耕锄草，用漏锄浅锄行间土壤，将土壤翻整得稀疏松软；无越冬作物的农田，实行无铧浅犁，减少翻耕后裸露土壤的水分蒸发损失。经过耙耱〔mò〕浅锄或浅犁，及时切断地表层的土壤毛细管，从而减少了水分蒸发，为作物的生长提供充足的水分支撑。

惊蛰点瓜，遍地开花

在陕西、河南、四川等地区，人们根据经验，总结出在惊蛰节气，由于气温回升，日照强度及降水量均能满足作物生长的需求，因此在惊蛰节气可大规模种植瓜果蔬菜作物。在这时种下的作物，容易成活，形成一片红红绿绿的春日景象。与本条谚语相似的农谚还有"惊蛰点瓜，不开空花""惊蛰点瓜，不开强花"等。在这时，可种植的"瓜"根据地域的不同，也有一定的区别。在早春栽培中，黄瓜、丝瓜、南瓜等都是备选的蔬菜类型。其中，早春黄瓜的栽培，集中在这一时期进行。立春至惊蛰后，正处于蔬菜的淡季，种植黄瓜可获得较高的收益。对于早春黄瓜的育秧，可根据实际情况，选择火炕或穴盘催芽育苗。由于早春茬定植时陕西地区的气温相对较低，为适应定植后的环境，应在定植前进行低温炼苗，以提高其抗逆性。也就是在定植前一周左右进行低温锻炼，白天气温保持在 17～20℃，夜温 12～15℃，

黄瓜果上长瓜叶（宗华、宗蔚　摄）

增强植株抵抗低温的能力。黄瓜幼苗长到三叶一心即可定植，将植株移栽到小拱棚农膜覆盖栽培黄瓜，后期还需加强水肥管理，保证黄瓜的苗壮成长。

惊蛰春分，棒槌放下都生根

由于惊蛰、春分时节气候适宜、降水量充足，便于作物的生长，是播种的关键时节。"棒槌放下都生根"中提到的"棒槌"指的是用来浆洗衣物、拍打出脏水的木棍，本身是无法栽种成活的，这里具有比喻义。用以形容该时节气温降水均适宜，是播种的好时节，提醒人们莫负好春光，要抓紧时间进行耕作耕种，到田间地头播种下新一年的希望。本条谚语在四川、湖南等地都有流传。类似的谚语也流传在河南郑州、湖北竹溪等地，如"过了惊蛰春分，棒槌落地生根""过了惊蛰春分，万籽落地生根"，说的也是这个意思，比喻作物在这时容易成活，各地呈现着春耕备耕的繁忙景象。惊蛰时节，人们抢抓节令，趁着春耕生产的有利时机，各地因地制宜地安排农事活动，以防误了农时。主要的农事活动有：春耕春耙，土壤保墒，对水肥不足的麦田及时追肥，视苗情浇返青水。为了保证一年的好收成，在这时要合理选择春播的作物，着手准备种子、农药、化肥等物资供应，为当年的丰产丰收打下坚实的准备。

惊蛰蒜不在家，夏至蒜不在外

这条谚语阐述了河北涞水地区春蒜的生长规律，意为惊蛰是栽蒜、种蒜的季节，惊蛰前后要播种春蒜，夏至节气时春蒜成熟，要抓紧时间收获，以免误了农时。蒜是百合科、葱属的多年生草本植物，鳞茎球状至扁球状，通常由多数肉质、瓣状的小鳞茎紧密地排列而成，外面被数层白色至带紫色的膜质鳞茎外皮。叶片宽条形至条状披针形，扁平，比花葶［tíng］短，花葶实心，圆柱状，总苞早落；伞形花序密具珠芽，间有数花；小花梗纤细；小苞片大，卵形，膜质，具短尖；花常为淡红色；花被片披针形至卵状披针形，内轮的较短；花丝比花被片短，长超过花被片，外轮锥形；子房球状；花柱不伸出花被外。大蒜喜好冷凉的环境，在 3～5℃ 下就能萌发，叶生长适温为 12～16℃。对比气温，惊蛰时节不失为播种蒜的好时机。这时的河北地区气温恰好符合春蒜生长的需求，光照条件又好，有利于春蒜的生长。春蒜花茎和鳞茎发育适温为 15～20℃，当超过 26℃ 时，植株生理失调，茎叶逐渐干枯，地下鳞茎也将停止生长。按照谚语流传地河北的气象规律，6月下旬便是春播收蒜头期，也就是谚语中提到的夏至日。这时要抓紧时间收获，严防因高湿、高温、缺氧引起烂脖散瓣、蒜皮变黑等影响蒜品质的情况发生。

惊蛰插杉，绿枝青桠；清明插杉，红枝黄桠

惊蛰节气是林间养护不可忽视的重要时节，俗话说"惊蛰育苗正当时"，惊蛰过后，北方土壤处于冻融交替的状态，土壤中的水分充足，利于树种存活。这时的树木正处在冬季休眠期结束的时候，根部活动旺盛，植树更易成活。

当地总结的经验为：惊蛰后栽松树不易成活，插杉树容易成活，到了清明时，插杉树就不容易成活了。冬季时枝干较脆，容易被折断。在春初时气温回升，枝干韧性增加，而这时树液流动缓慢，截干带来的伤口少有树脂流出，因此这时适合移植松树。惊蛰以后，松树树液流动，开始生长，栽后很难成活。杉树与松树不同，杉树的插条在气温回暖后树液开始流动，切口才有白色乳液流出，与土壤密切结合，容易重新成长。到了清明时节，乳白汁不多了，切口不易愈合，难以生根成活。江西省上饶市横峰县1954年冬季检查的结果表明，惊蛰杉树插条的成活率为75％以上，清明后插条的成活率仅达10％。故把握栽种的时机，在合适的气候条件下种植适宜的树种，可保证当年的林业收成。

二月惊蛰抱蚕子

蛾子在惊蛰节气开始产卵，蚕农从这时准备迎接蛾子的孵化，开启一年的养蚕工作。蚕作为中国古代最重要的经济昆虫之一，吐出的蚕丝具有重要的经济价值，可以用来生产丝织品。中国是最早利用蚕丝的国家。古史上有伏羲"化蚕"，嫘祖"教民养蚕"的传说。新石器时代的考古表明，距今4200多年前，今浙江吴兴钱山漾地区的先民已利用蚕丝织成绢片、丝带和丝线。距今3300多年前，桑、蚕、丝、帛等名称已见于甲骨卜辞。蚕丝和大麻、苎麻，与后来的棉花一道，成为中国人主要的衣着原料，蚕桑也就成为中国农业的重要组成部分。

在长达数千年的实践中，中国人积累了丰富的养蚕经验，养蚕技术长期处于世界领先地位，并对世界蚕业发展作出巨大的贡献。公元前 11 世纪，养蚕技术随箕子一同传入朝鲜，随后又传到了日本。秦汉以后，中国的养蚕技术通过举世闻名的丝绸之路传入中亚、南亚及西亚地区，6 世纪中叶，君士坦丁堡国王通过印度僧侣从中国私运蚕种至该国，西方也开始了桑蚕的人工饲养。

蚕农正在收获蚕茧（兰自涛　摄）

惊蛰春分，麦苗一夜长一寸

惊蛰是小麦成长的关键时节，春季气温逐步回升，冬小麦随着气温的变化开始萌发新生叶片和分蘖［niè］（植物由茎的基部长出的分枝），麦田景色在惊蛰节气前后由黄转绿，称为返青。此后小麦进入生物学拔节期，麦苗由匍匐在地表的状态转为直立，这一生长过程被形象地称为"起身"。惊蛰春分，湖北省播种的小麦在适宜的降水及气候条件下，迅速生长，出苗并逐渐生长至单棱期。

惊蛰后，随着气温的升高，也到了小麦快速生长的时候了。这时，各种病虫害，也会在温度逐渐升高的趋势下慢慢复苏。一般冬小麦在返青期主要的病虫害有小麦根腐病、纹枯病、蚜虫与红蜘蛛等。小麦根腐病与小麦纹枯病都属于小麦的土传病害，对小麦的根系危害较大，小麦出苗之后一直到收获都有可能受到病害滋扰。这些病虫害带来的影响，轻则减产，重则会导致小麦绝收，影响当年的收成。因此，在惊蛰时要注意及时开展虫害防治工作，保证小麦苗壮成长。

惊蛰过，茶脱壳

在浙江绍兴、安徽霍山、江西修水等地，惊蛰节气，山间的茶树上，保护和孕育越冬茶芽的鳞片逐渐张开。茶的保护伞完全脱掉之后，像刚脱离父母襁褓中的孩子，生长发育开始变得自由自在。蛰伏蓄势了一冬的春茶，迫不及待地吐露着新绿。随着气温回升，茶树也渐渐开始萌动，这时应进行修剪，并及时追施"催芽肥"，促其多分枝发叶，提高"明前茶"的产量，达到"明前采一筐，谷雨值一担"的目标。

在南方，惊蛰是喊茶的日子，茶农有对着茶树大声呼喊，祈求当年有好收成的传统。关于喊茶，北宋的欧阳修曾诗述："建安三千五百里，京师三月尝新茶。年穷腊尽春欲动，蛰雷未起驱龙蛇。夜闻击鼓满山谷，千人助叫声喊呀。万木寒痴睡不醒，惟有此树先萌芽……"诗中描绘了众人喊茶，鞭炮声响，红烛高烧，茶农们同声高喊"茶发芽！茶发芽！"喊声此消彼长，响彻山谷，回音不绝的情景。茶农们相信通过这一习俗，可以唤醒茶树，重焕绿色生机。这个习俗延续至今，现在有些茶农依旧希望通过"喊茶"这项活动，"喊醒"蓄势了整个冬天的春茶，让它尽快吐露新绿。

惊蛰过，暖和和，蛤蟆老角唱山歌

在新疆、天津、江西等地，流传着惊蛰过，暖和和，蛤蟆老角唱山歌的说法。类似的谚语还有"惊蛰过，暖和和，蛤蟆来唱歌""惊蛰过，暖火火，蟆蝈唱山歌""惊蛰过，田中蟆蝈唱山歌"（蟆蝈，方言中也指青蛙）。惊蛰时节气温回暖，此时复苏的不止有作物，还有蛰伏了一个冬天的昆虫。各种动物听闻雷动开始苏醒，各种休眠的昆虫也都开始羽化出土，看准了刚刚萌芽的作物准备饱餐一顿。"老角"指的是蛙类，俗称泥角子，因皮黑，体形较大，叫时发出"咯、咯"之声，而得名。

蛙类中的蛤蟆，也叫蟾蜍，身上有很多疙瘩，以害虫为食，食物有蚊蝇、飞蛾、甲壳虫等，是农业生产上生物防治病虫害的主要技术手段。蟾蜍的生命力旺盛，繁殖能力强，因此，在有野生蟾蜍的地区，都可以进行果园套养蟾蜍。中国蟾蜍共有 15 个品种，在人工繁殖时可选择个体较大的品种，如中华大蟾蜍、黑眶蟾蜍、花背蟾蜍等。这些品种体壮硕大，含肉率高，在抑制果园虫害发生的同时，还可以从身上提取蟾酥、蟾衣，可谓"浑身都是宝"，增产增效。

三月惊蛰春分到，投放鱼苗喂精料

在长三角地区惊蛰节气时，气温迅速升高，鱼作为变温动物，在冬天时会进入休眠状态以应对寒冷。这时，鱼从休眠状态转入缓慢生长。随着降雨量的增加，水中的含氧量也会提升，这时要调整饲料的投喂量，给鱼苗提供足够的营养。

长三角地区傍江临海，历史上就被称为"鱼米之乡"，渔业产量高达全国产量20％。安徽肥东的长临渔场，是联合国粮农组织与中国合作的2814处水产项目之一，主要养殖"四大家鱼（包含青鱼、草鱼、鲢鱼、鳙鱼）"和鲤鱼、鲫鱼等常见的经济鱼种。两地多年的渔业养殖经验，包含的相关谚语总结出了水产养殖方面的宝典：在惊蛰时节，气温逐渐回暖，冬季投放的鱼种开始要吃食，这时应投喂一些精饵料引食，当水温达到18℃以上时，开始正常投料，一般按鱼体总重量的3％～5％比例投喂鱼食。温度高，鱼类活动能力强，投喂饲料要多一些；温度低，鱼类活动能力差，投喂的饵料可以少一些。

惊蛰冷，养鸭不用本

广西地区惊蛰时常伴随着波浪式升温，平均气温在20℃上下。在惊蛰气温相对较低时，各种有害微生物活跃度低，雏鸭不易生病，湿度也比较适中，为家鸭创造了比较舒适的成长环境，降低养鸭的成本。在养鸭的时候，要根据雏鸭精神状况来判断雏鸭体质，合理调整温度。体质好一点的雏鸭，对于温度要求不是很高，最低为32℃，而体质弱一点的雏鸭，对于温度要求稍微高一些，在36～37℃。随着日龄的提升，饲养的温度要逐渐地降低，一天调整1℃左右，不要变化幅度太大。在其他家畜的养殖方面，生猪重点抓好春季猪瘟和牲畜"五号病"的预防注射，同时预防猪只受凉感冒发热。由于经过漫长的冬季饲养，体质较为瘦弱，在放牧时注意防止羊"跑青"，最好放牧前喂一定数量的干草，以防啃吃过量青草而发生胀肚。春季是家兔繁殖的黄金季节，要抓好长毛兔和肉用兔的春繁工作，要做到适时配种，如发现母兔在笼中表现不安或乱跑，用手抚摸时拱背举尾，阴户潮红、肿胀，表现发情正旺，此时即可配种，配种时注意壮年公兔配壮年母兔。3月，青草生长速度快，也是养鹅的最佳季节，因为鹅生长周期仅2个多月，可利用春耕前冬闲田上的青草养鹅，增加农户的收入。

上海浦东南汇桃花节，一群雏鸭吸引眼球（顾华锋　摄）

惊蛰不放蜂，十箱九箱空

在长三角地区、河南洛阳、天津及新疆的部分地区，惊蛰时节，随着天气逐渐变暖，进入到蜜蜂分蜂的旺季。这时，养蜂人忙着放蜂采蜜，喂粉治螨，酝酿着甜蜜的生活。养蜂业和农业关系密切。蜜蜂是群体生活的昆虫，可以经过人工饲养形成强大的群体，并可经过人工操纵为植物授粉。实验证明，由蜜蜂为农作物授粉给人类带来的经济收益是蜂产品自身价值的几十倍到百倍。蜜蜂授粉不仅使农作物产量大幅度提高，而且品质也能够显著改善，种子生命力加强。利用蜜蜂为温室内蔬菜授粉也是"菜篮子"工程建设和绿色食品工程建设的重要组成部分，因此蜜蜂被誉为"农业之翼"。

一般每年惊蛰节气后，天气变暖，各类农作物开始生长，开花。而此时的蜜蜂经过一个冬季的休眠，也已开始活动。因此，蜂农在此时应及时进行放蜂，让蜜蜂采食花粉。这不仅有利于蜜蜂的饲养，也利于果树的授粉，提高果树的坐果率，可谓一举两得。如果不能及时放蜂，则会造成蜂巢内的蜜蜂大量死亡。此谚语提示蜂农，应抓住农时节气，及时放蜂。

生 活 类 谚 语

惊蛰吃了梨，一年都精神

在苏北及山西一带流行惊蛰吃梨，蕴含着人们的生活经验。惊蛰时天气明显变暖，为此饮食应清温平淡，多食用一些新鲜蔬菜及蛋白质丰富的食物，如春笋、菠菜、芹菜、鸡蛋等，增强体质，抵御病菌的侵袭。惊蛰时节，虽有雨水，气候仍比较干燥，很容易使人口干舌燥、外感咳嗽。在这一节气，咳嗽者可食用莲子、枇杷、罗汉果等食物缓解症状，清淡饮食，少吃油腻、刺激的食物。

上海仓桥水晶梨基地合作社的村民采摘水晶梨（张海峰　摄）

民间有惊蛰吃梨的习俗，在山西祁县流传着一个传说，相传闻名海内的晋商渠家，先祖渠济是山西长治上党长子县人。明代洪武初年，带着信、义两个儿子，用上党的潞麻与梨倒换隔壁祁县的粗布、红枣，往返两地间从中赢利，积攒了一定的积蓄后，在祁县定居下来。雍正年间，渠家的第十四世传人渠百川在惊蛰日走西口，其父拿出梨让其食用，让他感念先祖贩梨创业的艰辛，吃梨是让他不忘先祖，努力创业光宗耀祖。经过不懈努力，渠家的第十七代源字辈时进入黄金时期，成为晋中八大富户之一。渠百川走西口经商致富，将开设的字号取名"长源厚"，走西口者也多仿效在惊蛰日吃梨，由这个故事引申出"离家创业""努力荣祖"之意。

惊蛰过，脱夹裤

惊蛰时节，万物复苏，阳气蓬勃上升，愈加旺盛，是春暖花开的季节。与之相伴而来的是细菌、病毒逐渐活跃，流行性疾病多发，诸如流感、流脑、水痘、带状疱疹、甲型肝炎、流行性出血热等。所以，在这一节气，要做好流行病的预防工作，勤加锻炼增强抵抗力。

中国南方大部分地区在惊蛰节气，气温已升至 10℃ 以上。其中，江南为 8℃ 以上，西南和华南已达 10～15℃。居住在江西萍乡的人们习惯在这一节气后脱掉夹裤，也就是加棉的厚裤子。而在中国最南方的海南地区，则是以这一节气为时间点，换下春装，着夏装，迎接夏天的到来。不过，民间习惯"春捂秋冻"，在惊蛰时节减衣时还要注意早晚温差，不可激进贪凉。惊蛰降水量增加，若不注重保暖，容易引发风湿性关节疾病。这时还应调整作息，早睡早起，适当加强体育锻炼，选择太极拳、散步、跳绳、踢毽、登山、慢跑这类较为柔和的运动方式，慢慢唤醒身体机能。易过敏人群在郊游踏青时要预防花粉过敏，随身携带必备药物。

三、常用谚语

惊蛰乌鸦叫，春分地皮干。　吉林、陕西

不到惊蛰不破土，不到春分不上山。　四川（阿坝）［羌族］

不怕惊蛰寒，只怕惊蛰雨。　福建（宁化）

打雷惊蛰前，四十八天雨绵绵。　四川

冻惊蛰，冷春分。　四川

未蛰先蛰，阴湿一百廿日。

未蛰先蛰，勿冰勿肯晴。

惊蛰三月中，气温渐渐升，午间常化冰，风力逐渐增。　吉林

惊蛰天气晴，五谷喜丰收。　吉林

惊蛰听不着雷声，大地还没睡醒。　吉林

惊蛰闻雷米如泥，春分无雨病人稀。　吉林

惊蛰干净白露晴。　海南（保亭）

惊蛰干雷米似泥，春分有雨病人稀。　广东（潮州）

惊蛰刮风百天旱。　山东（博山）

惊蛰回南风，天寒到芒种。　海南（琼海）

惊蛰雷一声，大地万物生。　天津

开河不过惊蛰。　天津（静海）

惊蛰冷，百物假。　山西

惊蛰雷，刀割骨。　福建（福鼎）

惊蛰雷开窝，二月雨如梭。　湖北（黄冈）

二月惊蛰闻雷，小满发水。　河南

惊蛰翻风暖得早。　广西（宜州）

不识字，不识墨，落种对惊蛰。　福建（平和）

村人懵懵懂懂，惊蛰好落种。　福建（武平）

搭田在惊蛰，虫死得笔直。　湖南

到了惊蛰，种子找食。　福建（将乐）

点豆点到惊蛰口，点一兜来打一斗。　湖南（郴州）

二月二龙抬头，过了惊蛰种豌豆。　山西（临汾）

二月惊蛰晴，高山树发青。　湖北（五峰）

未到惊蛰响雷霆，晴晴落落到清明。　浙江（台州）

过了惊蛰节，耕地不能歇。　吉林

过了惊蛰，庄稼偷歇。　山西（屯留）

过了惊蛰春分，万籽落地生根。　河南（郑州）

过了惊蛰地门开。　山西（浮山）

过了惊蛰节，春耕莫停歇。　广东

过了惊蛰节，老牛老马都犁得。　四川

过了惊蛰节，亲家有话田埂说。　湖南（岳阳）

过了惊蛰节，一夜一片叶。　湖北

过了惊蛰节，芋头要抢先。　河南（郑州）

过了惊蛰乱插犁。　宁夏（银南）

雷打惊蛰后，湖田做大路。　湖北

惊了蛰，快种麻；秆又粗，籽又大。　宁夏

惊蛰开犁，清明种豆。　宁夏

惊蛰荞麦春风豆。　湖南（零陵）

惊蛰忙耕地，春分昼夜平。　山东

惊蛰不停牛，家家户户忙种地。　吉林

惊蛰一犁土，春分地气通。　吉林

惊蛰、惊蛰，蚂蚁虫子冻得笔直。　江西（分宜）

惊蛰百草生。　天津（津南区）

惊蛰苞谷清明秧，种完黄豆过端阳。　湖北（巴东）

惊蛰边，好种辣。　湖南（湘潭）

惊蛰不藏牛。　山西（临县）、陕西

惊蛰不消地，顶多三五日。　山西（长治）

惊蛰不宜雨，一雨全年糟。　海南

惊蛰不在家，入伏不在地。

惊蛰吹吹风，冷到五月中。　广东（韶关）

惊蛰春分紧相连，耕田浸种莫迟延。　福建（龙岩）

惊蛰春分鱼结伴。　湖南（怀化）

惊蛰打雷喜，米面贱如泥。　河北（张家口）

惊蛰免烘火，寒到节气尾。　福建

惊蛰到，忙得跳。　云南（大理）

惊蛰到，青蛙叫。　湖南（常德）

惊蛰的雷，冬麦的害。　天津

惊蛰的麦子，清明的豆，叶叶儿长得绿油油。　甘肃（临夏）

惊蛰的桥，神鬼不敢跳。　宁夏（银南）

惊蛰地气通，小麦要返青。　河北（馆陶）

惊蛰地无隔。　山东（潍坊）

惊蛰冻得明，种谷拿去浸。　江西（于都）

惊蛰豆，寒露麦，霜降菜。　福建（晋江）

惊蛰豆，一薮萎。　广东（蕉岭）

惊蛰豆子发翼。　福建（龙海）

惊蛰断底凌。　河北（临漳）

惊蛰对清明，谷种两头停。　广东（开平）

惊蛰刮了风，十个胡麻九个空。惊蛰刮了风，撂掉高田种洼坑。　宁夏

惊蛰寒冷早撒秧，惊蛰暖和不要忙。　广西（荔浦）

惊蛰寒死牛，立秋晒死鱼。　海南（澄迈）

惊蛰河转边，春分河自乱。　宁夏（石嘴山）

惊蛰黄莺叫，春分就来到。　陕西（西安）

惊蛰雷鸣，晒谷心定。　广西（武宣）

惊蛰冷冷早撒秧，惊蛰热热莫要忙。　广西（宜州）

惊蛰麦出土，遍地虫儿出。　山东（临清）

惊蛰没转螺，大水十八回。　福建（永春）

惊蛰鸣雷，四十八日雨奏泥。　湖南（衡阳）

惊蛰牛躲山，稻穗披田畦。　海南（屯昌）

惊蛰栽下配种桩，立秋拔了正相当。　陕西（西安）

老牛怕惊蛰，嫩牛怕春分。　广东（连山）

懵懵懂懂，惊蛰好浸种。　新疆

穷人莫听富人哄，过了惊蛰才下种。　云南（昆明）

人老怕天寒，老牛怕惊蛰。　广西（百色）

田鸡惊蛰叫，大水来得早。　广西（永福、防城）

误了惊蛰望春分，误了春分瞪眼睛。　宁夏

蛰惊早，春分迟，春分插种最适时。　江西（龙南）

雾暖惊蛰节，当年麦了结。　宁夏

朔日值惊蛰，蝗虫吃稻叶，朔日值春分，五谷半收成。

瘦牛难过惊蛰。　海南（海口）

三戊惊蛰五戊社。　贵州（铜仁）

沤田过惊蛰，除虫不费力。　广东

有食无食，聊到惊蛰；惊蛰一过，无食也要做。　江西（兴国）

霜打惊蛰谷米贱。　海南（海口）

惊蛰到，脱棉袄。　江西（弋阳）

春　分

一、节气概述

春分，二十四节气的第四个节气，通常在每年3月19日至22日，太阳到达黄经0°进入春分节气。春分，意味着昼夜等长，农谚云"春分秋分，昼夜平分"。春分之后，太阳直射位置由赤道向北半球推移，北半球各地昼渐长夜渐短，南半球各地夜渐长昼渐短。

春分分三候：一候元鸟至，燕子从南方飞回北方；二候雷发声，雨水渐多、春雷常见；三候始电，雷雨天气伴有闪电。

江西大余县油菜花盛开（韩磊　摄）

春分时节，春耕春种农业生产活动由南向北渐次展开，进入一年最繁忙的阶段。北方冬麦要抓紧春灌、施肥、防御晚霜冻害；江南、江淮地区早稻育秧要注意浸种催芽、抢晴播种，还要抢抓春茶的追肥和防治病虫害工作。

春分节气我国各地有很多习俗，北方明、清两代皇帝常于春分这一天在北京日坛祭祀大明神（太阳），称为"春分祭日"。赣南、闽西、粤东地区客家人有扫墓祭祖的习俗，叫"春祭"，岭南一带"春分吃春菜"，江南稻作地区春分"粘雀子嘴"，部分地区还有春分"犒劳耕牛"和"放风筝"的习俗，各具特色。

春分阴雨天气较多，要注意调节房间的温湿度。由于春分时人体的血液和激素处于高峰时期，容易使体内失衡，所以这个节气的防治重点是春季皮炎、抑郁、失眠和高血压等疾病。春分时节的时令物产开始增多，北方主要有香椿、韭菜、荠菜、菠菜等，南方主要有春笋、草莓、菠萝、樱桃、芥菜、豌豆尖、芋头等。饮食上，要注重阴阳互补，互相搭配，有利于身体保持阴阳平衡。

福建霞浦春燕归巢（杨晋　摄）

二、谚语释义

气象类谚语

春分秋分，昼夜平分

春分，古时又称为"日中""日夜分""仲春之月"。《明史·历一》说："分者，黄赤相交之点，太阳行至此，乃昼夜平分。"昼夜交替是由地球的自转产生的，由于地球不发光也不透明，在同一时间里，太阳只能照亮半个地球，被照亮的半球为白天，没被照亮的半球为黑夜，地球自转一圈为一昼夜，白天与黑夜的分界线称为晨昏线。在春分（太阳到达黄经 0°时）这一天，太阳刚好直射赤道，此时，晨昏线经过南北极点，与地球的经圈重合，将所有纬线平分为两部分，一半位于昼半球，另一半位于夜半球，不论南半球或北半球，均等受到阳光照射同样面积，所以这一天全球昼夜几乎相等，均为 12 个小时。而在秋分（太阳到达黄经 180°）这一天，太阳再度直射赤道，晨昏线同样经过南北极点，与地球的经圈重合，将所有纬线平分为两部分，所以说"春分秋分，昼夜平分"。类似的谚语还有"春分对秋分，一阳对一阴""春分秋分，日冥日对分""春分秋分不算算，白天黑夜各一半""春秋二分，昼夜相停"。还有谚语进一步说"春分秋分，昼夜平均，气温上升，大地回春"，说明春分不仅是昼夜平分，在春分之后，气温逐渐变暖，我国大部分地区都已呈现出大地回春、生机勃勃的景象。

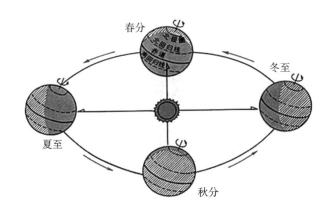

春分示意图

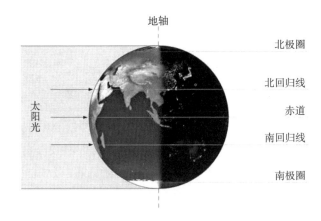

春分昼夜平分示意图

吃了春分饭，一天长一线

冬至是太阳直射点南行的极致，冬至这天太阳光直射南回归线，太阳光对北半球最为倾斜，太阳高度角最小，是北半球各地白昼最短、黑夜最长的一天。冬至也是太阳直射点北返的转折点，这天过后它将走"回头路"，太阳直射点开始从南回归线（南纬 23°26′）向北移动，北半球（我国位于北半球）白昼将会逐日增长。到春分这一天，太阳的位置在赤道的正上方，昼夜持续时间几乎相等，各为 12 小时。春分日过后，由于我们地处北半球，太阳的位置逐渐北移，开始昼长夜短，白昼的时间一天比一天长，到夏至达到最长。古时候没有钟表可以计时，妇女们在做针线活时候经常用到纺纱织布的线，她们发现自从过了春分日以后，每天做针线活都要比前一天多用一条线，然后太阳才会落山。也就是说春分日以后白天逐渐变长了，天亮会更早了，天黑更晚了。而这个"一线"的具体长度差不多是 1 米左右，换算成为今天的时间，大约也就是 1 分多钟，不超过 2 分钟。智慧的古人采用了针线活的"线"作计量单位，来比喻春分过后，白天变长的进度，虽然没有准确测量，但将春分后天气的变化表达得非常形象生动。

春雨似油，春雪似毒

开春后，陕北、渭北一带的冬小麦、油菜等越冬作物需要充沛的水肥，以满足其日益加快的生长发育需求，此时降下的春雨除了可以增加农田水分，还能够有效改善地墒状态，使正返青、起身的农作物水分养料充足，以保证它们的正常生长，这时如降下少量的春雪也可以起到同样的作用。但是，如果在冬小麦已经返青即将拔节的春分季节，突遇北方强寒潮天气，降雪次数较多，雪量较大，覆盖冬小麦的雪较厚而迟迟不能融化的话，将会使小麦苗无法正常进行光合作用，最终不能按时返青拔节，甚至导致小麦苗窒息而死。如遇这种状况，可以酌情给麦田撒些草木灰。草木灰是草本和木本植物燃烧后的残余物，其主要成分是碳酸钾（K_2CO_3），一般含钾 6%～12%，其中 90% 以上是水溶性，以碳酸盐形式存在；一般含磷 1.5%～3%；还含有钙、镁、硅、硫和铁、锰、铜、锌、硼、钼等微量营养元素。在等钾量施用草木灰时，肥效好于化学钾肥。所以，它是一种来源广泛、成本低廉、养分齐全、肥效明显的农家肥。众所周知，盐可以降低水的凝固点，播撒草木灰，可以促使雪尽快融化，也可以为农田增加钾肥。

春分时节降水增加，田中禾苗在雨水滋润下苗壮成长（李远波　摄）

春分无雨莫耕田，春分有雨是丰年

这是一句地域性很强的天气谚语，主要流行于湖南株洲地区。民间说"春分无雨旱半年"，是预测春分无雨当年会是一个旱年，旱情会持续很久，而春分有雨，则预示着以后几个月之中，雨水丰沛。古代很多地区灌溉设施比较缺失，农业生产很多时候只能依靠降水供给农作物生长，故而降雨与否对于农业丰收的影响很大。历代农民摸索出了这样的规律，春分时节如果不下雨的话，当年的雨水就不足，农田干旱，很难进行耕种，对于农业生产会带来不利的影响，严重的话可能无法种田。如果这个时节下雨了，当年的降水量会比较充沛，预示着一个风调雨顺的好年景，农田种植比较容易，对于农业生产和农作物的生长都是极为有利的，很容易取得丰收。事实上，春分节气期间的北方，出现降雨的几率明显要少于南方，所以说很多的农谚，大都带有很强的地域性，并不能广泛适用，各地每天的天气情况都不一样，所以农谚也很难做到统一标准，只能作为参考借鉴。随着现代灌溉设施日益齐全，对于农作物浇水，再也不像过去那样依靠下雨，可以在需要的时候随时进行浇灌，农业生产对于降水需求的依赖已经大大地下降了。

春分不暖，秋分不凉

从文字表面来看，意思是如果在春分节气天气还没有变暖和的话，那么到了秋分时节气温还是会很高。实际上蕴含着，以前天气预报不发达的时候，农民依靠着春分的天气变化，来预测秋分，从而提前未雨绸缪，做好农业生产和生活方面的准备。由于地球的自转和公转，四季的变化比较明显。而春分和秋分，作为二十四节气里面重要的两个节点，都是表明了当天白昼和黑夜时间一样的现象。区别在于春分之后，大地回暖，白天越来越长，而秋分以后，气温渐凉，黑夜越来越长。按照正常的节气物候变化规律来说，春分应该是比较暖和的，特别是黄河中下游地区及南方地区是温度上升、春暖花开的季节，但是如果没有变暖，那就说明了发生了气候异常或季节延迟，所以造成到了秋分该凉的时候却不凉。根据天气的规律来看，若是春分这天不暖和，天气还比较寒冷的话，说明了去年冬天比较冷，春分还有可能出现倒春寒的现象，这样会影响到接下来的秋天气温，到秋分时，或许夏天的余温还在，人们就感受不到秋分应有的凉爽。二十四节气最让人觉得神奇的地方就是很多节气之间都有气候变化的规律，人们通过自然界变化观察总结出四季存在着气候呼应。随着现代科学技术的发展，天气预报也越来越准确，无论是农业生产还是生活，要从实际出发，科学地利用俗语才好。

春分早报西南风，台风虫害有一桩

广东、海南等沿海地区认为惊蛰之后，蛰伏的虫类开始活动，如果春分时节早早地刮起了西南风，过度回暖的话，病虫害自然严重。西南风，指从西南方向吹来，吹往东北方向，正好位于高空角度为315°的风。气象上把风吹来的方向确定为风的方向。如果春分时节提前刮西南风，说明风向有异，后期很容易有台风灾害。如果连吹西南风5天以上，并常有浓积云，但没下雨，这种情况民间称"赤脚西南风"，则台风早，次数多，影响大。俗语说："寒热点风在作怪"。广东每到春分，是冷暖分界之时，通常

盲蝽象（又称臭娘娘）能为害多种果树及蔬菜、棉花、苜蓿等作物（吕忠箱　摄）

暖期的始点决定西南季风的早晚。西南风早，引导暖气流带来大量的热能，

而这热能多少和台风、虫害活动成正比例。经历年统计得知，春分节气若有4天以上西南风，风速在4米/秒以上，则当年台风和虫害活动较严重。台风，是发生在热带或副热带洋面上的低压涡旋，是一种强大而深厚的热带天气系统，台风最高时速可达200千米以上，所到之处摧枯拉朽，这种巨大的能量可以直接给农作物造成灾难。所以当农民发现春分节气有西南风前来报到的话，一定要提前做好农作物的防护措施，其中主要以预防台风和虫害为主。

农 事 类 谚 语

春分有雨家家忙，先种豆子后育秧

每年春分时节，陕南日平均气温上升至10～12℃时，汉江两岸较暖和的地区便开始了早春播种。这个地区的豆类作物多种于坡地和田棱上，豆类种子发芽需要充沛的地墒，出苗时更需要足够的水分，其水分吸收率在100％以上，也就是说发芽时种子吸收的水分相当于本身重量的一倍以上，因此雨后土壤湿润，应及时趁墒播种豆类。而水稻育秧，是在秧母田中培育，水稻育秧对温度的要求比豆类要高，秧母田的最低温度要求比豆类种子发芽所需温度高4.5℃，以18～22℃为宜。因此，春分逢雨以后，应尽早趁墒播种豆子，待豆子播种完后，气温又有所提升，再播种稻谷育秧。陕南地区北靠秦岭、南倚巴山，汉江自西向东穿流而过，从西往东依次是汉中、安康、商洛三个地市。其汉中、安康自然条件方面具有明显的南方地区特征，

农民在温室大棚内管护水稻秧苗（黄正华　摄）

主要栽种水稻。陕南是汉江的发源地,汉江自宁强起源流经汉中、安康地区进入湖北。陕南东部地区还有汉江支流——丹江,经由商洛地区流入湖北,因此,陕南地区水资源丰富,适宜种植水稻。春分逢雨时节,陕南农村家家户户都忙着点种瓜豆,播种后为保出芽率要给下种的地保温覆膜,趁着下雨还要给秧田蓄水,做好育(插)秧前的准备工作,一片忙碌的景象。

蚕豆不争田,春分借田边

蚕豆,别名南豆、胡豆等,一年生或越年生草本植物,是世界上第三大重要的食用豆作物。蚕豆富含营养,可以作为蔬菜和动物饲料。据宋《太平御览》记载,蚕豆由西汉张骞自西域引入中原地区。李时珍说:"豆荚状如老蚕,故名蚕豆"。万国鼎先生认为蚕豆的记载最先见于北宋宋祁的《益部方物略记》(1057年),叫做"佛豆"。如今四川仍称蚕豆为胡豆。我国蚕豆产区分为秋播区和春播区,西南及长江流域等秋播区蚕豆在秋季播种,来年春夏季收获;西北等春播区蚕豆春季播种,当年秋季收获。这句来源于宁夏银南地区的谚语,表达了宁夏作为蚕豆春播种植区域,其蚕豆栽种的最佳时间。蚕豆作为水稻、小麦和玉米等作物的良好前茬,在轮作或套作中占有重要地位。归纳起来,田埂种蚕豆主要有五大好处:一是不与其他作物争时、

蚕豆(杨祖华　摄)　　四川达州蚕豆苗正在开花(何德娟　摄)

争地；二是能改良土壤，充分利用地力；三是通过铲除田埂杂草，可减少虫源越冬基数；四是种植容易，管理方便；五是投资少，回报大，是一种本小利大、收豆又肥田的好作物。

春分种木薯，十种九得食

木薯原产巴西，被称之为"淀粉之王"，是世界近 6 亿人的口粮，于 19 世纪 20 年代引入我国，主要分布于广西、广东以及海南等地，其中以两广栽培面积最大。木薯种植时间为 2—4 月，广西宜州地区春分时节种植最为适宜，成活率最高。栽种木薯主要有两种方法：①种子播种；②块茎种植。块茎种植时要选择块茎比较大且外表没有破损或是腐烂的作种，然后看其发芽是否整齐完好。栽种前先将地整细，作垄起沟，施好基肥。根据不同的地形、土壤和环境温度，选择平放、斜插和直插三种栽种方式，将块茎或种子间隔 80 厘米左右进行栽种，然后盖好薄土。根据出芽情况做好补种、除草、施肥和病虫害防治工作。长成后收获期一般在 11 月至翌年 3 月，要在霜冻来临之前及时采收，也可通过栽培技术措施实现周年收获。收获时应尽量不要损伤块根，以免影响货架期。木薯含有一种有毒的物质，在食用前要把木薯中的毒素清理干净，以避免中毒。具体操作方法是：生木薯去皮，用清水加热煮熟，毒素就会溶解。木薯淀粉是美食烹饪当中的好帮手，它具有天然的强筋，口感柔软筋道，有薯香。木薯粉吃法多样，可以做珍珠奶茶里的珍

农民喜收木薯（何江华　摄）

珠、木薯面包、芋圆等，还可以搭配其他原料做两广特色小吃钵仔糕、水晶紫薯汤圆、水晶虾饺等。

春分过后，快种黄豆

黄豆一般指大豆，是一年生草本植物。大豆起源于中国，古代的五谷之一，称"菽"，在我国已有五千年栽培历史。考古发现可以追溯到 3500 年以前的洛阳二里头夏代遗址，文献记载最早追溯到周朝。至魏晋时期，已经有了"豆"这个名字，并且一直延续到今天。三国时曹植的《七步诗》"煮豆持作羹，漉菽以为汁。其在釜下燃，豆在釜中泣。本自同根生，相煎何太急？"说的就是大豆。作为我国重要粮食作物之一，大豆在东北、华北、陕西、四川及长江下游地区均有出产，以长江流域及西南栽培较多，以东北大豆质量最优。春播大豆气温是关键，一般日平均温度达 12℃时大豆可以发芽，达 15℃时大豆出苗比较整齐。湖南娄底地区春分时早晚气温一般在 11~28℃，正适宜播种大豆。由于春分之后，温度会逐渐升高，所以要"快种黄豆"。

黄大豆最常用来做各种豆制品、酿造酱油和提取蛋白质。因营养全面，含量丰富，被称为"豆中之王"，是最受营养学家推崇的食物。世界各国栽培的大豆都是直接或间接由中国传播出去的，全球大豆产量最高的国家分别是美国、巴西、阿根廷和中国，产量之和占世界大豆产量的比例为 86.8%。中国的大豆和豆腐的传播，为世界开拓了一个优质的植物蛋白资源，这是中国人民对世界的重要贡献。

春分胡麻社前谷，豌豆种在九里头

甘肃平凉地区一般在春分节气种胡麻，这里的胡麻指的是油用型亚麻。亚麻是随着丝绸之路输入中原的，所以又叫胡麻。中国亚麻籽油在山西、甘肃、宁夏、内蒙古等西北地区一带，也被俗称为"胡麻油"。但原料亚麻籽并不属于胡麻科，加之产量有限不为寻常百姓所拥有，因此名气远不如花生油、大豆油等响亮。胡麻（油用型亚麻）起源于近东、地中海沿岸，高约 1 米，为一年生草本植株，适宜在凉爽、湿润的气候生长。一般认为是在汉代传入中国，距今有 2000 多年的历史。关于胡麻的营养食用价值古人多有称赞，将胡麻作为药物最早见于《神农本草经》，载其可"补五内、益气力、长肌肉、填髓脑，久服轻身不老。"明代《本草纲目》说，常食胡麻有延年益寿功效。现代研究证明，胡麻籽中含有胡麻胶，可当做食品添加剂、化妆品原粉、医药原料等。胡麻籽榨油风味独特，芳香浓郁，油质清澈，是一种优质食用油，富含 α-亚麻酸及各种不饱和脂肪酸，在人体内可直接转化成 DHA 和 EPA。食用亚麻籽油，可以起到类似吃"鱼油"的效果，能健脑、促智、降血脂、抗血小板聚集、扩张小动脉和预防血栓形成等。但胡麻也并不是人人都适合食用，《本草从新》载："胡麻服之令人肠滑，精气不固者亦勿宜食。"现代认为患有慢性肠炎、便溏腹泻者忌食。甘肃平凉地区属大陆性季风气候，四季分明，凉爽干燥，是胡麻适生区和主要产区。

胡麻（油用型亚麻）的花与果实（王浩　摄）

春分不上炕，立夏栽不上

北方春分时节，天气早晚凉，中午热，这是农民都抢抓春耕生产的时间，田间作业主要以松土、整地、施基肥为主，为种植农作物做好前期的准备工作。由于天气比较寒冷，地温很低，所以不太适宜春播。古代没有反季节栽培技术，农村育苗育秧没有日光温室和蔬菜大棚，北方农民种瓜点豆、抢播早稻等农作物时，都会提前进行育苗。为了克服季节上的低温不利条件，大都会选择在农家的土炕上设置苗床，用来培育红薯或蔬菜定植用苗。将拣好的种子放入盆内，倒入温水，然后放在热炕上，土炕的特点是可以随时烧柴加温，确保能够为所育的种苗提供较为合适的温度环境。良好的温度和湿度条件，可以促进种子发芽，待出苗长势良好，就进行移栽或直接播种，这样可为春耕生产创造更加有利的条件。而如果在春分时农民不进行育苗，那就不能为春播耕种创造良好的条件，显然是不利于春耕春播。这句谚语，就是要告诫农民朋友抢抓春季的最佳节气，进行栽插等春播工作，必须做好耕种生产的前期准备，不能盲目播种；待到立夏时节，雨水增多，天气温暖湿润，正是移苗、移植的最佳时节。所以，要想提高出苗率，保障苗肥苗壮，应在春分前后育苗育秧。

春分种，秋分收，花生一粒也不丢

作为食用广泛的一种坚果，花生在我国广有种植、产量丰富，以河南、山东生长的最佳。花生按生育期的长短分为早熟、中熟、晚熟三种。作为喜温作物，花生的种植温度一定要适宜。从谚语提到的播种期看，这句谚语应流行于南方地区。四川有谚语说："春分春分，好点花生。"花生在气温稳定在15℃以上就可以播种，只要确保花生荚果在20℃前完成发育，播种期还可以推迟一点，故也有谚语说"花生无季节，种到端午节。"河南、山东一带，花生的播种就是从5月开始，最晚可到6月中旬。从农民多年种植经验来看，早花生会比晚花生生长得更好，收成更丰。春分时节，气温持续回升，此时雨水充沛，阳光明媚，有利于花生等作物播种。到秋分时节，经过6个月的生长，花生结实率高，且籽粒饱满，这时一定要及时采收，过了秋分，天气变冷，连接花生果的根须受冻腐烂会造成花生果断在泥土里，收起来就会很麻烦，甚至不能完全采收。这句谚语蕴含的道理就是要不违农时，不管是播种、耕耘还是收获，都要按照节令来。

春分种芍药，到老不开花

芍药是一种种植历史悠久的花卉，也是我国的传统十大名花之一，有花中丞相的美誉。芍药是多年生宿根草本植物，通常以分株繁殖为主，分株繁殖的时间以阳历9月下旬至10月上旬为宜。由于芍药开花期在阳历4—5月，故不宜在春分期间分株繁殖，否则会使植株生长不良，正常生育规律受到破坏，导致不开花。清代梁章钜《农候杂占》记载："芍药大约三年或二年一分，分花自八月至十二月，其津脉在根可移栽。春月不宜，以津脉发散在外也。故谚云：'春分分芍药，到老不开花。'"这是因为，芍药分株后，当年根系需要有一段恢复及生长的时间，而春分时节，芍药经过冬季休眠已经开始生长孕蕾，此时分株，伤害很大，伤口不易愈合，直接影响当年开花和生长，甚至以后也难以开花。

芍药分株，要先将植株掘起，抖落附土，然后在芍药自然生长的缝隙处将株分开，或用刀切开，使每丛子株具2～3个芽，分株时粗根比较壮的要予以保留。另芍药的根很脆，可以先在阴凉处晾干后再分株，分株的切口最好涂以硫黄粉，以免病菌侵入。芍药分株的年限依栽培目的而异，以观花或切花为目的栽培，一般在6、7年后分株一次，而药用栽培则在3～5年分株一次。另外，芍药根系较深，栽植前应当深耕，开花前除顶蕾外，其他侧蕾全部除去，以便养分集中，开出较大的花朵。

春分麦梳头，麦子绿油油

陕西渭北一带认为春分时节给麦田耙地，就像梳理头发一样，麦苗便可以长得更好。渭北在陕西特指西起宝鸡，东至黄河，南与渭河平原相连，北接黄土高原丘陵沟壑区这一区域。渭北的粮食作物以小麦、玉米、油料为主。春分时节，以陕西为例，此时平均气温已回升到9℃以上，冬小麦逐渐返青和拔节，已全面进入积极生长阶段。渭北多旱，地墒较差，这时节冬小麦正普遍返青，而杂草往往也趁机疯长，各种因素都影响着冬小麦的生长，因此有必要对麦田进行全面的耙耱整理，可对土地起到镇压和疏松的作用。麦田经耙耱后，可以将土壤深处的墒提上来供返青苗应用，表土变疏松，有

春分时节，农民正在麦田里除草（李俊生　摄）

助于保墒，耙糖之后的镇压作用可以促使分蘖节壮实，使拔节后的麦秆健壮，新生的杂草幼苗根浅，很容易将其耙出消灭，从而避免与麦苗争夺水分和养料，保证麦苗的正常返青和生长。只有正常返青了，冬小麦的拔节才能顺利进行。因为冬小麦的拔节时期也是小穗分化后的孕穗期，即农家所说的"胎里富"的关键期，如果此时水肥充足，冬小麦的小穗便分化得好，小穗多，即农家所讲的"麦山"多，麦山多，麦穗就大，每穗的颗粒就多，这便奠定了冬小麦高产丰收的基础。

节令到春分，栽树要抓紧；春分栽不妥，再栽难成活

春分时节是农事活动最为繁忙的时候，在果树的栽培上，要求必须要在春分期间抓紧定植完毕，所以有"节令到春分，栽树要抓紧""春分栽不妥，再栽难成活"的说法。春季定植果树，都讲究一个"早"字，要求做到宜早不宜晚，最迟也必须要在春分这段时间定植完毕，过了清明节就不宜再栽植了。这主要是因为早栽的幼苗通常先生根后发芽，当苗木大量发芽发育，需要供给水分和养分时，它的根系已恢复了吸收土壤水分的能力，这样苗木的抗春旱能力也强。另外早春的土壤墒情好，空气湿度较大，苗木散失的水分少。假若栽植过晚，如清明节后，气温回升得比较快，定植后的果树幼苗发芽发育快，但根系还未恢复吸收土壤养分的能力，会造成水分和养分的供应不足，导致苗木缓苗期延长，遇上缺水严重时苗木就会干枯而死，进而影响成活率。一般来说，北方地区栽植果树，最佳的时节是

幼儿园小朋友们一起给刚刚栽下的小树浇水（苏弼坤　摄）

秋季，而南方则是冬春季，春季也需要早栽，立春前后栽植最适宜，等到春分时节栽植的话，似乎都有些晚了。在以前，相当一部分地区人们都不会选择在春分栽植果树，因为春分这段时间，多数情况下天气都是晴空万里，气温回升，雨水较少，定植后果树苗成活率会受到很大影响。栽植下去的果树，过一段时间，像是干枯了，但折断以后，又尚未脱水干枯，很难萌发新芽。

春分时节，果树嫁接

果树嫁接通常采用两种方法：①芽接法。视各地气候条件而定，在春、夏、秋三个季节都可以进行。②枝接法。一般在春季采用，自3月上中旬开始，至4月底结束，尤其以春分时节为最佳。这期间温度、湿度条件适宜，砧木、接穗内营养物质含量较高，砧木也达到一定的粗度，接穗芽体发育充实，因而嫁接成活率较高。操作方法：春分前后，选择好嫁接树苗（砧木），选要嫁接的树木，取枝条和砧木粗细相当的用刀离地10厘米左右平切掉砧木，沿一侧切开皮与木质相接处0.5厘米左右，砧木粗者可以调整，将嫁接条留1~3个芽，切断，将下部削成一面去皮，削平，一面削成斜面，把去皮削平那面对准砧木，使皮对皮，这是关键，如果不一样粗，只要有一半以上的皮对合上，就能成功。削面一定要光滑，皮皮对合一定要严密，用塑料薄膜包上；切面一定也要对合上，树条切的地方同样要包上，避免被风吹干

农民忙碌着为杏树嫁接（冯广纳　摄）

枯死，等树枝慢慢发芽，一年愈合成功后可以去掉塑料束缚。果树嫁接，要特别注意选择时间，嫁接过早，接芽发育差，砧木过细；嫁接过晚，砧、穗形成层细胞停止分裂，这两种情况均不利于嫁接成活。可见，想要嫁接出好的果树，一定要选好最佳嫁接时间，掌握好正确的嫁接技术和种植管理方法。

春分虫儿遍地走，农民们忙动手

春分时节，天气明显回暖，土壤开始松动，蝼蛄、金龟子、地老虎、金针虫等地下休眠的害虫也开始活跃起来。蝼蛄以成虫或若虫在土下越冬、冬季休眠、春季苏醒、出窝迁移、猖獗危害、越夏产卵、秋季危害。春季蝼蛄出窝迁移通常造成植物苗根和土壤分离，根部失水，导致苗木死亡。秋季越夏成虫、若虫又上升到土面活动取食补充营养，为越冬作准备，成为一年中第二次为害时期。金龟子的幼虫（蛴螬）是主要地下害虫之一，危害严重，常将植物的幼苗咬断，导致枯黄死亡。金龟子是农作物、果树的大害虫。地老虎又名土蚕、切根虫等，是我国各类农作物苗期的重要地下害虫，我国记载的地老虎有 170 余种，已知为害农作物的大约有 20 种左右。金针虫是叩甲幼虫的通称，广布世界各地，危害小麦、玉米等多种农作物以及林木、中药材和牧草等，多以植物的地下部分为食，是一种主要的地下害虫。针对这些害虫，可采用物理防治、化学防治、生物防治和诱杀防治等手段杀灭，来

金龟子（朱怀忠 摄）

提高农作物的成活率和产量。这句农谚意在提醒农民要加强防治害虫，以确保农作物的丰收。

春分茶，发嫩芽；立夏茶，粗沙沙

春分时节，我国南方多地气温适中，雨水充沛，如果没有大的倒春寒现象，茶树开始萌发新芽。此时，茶芽肥硕，茶叶浓绿而柔软，各种营养物质的含量高，茶味也鲜活，香气扑鼻，是采制春分茶的最佳时机。春分茶，即是春分时节采制的茶，通常称之为"明前茶"。西湖龙井、碧螺春等上等春茶皆可以算在内。茶谚说："惊蛰过，茶脱壳；春分茶冒尖，清明茶开园。"春分茶的采制，以独芽或一芽一嫩叶为佳，即茶树新发出的茶芽，刚长到一芽或一芽一叶时，就及时采下。独芽茶，外形或扁平或如针，立挺，绿莹，煞是好看；一芽一嫩叶的茶泡在水里，叶如旗、芽似枪，如古代的猎猎旌旗，被称为"旗枪"。春分茶（即明前茶）以其色泽、香气、口感俱佳被视为茶中精品。另外，春分茶还贵于其特别的功效，因为春季气温适中，雨量充沛，此时的春茶一般无病虫危害，无须使用农药，茶叶无污染且富含多种维生素和氨基酸，于人体最为有益。除了春分茶，春季还有"雨前茶"（又叫二春茶，为清明到谷雨之间采摘）也属茶中精品。但如果到了立夏，由于气温升高，茶叶生长迅速，会变得粗大苦涩，已经不适宜饮用。像"夏前宝，夏后草""立夏茶，夜夜老，小满过后茶变草""茶过立夏一夜粗""立夏三天茶生骨""好茶是个宝，坏茶一堆草"这些朴实的农谚，正是茶农经

春分节气农民在茶园采摘茶青（张斌　摄）

验的总结。

春分鱼开口，秋分鱼闭嘴

长三角地区傍江临海，素有"鱼米之乡"的美誉，水产养殖业发达，是中国重要的水产养殖区，养殖面积及数量较多的淡水品种为鲫鱼、草鱼、鳊鱼、青鱼和鲤鱼等温水性鱼类。鱼类是食性广但摄食量不大的低等变温动物，它们一方面消化功能不强，另一方面体温随水温变化而变化，无需消耗能量以维持一定的体温。淡水鱼类肠道细短，有的甚至无胃。鱼的消化功能同水温关系极大，温度适宜就特别能摄食，当水温下降到8℃以下或升至32℃以上时，鱼类一般不爱吃食，因此摄食季节性强。温水性鱼类，在10℃以上才摄食生长，10℃以下则进入休眠状态。春分逢大地复苏，万物生长之时，随着气温的上升，水温也随之上升，但尚未达到温水性鱼类的摄食温度。此时，各种鱼类还处于半冬眠状态，只逐渐开始活动并不开口进食。秋分时节，气温逐渐下降，鱼类活动开始减少，摄食也随之减少。随着全球的变暖和人工养鱼技术的发展，春分时节如遇晴好天气，人工养殖的鱼类可以用少量的精饵料引鱼类开口吃食。一般到立冬时节，人工养殖的鱼类才会停止喂食。由此看来，传统的说法"秋分鱼闭嘴"（停食）显得早了一点。

生 活 类 谚 语

春分无雨闹瘟疫，春分有雨病人稀

春分节气前后，如果都是晴天，太阳光照强烈，大地升温快，容易促使各种病毒病菌大量滋生。春分无雨闹瘟疫，意思是说春分这天不下雨，那么说明这个春天会比较干旱，干旱会使空气中弥漫的花粉、灰尘和病毒病菌四处传播，从而导致疫病的发生。农民经验，大旱会导致农作物无法播种和当年收获减少，同时大旱之年往往也会跟着出现瘟疫。据历史记载：清代咸丰十一年，从春天开始，山东就发生大旱，农村收获大大减少，一些地区瘟疫也伴随着出现，如滕县"疫大作，损口不胜其计"。古代科学技术落后，医疗手段不发达，对这些疫病既无防疫方法和措施，又无治疗技术，疫病很容易发展成为可怕的"瘟疫"。一旦疫病暴发，只有任其自然发展，成为"万户萧疏鬼唱歌"的局面。如果春分节气前后，冷空气活动频繁，产生大风或者连绵阴雨使气温降低，将会遏制病菌的大量滋生，降低病毒传播。还有谚语说"春分有雨春不旱"，表明春分这天如果下了雨，那么春季很可能经常下雨，而雨水会把空气里的花粉和灰尘等杂质洗刷干净。如果春天气候适宜，空气湿度好，人们的呼吸系统就不会出现疾病，从而保证了人体的健康，所以就有"春分有雨病人稀"的说法。

春分到，蛋儿俏

此谚语反映了我国民间春分的习俗。在春分这一天很多地区都会有竖蛋习俗。竖蛋主要选用鸡蛋，人们相信在春分这一天把鸡蛋竖立起来，对于家庭人丁兴旺有很好的寓意和作用。由于家家户户都要竖蛋，甚至连鸡蛋都变得紧俏了。春分竖蛋，大多会选择一些产了几天之后的鸡蛋进行竖立，因为刚刚产下的鸡蛋是不容易竖立起来的，而产下几天之后的鸡蛋，由于蛋黄已然沉淀受力更易均衡，所以利于将鸡蛋竖立起来。至于选择在春分这一天竖

江苏省扬州市邗江区美琪学校开展"立蛋"主题活动（孟德龙　摄）

鸡蛋，是因为"春分春分，昼夜平分"，春分当日是一年之中昼夜最为平衡的一天，阴阳也是属于最中立的阶段，而鸡蛋则是代表着生命的延续。能够在这一天将鸡蛋也作为平衡的支点，竖立起来，则是预示着生命的繁衍是相当旺盛的。还有一种说法是，地球在这一天相对引力也是属于最平均的，受力点是最容易实现平衡的，所以在这一天容易把鸡蛋竖立起来。很多科学家认为，蛋壳上有许多高0.03毫米左右的突起，3个突起可构成一个三角形的平面，如果使鸡蛋的重心线通过这个三角

形，就可以实现"竖蛋"了。因此，鸡蛋其实在一年中的任何一天都可以竖立。

三、常用谚语

春分出日头，大寒行春令。　福建（漳州）

春分不浑，清明不明，夏至一到不留情。　海南（定安）

春分打雷雨水多。　河南（许昌）

春分刮西风，阴雨天气数不通。　湖南（湘西自治州）

春分西风多阴雨。　湖南（株洲）

春分吹南风，麦收加三分。　宁夏

春分刮东风，必定有收成。　宁夏

雷打春分，雨下一春。　福建

春分有雨饱万户，芒种多雨饿千家。　山西（临猗）

春分有雨麦根烂。　河南、山西（汾阳）

春分有雨万物收。　陕西（榆林）

春分雨三场，顶喝人参汤。　山西（临猗）

分前雨，卖儿女；分后雨，买马骑。　宁夏

春分无雨不栽田，秋分无雨不作园。　湖北

春分无雨又无云，生产作物少收成。　四川

雨春分，冷死人。　广东（阳江）

春分三场雨，遍地生白米。　山西

春分雪水溶成河，豌豆麦子不上场。　陕西（榆林）

泡春分，晒清明。　四川、湖北、山西（晋城）

春分地不干，清明雪常见。　黑龙江（哈尔滨）［满族］

春分断雪，谷雨断霜。　四川（三台）

春分雪，夏至风雨不停歇。　福建

三色春分，日晒清明。　湖北（嘉鱼）

春分晴，棉树结铜铃。　广西（柳城）

春分日植树木，是日晴，则万物不成。　山东

春分后，无长冷。　广东（连山）

过了春分不烂秧。　陕西（汉中）

若要米粒大，春分节令把种下。　广东

撒谷近春分，冷死无人恨。　广东（番禺、顺德）

插秧过春分，得不得由天分。　海南（海口）

除夕沤臭肉，春分沤臭谷。　广东（连山）［壮族］

春分在社前，斗米换斗钱；春分在社后，斗米换斗豆。　广东

麦到春分日夜长。　上海

吃了春分酒，闲田要耕好。　浙江（丽水）

春分不种麦，别怨收成坏。　吉林、河北、天津

春分春分，种麦当紧。　山西（河曲）

春分锄到小满，一亩多打一担。　山西（临猗）

春分遍地犁，秋分遍地镰。　宁夏

春分东方有青云，这年麦子好收成。　湖南（湘西自治州）

春分麦动根，一刻值千金。　山东（泗水）、浙江、河南、山西

春分刮北风，春麦不扎根。　陕西（绥德）

春分不种花，心里似猫抓。　山东

春分对秋分，一百八十天打转身。　湖南（零陵）

爱谷爱豆，春分前后。　广东（高州）

春分豌豆压折蔓，一坰要打八九石。　甘肃（天水）

春分吹南风，豌豆缠人身。　宁夏

春分风如雷吼，豌豆不出犁；出了犁沟，扛破拳头。　宁夏

春分洋芋清明秧，秋分麦子寒露豆。　云南（昆明）

春分上炕，山芋秧壮。　河北（完县）

春分秫秫秋分麦，立秋时候种荞麦。　河南（扶沟、平顶山）

春分种苞谷，清明种高粱。　河南（开封）

春分前后种青稞。　宁夏（固原）

春分一过土消通，青稞小麦接连种。　甘肃（定西）

春分种麻种豆，秋分种麦种蒜。　新疆

大麻种在春分前，叶大皮厚又耐寒。　甘肃（平凉）

二月春分快种荞，过了季节就不好。　甘肃（天水）

春分春分，好点花生。　四川

春分前后晴，桑叶加一成。　江苏、浙江

不到春分地不开，不到秋分籽不来。　宁夏（银川）、山西（朔州）

春分菠菜谷雨菜，清明前后种甜菜。　长三角地区

春分瓜，清明麻，谷雨花。　广东（高州）

春分到，把种泡，点了玉米忙撒稻。　西南地区

春分到了种菠菜，清明前后种甜菜。　陕西

春分不在家，夏至不在地。　河北

不分不种，一分就种。　江苏（南京）

春分，笋满土墩。　福建［畲族］

春分，种子土内伸。　福建（南安）

春分春分，种子蛮扔。　福建（三明）

春分百草齐发芽，水暖三分种下泥。　广东

春分前后扫蚕蚁，谷雨前后蚕白头。　河南（濮阳）

春分抱子，清明前后扫白纸。　湖南

春分不刮风，万物不扎根。　陕西

春分不耙地，好比蒸馍走了气。　内蒙古

春分虫出蛰，树条返青软。　黑龙江（大庆）

春分春社，站在路上讲话。　江西（萍乡）

春分地皮干，干湿两相间。　吉林

春分地气通，解冻日日增。　山西（雁北）

春分分百鸟，秋分分禾苗。　福建（建阳）

春分分流，伏夜东流；秋分分流，冬夜西流。　山东（蓬莱、黄县）

春分分南风，农人无大忧，春分分北风，棉衣斗笠抗大风。　江西
（南城）

春分过后，下子不丢。　陕西（安康）

春分节，快耖田，四型五耙做周全。　（四川）

春分九尽头，犁耧遍地走。　宁夏、山西（屯留）

春分时节快插犁，抢种一粒收万粒。　吉林

时到春分昼夜忙，清沟排涝第一桩。　湖北（鄂西）

春分埋种，清明开挖。　浙江（象山）

春分牛浸溪，早稻得不多。　海南（屯昌）

春分河自烂，捞鱼拣河炭。　山西（河曲）

春分黄鳝往上游。　安徽（肥东）

春分鱼散塘，水减三分凉。　贵州（黔东南）

春分清，鱼成对，鸟成双。　湖南（湘西自治州）［苗族］

鸟雀吃了春分水，开始对对许。　福建（顺昌）

劝君莫打三春鸟。　福建

春分不冷，棉衣可捆。　广西

春分暖过头，布衣换棉袄。　福建

春分前后，大麦豌豆。

春分麦起身，雨水贵如金。

春分南风，先雨后旱。

春分日西风，麦贵；东风，麦贱。

春分阴雨天，春季雨不歇。

春分雨至，防雹袭击。

春分降雪春播寒。

春分社日晴，勤人也同懒人平；春分社日雨，勤人做去站站起。

春分一声雷，黄米贱如泥。

春分前冷，春分后暖；春分前暖，春分后冷。

春分腊春社，禾米在山下；春社腊春分，禾米出大村。

春分蛤蟆叫，秧要种三道。

春分前好布田，春分后好种豆。

春分前后怕春霜，一见春霜麦苗伤。

春分半豆，清明全豆。

春分豆苗粒粒伸。

春分天暖花渐开，牲畜配种莫懈怠；春分天暖花渐开，马驴牛羊要怀胎。

春分橄榄两头黄。

春分节，把树接，果树佬，没空歇。

春分小黄鱼，起叫攻南头。

青蛙春分初鸣，秋分终鸣。

春分落雨到清明，清明落雨又来晴。

清　　明

一、节气概述

清明，二十四节气的第五个节气，通常在每年 4 月 4 日至 6 日，太阳到达黄经 15°进入清明节气。清明，意味着气清景明、万物皆显，农谚云"清明一到，农夫起跳"，从大江南北至长城内外，到处是繁忙的春播景象。

清明分三候：一候桐始华，白桐花绽放；二候田鼠化为鴽，喜阴的田鼠不见了踪影，鹌鹑之类的小鸟跃上枝头；三候虹始见，雨后天空清净透彻，可见到彩虹。

清明是我国民间"八节"（春节、元宵、清明、端午、中元、中秋、冬至和除夕）之一。清明祭扫始于古代帝王将相行"墓祭"之礼，后来民间亦相效仿，于此日祭祖扫墓，这是中华民族通行的风俗。清明节前后，春光明媚，杨柳泛青，莺飞草长，郊外野游，谓之踏青，因此清明节又称"踏青节"。这天人们举行荡秋千、蹴鞠、打马球、插柳等一系列活动。

清明一到，气温上升，除东北与西北地区外，大部分地区的温度已升至 12℃，大江南北正是春耕春种的大好时节，因而有"清明前后，种瓜点豆""植树造林，莫过清明"的农谚。清明时节，荠菜、香椿、韭菜、马兰头、蕨菜、枇杷、柠檬、芒果、桑葚、榆钱等许多新鲜蔬菜水果上市。清明节气又是食用螺蛳最好的季节，有"清明螺，赛过鹅"的说法。

二、谚语释义

气象类谚语

清明难得晴，谷雨难得雨

每年 4 月份，我国大部分地区会受到来自海洋夏季风的影响，将会带来大量的雨水。位于低压南部的南亚、东南亚及中国西南一带，盛行西南季风；位于低压东部的中国东部地区，盛行东南季风。通常夏季风在 3 月初影响中国华南沿海，然后以渐进和急进两种方式向北推进。东亚季风是影响我国气候的重要因素之一，我国地处欧亚大陆东部、太平洋西岸，冬夏高低气压中心的活动和变化显著，季风的影响强烈，是一个比较显著的季风区。除新疆、柴达木盆地中部和西部、藏北高原西部、贺兰山和阴山以北的内蒙古地区属大陆性无季风气候区外，其他地区均属季风区。因此，江南、华南、江淮南部、江汉南部、四川盆地东部这些地区，清明节期间会有不同雨量的降水。中东部大部分地区的降雨量将偏多，尤其是华北中南部、黄淮、江淮、江汉、江南中北部、华南北部等地。而谷雨时节已是暮春，此时东风刮得紧，天气显得非常干燥，这些地区很难有雨下。因为这个时候冷空气已经北上，副热带高气压控制着大气压，南方的暖湿气流还没有到达北方，这个时候下雨是非常难的。

江苏苏州受冷暖空气交汇影响，普降绵绵春雨（王建中　摄）

清明断雪不断雪，谷雨断霜不断霜

我国东北、华北北部地区由于地理位置偏北，清明时节还可以看到降雪，谷雨时节还可能见到霜，比如说在内蒙古地区到谷雨晚霜尚未结束。清明时节，黄河流域气候温暖，草木生长旺盛，空气清新，春光明媚，可是东北地区、华北北部由于地理位置偏北，还没有"芳草连天碧，杨柳万千条"的浓厚春意，草木刚开始萌发，山林、田野刚刚露春意，在清明节前后的这段时间里，气温昼夜温差很大，而且气温来回波动明显，往往这个时候经常出现突发性的降雪，给农作物造成很大的伤害。

清明时在另一些地区气候又怎样呢？古代诗人的诗句为我们作出了很生动的回答。桃红柳绿的黄河中下游地区正是"柳近清明翠缕长，多情右衮不相忘"，江南一带是"清明时节雨纷纷，路上行人欲断魂"，岭南是"梅熟迎时雨，苍茫值小春"的风光。到河西走廊则又是另一番景象："绝域阳关道，胡沙与塞尘""黄河远上白云间，一片孤城万仞山"。及至东北北部以及青藏高原，则不仅是断雪不断雪，而且是长年"千里冰封，万里雪飘"。同一节气，反映在全国各地的气候和物候上的差异是何其鲜明。

清明前后北风起，百日可见台风雨

南方地区每年在这段时间内吹二级以上的偏北风（西北或东北），谓之"清明前后北风起"。在这段时间内的第一天吹偏北风定为起报点，后推100天左右将有台风或大雨出现，即"百日可见台风雨"。

台风的水平范围，一般呈椭圆形。清明节后100天的夏季，影响到我国沿海的台风，直径大多达到1000千米以上。在这样大的水平范围内，各处风向的分布，却是很有规律的。因为台风是低气压，它的中心气压最低；当空气从四周向台风中心集中时，要受到地球自转的影响，因此风向要偏转一个角度。这种偏转，造就了北半球台风的水平范围的风向，总是以反时针方向从四周吹向中心。所以台风区各处的风向是不同的，但在一定地方又有一定的风向。另外，在台风区中，愈接近台风的中心，空气愈密集，那里的风向，几乎都是沿着以台风中心为圆心的圆周运动，因此风向以反时针方向指向中心的偏角也小；离台风中心愈远，这个偏角逐渐增大。同时，越接近台风中心，风力就越大；离台风中心越远，风力则越小。影响我国东南沿海的台风，大多是从东南方向转移过来的。当它中心还在琉球群岛以北的海面时，其西北边缘可能已伸抵上海地区了。这时上海地区并不会因为台风从东方移来而吹东南方，这时吹的是偏北风。

清明刮了坟头土，哩哩啦啦四十五

清明时节，南北的温度相差较多，气压梯度较大，所以风经常是很大的。南北气流的冲突就多发生，因此气旋频繁，雨天较多。哩哩啦啦，指连续下雨。清明节前后，东南海洋上的暖湿空气开始活跃，与北方南下的冷空气交汇，往往形成降雨。而且由于这个季节冷暖空气在江南上空交锋频繁，因此常常出现绵绵细雨。清明节降雨多是锋面雨。锋面在清明节气通常年份主要分布在长江流域、淮河流域、黄河流域的南部地区。这也是江南地区清明时节雨纷纷的原因。每年清明节前后，盛行来自海洋的夏季风，这将会带来大量的雨水，给农民的春耕生产带来方便，所以有"春雨贵如油"之说。来自海洋的暖湿气流将会在大江南北徘徊，所以又有"春雨绵绵"的说法。尽管如此，但并不意味着每年清明节就一定会下雨，不是每年都"清明时节雨纷纷"。

二月清明一片青，三月清明草不生

清明节在阳历4月5日前后，在常年是阴历三月初。如果碰到有闰月的阴历年，很可能在阴历二月初。那么，阴历二月行的是阳历4月的天气。阴历三月行的是阳历5月的天气，比较平年的2月、3月，要暖得多了。

农谚之所以要说"二月清明一片青，三月清明草不生"，是与"春脖子"的长短有直接关系的。"春脖子"是一个农业上的俗语说法。从节气上讲，"春脖子"一般指的是立春之后封冻的河流及大地升温解冻后到春播之前，进行备耕备播的一段时间。民间计算"春脖子"的长短是要看农历年春节到公历年清明之间的具体天数。凡是清明赶在农历二月交接的年份，都是"春脖子"短的年份。因为春短，立春早，气温相对回暖快，田间作物及草木因此会萌发较早，到了清明也会生发长得郁郁葱葱。而反观清明赶在农历三月的年份，无不都是"春脖子"长的年份。因为"春脖子"长，立春拖得晚，气温相对"春脖子"短的年份回暖慢，同样也会使田间作物和草木萌发的时间有所延后。这样一来，即使到了清明节气，因为受到气温相对不高的影响，田野里的庄稼和草木在清明时节并不会表现出太多的生机和绿意。

游客在河南省开封市清明上河园内游览（李俊生　摄）

农 事 类 谚 语

清明前后，种瓜点豆

清明时节，除了是一个踏青的好时节，同时也是春耕春种的大好时节。此时淮河以南地区日平均气温已升到12℃以上，适于瓜豆等作物田间播种以及移栽棉花的播种育苗。既然可以种瓜点豆了，那么到底哪些瓜可以种了，什么豆可以点了呢？

此时可以播种的瓜果类有西瓜、香瓜、甜瓜等；蔬菜类有黄瓜、南瓜、冬瓜、苦瓜、丝瓜等。同时常见的一些豆类蔬菜基本都可以播种了，如四季豆、豇豆、扁豆、豆角、毛豆等。总体来看，这些瓜果蔬菜的生长特点和生长时间基本都有共同之处。它们种子发芽的适宜温度基本上在15～30℃，即便现在有些地方温度可能还达不到某些瓜果蔬菜的发芽温度，但是通过一定的育苗方法，基本可以实现种子发芽并健康生长。例如，现在常用的播种后覆盖地膜的方法或者是直接大棚育苗的方法，都能帮助种子发芽，提前育苗。当然，瓜和豆等作物的适宜播栽期主要取决于气温条件，地理纬度越往北，适宜播栽期越推迟。"清明前后，种瓜点豆"是人们对于春耕农忙时节的一种经验总结，主要是告诉人们，春耕时节来了，各种作物的播种都要提上日程了，节气不等人，切不可误了农时。

清明时节，农民正在西瓜大棚地里劳作（邓龙华　摄）

清明种玉米，处暑好收成

玉米在我国的种植面积十分广阔，各个地区种植时间也有所不同，从南方最早 2 月份到北方最晚 5 月份都有种植，越往北种植的时间越晚。不同地区种植制度也不同，东北、华北北部及西北部分地区为一年一熟春玉米区；华北平原以一年二熟夏玉米为主；西南和南方丘陵山区地形复杂，高寒山区以一年一熟春玉米、丘陵山区以一年二熟夏玉米，平原和浅山区以一年三熟秋玉米为主。从科学的角度讲，决定播种时间的其实有两个因素，那就是温度和土壤墒情。

温度是影响玉米生育期长短的决定因素，玉米在生育期间的有效积温相对稳定。适时早播，可延长出苗到抽雄花序时间，有利于营养物质积累及幼穗分化，对提高产量有显著作用。但播种也不能过早，应在土壤 10 厘米土温稳定上升到 10～12℃以上方可播种。墒情也是春玉米是否可以播种的主要参考因素，玉米播种以后，正常发芽出苗需要充裕的水分，如果田间比较干旱，不太利于播种。一般情况下，当土壤中水分在 60%～70%适宜播种。长三角地区露地栽培玉米一般在 3 月下旬到 4 月上旬播种，处暑前后可收获。

四川省通江县广纳镇构花坪村覆膜栽植春玉米（程聪　摄）

清明后，谷雨前，高粱苗儿要露尖

辽宁、河北、山西、陕西等省的大部分地区，北京、天津、宁夏的黄灌区，甘肃东部和南部，新疆的南疆和东疆盆地等，为我国高粱主产区。高粱基本上为一年一熟制，由于热量条件较好，栽培品种多采用晚熟种。近年来，由于耕作制度改革，麦收后种植夏播高粱，变一年一熟为二年三熟或一年二熟。高粱种子发芽温度以 12℃以上为宜，自清明后气温已超过 12℃，这时高粱各品种都可以播种。因此，又有谚语说："杨叶拍巴掌，遍地种高粱。"高粱喜温、喜光，在生育期间所需的温度比玉米高，并有一定的耐高温特性，全生育期适宜温度 20～30℃，而且全生育期都需要充足的光照。

此外，高粱还有春播早熟区，包括东北和西北的部分地区。生产品种以早熟和中早熟种为主，一年一熟制。春夏兼播区包括华北、华东、华中的部分地区。春播高粱与夏播高粱各占一半左右，春播高粱多分布在土质较为瘠薄的低洼、盐碱地上，多采用中晚熟种。夏播高粱主要分布在平肥地上，作为夏收作物的后茬，多采用生育期不超过 100 天的早熟种。栽培制度以一年二熟或二年三熟为主。

清明芋艿谷雨薯

"芋艿"，即"芋"，俗称"芋头"。此谚语是说珠江流域清明时种芋艿，谷雨时种甘薯较为适时。芋头原产于印度及东南亚一带。我国的芋头资源十分丰富，以珠江流域种植最多，长江流域次之，其他省市也有种植。芋头原产高温多湿地带，在长期的栽培过程中形成了水芋、水旱兼用芋、旱芋等栽培类型。芋头的播种时间在清明后，株距 50 厘米左右，种子离地面 3～5 厘米，覆土厚 5 厘米。无论水芋还是旱芋都需要高温多湿的环境条件，13～15℃芋头的球茎开始萌发，幼苗期生长适温为 20～25℃，发棵期生长适温为 20～30℃。昼夜温差较大有利于球茎的形成，球茎形成期以白天 28～30℃，夜间 18～20℃最适宜。芋头忌土壤干燥，遇旱则黄叶、枯叶，但土壤过湿积水也不利根系生长。旱芋生长期要求土壤湿润，尤其叶片旺盛生长期和球茎形成期，需水量大，要求增加浇水量或在行沟里灌潜水。水芋生长期要求有一定水层，幼苗期水层 3～5 厘米，叶片生长期以水深 5～7 厘米为好，收获前 6～7 天要控制浇水和灌水，以防球茎含水过多，不耐贮藏。

谷雨时种甘薯较为适时。适时早栽，延长甘薯生长期，有利于养分积累，增加块根产量，故有农谚说："谷雨栽上红薯秧，一棵能收一大筐。"

清明时节，麦长三节

江淮、黄淮流域清明时节小麦节间伸长数已达 3 节左右，此前缺乏管理的小麦田仍可抢浇拔节水改善墒情，追施拔节肥或孕穗肥，促进小麦拔节及上部功能叶片与幼穗生长。

　　小麦生育期分为播种期、出苗期、分蘖期、越冬期、返青期、起身期（生物学称拔节）、拔节期、孕穗期、抽穗期、开花期、灌浆期、成熟期。播种期就是播种的日子；出苗期就是全田50％子粒第一片真叶露出胚芽鞘长出地面2厘米时，10月上中旬左右；分蘖期则是全田50％植株第一个分蘖伸出叶鞘1.5～2厘米时，10月中下旬左右；越冬期为日平均气温降到2℃左右，小麦植株基本停止生长的日期，11月底至12月初；返青期为第二年春天，随着气温的回升，小麦开始生长；起身期为麦苗由原来匍匐生长开始向上生长，年后第一叶伸长，叶鞘显著伸长，3月中旬；拔节期为小麦的主茎第一节间离地面1.5～2厘米，用手指捏小麦基部易碎发响，4月中上旬；抽穗为穗子顶端或一侧（不是指芒），由旗叶鞘伸出穗长度的一半时，4月下旬至5月上旬；成熟期籽粒已具备品种正常大小和颜色，内部变硬，含水率降至20％以下，干物质积累停止，6月上旬。

浙江省湖州小麦种植户正在对小麦进行施肥作业（吴拯　摄）

麦怕清明连阴雨，稻怕寒露一朝霜

　　小麦一般抽穗后2～4天开花，如果温度高、湿度低也可当天开花，反之也有延迟10天以后才开花的。清明时节，这些地区麦子进入抽穗扬花阶段，如此时遇连日阴雨，会影响麦子授粉，降低结实率。小麦抽穗扬花期是小麦由营养生长完全转化为生殖生长的标志，也是决定麦穗籽粒多少的关键期。小麦抽穗扬花期实施科学管理可以确保小麦穗大粒多，明显提高小麦产量。春季干旱，气温变化起伏异常，倒春寒天气频繁发生，应对旺长麦田的麦苗适度抑制其生长，避免过早拔节而降低抗寒能力。此时应注意叶面补充营养，促进小麦由营养生长向生殖生长转化。小麦抽穗扬花期是小麦需水、肥的高峰期，水肥供应充足，有利于大穗形成。要根据天气预报，在寒流袭击之前1～3天进行适时灌水，提高近地面的气温，防御和减轻冻害。灌水防冻以选择微风或无风天气效果显著。小麦拔节至抽穗期，是营养生长和生殖生长同时进行的时期，一般情况下此期耗水量占全生育期的25％～30％，因此，重点浇好小麦拔节水和孕穗水对其正常抽穗非常重要。

寒露时，晚稻处于籽粒灌浆阶段，如遇低温霜冻，会影响籽粒充实，稻谷不饱满，粒重减轻。因此，在稻麦生产上，麦田要开挖沟渠，进行排水降湿；水稻要适时播种，确保安全灌浆，若遇低温霜冻，可采取灌水、使用保温剂等措施缓和降温，减轻低温霜冻的影响。

清明到立夏，倒伏最可怕

小麦倒伏是小麦生产过程中对产量影响最大的灾害。清明到立夏一般是小麦孕穗至抽穗扬花的时候，只要遇到风雨，有些秸秆偏软的小麦品种就会大面积倒伏。此时小麦出现倒伏，说明田间密度过高，旺长、基部节间过分伸长，倒伏时间越早，减产越严重。小麦生长到中后部阶段，要是出现了倒伏严重，小麦的秆折了以后，水分和养分的运输受到障碍，小麦的成熟期延迟，并且粒重降低而导致减产。小麦抽穗期出现倒伏，可造成小麦减产30％～50％。小麦灌浆期出现倒伏，会让小麦减产20％。水稻抽穗后的田间管理目标主要是增加千粒重，防止倒伏、早衰出现空秕谷。主要任务是要养根、保叶，保持结实期营养物质的生产和运输能力，保证灌浆结实过程有充足的物质供应，确保安全成熟，提高水稻出米率和产量。小麦根部节间过度生长是要控制的，方法就是在小麦拔节期要做好浇水与施肥工作，并且蹲苗。农民通过小麦的叶片情况判断小麦生长趋势：春生第三、第四麦叶大于其他叶片标志着小麦生长趋势好且水肥均衡，如果此处叶片大但是下垂则是水肥控制有问题，容易发生倒伏。

河北省遵化市平安城镇农民在麦田劳作（刘满仓　摄）

明前采芽为上春，明后采芽为二春

　　福建、安徽、江西、江浙等地清明节前采摘的茶叶为上春茶，清明节后采摘的茶叶为二春茶。二春茶虽然也是春茶，但是品质比上春茶低。春季温度适中，雨量充分，加上茶树经历了整个冬天的积蓄，明前茶色泽翠绿、叶质柔软，积累了丰富的茶多酚、维生素、氨基酸等营养物质。同时，由于冬天的严寒，茶树免除了病虫灾害，春天茶芽萌发之时，无需施以农药，茶叶

浙江遂昌县农民在茶田赶摘清明茶（张苏　摄）

没有污染。春茶，特别是上春茶，是一年中绿茶品质最佳的，香气滋味最具茶的幽韵，芽叶形状最好看，自然茶叶的价格也是最高的。"尖起手指"，这是茶农常说的一句话。尖起手指采茶叶，就是只允许摘下茶叶顶端的两片嫩芽。

早期，茶叶就是作为药用。神农尝百草，一日遇七十二毒，得茶而解之。茶之所以能成为世界三大饮品之一，还与其富含茶多酚、氨基酸、生物碱、维生素、糖类、矿物质元素等多种营养成分不无关系。长期坚持科学饮茶，有利于促进人体新陈代谢，提高免疫力。而明前茶因其生长期长、生长环境气温低，可以有效保护这些维生素，保证了春茶中维生素含量最高，即营养价值最高。

清明风刮坟上土，庄稼人一年白受苦

河北地区清明时节，如果遭遇风沙天气，农作物就要受害，农民就要受苦。因为风沙对农业生产危害很大，沙尘覆盖在植株的叶上、花上，使农作物呼吸受阻，使果树的花不能正常授粉，作物不能正常进行光合作用。严重时将导致农作物、果树减产。

风能影响农田气流交换强度，增强地面与空气、热量、水分等的交换，增加土壤蒸发和作物蒸腾，同时增加空气中二氧化碳等成分的交换，使作物群体内部的空气不断更新，对于植株间温度、水汽等的调节有重要作用。许多植物借助风力进行异花授粉和传播，风力大小影响授粉效率和种子传播距离，对植物的繁衍和分布起很大作用。但风力大于6级可对农作物生长产生危害。在风沙肆虐的地方，强风会把农田的表层土壤卷起吹走，而落下的沙尘会覆盖在农出上，对土壤结构造成一定破坏，使农作物产量减少。此外，由于北方地区此时正是播种季节，最不耐风吹沙打，轻则叶片蒙尘，降低作物的产量；重则苗死花落，更谈不上成熟结果了。大风作用于干旱地区疏松的土壤时会将表土刮去一层，叫做风蚀，不仅刮走土壤中细小的黏土和有机质，而且还把带来的沙子积在土壤中，使土壤肥力大为降低。

清明到霜降，鱼类生长旺

从清明到霜降季节，在这近8个月中是鱼类生长最佳时期，也是一年中

鱼类生长最快时期。因为鱼类是变温动物，其体温随环境温度的变化而变化。水温对鱼类的生活具有特殊的意义。在我国大多数淡水鱼类和饵料生物多属于喜温的广温性生物，一般温度15℃以上为鱼类的生长期，在适温范围内，随着温度的上升，鱼类代谢加速，生长发育加快。在长三角地区的清明节气温度从10℃逐渐回升到15℃以上，至7月或8月温度达到最高值，至霜降温度回落到15℃左右。因此，从清明到霜降的这段时期都是鱼类生长的适温范围。

鱼的消化功能同水温关系极大，温度适宜鱼就特别能摄食，当水温下降到8℃以下或升至32℃以上时，鱼一般不爱吃食，因此摄食季节性强。北方冬季，鱼处于半休眠状态，到了春季，鱼体内脂肪消耗殆尽，因此一到春夏之交便食欲大振，随着气温的上升，食欲越来越强。人工养殖条件下，不同的鱼类品种生长周期不相同，并且还有地区差异。从孵出到成鱼，一般为两年。冷水鱼周期普遍较长，2～3年，甚至更长，如俄罗斯鲟等。广温性鱼类较适中，为2年，如鲤鱼等。热水鱼周期较短，有的1年就可以达到上市规格，1.5年成熟，如全雄罗非鱼等。北方地区鱼周期一般2年以上，南方地区在1.5～2年。

湖北省襄阳市保康县寺坪镇渔民在收网捕鱼（陈泉霖　摄）

清明孵蚕子，立夏见新丝

"蚕子"即蚕卵，按照桑蚕的生长特点，在环境温度达到7℃以上时，蚕卵就开始发育，孵出蚁蚕；蚁蚕出壳后约 40 分钟即可采食桑叶。蚕的食桑量很大，因此长得也很快，并且随着时间的推移，体色也逐渐变淡，但每过一段时间后，它的食欲会逐渐地有所减退或完全禁食，并吐出少量的丝，将自己固定在蚕座上，并使头、胸部昂起，不再运动，好像睡着了一样，这一现象被称作"眠"。"眠"中的蚕，外壳看似静止不动，体内却进行着脱皮的活动，脱去旧皮之后，蚕的生长就进入到一个新的龄期，而具有眠性是蚕的生长特性之一。长三角地区饲养的蚕属四眠性品种，因此，在适宜的温度条件下，蚕的幼虫期从蚁蚕到吐丝结茧共需脱皮 4 次，成为四眠五龄的蚕约需 22～26 天，而五龄幼虫的吐丝结茧过程约需两天两夜，因此蚕从孵卵至采蚕共需 30 天左右的时间。清明节气后，气温已达到 7℃ 以上，同时桑叶也已快速生长，基本满足了蚕的生长需要。如清明节孵蚕卵，经过 30 天左右，到立夏节气时，就可采摘蚕茧了。虽然从 4 月桑树发芽开叶到 11 月桑叶发黄脱落的 8 个月时间之内都可以随时养蚕，但从科学和经济的角度，一般只养 3～5 次。

广西柳城县六塘镇工厂化小蚕共育试验基地正在培育小蚕（邓克轶 摄）

清明鱼产仔，谷雨断鱼

我国中、南部地区清明时节气温上升，水温也随之升至 18℃ 左右，鱼的性腺也已发育成熟，正是鱼儿产卵繁殖的季节。其中 4 月为鲫鱼繁殖盛期。在南方地区，一般 3 月中旬以后，水温上升到 17℃ 左右时，鲫鱼开始产卵，水温上升到 20～24℃ 时繁殖活动最盛。降雨、微流水和闷热的气候，对繁殖期的鲫有诱导产卵的作用。

鱼的生长分为胚胎期、仔鱼、稚鱼、幼鱼、成鱼五个阶段。鱼的繁殖方式多为卵生，有的是体内受精，有的是体外受精。体内受精的鱼类有的会将鱼卵排出体外孵化，也有的会在体内孵化，从而生出小鱼，这种方式被称为卵胎生。通常家养鱼要繁殖的话，需要准备专门的繁殖缸，将鱼儿放入其中，等待其交配产卵，鱼卵孵化后就长成小鱼了。我国的"四大家鱼"指人工饲养的青鱼、草鱼、鲢鱼、鳙鱼。是中国 1000 多年来在池塘养鱼中选定的混养高产的鱼种。其中鳙生活在水的中上层，主要吃浮游动物；鲢也生活在水的中上层，主要吃浮游植物；草鱼一般生活在水的中层，主要吃水生植物的茎和叶；青鱼生活在水的下层，主要吃螺、蚌等水底动物。

羊盼清明牛盼夏

羊到清明就能饱餐鲜草了。嫩草长在春天，羊在清明吃点嫩草就能饱腹。羊的觅食力强，食性杂，能食百样草，对各种牧草、灌木枝叶、作物秸秆、菜叶、果皮、藤蔓、农副产品等均可采食，其采食植物的种类较其他家畜广泛。羊喜食叶面较宽而薄、不带刺的草，如甘薯叶、桑叶等，对叶呈尖状的草羊多不爱吃，如沙草、大米草、松针叶等。喜食营养价值高的豆科饲草，如黄花苜蓿、三叶草等。在饲草匮乏的情况下，羊觅食力较强。在荒漠、半荒漠地区，羊也能有效觅食。羊的采食时间大多集中在白天，日出时开始采食，但并不连续采食，而是在每天的一定时间内摄食量大，而在其他时间进行反刍、休息。据测定，每天清晨和黄昏，羊的采食量大。在舍饲或半舍饲半放牧时，供给羊的草料应多样化，且需少食多餐。

牛开春之后或者要耕田，又因为草太嫩太矮时，牛既费力气又不容易吃饱。牛比较怕冷，过了惊蛰，天气渐渐暖和，对牛的饲养管理就比较方便了。夏季野外青草都长起来了，牛可得到充足的青绿饲料，养分好，又易消化，容易复膘。

生 活 类 谚 语

梨花风起正清明

出自宋代吴惟信的《苏堤清明即事》："梨花风起正清明，游子寻春半出城。日暮笙歌收拾去，万株杨柳属流莺。"清明前后正是仲春，以后就步入暮春了。清明前后春意盎然是踏青赏春的最好时候。吴惟信的这首诗描写了清明时西湖美丽的苏堤和游人游春热闹的场面以及游人散后幽美的景色。清明是美的，西湖的清明更美。《苏堤清明即事》篇幅虽短小，容量却大，从白天直写到日暮。春光明媚、和风徐徐的西子湖畔，游人如织。到了傍晚，踏青游湖人们已散，笙歌已歇，但西湖却万树流莺，鸣声婉转，春色依旧。把清明佳节的西湖，描绘得确如人间天堂，美不胜收。首句"梨花风起正清明"诗人点明了节令正在清明。梨花盛开，和风吹拂，时值清明，天气有何等的温暖也不必说了。梨花开在杏花、桃花的后面，一盛开就到了四月。风吹花落，那白白的梨花有的在枝头，有的随风飘落，仿佛是为了清明的祭祀而飘落的。后两句"日暮笙歌收拾去，万株杨柳属流莺。"是说日暮人散以后，景色更加幽美，那些爱赶热闹的人既然不知道欣赏，只好让给飞回来的黄莺享受去了。运用侧面描写，反映了清明时节郊游踏青的乐趣。江南三月正是"梨花万朵白如雪"的季节，青年人结伴出城，踏青寻春，笙笛呜咽，歌声袅袅，微风拂面，杨柳依依，真是"心旷神怡，宠辱偕忘，把酒临风，其喜洋洋者矣"。

清明节期间杭州西湖游人如织（杨波　摄）

过了清明待十天，清早晚上穿布衫

清明时节，春意渐浓，但这时正是冷暖空气冲突剧烈的时候，海洋上空的暖湿空气日益加强，经常不断地与南下的冷空气相遇，形成忽冷忽热、时晴时雨的天气。此时养生切记要以"捂"为主，慎防各种"气象病"。所谓"气象病"是指由天气或气候原因引起疾病发作或者病情加重，比较普遍的如心肌梗死、关节炎、风湿痛、感冒、支气管炎等疾病，其发病率都与天气变化有密切的关系。因此，此时节宜保暖，衣服不宜顿减，着装要以"捂"为主，以助人体阳气生发，抗御外邪侵袭。更重要的是要注意锻炼身体，增强体质，多进行室外活动，或散步、或做操、或打拳，或参加其他体育运动，并要持之以恒。此外，要注意经常到户外晒太阳，这样可增加血液中的白细胞数量，削弱细菌和病毒的致病能力。另外，建议在饮食上务必要遵循抗病毒原则。日常饮食中，除了多喝水外，应注意摄取充足的维生素和无机盐，比如小白菜、油菜、胡萝卜、南瓜等。另外还应注意多食富含维生素 E 的食物，以提高人体的免疫力，比如蛋黄和豆类等。

清明雨纷纷，祭墓泪淋淋

现在我们提起清明节，想起的第一件事就是踏青扫墓，据说这一习俗是起源于唐代，根据《湖广志书》的记载"墓祭，士庶不令庙祭，宜许上墓，自唐明皇始。"而清明祭扫的情景也有记载："清明日，男女簪柳出扫墓，担樽榼，挂纸钱，拜者、酹者、哭者，为墓除草添土者，以纸钱置坟岭。既而，趋芳树，择园圃，列坐馂馀而后归。"通过这一段描述我们可以看出，今天北方大部分地区的扫墓习俗基本和古时候是一样的。在清明节这一天，古代男人和女人都会带着柳枝出去扫墓，担着承装食材的盒子，挂着祭祀用的纸钱，到了墓地有的拜祭，有的将酒洒在地上祭祀，有的思念亲人痛哭，之后还要将墓上的草除掉，再填上一些新土，还要在坟头上面放上坟头纸。所有这些都完成后，前来祭祀扫墓的人在一起进行野餐。

在《东京梦华录》中记载："凡新坟皆用此日拜扫，都城人出郊，……士庶阗塞诸门，……四野如市"。就是说在清明节这一天，京城四周的郊区简直像市场一样。而宋代清明节的扫墓人并不像唐代那样"路上行人欲断魂"，宋代人在清明时候的扫墓是伴随着游春、宴会等活动的。根据宋代的古籍记载，清明时节人们在扫墓结束之后"往往就芳树之下，或园圃之间，罗列杯盘，互相劝酬。都城之歌儿舞女，遍满园亭，抵暮而归"。很多的达官贵人在这天甚至还会在扫墓之后的游春宴会中表演助兴，而这样的活动一般都会持续到傍晚才结束。

扫墓者用鲜花表达对已故亲人的哀思（潘帅　摄）

清明不戴柳，来生变黄狗

在《清明上河图》中有一顶从郊区扫墓归来的轿子，这顶轿子的上面插满了柳枝。后来人们将这一习俗演化成了将柳枝直接插在头上。清明这天，人们都要戴新折的柳条出门踏青、扫墓。我国古代清明插柳折柳戴柳的习俗，始于唐朝。唐高宗于三月三日游春渭阳，"赐群臣柳圈各一，谓戴之可免虿毒"。后来，老百姓将此演化为插柳，每逢清明，家家户户将柳插在井边，成语"井井有条"，就是来源于此。此外，人们还将柳枝插在门楣之上，用以辟邪。柳，便成了人们辟邪的武器，可以保护人们不受侵扰。《齐民要术》记载："取杨柳枝著户上，百鬼不入家"。插柳的风俗，也是为了纪念"教民稼穑"的农事祖师神农氏的。有的地方，人们把柳枝插在屋檐下，以预报天气，古谚有"柳条青，雨蒙蒙；柳条干，晴了天"的说法。黄巢起义时，以"清明为期，戴柳为号"。后来起义失败，戴柳的习俗就渐渐被淘汰了，只有插柳盛行不衰。

柳又是春天的标志，在春天中摇曳的杨柳，总是给人以欣欣向荣之感。"折柳赠别"就蕴含着"春常在"的祝愿。古人送行折柳相送，也喻指亲人离别正如离枝的柳条，希望他到新的地方，能很快地生根发芽，好像柳枝随处可活，寄托一种对友人的美好祝愿。

小朋友们编制柳帽（孟德龙　摄）

三、常用谚语

北风不送九，雨在清明后；北风送了九，雨在当节头。　宁夏

不怕清明连夜雨，只怕谷雨一遭霜。　浙江（嘉兴）

春雷十日阴，半晴半阴到清明。　上海

寒食清明风雨大，春来连阴进入夏。　江苏（南京）

腊月初三晴，来年阴湿到清明。　上海、江苏（常州）

清明不明，谷雨不淋。　四川、安徽（泾县）、广西（贺州、柳江、天
峨）［瑶族］、山东（泰山）

清明天阴，夏雨均匀。　湖北（洪湖）

清明雾浓，一日天晴。　河南

清明下雪，春天要降大雪。　内蒙古［鄂温克族］

清明下雪春雨多。　黑龙江（黑河）［鄂伦春族］

清明要明，端午要雾。　江苏（常州）

清明夜雨，连到谷雨。　安徽

清明之前冷十天。　山东（兖州）

清明止雪，立夏止风。　云南（楚雄）

清明若下雨，春天雨不缺。　内蒙古［蒙古族］

清明花，大车拉；谷雨花，大把抓；小满花，不归家。　山东（武城）、
河北

二月清明不赶前，三月清明不向后。　　陕西（渭南）

二月清明篓里青，三月清明田里青。　　湖南（零陵）

二月清明麦在头，三月清明麦在后。　　吉林

二月清明青葱葱，三月清明一遍空。　　福建

清明不在家，白露不在地。　　河南（林县）

春风早，谷雨迟，清明插秧最合宜。　　福建

春分早，谷雨迟，清明种棉正当时。　　湖北（钟祥）

清明谷雨两相连，浸种耕地莫迟延。　　宁夏、山东（高密）、上海、江苏、甘肃、江西（抚州、赣东）

清明下种，谷雨下泥；春插一日，夏插一时。　　湖南

宁可清明抢前，不可谷雨拖后。　　宁夏

清明播种立夏插，小满中耕大暑收。　　福建（德化）

清明的瓜，谷雨的花。　　青海（民和）、内蒙古

清明谷雨紧相连，种过棉麦种大田。　　河北（望都）、辽宁

清明种地风生芽，过清明种地雨生芽。　　河北

清明玉米谷雨花，谷子播种到立夏。　　内蒙古、陕西（铜川、武功、安康）、山西、山东、河北、河南、安徽

清明种荞不结子，白露种荞霜打死。　　湖北（荆门）、湖南、上海

清明粿下肚，一百二十天不分暗雨。　　福建（浦城）

清明秫秫谷雨麻，立夏前后种棉花。　　河南

大麻种在清明前，叶大皮厚又耐旱。　　陕西、甘肃、宁夏

二月清明不要慌，三月清明早下秧。　　江苏、浙江、上海、湖南、湖北、广西（荔浦）

二月清明蒜在后。　　黑龙江（哈尔滨）

二月清明笋夹笆，三月清明笋抽芽。　　浙江（绍兴）

二月清明秧如宝，三月清明秧如草。　　云南（楚雄）

二月清明鱼如草，三月清明鱼如宝。　　广东、上海

二月清明榆钱老，三月清明榆钱小。　　河南（三门峡）

二月种生姜，清明种芋头。　　广西（马山）［壮族］

瓜要结得大，清明把种下。　　山东、上海

过了清明种高粱，谷雨种谷正相当。　　山东（崂山）

老麻子不算田，种在清明前。　陕西（延安）

雷打清明节，禾田晒爆裂。　广东（阳江）

雷打清明前，高山可耕田；雷打清明后，平地可种豆。　福建

清明蓖麻和地瓜，玉米不要过立夏。　山西（长治）

清明插秧根发黑，谷雨播秧苗儿旺。　山东（菏泽）

清明播种顶呱呱，秋后棉田遍银花。　河南（濮阳）

清明谷雨紧相连，浸种耕地莫迟延。　四川、河北（滦平）、湖南、天津、陕西（汉中）

清明谷雨四月天，赶种早秋莫迟慢；先种谷子和高粱，然后再种烟和棉。　河南

清明谷雨栽姜，立夏小满栽秧。　云南（昆明）

清明谷雨正种地，立夏小满正插秧。　云南

清明瓜，谷雨豆，立夏三日种绿豆。　湖南（零陵）

清明后，谷雨前，高粱谷子都种完。　山东（任城）

清明后，谷雨前，高粱苗儿要露尖。　山西、山东、河南、安徽（淮南）、上海

清明后十天，正好种豌豆。　山西（左云）

清明姜，谷雨芋；芒种豆，夏至稻。　广东

清明麻，谷雨豆，四月麻豆到枝头。　福建（政和）

清明麻，谷雨瓜，芒种家家种棉花。　江苏（江浦）

清明前后，植树插柳。　江苏（扬州）、山西

清明前后把秧下，谷雨前后把秧插。　湖北（荆门）

清明前后麦生胎，点瓜种豆把树栽。　河南（平顶山）

阳雀叫在清明前，高山顶上好种田；阳雀叫在清明后，高山顶上好种豆。　陕西（宝鸡）

清明茶，正开芽；谷雨茶，正好摘；立夏茶，散碴碴。　福建

麦吃四季水，只怕清明一夜雨。　河南（新乡）、湖北、浙江、上海

吃了清明粿，一手扶犁耙，一手剪薯尾。　福建

过了清明节，白果硬如铁。　湖南（武冈）

过了清明节，黄牛勿休息。　浙江（舟山）

清明谷雨防病虫，中耕追肥不放松。　广东

清明杨柳朝北拜，一年能还十年债。　江苏、江西、浙江

清明前，人逻笋；清明后，笋逻人。　福建（顺昌）

清明睁睁眼，一棵高粱打一碗。　吉林、山西（太原）、辽宁

雨打清明节，豆子用手捏。　山东

清明吃麦六十天。　陕西（咸阳）

清明吹南风，庄稼佬把手拱。　云南（昭通）

清明前后一场雨，豌豆麦子中了举。　江西（宜丰）、山东（乳山）、陕西

清明光，麦满仓；谷雨暗，鱼万担。　湖南（衡阳）

清明前后大雨落，麦子一定收得多。　河南（周口）

清明若明大丰收，谷雨不雨万民愁。　贵州（黔南）［水族］

清明寒，只讲蚕；清明热，专讲叶。　上海、河北（张家口）

清明河豚肥，谷雨夜鱼归。　福建（漳州）

清明螺蛳端午虾，九月重阳吃爬爬。　江苏、安徽（安庆）

清明晴，鱼虾上高坪；清明雨，鱼虾滩头死。　广西（桂平）

清明蛾子谷雨蚕，大暑蛾子立秋蚕。　河北、山西

清明落，虾公鱼仔跳上镶；清明开，谷米回堆。　广东（清远）

清明鱼产籽，谷雨鸟孵儿。　湖北（广水）、安徽（淮南）

清明清，鱼上塍；清明雨，鱼落镶。　广西（玉林）

清明午前晴，早蚕熟；清明午后晴，晚蚕熟。　上海

清明前天寒食节，过了寒食冷十天。　江苏（无锡）

到了清明别欢喜，还有十天冷天气。　山东（桓台）

清明前，好种棉。

烤烟宁种清明土，不种谷雨泥。

清明前后种麻棵，结的麻子特别多。

清明发芽，谷雨采茶。

清明有雨麦苗旺，小满有雨麦头齐。

清明南风起，收成好无比。

谷　雨

一、节气概述

谷雨，二十四节气的第六个节气，通常在每年 4 月 19 日至 21 日，太阳到达黄经 30°进入谷雨节气。谷雨的含义是雨生百谷、滋润万物。农谚云"谷雨前后一场雨，胜过秀才中了举"，此时秧苗初插、作物新种，正是农作物需水之时，故有"春雨贵如油"的说法。

谷雨分三候：一候萍始生，雨落池塘，浮萍生长，萍水始相逢；二候鸣鸠拂其羽，布谷鸟振翅飞翔，并以鸣叫催耕；三候戴胜降于桑，戴胜落在桑树枝头，意味着家蚕将出蚁，正是蚕农忙碌之时。

谷雨节气民俗活动中，最为隆重的当属祭海祈福活动。为了能够出海平安、满载而归，谷雨这天渔民要举行海祭，祈祷海神保佑。还有禁杀五毒活动。农家一边进田灭

陕西洛南县举办谷雨祭祀仓颉
大典活动（朱书培　摄）

虫，一边张贴谷雨贴，进行驱凶纳吉的祈祷。此外，还有走谷雨、祭祀文祖仓颉习俗等。

由于谷雨节气后降雨增多，空气中的湿度逐渐加大，谷雨节气后是神经痛的发病期。同时天气转温，室外活动增加，过敏体质应注意防止花粉症及过敏性鼻炎、过敏性哮喘等。在饮食上应减少高蛋白质、高热量食物的摄入。要注意及时补水，少食燥热食物，多吃柔肝养肺的食物，如黑木耳、黑米、荠菜、豆类、菠菜、芹菜、油菜、胡萝卜、莴笋等。

二、谚语释义

气象类谚语

谷雨到，布谷叫，前三天叫干，后三天叫淹

谷雨是春季最后一个节气，清代农书《群芳谱》说："谷雨，谷得雨而生也"。谷雨节气的到来意味着寒潮天气基本结束，气温回升加快，有利于谷类农作物的生长。不过，雨水并不按人们的需要而适时适量而来，降雨过量而成水灾，或干旱而成旱灾，对农业生产造成严重危害，影响农业产量。在黄河中下游，谷雨有着特殊意义，既有"春雨贵如油"的降雨期盼，也有对暴雨成灾的警示防范。

每年到了谷雨节气的时候，在农村的山上就经常能听到布谷鸟的叫声，尤其是在早上和傍晚的时候更为频繁。布谷鸟要是在谷雨节气前三天叫，那预示着接下来一段时间，雨水比较少，夏天天气以干旱为主；而若是布谷鸟在谷雨节气后三天开始叫，那么接下来的气候将以涝为主，庄稼可能要遭受涝灾，有的地方甚至可能被淹。在我国长江中下游、江南一带，一旦形成较长时间的降雨天气，也就进入了一年一度的前汛期。云雨中夹裹着的强对流天气，不仅会带来冰雹、雷暴等，有的还会伴随着短时间、局地的大暴雨或特大暴雨。

谷雨有雨兆雨多，谷雨无雨水来迟

谷雨时节，在我国南方地区，往往开始明显多雨，常年4月下旬雨量约30～50毫米，每年第一场大雨一般出现在这段时间。长江以南雨量可达100毫米，故有"清明明，谷雨淋"的农谚。特别是华南，一旦冷空气与暖湿空气交汇，往往形成较长时间的降雨天气，且对流天气频发。"随风潜入夜，润物细无声""蜀天常夜雨，江槛已朝晴"，这种夜雨昼晴的温润天气，对大春作物生长和小春作物收获是颇为适宜的。

为何以前的人们都盼着下雨呢？那是因为以前农民都是靠天吃饭，没有像现在这么先进的预测未来天气的设备，人们只能根据多年生产生活总结出来的经验来判断未来天气如何。如果谷雨前后出现降雨的话，那么就是兆雨，是吉祥之意，预示着当年的降雨就会很多，且风调雨顺，寓意会有好的

收成；相反，如果谷雨节气这天没有雨，那么之后一段时间，雨水都会来的比较迟，甚至有可能呈现缺雨的状态，那将会是一个旱年。也告知了农民庄稼需要雨水的时候雨水不足，影响其生长，要提早做好准备。

谷雨无雨，后来哭雨

春雨贵如油，干旱了一个春天的庄稼，这个时候急需雨水的灌溉，没有了雨水庄稼自然就会受到影响。在古代靠天收成的年代，雨水的缺失对庄稼收成有着致命的影响。老百姓种地都希望能够风调雨顺，该下雨的时候下雨，该晴朗的时候晴朗。如果谷雨那天没有下雨的话，老百姓就会在后面哭着求雨，希望上天能够可怜我们，降些雨水帮助渡过难关。这就有了"谷雨无雨，后来哭雨"的说法。

这句谚语实际上还有前半句"清明要晴，谷雨要淋"。这句完整的农谚指的是清明那天就要晴天，清明晴天的话，谷雨那天下雨的概率就会比较大，这样的话后期雨水的天气就会增多。反之，谷雨这一天或者前后几天，天气干旱晴朗，没有雨水，那么今年的降水可能来迟，或者是较为稀少，是一个旱年，旱年在过去望天收的时代，是要减产甚至绝收的。

"清明要晴，谷雨要淋"和"谷雨无雨，后来哭雨"的意思类似，都是表达了谷雨节气降雨对农业丰产丰收的影响和重要意义。雨水的丰沛，对于农业生产来说，是极为有利的事情，也是预测好收成的年景。

过了谷雨断风霜

原句是"清明断雪，谷雨断霜"，描述的是黄河流域的气候变化。谷雨过后，温度回升，也意味着，接下来我们即将迎接"立夏"。相关谚语有"过了谷雨，不怕风雨"。说的是，过了谷雨后，气温回暖，不再惧怕寒冷了。

然而，就在黄河流域的人们还在说着"清明断雪，谷雨断霜"时，我国华北、东北许多地区仍是霜雪一片。北方地区由于地理位置较黄河流域偏北，还没有"芳草连天碧，杨柳万千条"的浓厚春意，草木刚开始萌发，山林、田野刚刚露出春意，此时仍然可以看到降雪。

此时，除青藏高原和黑龙江最北部温度较低外，全国大部分地区气温在12～16℃。南方地区，气温升高较快，一般4月下旬的平均气温，除了华南北部和西部部分地区外，已达 20~22℃，比中旬增高 2℃以上。华南东部常会有一二天出现 30℃以上的高温，开始有炎热之感了。

如果谷雨后天气依旧寒冷，那么将不利于粮食生产，可能会导致粮食收成出现问题。相关谚语有"谷雨不冻，马上就种，谷雨上冻，小满重种"和"谷雨三朝霜，必定有饥荒"等。

农 事 类 谚 语

谷雨是旺汛，一刻值千金

"旺汛"实际上并不是一个单纯的词汇，而是一个词组，"旺"字的存在是为了修饰"汛"字。"汛"作为被修饰者，适用于"江河定期涨水"的解释，而"旺"本身作为对"汛"的修饰，适合用"兴盛"的意思来理解。前半句的意思是，节气到了谷雨，江河定期涨水的时候也会随之多起来。谷雨时节下雨是好事，降雨量充足而及时，谷类作物能够茁壮成长，正是由此，才有了"雨生百谷"的说法。这里的"谷"，不仅指谷子这一种庄稼，而是农作物的总称。这句谚语反映了"谷雨"的农业气候意义，它是古代农耕文化对于节令的反映。而后半句的"一刻值千金"说的是谷雨是春耕、春播和春管的重要时间节点，耕田、播种、移苗、插秧，时间不等人，节气也不等人。所谓"一寸光阴一寸金，寸金难买寸光阴"，对农民来说，为了追赶农时，谷雨期间的分分秒秒、每时每刻都不能轻易错过。

所以另有谚语说"谷雨无雨，交回田主"，就是从相反的角度来说明谷雨雨水的重要，是"值千金"的。

谷雨前后一场雨，胜似秀才中了举

这句农谚是形容谷雨前后下雨的珍贵性、让农民欣喜的程度，就好比一个寒窗苦读的秀才中了举人一样，让人激动，让人开心。虽然这句谚语有些夸张，却足以反映出谷雨前后下雨对农民的重要性，反映了农民对于谷雨节气前后降雨的渴望。毕竟谷雨节气的时候，对于农民来说是最需要雨水的，只有雨量充足而及时，谷类作物才能茁壮成长，这样当年的农作物才能大丰收。

还有句谚语是"谷雨无雨，牛还租主"。指因天旱不宜耕种。意思是如果谷雨时节不下雨的话，那么这一年的收成就不好，佃农最好把地交回地主，不要再租种土地了。因为古时候不是人人都有土地可以耕种的，只有从地主手里租地然后耕种。如果在春耕时节雨水不好的话收成也就相应地减少，有时候一年的收成只够上交租金，相当于白干了。

此外，谷雨前后下一场透雨，对于土壤保墒有很好的作用，有利于在这节气前后进行播种，湿润的土壤能够很好地促苗生长，这些都是很多地区非常需要和希望看到的场景，春雨贵如油，在播种之前尤为关键。

吃了谷雨饭，天晴落雨要出畈

这句谚语形象地道出了农事的规律，谷雨前后，农民们自此不失时机地开始了一年中最早的农忙劳动。不论雨天晴天，岭南的水田里，农夫在忙碌地莳田插秧；江南的丘陵茶园里，活跃着采茶姑娘的身影。布谷鸟飞鸣于桑间，提醒着春种的讯息。此外黄豆、杂豆、土豆、花生、地瓜、茄子等也都是谷雨前后开始种植。经济作物如烤烟等此时已经长出了旱苗，烟农们要抓紧时间做移植的工作，烤烟整地，施肥，移栽旱烟。气温上升较早的闽南、广西地区的小麦则已成熟收获。此时春茶的采制已进入旺季，宜抓紧进行。长江以南地区降水明显丰沛，此时农田防渍防涝决不可放松。谷雨后油菜开始收获。

江西省吉安市安福县农民在田间管理农作物（刘丽强　摄）

由于中国地域广大，谷雨时节不同地区的气候条件存在差异，温度、温差和雨量大小差异明显，这也使得各地的农事活动处于不同的阶段，农事活动的侧重点、应对天气的措施以及生物的防害重点各有不同。特别需要注意的是，谷雨时气温偏高，阴雨频繁，会造成三麦病虫害发生和流行，要根据天气变化，搞好三麦病虫害防治。此外，谷雨节以后，一些地方常会出现30℃以上的高温，开始有炎热之感。南方局部的低海拔河谷地带，已经提前进入酷暑的夏季。

雨生百谷

谷雨时节，气温回升，雨量开始增多。所谓"雨生百谷"，指谷雨时节是越冬作物返青拔节和春播作物播种出苗的关键时期，也是一年中农事活动最为繁忙的时候。

我国江南和华南地区主要进行早稻的插秧和田间管理、中耕追肥和治虫；中稻播种；玉米、大豆中耕追肥；棉花育苗移栽、苗床管理等。此时中国南方大部分东部地区雨水较丰，对水稻栽插和玉米、棉花苗期生长有利。

华北平原霜期结束，谷子、水稻开始播种。禾谷类作物吸水萌动，谷种里的蛋白质和淀粉等营养物质逐渐分解，以供幼苗利用，当幼苗长出三片真叶前后，种子里的淀粉就会消耗完，此时的幼苗需要靠自身的光合作用独立生活，所以通常称三叶期为断奶期，在三叶期前后需要追加"断奶肥"。而谷雨节气正好是追加"断奶肥"的关键时期。

谷雨麦挺立，立夏麦秀齐

谷雨前后，我国北方大部分地区正值农作物播种、出苗的重要季节。黄淮北部和华北麦区在谷雨前后，冬小麦由南到北旗叶（又称剑叶，即小麦最上一张叶片）抽出，长在叶鞘上挺直竖立，仿佛一面展开的旗帜，故称"挑旗"。这个阶段是决定小麦成穗率和结实率的关键时期，是小麦的需肥高峰期。施好孕穗肥是这个阶段的关键。同时，在北方地区小麦生长期，预防锈病、白粉病、麦蚜虫等病虫害，拔除黑穗病株极为关键，还要做好预防"倒春寒"和冰雹的工作。此后小麦进入孕穗期，俗称"打苞"，到5月上旬立夏时小麦进入齐穗期。农人称抽穗为"秀"，"秀齐"即齐穗。谷雨气节里如果麦苗长势好、密集、直挺，那么到了立夏时节麦子抽穗就齐全，麦粒饱满。

类似的谚语还有"谷雨麦怀胎，立夏长胡须"，说的是在谷雨的时候小麦要准备结籽粒了，所以水分要跟上；立夏长胡须是因为4月份小麦就抽穗扬花了，长出麦芒，看起来就像是长了胡须一样。

过了谷雨节，百鱼上岸歇

谷雨前后，气温回暖，水温随之变暖，在山东沿海，冬天游往深海和南方海域的大量鱼群跨越黄渤海分界线游至渤海湾内寻觅产卵繁殖之处，形成"洄游"现象。而虾、蟹、黄花鱼则远游至黄河口下游的烂泥湾产卵繁殖。渔家格外珍视谷雨时节大自然所赐予他们的丰厚回馈，为感谢大海的馈赠，同时祈求新一年捕鱼工作顺利，山东威海荣成市渔民在谷雨时会举行传统祭海、祭神的开洋谢洋仪式。以前也叫谷雨节、渔民节，2008年成为国家级非物质文化遗产，正式更名为"开洋谢洋节"。

从这一天开始，休整了一冬的渔民也将备好各种捕鱼工具，如挂网、拖网，开始整网出海，一年一度的海上工作由此开始。位于胶东半岛最东侧的威海荣成市是典型的渔民聚集地。当地渔村大都选择在海边择地而建，根据渔港的形状、地形、水流向等自然条件，形成合理的布局。近年来，为了保护生态环境的可持续发展，延长了禁渔期，一般在谷雨前后，渔民会根据海上情况陆续出海。

谷雨不种花，心头像蟹爬

在黄淮平原的棉作区，农民总结出了"谷雨前，好种棉"的经验。"花"在这里指"棉花"。谷雨前后是种植棉花的绝好时机，自古以来，棉农把谷雨节作为棉花播种指标。棉花种植，确保一播全苗，是确保高产的第一个环节。棉花是耐旱植物，吐絮期不耐雨，但在棉桃生长期，则是需要水分的，农谚中就有"清明早，小满迟，谷雨种棉正当时""谷雨有雨棉花肥"的说法。一到每年的谷雨前，素有"冀南棉海"美誉的河北成安县，田间地头到处都是农民们忙碌的身影，翻田整地、填沟施肥，一派热闹的植棉场景。

种棉地区要做好棉铃虫的防治工作。棉铃虫是一种严重危害棉花的害虫。我国科学家发现一种生活在棉铃虫消化道内的苏云金芽孢杆菌能分泌一种毒蛋白使棉铃虫致死，而此毒蛋白对人畜无害。通过基因工程的方法，我国已将该毒蛋白基因移入棉株细胞内，棉铃虫吃了这种转基因棉花的植株后就会死亡。该棉花新品种在1998年推广后，不仅实现大幅增产，还大大减轻了棉铃虫对大田中玉米、大豆等作物的危害，是商业化应用最成功的转基因作物。

新疆阿瓦提县播种棉花（包良廷　摄）

清明见芽，谷雨见茶

谷雨时节，在长江以南的茶叶产区，茶山上采茶女和采茶山歌就是谷雨时节最美的茶乡画面。此时正是采制谷雨茶的最佳时间，民间有"清明见芽，谷雨见茶"的说法。明代学者许次纾深谙茶道，品茶鉴茶独具造诣，所著《茶疏》中提及"清明谷雨，摘茶之候也。清明太早，立夏太迟，谷雨前后，其时适中。若肯再迟一二日期，待其气力完足，香烈尤倍，易于收藏。"春季温度适宜，雨量充沛，加上茶树越冬的休养生息，使得春茶滋味鲜活，香气怡人。谷雨前后的十天，是采茶的黄金时间。明代钱椿年辑《茶谱》也说采茶"谷雨前后收者为佳，粗细皆可用。"

谷雨时节采制的春茶叫做谷雨茶，也叫二春茶。一年之中所产茶叶以此时的最为滋味鲜浓，实惠耐泡。明代朱权在《茶谱》中也提及品茶应品谷雨茶。此时的茶芽叶肥硕，色泽翠绿，叶质柔软，富含多种维生素和氨基酸，比起人们所熟知的清明前采制的明前茶，更加温和清新。从养生角度讲，谷雨茶具有清火、杀菌、消毒、健齿的作用。中国茶叶学会等有关部门倡议将每年农历"谷雨"这一天作为"全民饮茶日"，并举行各种和茶有关的活动。

茶农采摘"谷雨茶"（鲍赣生　摄）

谷雨前后栽地瓜，最好不要过立夏

红薯曾经是农民的主要食粮之一，其重要性是不言而喻的。而在长期种植红薯的过程中，农民朋友总结了很多宝贵的经验，关于红薯种植时间，就有一句非常的经典"谷雨前后栽地瓜，最好不要过立夏"。其意思是说在谷雨节气前后，是最适合栽种红薯的，最迟不能超过立夏了，不然红薯的产量很低。如果超过了立夏节气才移栽红薯，就会导致生长周期缩短，往往只长藤蔓，不结红薯了，自然产量也会受到一定影响。谷雨节气，降雨量足，气温也升上去了，红薯是喜温的农作物，耐热不耐寒，所以这个时节最适宜栽种。在种植以前，需要先进行育苗，然后才开始移栽。而红薯发芽所需要的温度不能低于16℃，不然不会发芽。而温度在 16～35℃ 的范围内，则是温度越高生长速度越快。在谷雨节气，我国大部分地区的温度已经和红薯发芽、生长的温度接近了，所以适宜其生长。

类似的谚语还有"三月种瓜结蛋蛋，四月种瓜扯蔓蔓""谷雨栽上红薯秧，一棵能收一大筐""谷雨过后投夜霜，紧栽红薯趁春墒"。

谷雨抓养蚕，小满见新茧

谷雨第三候为戴胜降于桑，桑树上开始有鸟停留，自是桑树叶开始萌发。养蚕要和桑树的生长周期大致相同，以确保桑叶的充足供应，所以这就预示着中国古代最重要的一项农业项目养蚕开始了。所以有句老话是"谷雨前后人紧张，养蚕采茶都繁忙"。

安徽绩溪家朋镇农家春蚕长势正旺
（毛东风　摄）

"清明蛾子谷雨蚕""清明获种，谷雨担蚕""谷雨三朝蚕白头"，此时是养蚕产区加强春蚕饲养管理的时候。清人纳兰长安在《宦游笔记》卷二十三记载：浙江省各县都养蚕，谷雨前几天，养蚕的人，把去年的蚕种放在微火上烘烤，或在日光下晾晒，到了谷雨这天，桑树的叶子，长得有铜板大小了，细蚕儿也纷纷破卵而出。养蚕人家用鹅毛把细蚕拂落到竹篾编的蚕筐里，让他们吃切成细丝的嫩桑叶，等着蚕儿长大结茧以取丝织布，丰裕民生。

养蚕的禁忌很多，稍有失误，就会影响收获蚕茧的品质，也意味着养蚕的不容易。中国江南地方古来就是鱼米之乡、蚕丝之乡、丝绸之都。谷雨浴蚕后，家家户户就开始忙于蚕事了，此时各家各户大门紧闭，甚至亲友也互不来往，商家歇业，连官吏催科狱讼之事也全部停止。

过了谷雨种花生

农谚中有"不过谷雨，千万别种花生"一说，是以前劳动人民总结出来的经验。北方地区每年三四月份气温往往忽高忽低，常常出现倒春寒现象。花生是喜温作物，其生长对温度要求较高，地温低于13℃就不会发芽，气温不到种植早半月也没有用。谷雨前温度低且天气变化较大，忽冷忽热，不适宜种植再加上土壤潮湿，常常出现霉变烂籽现象，出苗率低，过早播种不增产反而减产。过了谷雨，寒潮基

河南省滑县城关镇农民在播种
春花生（王子瑞　摄）

本结束，天气基本稳定，温度也能够达到花生发芽条件，适宜播种，为花生增产、农民增收打下坚实基础。

花生按照播种时间分春花生和夏花生，春花生一般在谷雨节气前后播种，播种前需要沤制农家肥、深耕细耙、带皮的花生种暴晒后包衣等。一般从播种到出苗齐全（2片复叶）需20天左右。从出苗期到始花期为幼苗期，幼苗期大概30天。之后进入开花下针期，也需要大概30天。40天左右之后进入结荚期，结果成熟的时间就比较长，大概50天左右。这么算来，在谷雨的时候种下的春花生，白露前后就可以收获了。

生活类谚语

清明盒子谷雨面

东北地区流传着一句节气饮食谚语："清明盒子谷雨面"，说的是清明时节烙韭菜盒子吃，所谓"尝春"；谷雨时节，则要做一锅野菜面汤，这些野菜在地下忍了一冬，吃了它们，就是接了"地气"。这就叫"吃地气"。民间有种说法，认为开春吸几口新鲜空气，炒盘第一刀韭菜，喝碗新剜的野菜熬的粥，人就气血畅通，接上地气了。用来吃地气的野菜有绿莹莹的水渍菜、暗红色的曲麻菜、头顶白花的苦麻菜以及车轱辘菜等。

具体的做法是：野菜剜回家，用清水泡一下，洗去根叶的泥土，去掉野外的浊气，剩下的便是一尘不染的"地气"了。烧一锅开水，将野菜撒入锅中，趁着野菜在水中上下翻滚之际，将早已淋好的"面疙瘩"或擀好的面片下入锅中，用勺子搅几搅，待面疙瘩或面片余熟之后，一锅面汤就做成了。面汤盛到碗里，淋上几滴香油，就着一碟咸芥菜丝或一盘鸡蛋酱，全家就开始"吃地气"了。那面汤因野菜的加盟而散发着"地气"的味道，不仅瞧着赏心悦目，喝到嘴里也是清新、爽口、开胃。吃过"地气"，大人孩子便扛上家具，一身豪气地迈向田野：锄地、间苗、补苗、施肥、趟垄……开始了繁忙的农事。

谷雨三朝看牡丹

原文出自清代顾禄《清嘉录》："牡丹花，俗呼谷雨花，以其在谷雨节开也。谚云：'谷雨三朝看牡丹'"。意为谷雨后三日就进入了被誉为国色天香的牡丹的盛花期，所以牡丹也当之无愧为谷雨节气的一候花信风，又被称为

"谷雨花"，是我国唯一以节气命名的花卉。

　　谷雨时节赏牡丹自古就是人们重要的节令活动。牡丹花会的习俗起于隋唐，盛于宋朝。欧阳修《洛阳牡丹记》就记载了牡丹花会的盛况，唐代诗人白居易诗中"花开花落二十日，一城之人皆若狂"和刘禹锡诗中"唯有牡丹真国色，花开时节动京城"的诗句皆生动描述了谷雨时节人们倾城观花的盛况。历代文人的诗词歌赋中关于谷雨和牡丹花的描写数不胜数。如宋代杨万里《赏牡丹》"把酒看花绕画栏，病身只得忍轻寒。主人半醉花微倦，下却珠帘放牡丹。"元代王恽《木兰花慢》中："问东城春色，正谷雨，牡丹期。想前日芳苞，近来绛艳，红烂灯枝。……归纵酴醾雪在，不堪姚魏离枝。"山东菏泽、河南洛阳、四川彭州等地至今还在谷雨时节举办牡丹花会，进行与牡丹相关的文化活动的习俗。洛阳牡丹文化节前身就是洛阳牡丹花会，是中国四大名会之一，已入选国家非物质文化遗产名录。

中国农业博物馆馆内的牡丹花开正艳（张苏　摄）

雨前椿芽嫩无比，雨后椿芽生木体

　　民间有"三月八，吃椿芽儿"的说法。谷雨食椿，又名"吃春"，寓意迎接新春到来。谷雨前后这段时期正是香椿上市的时节，香椿营养丰富，故有"雨前香椿嫩如丝"之说。

　　香椿又叫做椿芽、香椿头，其是香椿树的幼芽。香椿中含有丰富的蛋白质、脂肪、糖以及维生素 C 等。中医指出，香椿的营养以及药用价值十分可观，可提高身体抵抗力，具有理气、健胃、润肤、抗菌、消炎等功效。

不仅如此，香椿中还含维生素 E 和性激素物质，具有抗衰老和补阳滋阴的作用，对不孕不育症有一定疗效，故有"助孕素"的美称。香椿是时令名品，含香椿素等挥发性芳香族有机物，可健脾开胃，增加食欲。香椿的挥发气味能透过蛔虫的表皮，使蛔虫不能附着在肠壁上而被排出体外，可治蛔虫病。香椿还含有丰富的维生素 C、胡萝卜素等，有助于增强机体免疫功能，并有润滑肌肤的作用，是保健美容的良好食品。

山东省临沂市郯城县农民在田间采摘香椿（房德华　摄）

除此之外，民间还流行一种说法，就是过了谷雨之后香椿芽就不好吃了，这是因为随着谷雨之后气温的升高，香椿芽"木质化"加快，口感会一天不如一天，喜欢吃香椿的话要赶快抓紧时间了。香椿的做法很多，比较常见的有香椿拌豆腐、炸香椿鱼、香椿炒鸡蛋、腌香椿等。

谷雨贴符禁蝎保平安

谷雨时节，万物复苏，蛰伏了一冬的毒虫也开始蠢蠢欲动，病虫害开始进入高发阶段。农民在忙于春耕的同时，也要进行防治害虫的工作。农家一边进田灭虫，一边张贴谷雨帖，进行驱凶纳吉的祈祷。这一习俗在山东、山西、陕西一带十分流行。

谷雨帖，上面刻绘神鸡捉蝎、天师除五毒形象或道教神符，有的还附有诸如"太上老君如律令，谷雨三月中，蛇蝎永不生""谷雨三月中，老君下天空，手迟七星剑，单斩蝎子精"等文字。山东的谷雨帖，一般采用黄表纸制作，以朱砂画出禁蝎符，贴于墙壁或蝎穴处，寄托人们查杀害虫、盼望丰收、祈求安宁的愿望。陕西凤翔的谷雨贴年画，单贴在墙壁上，用来镇压驱杀毒蝎。上面写有："谷雨三月中，天师到门庭。手执七星剑，斩杀蝎子精。"

陕西西乡一带的人们，每年在谷雨日天刚亮时，用柳枝鞭打四壁，以攘除毒蝎。白水县于谷雨节也有类似的活动，如在黄表上写有："谷雨日，谷雨晨，奉请谷雨大将军。茶三盏，酒三巡，蝎子立刻化为尘。"用以驱除毒蝎。

三、常用谚语

谷雨大晴是旱年。　广西（贵港）

谷雨晴，蓑衣斗笠打先行，谷雨雨，蓑衣斗笠好捡起。　福建

谷雨呒雨雨水多。　浙江（嘉兴）

冷谷雨，冷皮不冷骨。　广西（柳江）［壮族］

谷雨才断霜，十月又下雪。　湖北（利川）

谷雨前后三场冻。　福建（光泽）、河北（抚宁）、山东

谷雨不开江，憋死老王八。　浙江（温州）

谷雨无雨，水贵如米。　广西（武宣）

谷雨不下光旱，粮食只收一半。　陕西（宝鸡）

谷雨不雨，收成不富。　广东

谷雨不下雨，耕田靠水渠。　广西（桂平）

谷雨不下雨，河干蚁吃鱼。　广西（武宣）

谷雨不下雨，中秋桶无米。　湖南（湘西）［苗族］

谷雨不雨，麦苗不起。

谷雨不雨，五谷不起。　福建

谷雨无雨，家家饿死，谷雨有雨，家家欢喜。　广东

谷雨无雨，今年无米。　湖南（湘西）［土家族］

谷雨无雨，来年卖女。　广西（罗城）

谷雨无雨，犁耙吊起。　广东

谷雨无雨，水沟晒干底。　广西（柳江）

谷雨无雨，鱼虾沟上死。　广西（博白、陆川）

谷雨无雨旱河底。　湖南（株洲）

谷雨无雨则春旱。　广东（连山）［壮族］

雷打谷雨前，秋霜准提前；雷打谷雨后，高山种大豆。　吉林

雷打谷雨前，坑坑涨水好种田；雷打谷雨后，娘娘顶子种黄豆。　黑龙江

谷雨无雨，家家饿死，谷雨有雨，家家欢喜。　广东

谷雨有雨种好谷，芒种有雨好收成。　河南（焦作）

谷雨没有雨，靠天难种地。　广西（隆安）

谷雨没有雨，秋来没米煮。　广西（武宣）

谷雨前蛙叫雨水大，谷雨后蛙叫雨水小。　海南

谷雨晴，麦子入仓加三成。　福建（三明）

谷雨刮北风，山空田也空。　福建（德化）

谷雨刮大风，麦子减收成。　山西（沁县）

谷雨起西风，鲤鱼豁上尾。　江苏（金坛）

谷雨以前风生芽，谷雨以后水生芽。　河北

谷雨以前一刮风，早造必定减收成。　海南（保亭）

谷雨不冻，马上就种，谷雨上冻，小满重种。　河北

谷雨三朝霜，必定有饥荒。　安徽

谷雨勿冻，抓住就种。　上海

播种大秋谷雨头，有雨无雨都能收。　宁夏（银南）

早稻插秧赶谷雨，晚稻插秧赶处暑。　四川

谷雨插秧散水花，立夏插秧大大拿。　福建（长汀）

谷雨节前是清明，管好秧田最要紧。　江西（抚州）

谷雨插好秧，夏季收满仓。　湖北（荆门）、湖南（常德）

谷雨到立夏，种啥也不差。　吉林

谷雨在月头，秧多唔使愁；谷雨在月中，三个谷子共个秧；谷雨在月尾，秧多可做坎。　福建

谷南有雨好种棉，芒种有雨收麦田。　山东

枣树发芽种棉花，谷雨前后把种撒。　陕西（汉中）

谷雨种豆，十种十收。　吉林、宁夏（银川）、天津

谷雨按瓜又点豆，防好霜冻保丰收。　山西（太原）

谷雨不雨，干煞虫客蚂，饿煞老鼠。　湖北

谷雨谷雨，一滴水一条鱼。　江西（吉水）

谷雨不雨，高山不起。　江西（新余）

锄草宜早不宜迟，谷雨小暑正当时。　宁夏

春头插秧过谷雨，春尾插秧过处暑。　广东

谷雨插秧谷满仓，夏至插秧像根香。　广西（罗城）［仫佬族］

谷雨菜子小满秧，六月栽苕光根根。　陕西（安康）

谷雨后，禾苗绿油油。　上海

谷雨后的笋，成不了竹。　福建（武平）

谷雨前后不下种，秋收时节光瞪眼。　湖南（益阳）

谷雨奶小麦，赚把黑菜叶。　河北（武安）

谷雨在月头，无秧不用愁；谷雨在月腰，寻秧有人留食朝；谷雨在月尾，寻秧难早归。　广东

谷雨有雨种好棉，芒种有雨收麦田，夏至有雨豆子肥。　河南

开犁谷子卧犁麻，谷雨以后种棉花。　辽宁

棉花种在谷雨前，开的利索苗儿全。　甘肃（张掖）

谷雨栽下苗，处暑摘新棉。　安徽（萧县）

过了谷雨断了霜，栽种红薯正相当。　河南（洛阳）

谷雨栽上红薯秧，一棵能收一大筐。　河南（开封）

芝麻种三季，谷雨、小满和夏至。　湖北（孝感）、河南（信阳）

谷雨收菜籽，处暑砍高粱。　陕西

谷雨杏花开，菜农快种菜。　陕西

谷雨茄子清明瓜，小满的萝卜娃娃大。　陕西

谷雨立夏鱼到田，处暑白露鱼上碗。　湖南

吃好茶，雨前嫩尖采好芽。　安徽（青阳）

谷雨桑条青，桑叶上秤称；谷雨桑条白，桑叶卖与谁。　山东

蛙叫谷雨前，洼地好种田；蛙叫谷雨后，洼地别种田。　吉林

谷雨蛤蟆眼眯眯。　注："眼眯眯"，指冬眠刚醒。　福建

蛤蟆叫到谷雨前，旱地就行船；蛤蟆叫到谷雨后，洼地种黑豆。　辽宁（黑山）

人肥谷雨，牛肥处暑。　广西（荔浦）

羊盼谷雨马盼夏，老牛就盼耕种罢。　河北（承德）

牛到谷雨吃青草，人过小满说大话。　吉林

谷雨有雨，风调雨顺。　广东（廉江）

谷雨三朝看牡丹，立夏三朝看芍药。　湖南

谷雨阴沉沉，立夏雨淋淋。

谷雨下雨，四十五日无干土。

过了谷雨，不怕风雨。

谷雨断雪，立夏断霜。

谷雨无雨，佃农送田还田主。

早稻播谷雨，收成没够饲老鼠。

谷雨荽菜立夏豆。

谷雨落雨海蜇发，谷雨有雾腐蜇多。

谷雨青梅梅中香，小满枇杷已发黄。

谷雨日辰值甲辰，蚕麦相登大喜欣；谷雨日辰值甲午，每箔丝绵得三斤①。

谷雨三日满海红，百日活海一时兴。

谷雨种棉花，能长好疙瘩。

谷雨绸绸，桑叶好饲牛。

谷雨日，谷雨晨，茶三盏，酒三巡。

采制雨前茶，品茗解烦愁。

谷雨打苞，立夏龇牙，小满半截仁，芒种见麦茬。

---

① 斤为非法定计量单位，1斤＝500克，下同。

夏　季

　　芳菲随春去，葱茏入夏来。当太阳黄经达 45°，北斗七星的斗柄指向南方，我国大部分地区迎来了炎热的夏季。夏季包含立夏、小满、芒种、夏至、小暑、大暑六个节气。风暖人间草木香，草木葱郁万物生，夏季充足的阳光给万物带来生机，植物茁壮成长，田间地头一片繁忙景象。

　　"一夜薰风带暑来，陇亩日长蒸翠麦"，立夏是夏季的开始，田间作物茁壮成长；"小满天逐热，温风沐麦圆"，小满时节，夏熟作物籽粒开始灌浆饱满；"时雨及芒种，四野皆插秧"，芒种抢收夏熟作物，水稻开始插秧；"昼晷已云极，宵漏自此长"，夏至日，白天达到一年中最长的时候，此后白天逐渐缩短，黑夜逐渐变长；"倏忽温风至，因循小暑来"，小暑迎来盛夏。"唯有农耕人最古，金黄入屋又田秧"，勤劳的农民在盛夏酷暑中仍在忙碌地抢收抢种。

　　夏季因气候炎热而生机旺盛，也是一年中阳气最盛的季节。此时人体新陈代谢加速，阳气外发，伏阴在内，气血运行旺盛并活跃于机体表面，清燥解热是夏季养生的关键，也是"冬病夏治"的良好时机。中医中的"三伏贴"就是针对支气管哮喘、过敏性鼻炎等冬天易发作的宿疾，选择一年中最热的时段，以辛温祛寒药物贴在人体相应穴位进行治疗，达到"冬病夏治"的目的。

立 夏

一、节气概述

立夏，二十四节气的第七个节气，通常在每年5月5日至7日，太阳到达黄经45°进入立夏节气。立夏意味着春季的结束，夏季的开始，农谚云"豌豆立了夏，一夜一个杈"，此时气温明显升高，雷雨增多，农作物进入迅速生长阶段。

立夏分三候：一候蝼蝈鸣，蝼蛄在田间鸣叫，农人需及时做好农业害虫防治；二候蚯蚓出，随着地温升高，蚯蚓从泥土中钻出来，帮助农民松土肥壤；三候王瓜生，王瓜的藤蔓开始快速生长。

立夏时节，气温逐渐升高，雷雨增多，农作物进入生长旺季。大江南北开始进入早稻插秧重要时期，春花作物进入黄熟阶段，春播作物要做好田间管理，茶树春梢发育最快，进入突击采制阶段。

浙江省武义县穿着汉服的孩子们开心斗蛋过立夏（张建成　摄）

立夏作为夏季的第一个节气，自古以来很受重视并衍生了许多民间习俗。周朝时，天子亲率文武百官到郊外举行"立夏迎夏"仪式，勉励农耕，汉代沿承此习俗，至宋代时，礼仪更趋繁琐。"立夏赐冰"的习俗始于两宋时期，明代兴盛。浙江杭州半山地区举行"送春迎夏"仪式，祈福巡行，保佑平安，世代相传并延续至今。此外还有立夏秤人、立夏斗蛋、吃乌米饭等民间习俗。

二、谚语释义

气象类谚语

立夏东南风，大旱六月中

关于气象的记述最早见于殷商时期的甲骨文。东汉王充在《论衡·寒温篇》中也有"春温、夏暑、秋凉、冬寒，人君无事，四时自然"的论述。千百年来，先民们通过对大自然长期的观测积累了很多经验，本条天气谚语就是立夏时节，人们通过观测和认识气象条件，从而"制天命而用"的经验总结。

我国处于欧亚大陆东南部，太平洋西岸，海陆兼备，夏季来临时，阳光照射逐渐增强，东部、南部沿海地区水的比热容比内陆地区砂石的大，水和砂石吸收或放出相同的热量时，水的温度改变比砂石慢得多。由于沿海地区水分多，而水的比热容大，当东南地区吸热时，气温升高的慢，而西北地区砂石多，砂石的比热容小，同样吸热时，气温升高的快。当内陆较热的空气上升，沿海地区的低温空气填补，这就形成了东南风。温度高气压低，可摄引海洋的东南风登陆，如果立夏当天刮东南风，说明气温比往年升高的早。本条谚语所流行的西北地区，因地形原因受内陆山脉阻挡，影响东南风带来的海上暖湿气流抵达，那么在农历的六月出现高温大旱的概率就比较高，而此时正是小麦的孕穗期，逢旱雨水不足会影响小麦结穗。还有谚语说："不怕五月旱，就怕六月干"，指的也是这个意思。

立夏十天旱，农民吃饱饭

立夏节气前后，正值北方地区冬小麦抽穗扬花期。小麦扬花需要晴朗温暖和适宜的温度，如果是阴雨连绵，小麦得不到及时授粉，会造成减产，甚至绝收。所以在小麦扬花期间，农民们都希望是不下雨的晴天，风和日丽，温度适宜。这样可以让小麦扬花更彻底，保证小麦授粉。在南方的江西奉新地区有"立夏雨，样样死；立夏晴，样样成"的谚语。江南立夏后正式进入雨季，雨量和雨日均明显增多，连绵的阴雨不仅导致作物的湿害，还会引起多种病害的流行。小麦抽穗扬花期最易感染赤霉病，若预计未来有温暖但多阴雨的天气，要抓紧在始花期到盛花期喷药防治。南方的棉花在阴雨连绵或乍暖乍寒的天气条件下，往往会引起炭疽病、立枯病等病害的暴发，造成大面积的死苗、缺苗，应及时采取必要的增温降湿措施，并配合药物防治，以保全苗，争壮苗。

立夏刮阵风，小麦一场空

立夏时节，小麦植株茎节因处于生长期完全拉长，尤其是小麦穗头发育饱满，植株顶部重量增加，田间群体大，通风性不够，如遇大雨、大风等极端天气，就容易发生倒伏。小麦倒伏会影响灌浆成熟，降低千粒重，造成难以收割，严重减产。小麦倒伏有根倒伏与茎倒伏两种。根倒伏是由于根系发育不良，扎根不深，次生根少而细弱，支持不住地上部分的重量引起；茎倒伏主要是由于茎基部的机械组织不发达，茎基部第一、二节间过长所致，其主要原因是群体过大，或施用氮素肥料过多。通常以茎倒伏比较普遍常见。

小麦倒伏以后，因风吹雨打而倒伏的可在雨过天晴后，用竹竿轻轻抖落茎叶上的水珠，减轻压力助其抬头，切忌挑起茎叶而打乱倒向或用手扶麦，应当顺其自然，让小麦慢慢恢复生长。与此同时，可喷洒磷酸二氢钾，以促进生长和灌浆，尽量减轻因倒伏造成的减产。此外，倒伏的麦田容易发生条锈病、白粉病、赤霉病等，所以要加强倒伏麦田的病虫害防治。对于小麦倒伏，预防是关键，应当在小麦返青前或返青初期，对群体偏大、植株旺长的区域采取深中耕和适当镇压的方法，促进根系下扎，抑制小分蘖生长，促使主茎和大分蘖的生长，蹲粗茎基的节间，降低植株高度，增强抗倒伏能力。

高秆品种产量高但易倒伏。1911年，意大利引进日本早熟矮秆品种赤小麦与欧洲的晚熟高秆大穗品种杂交，有效地改造了原来栽培的株高130厘米以上的老品种。新中国成立初期，生产上种植的小麦品种大多数是农家品种，类型繁多，产量低下，虽然分蘖力强、生长繁茂但是植株高大，极易倒伏，成为提高单产水平的主要限制因素。我国矮秆品种的选育始于 1958 年，到 1970 年育成第一个大面积栽培的矮秆品种矮丰 3 号，其株高为 75 厘米，有效改善了小麦倒伏带来的损失。20 世纪 90 年代，育成周麦 9 号、矮早 781 为代表的矮秆品种，其株高仅 75 厘米左右，在河南省和黄淮麦区得到大面积推广。2003 年育成矮抗 58，以突出的抗倒性和丰产性，在黄淮南片麦区得到迅速推广，成为我国小麦矮化育种的又一突出成就。

河南省温县遭受雷雨、大风袭击，小麦倒伏严重（徐宏星　摄）

立夏连日东南风，乌贼匆匆入山中

立夏时节，由于气温回暖水温上升，舟山外海连续吹刮东南风，海水自东南外海向西北岛屿沿岸流动，这时乌贼正值产卵时间，卵要附着在水中礁石上，加上乌贼本身游动能力很弱，它就随水流游到山边，形成乌贼匆匆入山中的现象，此时正是捕捞乌贼的旺季。上海地区，有"立夏打暴，乌贼抛锚"的谚语，"暴"即刮西北风。在立夏时节，按照乌贼的习性，应是随水流向西北的舟山岛屿游去，当刮了西北大风后，乌贼移动速度减慢，也不易集群，产生类似于"抛锚"现象，不能随水流进入舟山地区，导致舟山地区的乌贼捕捞数量大幅减少。对于钓鱼爱好者来说，刮东南风意味着收获甚少。在广西宜州一带有谚语云："立夏吹东南，鲤鱼进深潭"，有经验的老钓手们会通过观察风向来判断钓鱼的最佳时机。立夏过后，如果刮偏北风，不管是东北风还是西北风，鱼口特别好，钓鱼特别容易上钩。而刮偏南风的话，鱼口都不会特别好，尤其是刮起东南风时，鲤鱼都钻进深潭，垂钓者几乎一无所获。

贵州天柱侗族农民有立夏捉鱼吃鱼习俗（龙胜洲　摄）

立夏不下，犁耙高挂

古时没有天气预报可以提前对庄稼进行相应的农事操作，只能通过不同节气的天气变化来预测当年的作物丰收情况。一般年景下，南方地区立夏之后进入雨季。谚语云："立夏小满雨水相赶"，立夏正值万物生长的时节，需要补充大量的水分和营养物质，"立夏不下"就是指在立夏的时候不下雨。南方通常在立夏时节进行水稻的插秧工作，此时如果不下雨便会造成土地干旱，因此犁耙也就无用武之地。在古时的农村为了不让农事工具占用地方，一般都将其悬挂在屋后的墙壁上，即高高地挂起，也就是后面一句"犁耙高挂"的意思。在湖南郴州地区还有"过夏晴，斗笠蓑衣跟人行；过夏落，斗笠蓑衣沤壁角"的谚语。不过在北方地区，立夏不下雨，预示着夏季干旱，将影响一年的收成，吉林有"立夏不下雨，碾下无谷米"的谚语，立夏前后，北方地区气温回升很快，但降水仍然不多，加上春季多风，蒸发强烈，大气干燥和土壤干旱常严重影响农作物的正常生长，尤其是小麦灌浆乳熟前后的干热风更是导致减产的灾害性天气，如遇立夏无雨，需做好抗旱保墒措施，适时引水灌水，抗旱防灾。

海南琼海万泉河畔，立夏时节电闪雷鸣（蒙钟德　摄）

农事类谚语

立夏种胡麻，九股十八杈；小满种胡麻，到老一朵花；芒种耩胡麻，终九不回家

在西北地区和内蒙古一带，称油用亚麻为胡麻。据《本草纲目》记载，亚麻为"壁虱胡麻"，本条谚语中的"胡麻"指的是"亚麻"，意思是立夏前后内蒙古地区气温回暖，乌兰察布后山，锡林郭勒南部一带和巴彦淖尔河套灌区，土默川一带，开始抢种胡麻。胡麻下种后可利用土壤解冻后的返浆水，提高出苗率，还可以避免晚霜的危害，有利于后期的开花结果。如果到小满才下种就晚了，只开花不结果。如果芒种耩（耩原是一种农具，这里是播种之意）胡麻，将一无所获。

在我国黄河流域及长江中下游各省的种植区域，所谓胡麻即芝麻，由汉代张骞出使西域时候所带回，故称胡麻。关于胡麻，有这样一段故事。在汉代有两个修道之人，一个叫刘晨，一个叫阮肇，一日，他们相约到天台山去采药，遇到一位仙女，仙女给他们送了一道用芝麻做的饭，他们两个人吃了后便得道成仙了，等到他们从天台山回来的时候，发现人间已过百年，所以就有这样一句话，一饭胡麻几度春。

芝麻是中国主要油料作物之一，含有大量的脂肪、蛋白质、维生素、油酸、亚油酸等，种子含油量高达 55％，被称为八谷之冠，主要种植区域在河南、湖北、安徽、江西、河北等省，其中河南产量最多，约占全国的30％左右。有谚语说道：立了夏，种芝麻。说的也是要想胡麻获得好的收成，播种时间非常关键。立夏时节温度逐渐回升，此时是春芝麻播种最好的时间。芝麻的播种方式有条播、撒播等，播种后覆土不宜过深，保证芝麻能均匀出苗。在芝麻种子播种后，还要做好除草和镇压保墒工作，确保春芝麻播种后的齐苗率。幼苗出土后要做好管理工作，及时间苗补苗、打顶防病。

立夏浸种，小满抛秧

浸种催芽是水稻种植过程中必不可少的一项生产技术，是指对于发芽较慢的种子，在播种之前需要对种子进行浸泡，浸种的目的是促进种子较早发芽，还能杀死一些虫卵和病毒，特别是水稻播种较早地区，利用浸种催芽能显著提高出苗率，有效减少控制苗期病虫害影响，利于苗齐苗匀苗壮，形成壮秧。

立夏前后温度升高，是水稻浸种催芽的好时机。浸种前需选择晴好天气晒种2～3天，以减少病菌，并对种子进行精选，清除种子中的秕粒、破损粒和其他杂物，选好的种子放入合适的容器中进行浸泡，宜采用"日浸夜露"的方法，即白天浸种、夜晚捞出摊开，随后进行保温催芽和常温练芽，最后播种。待育成秧苗后，到小满时节进行抛秧。抛秧的水稻因秧苗带土带肥自然入土，全根下田，且入土浅，禾苗早生早发，秧苗素质好，根系发达，白根多，吸收能力强，密度有保证，禾苗分布均匀，通风透光好，具有返青快、分蘖早，稳产高产等优点，水稻抛秧每亩能增产百斤粮。

江西省宜春市万载县立夏时节，村民在田间插秧（邓龙华　摄）

秧苗入土的深度至关重要，是影响水稻产量的关键一步，人工插秧秧苗入土的深度为3～4厘米且深浅不一，地温比地表温度要低10%，容易影响秧苗的返青、分蘖和生长；抛秧由于带土垛抛洒，入土深度1～2厘米，秧苗散落在水田表面的稀浆中，可提高地温，秧苗根系生长快，促使分蘖早，而且分蘖的数量也多，每穴增加10～12株。

立夏栽姜，夏至离娘

姜在我国有着悠久的栽培历史，早在春秋时期已有姜的记载。姜作为药用，也有悠久的历史，《神农本草经》已有姜的性味、主治的记述。姜的栽培是用老熟的地下根茎进行无性繁殖的。立夏节气，将种姜栽下，不久后从节上发出新芽，新芽不久便开始膨大形成初生根茎，其基部发生幼根，随着初生根茎的成长，抽出假茎和叶，形成新的植株。新生植株一方面继续利用种姜的养分，另一方面又能吸收和制造养分。到夏至时分，新植株已经长出有6～7片叶，株高25～30厘米，可以独立生活，因而可将老姜收回，就是"夏至离娘"。

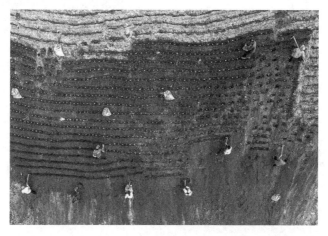

立夏前后，蒙山县长坪瑶族乡农民在种植山地姜（黄胜林　摄）

生姜是人们烹饪过程中不可或缺的调料。根茎中富含的姜精油、姜油树脂等是食品工业广泛应用的香料。生姜还是一种中药材，性质温热，具有温胃驱寒、消食止痛的效果，许多中药材的炮制都少不了姜的辅佐。因此，生姜是一种很有开发利用价值的经济作物，用途广泛，在山东等地有大面积种植。生姜属于产量高的种植作物，科学合理种植生姜，能够获得较好的经济回报。生姜在一般年份亩产 1 500～2 000 千克，按每千克 8 元计算，一亩地净收益 12 000～16 000 元，刨去种植成本每亩地净收益达 6 000～9 000 元。

夏栽薯成簇簇，夏栽芋找不着

红薯生长需要的温度以当地平均气温稳定 15℃以上，浅土层地温 17～18℃时比较适宜。适时早栽是红薯增产的关键，在适宜的条件下，栽秧越早，生长期越长，结薯早，结薯多，块根膨大时间长，产量高，品质好。立夏，气温回暖基本稳定，土壤水分适宜，是红薯幼苗的扦插适期。此时如遇晴天气温高时宜于午后栽插，雨后需等天晴土壤湿度适宜栽插。芋头生长期长，传统上多为春种，立夏已经不宜再栽种芋头了。

红薯原产地在南美洲，1492 年哥伦布发现美洲大陆后，将红薯、玉米、番茄等物种带到了欧洲。16 世纪初，西班牙水手又将红薯带到了菲律宾的马尼拉和摩

立夏时节，广西罗城仫佬族自治县农民在地里栽种红薯（廖光福　摄）

鹿加岛。红薯到了菲律宾后成了他们的国宝，严禁外流。明朝万历年间，福建一位名为陈振龙的儒生弃文从商，跟随商队去往菲律宾寻找商机，并从菲律宾冒死将红薯藤与麻绳拧在一起，伪装成一根绳子带回了中国。红薯不仅解决了中国的饥荒，救了无数人，还促使中国成为人口大国。红薯的适应能力强，单产高，能够适应沙地和瘠地。

立夏小满，薤子挽转

薤〔xiè〕，又名藠头，为百合科植物薤的鳞茎，又名"藠子""薤白"，味辛辣，分布于我国长江流域和南部各地，是我国南方特有的蔬菜，一般在上一年 8 月下旬至 9 月上中旬，当地天气转凉，平均气温降到 25℃以下时种植。次年立夏时节，将茂盛的薤叶挽转结扎，以促进地下鳞茎的生长，待到芒种至夏至期间，叶子有 1/3 枯黄，地下鳞茎充分成熟时即可收获。藠头

以鳞茎入食，质地洁白，口感脆嫩，营养丰富，具有防暑、开胃、助消化等保健功效和理气、宽胸、通阳、治胸痹痛、脘腹痛、泻痢、症疖等药效，常加工成盐渍、酸甜藠头食用和出售。

立夏时节，江西省新建县生米镇文青村农民正在地里采收藠头（熊家福　摄）

古代人常吃的蔬菜与我们如今常吃的蔬菜大部分并不相同。《素问》中提到：古代的五菜为"葵、韭、藿、薤、葱"。薤为五菜之一，霸占了古代人民的餐桌。薤的吃法一般加工为酱菜，鳞茎（称之为薤白）可以入药。清朝时，云南开远的甜藠头作为贡品进献皇宫，因而在清宫中还留下了"久吃龙肝不知味，馋涎只为甜藠头"的赞语。2020年，在里耶古城（今湖南省湘西土家族苗族自治州龙山县）的考古中出土了秦朝时期的大量食物，有水稻、核桃、梅子、酸枣等，其中，就有一种叫藠头的食物，至今保存完好。

立夏三天遍地锄

立夏节气加强田间管理是保证农作物丰产的关键措施。此时小麦进入抽穗扬花期，早稻开始苗期分蘖，棉花、玉米、高粱、花生等作物也进入了快速生长期，瓜果进入坐果期，对营养需求旺盛。水稻三化螟随着气温升高开始恢复生理活动和化蛹，蚜虫类、蓟马、螨等害虫这一时期也开始大量繁殖，危害瓜果蔬菜。有谚语说道："一天不锄草，三天锄不了""立夏小满，稻禾有卵""立夏小满，肥粪全赶"。立夏前后，随着气温的升高，田间杂草生长旺盛，水分加速蒸发，高温条件下极易发生病虫害，影响农作物的正常生长。此时需要把握时机做好田间管理，做好中耕锄草、抗旱防涝、防止病虫害等。此外，还需加强肥水管理，促水稻早发，追施叶面肥，促进小麦灌浆饱满。可根据天气情况、植株长势和土壤情况来浇水追肥，提高光合作用效率，促进瓜果坐果率。

中耕除草的田间管理技术有着悠久的历史，春秋时期，据《诗经》记载，"荼蓼稂莠"是西周时期田间的主要杂草，严重危害作物的生长，通过除草壅苗除去田间杂草，防止其与作物争水争肥。"锄"字在公元前1世纪已经开始出现，并已成为除草的专用工具，"锄地"成了中耕除草的概称。

种芋种到夏，一个闺女，一个郎爸

"闺女"指结出的新芽，"郎爸"指做种的老芋。芋头在春季下种栽培，立夏后，芋头进入结芋期，母芋（郎爸）与子芋（闺女）在这个时期会快速膨大。此时需要做好中耕培土，因为芋头球茎在生长过程中会随着叶片的增加而逐渐向地表生长，从而影响芋头的产量和品质。当芋头长到7～8叶时，开始发生子芋。为减少养分分散和消耗，利于母芋膨大，子芋有一叶一心时，可用小刀或小铁铲小心将子芋生长点割除，并注意不要割伤母芋。此外培土还可抑制子芋、孙芋顶芽的萌发，减少养分消耗，促进球茎膨大。

历史上有一个有趣的故事"林则徐请洋人吃芋头"。清朝晚期的政治家林则徐在广东开展禁烟行动时，一个英国商人詹姆斯心怀不满想要捉弄林则徐，于是请林则徐吃饭，席间特意端上来一盘雪糕，林则徐看到它冒着白气，就以为这东西很烫，于是拿起来放到嘴边呼呼大吹，詹姆斯见状，立刻哈哈大笑。林则徐受到捉弄却也不生气，笑着对詹姆斯说，明天要回请他吃饭。第二天，詹姆斯早早跑来吃饭，林则徐让厨师端上来一碗用紫色芋头做成的芋泥，看起来如脂似玉，詹姆斯一看这道美食，赶快舀了满满一匙送进嘴里，却一下子被烫得喉咙发痛，吐不得咽不得，连眼泪都烫了出来。这时，林则徐不慌不忙地说："这是我们中国的名菜槟榔芋泥，它外表冷静，内心却很炽热，与你们表面冒气，里面却冰冷的雪糕正好相反呀！"这下，轮到詹姆斯变得尴尬了。林则徐不动声色利用芋头教训洋人的故事，成为了外交界的美谈。

洋芋到立夏，蛋蛋核桃大

立夏时节，南方地区的洋芋（马铃薯）进入发棵、结薯期，块茎膨大如核桃般大小。马铃薯的结薯期是主茎生长完成，并开始侧生茎叶生长，叶面积逐渐达到最大值，茎叶和块茎的干物质量达到平衡时，便进入以块茎生长为主的结薯期。新生块茎是光合产物分配中心向地下部转移，这个时期是产量形成的关键时期。

　　马铃薯，原名阳芋，别称土豆、地蛋、洋芋等。首载见于《植物名实图考》："黔滇有之……山西种之为田，俗称山药蛋，尤硕大，花白色。"17世纪时，土豆传播到中国，由于土豆非常适合在原来粮食产量极低、只能生长莜麦（裸燕麦）的高寒地区生长，很快在内蒙古、河北、山西、陕西北部普及，同红薯一样，马铃薯对维持中国人口的迅速增加起到了重要作用。在欧美等国，马铃薯作为主食已经有几百年的历史。就中国而言，在西北的陕西、宁夏部分地区，东北部分地区，马铃薯已经成为老百姓餐桌上的主食。随着经济发展，消费需求日渐多元，为了顺应趋势，实现主食的多元化，2015年，农业部正式启动马铃薯主粮化战略，将马铃薯与水稻、小麦、玉米并列为中国四大主粮，推进把马铃薯加工成全粉来制作馒头、面条、煎饼等适合中国人膳食习惯的主食，马铃薯主粮化正式上升至国家战略。

立夏不起蒜，必定要撒瓣

　　大蒜生长周期一般为8个月，当年9月播种，次年5月收获。立夏时节，大蒜叶片发黄、蒜瓣突出时即可收获。立夏过后，气温升高，雨水增多，如果不及时起蒜，易造成大蒜裂头、散瓣。收获时要用专用工具蒜别子，不刨破不撞伤。收获后要及时晾晒使其干透，避免暴晒，防止糖化。大蒜收获以后有2～3个月的休眠期，休眠期过后在3～28℃的气温下大蒜会迅速地发芽、长叶，消耗鳞茎中的养分，使蒜头萎缩干瘪，所以大蒜的贮藏尤为重要。关于贮藏的方法主要有高温贮藏、低温贮藏和气调贮藏。高温贮藏是将大蒜置于28～32℃环境中，可保持不发芽，但仅适用于短期贮藏，否则蒜头容易失水、干瘪；低温贮藏是目前运用最为广泛的技术，即在恒温库中利用机械制冷降低温度，抑制鳞茎萌发；气调贮藏是将大蒜放在密封的袋子里，使大蒜呼出的二氧化碳气体散发不出去，并保持较高浓度，大蒜处于休眠状态。

　　关于蒜的文字记载最早见诸《夏小正》，称卵蒜，即小蒜，并非现在的大蒜。现在我们食用的大蒜是西汉时期张骞第二次出使西域时引进的。西晋文学家张华所著《博物志》（卷六）中记载："张骞使西域还，得大蒜、番石榴、胡桃、胡葱、苜蓿、胡荽"。北魏贾思勰《齐民要术·种蒜篇》记述："张骞周流绝域，始得大蒜、葡萄、苜蓿"，蒜因出自西域，又名"胡蒜"。大蒜是烹调美味佳肴过程中不可或缺的调味品，也是上好的营养品，更是极佳的绿色天然药品。蒜中所含硫化合物具有奇强的抗菌消炎作用，对多种球菌、杆菌、真菌和病毒等均有抑制和杀灭作用，是当前发现的天然植物中抗菌作用最强的一种。

立夏时节，山东省临沂市平邑县农民在田间收获大蒜（武纪全　摄）

立夏在厝鱼起厝，立夏在洋没鱼尝

"厝"，闽南语，意指"家"，在福建地区闽南语中建房称之为"起厝"。在本条谚语中指渔船还未出港，仍然在家中。每年立夏前后，大黄鱼在集群产卵时会发出叫声。雌鱼的叫声较低，像点煤气灯时发出的哧哧声；雄鱼的叫声较高，像夏夜池塘里的蛙鸣。

用木帆船捕鱼时，渔民都把耳朵贴在船板上聆听叫声，判断鱼群的大小和密集程度，以及鱼群的深浅，进行捕捞。立夏的日子如在农历四月上旬，即捕黄花鱼的船（俗称"瓜对"）出港之后，则会丰收；如在农历四月中旬，即捕黄花鱼的船出港之后，则会歉收。在江西的赣北地区，有"春不捞头，夏不捞尾""立夏上江边，小满收鱼花"的谚语，说的是捞取鱼苗需要选择适当时期，立夏至芒种期间鱼苗最为旺盛，一般自立夏开始捞鱼苗至芒种结束，把立夏以前和芒种以后的鱼苗放弃不捞。立夏至小满所产鱼苗称早水苗，质量好，易运输；小满至芒种为中水苗，是盛产期；芒种后为迟水苗，此时气温已高，难以运输。长江鱼苗，是在每年立夏前后动手网捞的。各地采购人员，也在此时云集江边，在小满前后，即可捞到大批幼苗运回。

四月无立夏，新米枭过老米价

"四月无立夏"指的是适逢闰年、闰四月。农历的四月属于春季，如果闰年有两个四月的话，那么春季就会比往年长。民间有"闰四月，吃树叶"和"闰四月，是穷年"的说法。由于过去传统农业生产力低下，人们家中的余粮并不多，春天正是青黄不接的时候，经过一冬的消耗，余粮所剩不多，人们盼着早点吃上新麦。春天延长了，小麦就会推迟一个月上场，人们迫不得已只能吃树叶充饥。从气象上来说，春季延迟很容易出现倒春寒的情况，倒春寒直接影响农作物的生长，致使农作物减产减收，导致新米涨价。

在农历纪年中，有闰月的一年称为闰月年。农历年一般为 12 个月，354或 355 天，仅有极少数的年份为 353 天（例如 1965 年）。闰月年则为 13 个月，一般为 384 天，有些个别年份也长达 383 天，还有极少数的年份能长达385 天（例如 2006 年）。农历作为阴阳历的一种，每月的天数依照月亏而定，一年的时间以 12 个月为基准。为了合上地球围绕太阳运行周期即回归年，每隔 2～3 年，增加 1 个月，增加的这个月为闰月，因此农历的闰年为13 个月。农历没有第十三月的称谓，闰月按照历法规则，排放在从二月到十月后重复同一个月，重复的这个月为闰月，如四月过后的闰月称为闰四月。

生 活 类 谚 语

过立夏，穿葛夏

在湖南地区，立夏后，气温逐渐升高，人们开始脱去厚重的春衣，着麻类纺织的以"葛夏"为面料的轻薄衣服。葛的韧皮纤维，是我国古代的重要纺织原料。1972 年，江苏吴县草鞋山的新石器时代遗址中出土了三块珍贵的葛布残片，证明我国早在四五千年前就开始利用葛作为纺织原料。据《周礼》记载，西周时期，设立了"掌葛"的官职，专门"征絺［chī］、绤［xì］之材"和"征草贡之材"，也就是征收麻、葛等类纺织原料。用葛纤维纺织成的织物有精细和粗糙两种，精细的叫"絺"，粗糙的叫"綌"。由于絺、绤纺织加工精细，一般都成为统治阶级的奢侈品。

最早记录我国劳动人民进行葛脱胶和纺织加工的是《诗经·周南·葛覃》里的"葛之覃兮，施于中谷，维叶莫莫，是刈是濩〔huò〕，为絺为綌，服之无斁〔yì〕"，不仅描绘了葛的形态，而且也说明了把葛刈回来用濩（煮）的办法进行脱胶，最后把得到的葛纤维按粗细不同，加工成絺或綌。《淮南子》中也记载到："冬日被裘罽〔jì〕，夏日服絺绤"。此外，"冬裘夏葛"也被用于比喻因时因地制宜或应势而变，如战国时期《列子·汤问》记载："九土所资，或农或商，或田或渔；如冬裘夏葛，水舟陆车。"清代小说《痛史》第一回："举得起，放得下，以便冬裘夏葛同它换衣服。"

立夏见三新

生活的美好，在于诗和远方，也蕴藏于人间烟火，三餐百味。立夏时节，渐暖的温度，足够的光照，赐予了万物肆意生长的力量，蔬果鲜鱼应时而生，夏收作物陆续成熟，物产也逐渐丰富起来。此时，北方地区小麦茂盛，南方地区樱桃红透，新笋出土，新鲜的果蔬开始登场，不同地区对"三新"的定义不同，这里的三新指：油菜、大麦、豌豆，有的地区蒜也是"三新"之一。在苏州地区，"立夏见三新"指的是樱桃、青梅和麦子，立夏这天当地人民用这三样东西祭祖，后来尝新的食物逐渐丰盛，更有"九荤十三素"的说法，"九荤"为鲫鱼、鲚鱼、咸鱼、咸蛋、螺蛳、熄鸡、腌鲜、卤

立夏时节，江苏省扬州市宝应县农民在藕田里捕捞小龙虾（沈冬兵　摄）

虾、樱桃肉；"十三素"包括樱桃、梅子、麦蚕、笋、蚕豆、矛针、豌豆、黄瓜、莴笋、草头、萝卜、玫瑰、松花等。也有地区将立夏的三鲜细分为"树三鲜""地三鲜"和"水三鲜"。"树三鲜"：樱桃、枇杷、杏儿，"地三鲜"：蚕豆、苋菜、黄瓜，"水三鲜"黄鱼、河虾、鲥鱼等。此外还有新笋、新茶、新麦、杨花萝卜、豌豆、黄鱼等皆是自然的馈赠。

立夏不喝汤，走路蔫又蔫

这句谚语的意思是立夏的时候，吃饭要有汤。夏季来临，天气炎热，人们流汗多，水分流失快，在人体所流出的汗液中，除约 99％ 为水分外，还会排出一定量的微量元素，如钠、钾、钙、镁，以及无机盐等，这些物质对于人体都是极为珍贵的。高温时，人体为了散热，一天的出汗量可以多达 $3\sim10$ 升，流出和蒸发汗液的同时，能从身体带走很多的热量，从中医的角度上来说"汗为心液"，人体流汗多也就是心液在损耗。再则，夏季炎热，昼长夜短，人们的睡眠时间缩短，心脏自然不能好好得到休息调整。所以，立夏后，要多喝汤水补充水分和营养。

立夏养生汤品种繁多，主要以补益气血、养心安神、利水消肿、祛除湿热为目的，选择新鲜的食材精心烹制。二参陈皮养心汤是夏季养心的上佳汤品。西洋参性凉，味甘、苦，入心、肺、肾三经，具益肺阴、祛虚火、养胃生津之功。太子参又名"孩儿参"，性味犹为平和甘润，有补气生津之功效。陈皮是广东"三件宝"之一，醇香可口，有理气、健脾、燥湿、化痰的功效，使心闷、心躁、心烦得以舒缓。猪心则"以形补形"，合而为汤，益心润燥、解烦除郁、益气滋养，尤适合中老年人夏日养心之用。此外还有红豆养心汤、冬瓜老鸭汤、赤小豆排骨汤等。在南方许多地区，还有"立夏，补老父"的谚语。在夏季来临时通过食疗的方式来为老年人和儿童进补。如用党参粥补中益气、养血生津，用赤小豆粥健脾胃，用天门冬粥滋阴清热、润燥生津，用枸杞、黄芪等煲药膳汤，补血滋阴、抗老益寿。此外还需早睡早起，保持心情愉悦，不吃生冷食物，多吃新鲜蔬果，以达到夏季休养身心的目的。

立夏吃了摊粞饭，天好落雨吷没闲

这句谚语的意思是说，立夏时节吃完青嫩的草头做成的摊粞饭，农忙就开始，无论天晴天雨都没空闲了。吃草头摊粞是上海地区立夏时节的民俗。

"摊䭏饭"是用糯米粉或面粉加水搅拌后，油煎成饼；"呒没"是方言，意为没有。"麦蚕吃罢吃摊䭏，一味金花菜（草头）割畦。立夏秤人轻重数，秤悬梁上笑喧闺。"立夏过后，便要进入田间管理最忙的时节，江南地区还有"吃了立夏蛋，眼睛苦得烂"的谚语，"眼睛苦得烂"比喻田间劳动非常劳累，因此，人们要吃煮鸡蛋或咸鸭蛋，认为立夏吃鸡蛋能强健身体。

浙江省建德市航头镇农民采摘头茬莼菜迎接立夏（宁斌　摄）

立夏前一天，家里就开始煮立夏蛋，一般用茶叶末或胡桃壳煮蛋，蛋壳慢慢变红，满屋香喷喷，吃立夏蛋配上好的绍酒，并洒细盐，在酒香茶香中度过立夏。在江苏太湖地区，立夏当天，以一碗鲜美的莼菜羹迎接立夏。浙江宁波地区有立夏吃"脚骨笋"的习俗。"脚骨笋"是用野山笋或者乌笋，煮之前将笋拍扁，切成 4 厘米左右的一段，形同脚骨，人们认为立夏吃了"脚骨笋"能够"脚骨健健过"，农忙的时候才有力气。

立夏三朝看芍药

俗话说"谷雨看牡丹，立夏赏芍药"。芍药花期在 5、6 月间，属长日照植物，花芽要在长日照下发育开花，立夏后，日照充足，芍药进入了盛花期，是观赏的最佳时机。芍药，别名别离草、花中丞相、爱情花，被列为"十大名花"之一，称为"五月花神"。《诗经》云："维士与女，伊其相谑，赠之以芍药"，古代男女交往时，常以芍药相赠表达结情之约或惜别之情。芍药花也是历代诗人、文学家、画家们创作的重要题材。宋代诗人姜夔〔kuí〕在《扬州慢·淮左名都》中写道："念桥边红药，年年知为谁生"，借芍药花之名，抒发家国情怀。《红楼梦》第六十二回："憨湘云醉眠芍药裀"是被誉为红楼梦中经典情景之一。光绪皇帝曾御笔《芍药图》，中国著名油画大师张秋海为芍药作《张秋海芍药图》。另外，芍药花寓意厚重，象征着美女的富贵和美丽，曾留下"立如芍药，坐如牡丹"的千古佳句。芍药也是中国传统药材之一，最早的记载见于《神农本草经》，以根部入药，主要用于补气养血，敛阴止汗，柔肝止痛，平抑肝阳。

立夏时节芍药盛开，药农正为芍药锄草（张延林　摄）

节交立夏记分明，吃罢摊菜试宝称

现今江南一带的江苏、上海、浙江、湖南、江西等地仍然沿袭这一习俗。立夏时乡邻友人们聚在一起，支上一个大秤，然后大家一个接一个地坐到竹篮子里去称体重。有人负责称，有人负责报数，有人负责记录。周围的人七嘴八舌地议论，"评量燕瘦与环肥"，立夏称一次，然后立秋再称一次，通过称重活动愉悦身心，期望身体健康延年益寿。立夏秤人有很多讲究：第一，秤锤不能向内移，只能向外移，意即只能加重，不能减轻。第二，称的斤数若是九，就必须再加上一斤，因为九是尽头数，不吉利。各地对秤人的寓意说法不同。在上海有"节交立夏记分明，吃罢摊菜试宝称"的习俗，中午时无论男女老幼都要称下体重，都认为秤人可以解除痊夏之患。在江苏苏州，认为秤人可以保一年平安。在浙江临海，俗信秤人可以令人不生病。在江西吉安，则认为秤人可以使体重不减。在浙江拱墅有"半山立夏节"，立夏这一天民众欢聚在一起，按照世代相传的习俗，一起祈福巡行。此外还有吃乌米饭、秤人、采摘蚕豆、烧"野米饭"等半山传统的立夏民俗体验活动。

浙江省临安市民众在立夏节气制作乌米饭（胡剑欢　摄）

立夏秤人习俗起源于三国时代。传说三国时，刘备的儿子阿斗（刘禅）被曹操当人质捉走，赵子龙单枪匹马入曹军救出阿斗后，刘备将阿斗交给续弦的孙夫人抚养。赵子龙护送阿斗到吴国时刚好是立夏节，孙夫人担心自己是继母，怕带不好遭人议论，于是想出了一个办法：今天正是立夏，用秤把小阿斗在赵子龙面前称一称，到第二年立夏节再称，就知道孩子养得好不好了。后来，孙夫人在每年立夏节，都把阿斗称一称，然后向刘备报告。就这样，形成了立夏秤人的习俗。另有一种说法，司马昭发兵消灭蜀汉后，恐原

浙江省湖州市德清县组织趣味称体重传统民俗活动（谢尚国　摄）

属汉地臣民不服，所以封阿斗为安乐公。阿斗受封那天，正是立夏，司马昭当着一批跟到洛阳蜀汉降臣之面给阿斗称了体重，并表示以后每年立夏再称一次，保证阿斗每年体重不减，以示未受亏待。此后民间仿效，形成风俗。

三、常用谚语

立夏吹北风，雨水媒人公。　广西［京族］

立夏吹东风，有雨不用问。　宁夏

立夏吹南风多雨，立夏吹西风少雨。　宁夏

立夏大风立秋雨。　河北（邢台）

立夏当日晴，庄稼好收成。　吉林

立夏东风，五谷丰登。　河北（张家口）

立夏东风难下雨。　江苏（苏州）

立夏东风十八天晴。　江苏（镇江）

立夏东风昼夜晴，五日东风刮海干。　江苏（张家港）

立夏东南风，下海捉鲲鲡。　福建

立夏东南没小桥。　江苏

立夏东南风，大麦好撞钟。　江苏（丹阳）

立夏发雾，晴到白露。　江苏（滨海）

立夏风不住，刮到麦子熟。　黑龙江（哈尔滨）［满族］

立夏风从西，麦子收不及。　江苏（南通）

立夏逢雨栽瓜豆。　江苏（苏州）

立夏刮东风，八九禾头空，豆子结荚少，谷子穗头轻。　山东

立夏后风多，夏季雨水多。　河北（围场）

立夏黄风立冬雨，立夏下雨立冬暖。　陕西（榆林）

立夏南风凉，有粮不还仓。　河北（涞水）

立夏起北风，瓜菜园不宁。　河北（张家口）

立夏起了风，不用问天公。　山西（晋城）

立夏前后一场霜。　山西（晋城）

立夏前后有好雨，好比秀才中了举。　山西（沁源）

立夏晴天来年旱。　山西（河曲）

立夏天不晴，一年不收，三年受穷。　吉林

立夏天晴伏雨多。　山西（河曲）

立夏无雨甚担忧，万物下种只半收。　海南（保亭）

立夏无雨要防旱，立夏有雨要买伞。　河南（焦作）

立夏西北风，有雨也稀松。　海南

立夏西风吹，定有蝗虫满地飞。　河北（张家口）

立夏下雨肯成豆。　河南（中牟）

立夏夏至东南风，做事不用问先生。　海南

立夏一场风，夏天晒坏了葱。　吉林

立夏以前一场雨，五谷丰登有了底。　河北（廊坊）

立夏有雷响，阴雨四十天。　福建

立夏雨，冇水莳秧地；立夏晴，有水莳唔平。　福建

立夏斩风头。　河北（威县、蠡县）

南风管立夏，高田捕鱼虾。　湖南（郴州）

扁豆立了夏，一夜发八杈。　山东（曹县）

春茶过立夏，一日长寸把。　浙江（绍兴）

春荞不过夏，秋荞凭露断。　湖南（娄底）

立夏拔草，秋后吃饱。　山西（太原）

立夏拜山无肉，立夏插田无谷。　广东（三水）

立夏棒子小满谷。　河北（涞源）

立夏苞米长腰高，秋天穗子压弯腰。　山东（乳山）

立夏不打棉，芒种不下田。　四川

立夏不耪田，过不去三五天。　河北（三河）

立夏不下田莫耙，小满不满种莫管。　江苏（南京）

立夏大插薯，芒种薯插完。　安徽（淮南）

立夏的燕麦，清明的青稞。　甘肃（甘南藏族自治州）

立夏飞鱼播满海。　海南（临高）

立夏耕春田，时年，芒种耕春田，一半时年。　广东

立夏好种烟，烟叶长如鞭。　安徽（凤台）

立夏后，种早豆。　安徽（阜南）

立夏黄莺叫，麦收快来到。　河南（三门峡）

立夏剪香椿。　山西

立夏剪印齐。　山西

立夏科瓜豆，处暑摘新棉。　安徽

立夏苦菜生，小满拔山葱。　河北（张家口）

立夏快锄苗，小满望麦黄。　山东

立夏快耩谷。　河北（蔚县）

立夏林头青，小满羊跑青。　山西

立夏乱种田。　河北（阳原）

立夏麦甩芒。　河北（巨鹿）

立夏麦挑旗，小满麦秀齐。　河北

立夏忙种烟，烟叶长如鞭。　江西（赣东地区）

立夏密放，芒种稀放。　黑龙江

立夏前，种好棉；立夏后，种好豆。　贵州（贵阳）［布依族］

立夏前后，正种麦豆。　青海

立夏三天扯菜籽。　湖北

立夏三天无嫩竹子。　福建

立夏树叶开，开始收莜麦。　山西（雁北）

立夏甩麦芒，农活开始忙。　河北（新乐）

立夏穗不齐，割了喂毛驴。　河南（南阳）

立夏穗出齐，小满灌满浆。　河南（临颍、平舆、扶沟、正阳、中牟）

立夏田里勤拔草，秋天一定收成好。　江苏（无锡）

立夏头耧谷。　河北（隆尧）

立夏土开，蓖麻虫来。　河南（安阳）

立夏土开，高粱豆儿出来。　河南

立夏剜苗，夏至出蒜。　山东（博山）

立夏未翻土，只有明年空腹肚。　福建（屏南）

立夏无青麦，霜降无青稻。　福建（福安专区）

立夏小满，稻禾有卵。　广西（藤县）

立夏小满，肥粪全赶。　福建

立夏小满麦穗齐。　山东（山亭、德县）

立夏有麦，立秋有稻。　福建（南安）

立夏栽瓜，抹脑一朵花。　湖南（益阳）

立夏栽苕，斤多一条，小满栽苕，半斤一条，芒种栽苕，筋筋吊吊。四川

立夏种高粱，不紧也不慌。　山西（安泽）

立夏种黑豆，根梢不结角。　山西

立夏种胡麻，花儿开得摆不下。　青海（乐都）

立夏种花生，准有好收成。　河南（三门峡）

立夏种荚子，小满种直谷。　山西（太原）

立夏种辣椒，从根红到梢。　黑龙江

立夏种麦子，有牛没格子。　青海（湟源）

立夏装高粱，以防虫子伤。　山东（郓城）

四月立夏小满到，枇杷发黄笋子高。　广西

乌鱼怕立夏，青干鱼怕立秋。　海南（文昌）

秧是立夏草，过了立夏夜夜老。　浙江

要想豆子圆，种在立夏前。　河北（张家口）

早稻不过立夏，晚稻不过立秋。　广西（全州）

早稻插夏兜，晚稻插暑后。　福建（光泽）

早稻勿过立夏关，晚稻勿过立秋关。　浙江（衢州）

正月插杨活溜溜，立夏栽柳无本收。　陕西

立夏吃蚕豆，小满枇杷黄。　江苏（扬州）

立夏吃青，小满吃枯。　江苏（淮阴）

立夏到，蚕豆炒，梅子吃得晃晃叫。　江苏（海门）

吃了立夏果，肩头担发火。　浙江（丽水）

吃了立夏糊，走路要跨步。　浙江（丽水）

吃了立夏粽，日夜没得空。　浙江（衢州）

立夏给猪洗澡，立冬给猪铺草。　安徽（歙县）

立夏不喝汤，走路快呀快。　湖北（洪湖）

立夏吃杏子，端午吃枇杷。　四川

立夏立夏，人穿汗褂。　贵州（黔南）［水族］

立夏大风多，大雨往后拖。

立夏到夏至，热必有暴雨。

立夏东风到，麦子水里涝。

立夏东风画夜晴。

立夏后冷生风，热必有暴雨。

立夏连酉三伏热，重阳遇戊一冬晴。

立夏日鸣雷，早稻害虫多。

立夏日添晕，潮水满塘匀。

立夏下雨，九场大水。

一年四季东风雨，立夏东风昼夜晴。

雨打立夏，没水洗耙。

不过立夏种胡麻，九股八圪杈，过了立夏种胡麻，枝老开蓝花。

豆子立了夏，一日一个杈，不见西南风，必定好收成，若见西南风，必定一场空。

季节到立夏，先种黍子后种麻。

立夏插秧谷满楼，小满插秧压断楼，芒种插秧难增产，

立夏插秧穗结实，小满插秧前后株。

立夏地里拔棵草，秋后吃个饱。

立夏高粱小满谷。

立夏见麦芒。

立夏麦龃龇牙，一月就要拔。

立夏前后收山药。

立夏前后种络麻。

农时节令到立夏，查补齐全把苗挖。

小麦开花虫长大，消灭幼虫于立夏。

立夏得食李，能令颜色美。

小　　满

一、节气概述

小满，二十四节气的第八个节气，通常在每年5月20日至22日，太阳到达黄经60°时进入小满节气。该节气期间，麦类等夏熟作物籽粒趋于饱满，降水频繁、雨量丰沛，农事繁忙，晴天抢收、雨天抢栽。

小满分三候：一候苦菜秀，苦菜枝繁叶茂、长势旺盛；二候靡草死，喜阴的细软草类在强烈阳光的照射下枯萎；三候麦秋至，麦子即将成熟，迎来收获时节。

安徽省亳州市农民在田里查看小麦（刘勤利　摄）

全国各地麦类作物的收获集中在小满节气前后，先收大麦、后割小麦，南方地区多是"大麦不过小满，小麦不过芒种"，北方地区多是"大麦不过芒种，小麦不过夏至"。小满时蚕结新茧，各类蔬菜瓜果陆续上市，当季的大麦、小麦、豌豆、蚕豆、大蒜、苦菜、青菜、樱桃等被端上人们的餐桌，全国各地流传着各种各样的有关"小满见三鲜"的农谚。小满时节多节庆与民俗活动，比如，各地源远流长的食苦菜习俗，关中地区的"麦梢黄，女看娘"风俗，江浙一带的"小满动三车"（榨油车、缫丝车和汲水车）传统等。同时，新麦制作的"捻捻转儿"、油茶面等各具特色的面食也深受老百姓欢迎。

二、谚语释义

气象类谚语

小满节，雨锐锐

对于广大南方地区来说，小满通常意味着雨水充沛的季节即将到来，此谚语中的"锐锐"指的是雨水纷纷落下之意。福建地区的农民常言"小满雨水相赶"，与春季节气相比，小满节气期间的和风细雨少了，疾风骤雨多了。如果小满节气降水比较充沛的话，南方地区大多将会池满、塘满，导致河水暴涨，但这也相对减轻了农田灌溉的压力。

农民常说"大落大满，小落小满"，小满时节降雨多有利于农作物生长，收成往往也会比较好，有些地区的农民把小满时节的雨水比作珍珠，将小满雨水的多寡与能否实现丰收或"吃饱饭"联系在一起。正所谓"小满大雨大碗，小雨小碗，无雨无半碗"，从民间流传的谚语来看，希望小满时节多降雨是各地农民比较普遍的愿望。特别是小满雨水充足的话，不仅小麦、水稻的长势会比较好，农田灌溉也会比较轻松。南方农民常言"小满不满，干断田坎"，说的是如果小满雨水少的话，农田会因缺水而干涸，影响稻谷等农作物的生长，为缓解干旱，农民常常需要担水浇地，农事劳作会更加辛苦。

小满不下，黄梅雨少

小满节气的农谚很多和雨水相连。农民认为，小满节气期间的雨水是否丰沛会影响未来一段时期的降雨多寡。在长江流域，小满时节不下雨，表示当时北方寒流弱，南方暖空气强，温度会逐渐增高，本地黄梅雨少。南方各地的农谚多指出，小满无雨或少雨，黄梅时节的雨水往往也会比较少。此外，南方地区流传的谚语认为，如果小满下梅雨的话，未来一段时间内的雨水会比较充足，但如果该时节不降雨或雨水比较少的话，芒种、夏至等节气都有可能遭遇到高温少雨的天气，特别是伏天，还有可能会出现"大太阳天"，同时因江河、池塘储水不足，农业生产需要做好抗旱的准备。更重要的是，小满时节少雨会直接影响芒种节气的农作物种植。农人常说"小满不满，芒种不管"，因小满是芒种之前的一个节气，小满不满，指的就是在小满之后天气持续干旱无雨，或者雨量很小，田里的水不多，那么到了芒种时节就无法播种。旧时，有些地方为了求雨，多有抬城隍、晒城隍的习俗。如果小满节气雨水多的话，未来很长一段时期内的雨水都会比较丰沛，福建等地甚至有谚语指出，小满时节若是落雨的话，会一直下到端午节，有些地区还将其称作"通节雨"。

湘江洪水漫过广西桂林市全州县城滨江路防护堤（王滋创　摄）

小满分明秋来旱

农民认为，小满前后如果有相当长的一段时间昼夜温差较大，当年就有可能会发生秋旱灾害。一般认为，日暖夜寒状况持续的天数越长，当年的秋旱就会越严重；反之则较轻。而且，日暖夜寒的天气来得越早，秋旱也会来得越早，反之则较迟。该谚语中的"分明"指的是昼夜温差变化之大，日暖、夜寒形成鲜明对比。小满天晴，麦穗摇曳，是小满节气令农民感到心情愉悦的田野景致。对于华北大部分地区来说，小满节气正是麦子灌浆的关键时期，有些地区将其称作"麦定胎"，此时的小麦籽粒充实快，麦粒体积和鲜重达最大值，整个麦穗会显得沉甸甸的，天晴时很多麦穗随风晃动、相互摩擦，其产生的声响犹如铃声，因此很多麦作区都流传有"小满晴，麦子响铃铃"的民谚，反映了农民喜望丰收的美好情感。但有些地区的农民则指出，小满天晴日数较多，则意味着干旱少雨，虽有利于小麦灌浆，但也会影响红薯等农作物的生长，故四川等地有"小满天气晴，红苕干断藤"的说法。

小满不满，麦有一险

小麦在灌浆时最怕遭受干热风的侵害，陕西、河北、山东和江苏等地的农民将小满时节的干热风称作是小麦生长过程中可能会遭遇的一大危险。小满时节，小麦的籽粒尚未饱满，如果连续刮数天的干热风，小麦的根就会枯萎，导致其慢慢变黄变白而假熟。在黄淮地区及长江中下游地区，小满时小麦正处于乳熟期，非常容易遭受干热风或高温逼熟的侵害，从而导致小麦叶片青枯发黄、籽粒灌浆不足、干瘪而减产。农民也会根据风向判断此阶段降雨的多寡，根据民谚经验，小满节气刮北风、西风，雨水较少，农作物未来一段时间的生长都将面临缺水的危险；刮东、南风，雨水较多，农作物的长势也会良好。小麦害怕干热风，但对于稻子等农作物来说，刮南风会助其长势良好。因小满节气正是果树、农作物等孕育果实的关键时期，忌讳刮狂风，故华北地区流传有"小满风，林头空"的农谚。同时，因地理位置不同，北方的黑龙江和内蒙古等地区的农民多认为小满时节刮风有利于麦子的成熟和丰收。

河南省濮阳县农民在田间查看小麦长势（赵光辉　摄）

西瓜怕热雨，麦子怕热风

小满时，大田西瓜一般正处于坐果期，温度过高会影响花粉的活力，同时花粉的耐水性弱，一旦雄花、雌花柱头淋到雨水就会丧失生育能力，影响授粉、受精与结实，另外西瓜是非常耐旱的作物，不耐水涝。若是下雨，根系连续在水里浸泡12个小时，很容易腐烂。而小麦正处于乳熟期，非常容易遭受干热风的侵害。类似农谚还有"麦黄不要风，有风减收成""麦收三月雨，害怕四月风"等。但不同的农作对象对小满天气的寒热要求也不相同，例如农人常说"小满天难做，蚕要温和麦要寒"，表达的是对这一时节农民对天气冷热需求的一种矛盾心理。但由于我国地域广袤、地形多样，对一些地区的农民来说，小满倒是一个清爽宜人的节气，既无冬季的寒冷，又无夏季的炎热，非常适合从事农业生产活动。

农 事 类 谚 语

到了小满节，昼夜难得歇

常言道：春争日，夏争时。小满是麦子籽粒乳熟、将满未满的时节，芒种是集中收麦子、割稻子的时节，因此农人会经常说到"小满赶天，芒种赶刻"，这句谚语表达的就是此一时节农事劳作之忙。民间有"三夏大忙"的说法，所谓"三夏"指夏种、夏管和夏收，就"夏收"来说，夏季的农作物从待收到收获的时间要比秋季短得多，所以夏收的节奏要更快。当然，这样也就意味着此一时节的农活较其他节气更加繁重，往往需要全家老少共同参与到劳动生产之中，因此很多地区都流传着"小满忙种田，老少勿得眠""到了小满节，昼夜难得歇"的农谚。另外，施肥、耪地、除草……小满时

小满时节河南省内黄县后河镇田间地头到处都是繁忙景象（刘肖坤　摄）

节的田间管理任务也相当繁重。在福建等地早稻需小满追肥，晚稻需白露追肥，当地有"小满肥粪当人参"的说法。河北等地的农民也认为，小满至芒种期间，需要勤耪地、做好除草工作，将有利于收成，正所谓"小满至芒种，一耪顶两耪"。

小满谷，打满屋

在有关小满的农谚中，各地围绕着该节气最适宜栽种什么，以及不宜栽种什么作物的说法最多，其中很多谚语包含着劝课农桑、不误农时之意。对山西、山东、河北、河南等地来说，小满是种植谷子的最佳时节。谷子起源于中国，古称稷、粟，去皮后称小米，属耐旱稳产作物，广泛栽培于欧亚大陆温带和热带地区，我国黄河流域是种植谷子的主要区域。除种植谷子外，小满也是种植高粱的节气。高粱喜温、喜光，有耐高温的特性，在我国南北各省均有栽培。华北、西北，以及南方多地通常是在小满时节种高粱，如果过了小满时节才种高粱的话，多会歉收，因此民间有"小满高粱芒种谷"的说法。小满还是种糜子的节气。糜子在全国各地有黍、稷等不同的叫法，俗称黄米。由于糜子耐干旱、耐瘠薄，对各类气候和土壤的适应能力比较强，因而种植区域比较广泛，但是糜子的产量比较低，因此种植面积却不大。相对而言，我国西部和北部地区种植糜子较多，播种期集中在小满前后。

小满芝麻芒种黍

小满节气种植的经济作物品种多样，包括芝麻、扁豆、甘薯等。芝麻的种植区域比较广泛，主要分布在我国黄河及长江中下游各省，同时在河南、河北、安徽、江西、湖北等省份也分布较多，是我国主要的油料作物之一。全国各地几乎都将小满视为播种芝麻的最佳节气。扁豆，在民间也叫眉豆，在我国栽培范围极广，既可以当蔬菜食用，也可以做各类粥的原料，河北、山东、江苏等北方地区大多在小满时节种植眉豆。甘薯性喜温、较耐旱，16世纪末从南洋引入我国福建、广东，而后在长江和黄河流域广泛种植。在各地方言中，甘薯的称谓不尽相同，有山芋、山药、番薯、苕等，在很多地区流传的农谚中，小满最适宜种植甘薯，若拖延至夏至的话，几乎没有什么收成。同时，小满也是适宜栽姜的节气，小满时节栽培的生姜，到了夏至的时候，就可以掘取母姜了。因为生姜栽培有一个特点，小满时种姜，到夏至新姜收获时多数不会腐烂，因此种姜可以回收，可于生长期内提取母姜，谚语把这种现象形象地称为"离娘"。

北京市延庆区农民在忙着种植甘薯（李晓根　摄）

小满不成头，割了喂老牛

栽种早稻，不可违背农时。根据江西等地的气候条件，栽植早稻以谷雨后、立夏前为宜，插早稻过了小满，插晚稻过了白露，均无收成。因此，至小满时节，栽早稻已迟，江西、广西等地流传着"小满栽早禾，不够养鸭婆""插田插到小满，插死不够一餐"的农谚。但对南方广大地区来说，小满栽中稻又显稍早，大规模插秧多集中在芒种时节，如福建福宁等地便流传着"小满栽禾飘水花，芒种栽禾拿打拿"的谚语，其中"飘水花"，指插秧株数要少。"拿打拿"，指插秧株数要多。与江西等地一样，北方栽秧也多集中在芒种节气，如河北雄安的农民常言"小满栽秧家巴家，芒种栽秧遍天下"，其中"家巴家"系方言，指人家很少。小满十日之后已临近芒种，各地有关"秧过小满十日栽种"的说法在各地农谚中广为流传。因此，"小满十日"被视为最后的播种时机，农民当把应播的都播上，如果再拖后，即便勉强种上，也难以成熟，秋后即有"一场空"的危险。但云南和贵州部分地区却是小满栽秧正当时，如果拖延至芒种的话，可能会导致产量比较低，云南等地的谚语中便有"小满不栽秧，来年闹饥荒"的说法。

小满花，不归家

小满时节有很多不适宜种植的农作物，这在各地的谚语中表现得非常突出。例如全国各地的棉花通常是在谷雨种植，山东济宁等地则是在"枣发芽"的时候种棉花，如果迟迟拖到小满才种棉花的话，往往收成不会很好，不能高产，故民间谚语云："小满种棉花，光长柴火架"。对于我国广大的西北地区来说，小满节气忌种胡麻。胡麻主要分布在内蒙古、宁夏、甘肃、山西、陕西等省，是我国西北地区的传统油料作物。此外，在华北地区亦有种植。一般而言，当平均气温稳定在约8℃时即可播种。如果播种过早的话，由于地温低容易导致烂种，过晚会影响产量。通常，在小满时种胡麻就比较晚了，到收割时可能只见花、不见籽。在北方部分地区，如果等到小满才栽种茄子就比较晚了，收成基本不会太好，例如，山东郯城流传着"小满栽茄子，到老不收一碟子"的谚语。对于我国广大的南方地区而言，如果赶到小满时节才种芋就会显得比较迟了，容易导致产量过低，例如，湖南湘潭便有"小满插芋，一蔸一箸"的说法，其中"一箸"指的就是收成少的意思。

小满前后蜜蜂飞

小满也是一个收获的节气。例如，小满前后正是各类农作物开花的时候，除从事种植业的农民外，此一时节，河北、河南、山西、安徽、上海等地的蜂农纷纷给蜜蜂分箱，也开始忙碌起来了。同时，小满前后也是鱼汛旺期，农谚云："节到小满，亲鱼催产"，小满时节各种鱼虾鳝蟹相继成汛，渔民迎来了收获季节。除了渔民的收获外，对农民而言，过了小满，南方地区的小麦多已自然成熟，如不抓紧时间收割，将会影响收成，许多农谚都提示，"麦到小满稻到秋，再不收割就会丢"。麦到小满、不割自断，很可能会"秆秆都冇得"，到头来，白忙活大半年。通常，南方麦区种植的大麦收获期在小满前后，小麦的收获期在芒种前后，故言"大麦不过小满，小麦不过芒种。"而北方地区迎来麦收的时间稍晚一些，多是"大麦不过芒种，小麦不过夏至"。对于北方地区的农民来说，夏收的准备工作已经开始。通常，北方小麦在小满时尚未完全成熟，至芒种时已经完全成熟，于是很多地方便把小满之后的"十八天"视为收获小麦的重要时间节点，农民在小满时就要做好收割准备，包括磨镰刀、打扫晾晒场，等等。除准备收割麦子外，小满也是收获大蒜的时节。民谚云："小满不起蒜，留在地里烂"。至小满时如果没能及时挖蒜，就会影响收成。

河南省济源市蜂农在查看蜜蜂"工作"状况（吕剑平　摄）

生 活 类 谚 语

小满动三车

江南地区到小满节气时，蚕已结茧，油菜籽已成熟，水稻马上要插秧，所以要及时缫丝、榨油和翻水。上海松江和嘉定地区、江苏苏州、江西奉新等地流传着小满"动三车"或曰"祭三车"的习俗，"三车"指纺车、油车和水车，这是中国古代乡村生活中常见的三种车。传统农耕社会的性别分工为"男耕女织"，在相当长的一段历史时期内，"女织"的原料，北方以棉花为主，南方以蚕丝为主，尤其是江浙广大农村地区大多以养蚕为生。由于蚕生性娇贵，对气温、湿度，以及桑叶的冷、熟、干、湿等要求较高，难以养活，因此古人将其视为"天物"，而小满时值初夏，蚕已结茧，正是待采摘缫丝的阶段。为了祈求这一天物的"宽恕"，能够有个好收成，江浙一带的农民通常会在小满节气期间举办祈蚕节。在当地的民间传说中，小满为蚕神诞辰，养蚕人家会在祈蚕节时前往蚕神庙或蚕娘庙上贡跪拜，除上贡酒水、瓜果外，还使用稻草扎"山"，然后将面粉做成的蚕茧置于其上，以憧憬蚕茧丰收。有些地方还会在祈蚕节期间搭台唱戏、热闹非凡，以表达对蚕的感激之情。

浙江省桐乡市"蚕花姑娘"喜采春茧（吴海森　摄）

　　小满"祭车神"传统来自民间传说——相传管水车的"车神"是一条白龙，小满时，人们会在水车上摆放鱼肉、香烛等物品祭拜。有意思的是，祭品包括一杯清水，人们在祭拜时将清水洒入田间，祈愿水源涌旺。这一民间祭祀仪式表达了农民对水利灌溉的重视，表达了希望农业丰收的美好愿望。除祭祀车神外，在旧时的民间习俗中，浙江海宁一带的人们还会在小满时启动水车，以村圩为单位举行具有某种农作演习意味的"抢水"仪式。村中年长者或族长为执事人，约集各家各户安排"抢水"事宜。在小满黎明时分，村民燃起火把、集合出动，在水车旁吃麦糕、麦饼、麦团，执事人以敲打锣鼓为号，众人相和，数十辆水车一齐踏动，引水入田，非常热闹。

麦梢黄，女看娘，卸了杠枷，娘看冤家

　　关中地区的小满时节，一望无垠的平原上麦浪滚滚、正在泛出金黄之色。新嫁的女儿要由丈夫陪同，利用麦收大忙到来之前的农闲时节专程回娘家探望，俗称"看麦梢黄"，也叫"看麦熟""看忙"，等等。女儿之所以在小满时回娘家，其主要目的有三：一是，关心娘家人，尤其是父母二老在这个青黄不接的时候，是否还留有口粮，能够填饱肚子；二是，看看娘家人种的麦子今年长势如何，是丰收还是歉收；三是，表达对娘家夏收准备工作的关心，以及对即将投入夏收大忙的父母等人的问候。如果有什么需要，以便及时对娘家给予力所能及的支持。陕西兴平流传着一句俗语："看麦梢黄，

女看娘，一包点心二斤糖，你不看娘麦不黄"。去时，女儿通常会携带一些新鲜蔬菜和油旋馍，如果经济情况稍好的话，还会带一些比较名贵的吃食或礼物，以表孝敬之心。某些地方，等到麦收之后，母亲也会去看望自己的女儿，以关心女儿家的收成及劳作状况，叫"看忙罢"。这一民间习俗体现了亲情绵长、心心相连。

陕西省大荔县麦穗逐黄，构成一幅色彩斑斓的田园图画（党宇杰　摄）

小满不满塘，五荒六月抬城隍

小满正是农作物需水的时节，如果久旱无雨的话，人们会想尽各种办法祈求上天能够早日降雨，有时会举行晒城隍仪式，以求天降甘霖，以缓解旱情，保住收成和生活用水。"抬城隍"是民间求雨的传统习俗，官方的叫法是"城隍出巡"。城隍是一方区域的守护神，也是当地百姓的保护神。旧时的人们认为城隍无所不能、有求必应，能够做到"旱时降雨，涝时放晴"。古代农业生产多"靠天吃饭"，在科学技术和救灾措施有限的情况下，农民一旦遭遇荒旱年景，往往无能为力，只能去祈求神明降雨解围。除了城隍，老百姓经常祈求的司雨神明还有龙王。人们认为龙王是专门统领水族的神明，掌管着兴云降雨，因此龙王治水成了民间普遍的信仰。旧时，如遇久旱不雨，很多地区的民众必先到龙王庙祭祀求雨，如龙王还没有显灵，人们就会把它的神像抬出来，在大街上巡游、在烈日下暴晒。通常，求雨仪式包括请龙、晒龙（把龙王塑像或神牌抬出来曝晒）、还龙（送龙王还庙）等多个仪式环节，有时"游街""曝晒"的对象是城隍爷。

小满十日吃白面

小满是大麦刚刚收获，小麦即将收获的节气。河北、河南和陕西等省份都流传有"小满十日吃白面"的谚语。冬小麦是一种越冬农作物，其生长周期非常漫长，但是只要到了小满，如果天气晴好的话，往往只要再往后推迟一些天，几乎全部的小麦就将成熟并可以收获了。同时，围绕着白面，各地还形成了许多丰富的饮食习俗和文化传统。小满时，人们会将灌浆饱满的麦子割回家，将剥离出的麦粒炒熟，使用石磨将其磨制加工成面条，辅之以黄瓜丝、蒜苗、麻酱汁、蒜末等，就可以做成一碗清香可口的"捻捻转儿"了。"捻捻转儿"之名与"年年赚"谐音，寓意吉祥，深受大家喜爱。通常，做"捻捻转儿"的夏麦多是大麦。为了"尝新"，人们还会制作一种由新收小麦制成的"油茶面"。人们将新收割的麦子磨成面粉，使用微火将其炒成麦黄色，用大火将锅内香油煎热时，倒入炒熟的面粉，添加芝麻炒出香味，也可加入核桃细末、瓜子仁等。这种食物可热水冲食，也可根据个人喜好加入白糖、桂花汁等调味品。

山东省枣庄市农民望着颗粒饱满的麦穗，喜上眉梢（李宗宪　摄）

小满苦菜秀

进入小满节气，天气渐热，雨水增多，导致湿热病症出现的几率大增，其突出表现就是胃口不好、胸闷气短、多汗烦热。因此，小满节气的养生要特别注意预防湿热症状。为应对即将到来的湿热酷暑天气，许多地方在小满时节有吃苦菜的习俗。苦菜是一种天然萌生的野菜，在广袤的北方原野，自然萌生的野菜数不胜数，而分布最广，最先拱出地面的莫过于学名"荼荬"的苦菜。这种野菜在春夏之际长势最好，因此挖苦菜的最佳时节正是小满前后。苦菜苦中带涩，涩中带甜，新鲜爽口，清凉嫩香，营养丰富，含有人体所需要的多种维生素、矿物质、胆碱、糖类、核黄素和甘露醇等，具有清热、凉血和解毒的功能。中国人食用苦菜的历史非常悠久，例如《周书》称："小满之日苦菜秀。"又如《诗经》云："采苦采苦，首阳之下。"可见，在春秋时期，人们就已经关注了苦菜。《本草纲目》称："苦菜久服，安心益气，轻身、耐老。"苦菜鲜嫩青涩、爽口开胃，是一种常见的食疗之物，医学上多用苦菜来治疗热症，古人还用它醒酒。

节到小满见三新，樱桃黄瓜大麦仁

迎来小满时节，也就意味着瓜果蔬菜和粮食将要陆续收获，全国各地流传着许多不同版本的"小满见三新"农谚，说的是小满时节，各种各样的大田作物及瓜果蔬菜陆续成熟并收获上市，可供人们尝鲜，故也有"小满见三鲜"之说。"新"也好，"鲜"也好，表达的意思是差不多的，合起来就叫"新鲜"，这也是此类节气饮食的突出特点之一。因不同的地方有不同的习俗，全国各地所指"三新"或"三鲜"也不尽相同，大致涵盖了大麦、

山东肥城安庄镇樱桃园里樱桃挂满枝头（张庆民　摄）

油菜、蚕豆、小麦（仁）、大蒜、蚕茧、青菜、豌豆、樱桃，等等。从全国各地的同类农谚来看，河北大名所说的"三鲜"是大麦、油菜、蒜薹，而"围场三新"指黄瓜、樱桃和蒜薹；陕西铜川的"三鲜"指油菜、枣花、黄杏；山东郯城是黄瓜、蒜薹和樱桃，等等。而且，从各地成熟的农作物种类来说，"三新"或"三鲜"之"三"实际为概数含义，表示"多"的意思，因此，人们在小满时节能够"尝新"或"尝鲜"的果蔬往往多于三种。

三、常用谚语

小满晴，不过三日晴。　福建（漳州）

小满小满，池满塘满。　广西（龙州）

小满无雨甚堪忧，万物从来一半收；秋分若逢天下雨，纵然结果也难留。　黑龙江

小满雨，粒粒似珍珠。　黑龙江

小满前后一场雨，强如秀才中了举。　黑龙江

小满前，水满田，是丰年。　安徽（舒城）

小满雨，肥谷米。　江西（南丰）

小满大雨大碗，小雨小碗，无雨无半碗。　福建（南靖）

猛雨下在小满前，农夫不愁雨灌田。　云南（昭通）

小满不下雨，担水上田坝。　广西（横县）

小满不满，无水洗碗。　海南

小满不满，干断河坎。　陕西（商洛）、河北（张家口）

小满不下雨，黄梅少见雨。　江苏（南京）

小满就要江河满，江河不满天大旱。　江西（信丰）

小满雨不下，伏天太阳大。　安徽、河南（郑州）

小满不雨，芒种无水。　湖南（湘西）［苗族］

小满满池塘，芒种满长江。　湖南（湘潭）、福建（泰宁）

小满满池塘，夏至满大江。　湖南（株洲）、广西（荔浦）

小满不满，雨水不匀；小满要满，芒种不旱。　海南（保亭）

小满池塘满，不满防大旱。　福建（武平）

小满无雨井无泉，赶快开渠引水源。　广东

小满有雨雨水足，小满无雨旱五谷。　广西（来宾、容县）、新疆

小满雨滔滔，芒种似火烧。　海南、江西（赣东地区）、云南（昆明）

小满雨下，伏天太阳大。　湖北（郧西）

小满下雨通节水。　福建

小满分明秋干旱。　宁夏

小满麦满仁。　河北（丰宁）、河南（开封）

小满麦上浆。　江苏（镇江）

小满麦定胎。　河南

西风送小满，夏季定是旱。　海南

小满北风叫，旱断草和苗。　河北（唐山）

小满作南风，早禾好三分。　江西（宜春）

小满不刮风，十天吃烧饼。　河南（安阳）

小满不满，麦收有险。　河南（南阳）

小满刮南风，早子好三分。　福建

小满刮风，庄户人没工。　山西（朔州）

小满无风麦不熟，立秋无风荞不收。　内蒙古

小满小满，不热不寒。　山西（晋城）

小满暖洋洋，夏锄好时光。　山西（新绛）

小满后四天绝霜。　内蒙古

小妞梳小辫儿，小满迎小燕儿。　吉林

小满两头忙，栽秧打麦场。　江苏（常州）、山东（曹县）

小满忙种田，老少勿得眠。　上海

小满芒种，不是元宵佳景。　福建（德化）

小满谷，当年福。　北京（房山）

小满谷，两头粗。　河北

小满高粱芒种谷，小满芝麻芒种黍。　河北（滦平）、上海

小满糜，顶地皮。　宁夏、青海（民和）

小满糜，芒种谷，没米没籽守着哭。　宁夏

小满芝麻芒种谷，过了夏至种大黍。　安徽（淮南）、河南（新乡）、山东（桓台）

小满种芝麻，亩收一担八。　湖北（荆门）

小满种芝麻，节节都开花。　河南（漯河）

小满种番薯用箩担，芒种种番薯用菜篮，夏至种番薯像鸡蛋。　浙江（桐庐）

栽田栽到小满，割稻不够养老妈。　福建

插秧插小满，三亩割一碗。　福建（南安）

小满白露过，早吃不用播。　福建（福州）

插田不过小满，吃饭不离大碗。　广西（柳城）

小满会，种眉豆。　山东、江苏（苏北）

小满插秧个把家，芒种插秧满天下。　浙江（湖州）

小满栽秧家把家，芒种栽秧普天下。　陕西、山西（太原）、河南、江苏、安徽

小满插田普天下，芒种插秧分上下。　安徽（枞阳）

秧过小满十日栽，十日不栽难安排。　陕西、广东、山西（太原）

小满栽秧胀破仓，夏至栽秧一包糠。　云南

小满栽秧压断腰，芒种栽秧轻飘飘，夏至栽秧一包草。　云南（大理）〔回族〕

小满花，大车拉。　河北、河南、山西、山东（汶上）

小满种棉花，有柴没疙瘩。　山东

枣发芽，种棉花，过了小满就白搭。　山东（济宁）

小满棉花正当家。　浙江（宁波）

小满种胡麻，到老一朵花。　河北、河南、山东、山西（静乐）

芋蛋种小满，不够掘一碗。　福建〔畲族〕

春壅小满兜，稳壅白露头。　福建

小满要赶，芒种要忙。　福建（宁德）

小满薅草不算薅，大暑薅草折断腰。　宁夏

布田到小满，闲人你莫管；布田布到夏，一蔸割两下。　福建（长乐）

小满前后，蜜蜂分封。　河北、上海

小满黄鳝赛人参。　江苏（常州）

小满前后鱼汛发。　浙江

小满天赶天，芒种刻赶刻。　湖南、江西

小麦过小满，不割自己断。　江西（赣西）

麦到小满谷到秋，是早是迟一路收。　湖北

小满不收麦，秆秆都冇得。　湖南（娄底）

小满割不得，芒种削不及。　山东、河北、陕西、甘肃、宁夏

小满三天望麦黄，磨好镰刀扫净场。　山西（临猗）

小满不挖蒜，土里吃一半。　湖南（怀化）［侗族］

小满十八天，麦子不熟也要干。　河南（濮阳）

小满三朝丝上街。　江西（赣中）、河北

春蚕不吃小满叶，夏蚕不吃小暑叶。　安徽（青阳）、河南（平顶山、新乡）、黑龙江、山东（临清）、山西、上海、江苏、广西、湖北、河北（张家口）

五月立夏小满来，抓紧育蚕把桑采。　上海

小满前，见新蚕。　浙江

小满三日见新茧。　山西、上海（嘉定、宝山、川沙）、浙江（绍兴）、河南、河北（张家口）

油菜不过小满。　浙江（萧山）

麦梢黄，女看娘，娃娃们闹腾要吃糖。　陕西（关中地区）

小满三天望麦黄。　江苏（南通）、上海（川沙）、湖北、湖南、山东、河北、河南（新乡）、江西（安义、靖安）、陕西、甘肃、宁夏

小满十日遍地黄。　陕西

小满十日刀下死。　河南

小满十日吃白面。　江苏（盐城）

小满见三鲜，黄瓜、蒜薹和樱桃。　山东（郯城）

小满三新见，樱桃茧和蒜。　陕西、甘肃、宁夏

小满节到，豌豆黄了。　河南（洛阳）、湖北

小满快到，蓝花豆熟了。　河南（信阳）

芒　　种

一、节气概述

芒种，二十四节气的第九个节气，通常在每年 6 月 5 日至 7 日，太阳到达黄经 75°进入芒种节气。气温显著升高，雨量比较充沛，我国大部分地区的农业生产处在"夏收、夏种、夏管"阶段，即"三夏"大忙时节。

芒种分三候：一候螳螂生，小螳螂从卵中破壳而出；二候鵙始鸣，伯劳鸟开始在枝头鸣唱；三候反舌无声，善鸣的反舌鸟进入孵化哺育期，停止鸣叫。

俗语说："春争日，夏争时。"芒种节气是种植农作物时机的分界点，由于天气炎热，雨量充沛，已经形成典型的夏季气候，此时必须争分夺秒及时播种。如果错过了这一节气，农作物的成活率就越来越低了。所以从古至今，每逢芒种，便呈现"家家忙农事，田间无闲人"的景象。

芒种相关的节庆和民俗活动很多。民间多在芒种日举行祭祀花神仪式，饯送花神归位，同时表达对花神的感激之情，盼望来年再次相会。贵州省黔东南自治州黎平县一带，芒种前后都要举办打泥巴仗节；广西桂林市龙胜各族通常在农历五月芒种这一天举行梳秧节，祭祀"秧母娘娘"，祈求风调雨顺、五谷丰登；浙江省云和县等地在芒种当天开地犁田，拉开梯田耕种插秧的生产大幕。此外还有安苗、煮梅、嫁树、晒虾皮等民间习俗。

二、谚语释义

气象类谚语

布谷叫，芒种到

布谷鸟为杜鹃科杜鹃属的一种鸟类，分布于中国全境。其飞羽内侧具白色横斑，腰上覆羽暗灰褐色，具白色端缘，尾羽黑色而具白色端斑，羽轴及两侧具白色斑块，外侧尾羽白色块斑较大，颏、喉、头侧及上胸黑褐色，杂以白色块斑和横斑，其余下体白色，杂以黑褐色横斑，虹膜黄色，嘴黑褐色，下嘴基部近黄色，脚棕黄色。布谷是夏候鸟，春季 4—5 月迁来，9—10

月迁走。繁殖期是 5—7 月，期间喜欢鸣叫，常站在乔木顶枝上鸣叫不息。有时晚上也鸣叫或边飞边鸣叫，叫声凄厉洪亮，发出"布谷—布谷"粗犷而单调的声音。芒种节气刚好与布谷求偶繁殖期相遇，布谷不厌其烦地叫着，仿佛在提醒农人们不要错过播种时节。

中国古代有"望帝啼鹃"的神话传说：上古时代，蜀地有一位贤明的部落首领杜宇，被人们尊称为望帝。望帝任命一个叫鳖灵的人为蜀国宰相治理四川盆地水患，让蜀地百姓重建家园。当鳖灵凯旋都城时，望帝亲自迎接并设宴庆功，还禅让帝位，自己隐居到西山修道去了。不料鳖灵入主蜀宫后，骄奢淫逸，搞得民不聊生，望帝知道后懊悔不已，郁郁病故。望帝死后化作杜鹃，声声啼叫十分哀怨，直至啼出血来。但是，他没有忘记他的人民，每到早春二月，他都在山中呼唤着"布谷—布谷"，催促百姓下田播种。

贵州省贵阳花溪的布谷鸟（张天林　摄）

芒种夏至常雨，台风迟来；芒种夏至少雨，台风早来

福建地区人们通常通过芒种和夏至节气降雨多少来预测台风来得早晚。如果芒种和夏至节气期间雨水比较多，那么说明台风天气会晚点过来；反之，如果芒种和夏至节气期间的雨水很少，那预示着当年的台风天气提前到来。这句农谚也是前人长期观察之后的经验总结。

台风指形成于热带或副热带 26℃ 以上广阔海面上的热带气旋，发源于热带海面，由于海面温度高，大量的海水被蒸发到了空中，形成一个低气压中心，随着气压的变化和地球自身的运动，流入的空气也旋转起来，形成一个逆时针旋转的空气漩涡，只要气温不下降，这个热带气旋就会越来越强大，最后形成台风。中国东南沿海的两广、台湾、福建、浙江、香港等地受到影响最大。南北朝时的《南越志》较为准确地描述了台风的发生季节，"飓风者，具四时之风也。常以五六月发。""飓风"即台风，如果在南海或西太平洋，就叫做台风，如果在东太平洋、大西洋或加勒比地区，就叫做飓风。当台风靠近我国东南沿海时，会向北顶托副热带高压，雨带被迫北移，会导致芒种至夏至节气的雨暂停或结束，故而判断台风早来或迟来。

早上芒种晚上梅，芒种一过就上梅

芒种一到，长江中下游等地的梅雨就淅淅沥沥地降临了。芒种之后，由江南至淮南，长江中下游地区陆续进入通常历时一个月之久的梅雨季节，小暑之后陆续出梅。

江苏苏州普降绵绵小雨（王建中　摄）

梅雨，借用了青梅黄熟的物候，历史极其悠久。东汉时《四民月令》的占候歌谣中便已有"黄梅雨"的说法。春夏有两个多雨时段，即农历三月迎梅雨和农历五月送梅雨，"芒后逢壬立梅，至后逢壬梅断"说的是梅雨的起止日期判定，"壬"是十天干中的第九，这是干支记日法的表述，即芒种后逢壬日入梅，夏至后逢壬日断梅。但实际上，江南地区、长江中游地区、长江下游地区、江淮地区入梅、出梅时间存在显著跨度。江南地区最早，6月初即开始,江淮地区最晚,6月中下旬才开始入梅,结束时间也依次后推,持续基本都是一个月。"发尽桃花水,必定旱黄梅"是依照芒种降水,推测梅雨丰枯。根据气象数据统计,这种推测在南京、上海等地还是灵验的,类似说法还有"春水铺,夏水枯,桃花落在泥浆里,麦子打在蓬尘里"。从气象学上讲,梅雨是冷、暖气团相持的产物,在梅雨初期,冷气团占上风,于是天气湿凉,被称为"黄梅寒"或者"冷水黄梅"。有谚语说"吃了端午粽,还要冻三冻",在一定程度上与"黄梅寒"有关。

四月芒种雨,五月无干土,六月火烧埔

福建地区人们认为如果芒种节气在四月且下雨,五月就会阴雨连绵,无干土之日,到了六月则连日干旱,火伞当空,天气炎热,田埔如火烧,农作物会被阳光晒死。这是劳动人民在长期观察中总结出的规律。"埔"是指河边的沙洲,多见于广东、香港、福建、台湾等地。

通过芒种是否下雨来预测日后天气或农业收成的谚语还有很多。比如"芒种日下雨,不是干死泥鳅,就是烂断犁扣",意思是,如果芒种这天下雨,不是干旱就是雨涝,"犁扣"指耕地的木犁,"烂断犁扣"意为雨涝,"干死泥鳅"意为干旱;"芒种遇雨,年丰物美",芒种时节南方早稻正在孕穗,一季晚稻正在栽植,田里需要足够的雨水,地里的旱作物也要吸收大量的水分,这时如果下雨,农作物就会长得好,取得丰收;"芒种不见雨,伏里无干土",意思是芒种时节前后特别是芒种当天,如果天气晴朗,那么到了三伏天的时候雨量就会比较充足,而农民朋友们也基本上可以实现该年度的大丰收。这是长期以来先辈们总结出来的自然规律,也是对农业生产效益的期望与憧憬。

芒种怕雷公,夏至怕北风

广西地区民间认为,芒种节气这天最好不要是雷雨天气,否则影响农忙;而在夏至节气期间最好不要刮北风,不然后面的天气就不好,会影响到当年作物的收成。

"河阴茅麦芒愈长,梅子黄时水涨江。王孙但知闲煮酒,村夫不忘禾豆忙。"描写的是芒种前后老百姓的忙碌状态,所以老百姓希望芒种这天天公作美,避免影响小麦抢收。小麦收获以后还要进行晾晒,这个时候需要大太

阳，只有晒干了才能很好地保存起来，避免受潮、发霉或者生虫。如果在芒种时节下起大雨，就直接影响小麦的晾晒时间，一旦小麦被淋雨，就容易发霉变质，这也是农民最担心的事情，所以"芒种怕雷公"。如今随着农业技术的发展，小麦收割全部机械化，烘干方法也有很多，受天气影响越来越小了。芒种时节北方要开始种植玉米等作物了，如果有一些雨水，非常有利于庄稼的生长。中国北方地区芒种时节会有雷阵雨天气，来得快，去得也快，对夏收工作一般影响不大，但它带来的雨水对夏播作物的出苗很有利，对夏秋两季作物都有好处，可提高农作物的收成，故山东、河北、河南等地，人们常说"芒种打雷年成好"。夏至时节刮北风，可能预示着未来天气炎热，出现干旱的可能性增大，地表环境受高温影响，会严重影响农作物生长，所以"夏至怕北风"。

农事类谚语

芒种麦上场，龙口夺粮忙

芒种时节，小麦已经成熟，要抓紧麦收，确保颗粒归仓。麦收有三怕：雹砸、雨淋、大风刮。时值6月，受东北冷涡气流影响，中国北方天气并不平静，"雨打一大片，雹打一条线"，雷暴、冰雹天气频繁；同时，中国南方由江南至江淮，长江中下游地区陆续进入通常历时近一个月之久的梅雨季节，降雨逐渐增多，因此，麦收如"龙口夺粮"。中国古代讲龙王控制雨，所以"龙口"意指降雨。麦收有五忙：一割、二拉、三打、四晒、五藏，白居易的《观刈麦》刻画的正是麦收忙的情景："田家少闲月，五月人倍忙。夜来南风起，小麦覆陇黄。妇姑荷箪食，童稚携壶浆，相随饷田去，丁壮在南冈。足蒸暑土气，背灼炎天光，力尽不知热，但惜夏日长。复有贫妇人，抱子在其旁，右手秉遗穗，左臂悬敝筐。"意思是，庄稼人清闲的日子很少，农历五月尤其忙，家里的壮劳力在田里，脚被热气蒸着，背被烈日烤着，不敢去想累不累，热不热，只想趁着太阳落山前，赶紧多收些，贫穷的妇人也抱着孩子、挎着筐，仔细拾捡遗漏的麦穗。小麦抢收抢晒后，要尽快归仓，防止出现烂麦场。"烂麦场"的意思是，如果在雨季来前没有及时收割小麦，会造成小麦还没收割就穗上发芽的现象，会使农民损失惨重。

山西省襄汾县农民利用联合收割机抢收小麦（李现俊　摄）

芒种前，忙种田；芒种后，忙种豆

华北地区在芒种前播种大田作物，芒种后还可以播种豆类等杂粮作物。此外，这句谚语还体现了"抓紧"播种。因为芒种时节最适合播种有芒的谷类作物，也是农作物种植时机的分界点，夏大豆、夏玉米等夏种作物的生长期有限，为保证秋霜前收获，必须提早播种栽插，才能取得较高产量，所以有农谚"春争日，夏争时""秋豆不怕早，麦后有雨赶快搞"之说，时间就是产量，即使遇上干旱，也要积极抗旱造墒播种，不可消极等雨，错过时机。

古书中记载"斗指巳为芒种，此时可种有芒之谷，过此即失效，故名芒种也"，意思就是，过了芒种节气，农作物成活率越来越低，华北地区由于早霜来临早，一般9月底到10月初便有霜冻，从芒种至早霜来临只有100天左右的时间，过了芒种再播种的作物一般很难正常成熟。糜子是秋天作物最后播种的庄稼，糜子是一种生长期最短的禾本科植物，早熟品种80天可以成熟，即使晚熟品种，也不超过100天就能成熟，所以华北地区如果遇到天旱无雨，其他作物误了节气时，多用它来弥补，同样能获得好收成。在正常的情况下，芒种种谷也可以成熟，但谷子比糜子生长期长，有可能遭受冻害，因此说"芒种糜子急种谷"。

芒种夏至麦粒贵，快打快收快入仓；夏播作物抓紧种，田间管理紧跟上

芒种时节，中国北方内蒙古地区正是冬小麦成熟的时候，要抓紧收割、脱粒、晾晒并赶紧收储起来，保证一年的收成。同时，夏种作物如大豆、玉米等生长期有限，需要赶快耕种，节气后雨水渐多，气温渐高，庄稼进入需水需肥的生长高峰，不仅要追肥补水，还要除草和防病治虫。

内蒙古是中国主要粮食产区，人不闲，地也不能闲，麦穗收尽，就要尽快播种大豆、玉米等大田作物了。"芒种后，夏至前，多铲多耥莫消闲""芒种大忙，能多打粮"说的都是要进行镇压、间苗、中耕除草、追肥、灌溉排水、防霜防冻、防治病虫害等劳动，为作物生长发育创造良好的条件。镇压，是作物栽培措施，用镇压器对表土或幼苗进行碾压，能收到对起垅地的扶正、压实、保墒、保苗的良好效果，苗期镇压能使喷洒的封闭农药得以完全吸收；间苗也称疏苗，播种量一般都大大超过留苗量，造成幼苗拥挤，及时疏苗能使苗间空气流通、日照充足，保证幼苗有足够的生长空间和营养面积；中耕就是在作物生长过程中对土壤进行浅层翻倒，疏松表层土壤的操作，作用主要是保墒、除草，提高土壤含氧量等；追肥，是指在植物生长期间为补充和调节植物营养而施用的肥料。追肥的主要目的是补充基肥的不足和满足植物中后期的营养需求。田间管理必须根据各地自然条件和作物生长发育的规律，采取针对性措施，才能收到事半功倍的效果。

河南省社旗县抢抓时间做好"三夏"工作（李崇　摄）

芒种期间忙插秧

"五月节，谓有芒之种谷可稼种矣。"稼是"种"，穑是"收"，所以芒种是亦稼亦穑的时节。上海地区此时正是麦子、油菜等夏熟作物成熟收获、秋熟作物栽种时期，是农民最忙碌的季节。长三角地区种植单季晚稻，芒种期间正是水稻移栽时期，因此有"芒种期间忙插秧"之说。"早上一片黄，中午一片黑，晚上一片青"形象地描绘了"双抢"时节的情景。早上，成熟的麦子还没收割，一片金黄；中午抢收完毕，露出土地原本的黑色；晚上抢种结束，又呈现青苗一片的绿色。金黄的麦浪转眼间又化作嫩绿的稻秧。

插秧指将水稻秧苗栽插于水田中，或指把水稻秧苗从秧田移植到稻田里。育种的时候水稻比较密集，不利于生长，经过人工移植或机器移植，让水稻有更大的生长空间。插秧前，在农历二三月左右，农民把挑选的谷种撒入一小块耕耘过的育苗水田进行育苗，待长出秧苗并有一定高度时，就要进行施肥和除草。插秧一般是在农历四月中旬，这时秧苗已经培育好，大约30厘米左右的高度。人们坐在"秧马"（一种木材做的专用于水田中的椅子）上，将秧苗从育苗水田里拔出来捆成小捆，再挑到待插入的水田边。人们左手拿着一把秧苗，右手迅速地插秧。

农民正在抢插单季水稻（左学长 摄）

四月芒种麦在前，五月芒种麦在后

按阴历计算，一年实际是 345 天或 355 天，比太阳绕地球一周的天数少10～11 天，因此设置闰月，补充短缺的天数。闰月时，节气不是提前就是推后，因而芒种有时在四月，有时在五月。华北地区农民通过长期实践总结出芒种这天处于农历四月时，则节气提前，小麦成熟的时间相对较早；而芒种处于农历五月时，则节气推后，小麦成熟的时间相对较迟。

闰月出自于《尚书·尧典》"以闰月定四时，成岁"。闰月指的是阴历中的一种现象，阴历是按照月亮的圆缺即朔望月安排大月和小月，一个朔望月的长度是 29.5306 日，是月相盈亏的周期，阴历规定，大月 30 天，小月 29 天，这样一年 12 个月共 354 天，阴历的月份没有季节意义，这样十二个朔望月构成农历年，长度为 $29.5306 \times 12 = 354.3672$ 日，比回归年 365.2422 日少 10.88 天（即将近 11 天），每个月少 0.91 天（近 1 天）。阴历一年与阳历的一年相差 11 天，只需经过 17 年，阴阳历日期就同季节发生倒置，譬如，某年新年是在瑞雪纷飞中度过，17 年后，便要摇扇过新年了。使用这样的历法，自然是无法满足农业生产需要的，所以中国的阴历自秦汉以来，一直和二十四节气并行，用二十四节气来指导农业生产。

芒种前后麦稍黄，红花小麦两头忙

芒种前后小麦、中草药红花同时成熟收获，既要忙着收割小麦，也要忙着收获红花。

红花别名草红花，为菊科一年生或多年生植物，以干燥的花序及其所产种子供药用和食用。红花的花序为妇科良药，还是天然色素和染料。红花种子含有 20%～30% 的红花油，是一种重要的工业原料及食用保健油。红花主产于河南、江苏、安徽、山东等地，我国云南、广西等地也有栽培。这句谚语只是说明黄淮地区的红花收获期，其他产区的采收时期有早有晚，不尽相同，如云南、广西等地区，由于播种时间早，无霜期短或没有霜期，冬季可缓慢生长，因此，第二年的 3—5 月才采收，当然，也有播种晚，6 月份收获的。新疆及西北地区，只能春季土壤解冻后播种，当年的 7—9 月收获。"花熟一晌，蚕落一时"，说的是采收时间很紧迫，过早采收，既不容易采摘，也影响质量和产量，所产红花色泽暗淡，重量轻，油分含量少；花败后采收，花序黏在一起，不散开，加工后的红花色黑无光泽，跑油严重、质量差。红花最适宜的采收时间是，大田中偶尔发现有初现花的单株或单花蕾，预示着整个花田即将进入收获期。大面积种植的红花，最好用收获小麦的联合收割机收获，收后的红花籽干净、无破碎、不霉变、质量好，晒干扬净，即可出售。

云南省大理州农民在田间采摘滇红花（张树禄　摄）

芒种前后果瞭哨，水肥管理连环套

"果"指枸杞，"瞭哨"是方言，这里指稀稀落落。中国宁夏是枸杞的主要产区，这句谚语的意思是，芒种前后枸杞已经稀稀落落开始结果了，应持续做好田间管理保证收成。枸杞的田间管理主要包括浇水、除草、松土、施肥和剪枝，枸杞对水分的需求有限，但仍需要适当浇水保持土壤湿润，还要定期除草、松土，促进其根须生长，此外，每隔一段时间施用肥料、定期剪枝，都能使产量提高。

枸杞，是茄科、枸杞属植物，宁夏枸杞在中国栽培面积最大，且是唯一载入《中国药典》的品种。枸杞这个名称始见于《诗经》，明代药物学家李时珍云："枸杞，二树名。此物棘如枸之刺，茎如杞之条，故兼名之。"枸杞还有历史传说，据说盛唐时代的一天，丝绸之路过来一队商贾，傍晚在客栈住宿，见有一女子斥责一老者。商人上前责问："你何故这般打骂老人？"那女子道："我训自己的孙子，与你何干？"闻者皆大吃一惊。原来，女子已有200多岁，老汉也已是九旬之人，他受责打是因为不肯遵守族规服用草药，弄得未老先衰、两眼昏花。商人惊诧之余向女寿星讨教高寿的秘诀，女寿星见商人一片真诚，便告诉他自己四季服用枸杞。后来枸杞传入中东和西方，被那里的人誉为东方神草。

芒种现蕾，带桃入伏

这句谚语说的是，芒种的时候棉花就要开花，入伏的时候就长出棉桃了，这说明高温是棉花生长得好的必要条件。棉花的生育周期长，栽培过程复杂，田间管理技术要求高。现在，中国棉花种植基本实现机械化，行间中耕（松土、除草等）、追肥、培土多使用锄铲式中耕机，苗期株旁松土除草多使用旋耕锄、弹齿锄草耙。施药分为地面喷药和飞机喷药两大类，采用喷雾、喷粉、弥雾、联合喷粉喷雾等方式，不仅工效高，节省人力，更可在短期内控制害虫发生和蔓延。

棉花，是锦葵科、棉属，植物的种子纤维，原产于亚热带。花朵乳白色，开花后不久转成深红色然后凋谢，留下绿色小型蒴果，称为棉铃。棉铃内有棉籽，棉铃成熟时裂开，露出白色或白中带黄的纤维。清乾隆三十年（1765）直隶总督方观承主持绘制了一套从植棉、管理到织纺、织染成布的全过程的图谱，共有图十六幅，布种、灌溉、耕畦、摘尖、采棉、炼晒、收贩、轧核、弹花、拘节、纺线、挽经、布浆、上机、织布、炼染，每图都配有文字说明和七言诗一首，似连环画，书前收录了康熙《木棉赋并序》，是中国古代仅有的棉花图谱专著。现今，中国是棉花产量最高的国家之一，栽培品种有斯字棉、德字棉、岱字棉、柯字棉等，鲁棉一号是中国独立培育的高产品种。

新疆生产建设兵团职工在摘除棉花顶心（俗称"打顶"）（陈健生　摄）

芒种栽薯重十斤，夏至栽薯光长根

这句谚语的意思是，春红薯的最晚栽植期是芒种时节，地温明显升高，适合红薯根的萌发生长，等到夏至以后，地温更高的时候，可以更好地促进根块形成。如果夏至再种红薯，这时候虽然可以让红薯快速生根，但生根后天气开始进入炎热夏季，不利于根块的形成了。根块形成晚，自然产量低。

红薯，学名番薯，也称白薯、地瓜、红苕，一年生草本植物，地下部分是圆形、椭圆形或纺锤形的块根，茎平卧或上升，偶有缠绕，叶片形状、颜色因品种而异，通常为宽卵形。红薯原产于南美洲及大、小安的列斯群岛，全世界的热带、亚热带地区广泛种植。红薯是一种高产且适应性强的粮食作物，块根除做主粮外，也是食品加工、淀粉和酒精制造工业的重要原料，根、茎、叶是优良的饲料。红薯明朝引入中国，引进番薯第一人是陈益。据史料记载，陈益于明万历八年搭乘商船从虎门出发前往安南（今越南），当地酋长接待时摆出一道官菜，香甜软滑，非常可口，还能充饥，这便是红薯。陈益此后便特别注意红薯的生长习性和栽培方法，两年后他将薯种藏匿于铜鼓中偷偷带回国，并开始大面积种植，大获成功后，他将这种食物广为传播，为中国开辟粮源贡献重大。

芒种不割田倒，夏至不打飞跑

这句谚语的意思是，芒种时节农作物不及时收割就会倒伏，上场后不及时脱粒就要生虫蛾。"倒"指倒伏，直立生长的作物成片发生歪斜，甚至全株匍倒在地的现象，倒伏可使作物的产量和质量降低，收获困难。夏至时节多雨，上场后打晚了，容易淋雨生芽，或被虫蛀空。等到麦蛾满天飞，怨天也没用了。

麦蛾是一种昆虫，成虫淡黄色，翅膀窄而尖，后缘有一排长毛；幼虫乳白色，生活在谷粒内。麦蛾是中国储粮的主要害虫，在长江以南危害尤为严重，它以幼虫蛀入粮粒，主要危害禾谷类籽粒，其中以小麦、稻谷、玉米受害最严重。被害粒的重量损失，小麦大约一半，玉米大约20%，一般被害后的小麦、稻谷籽粒几乎丧失发芽能力。大型粮库的防治手段主要是气调储粮，通过改变储藏环境中大气的成分，以达到抑制虫、霉斑、螨呼吸的一种储藏保鲜技术，能延缓麦蛾抗性问题。近年来，随着科技进步，越来越多的密闭性良好的粮库充入 CO_2 和 N_2，在27℃条件下，随着麦蛾暴露在 CO_2 中的时间变长，CO_2 浓度增大，麦蛾死亡数也逐渐增高，麦蛾各虫态对 CO_2 浓度的敏感程度为卵＞蛹＞幼虫，以达到治虫效果。

生活类谚语

芒种夏至天，走路要人牵；牵的要人拉，拉的要人推

入夏之后，人容易力倦神疲、周身无力，有一种病恹恹的感觉。因此，在芒种节气里要注意养生，增强体质。芒种时节又闷又热，要重点防止"湿邪"入侵，注意精神调养，清除体内毒素，保持充足睡眠，为即将到来的暑天做好准备。另外，中国的端午节多在芒种日的前后，民间有"未食端午粽，破裘不可送"的说法，端午节没过，御寒的衣服不要脱去，以免受寒。起居方面，因为天气较热，夏日昼长夜短，大部分人会晚睡早起，所以中午小憩可助消除疲劳，有利于健康。另外，也要适当地接受阳光照射（避开太阳直射，注意防暑），以顺应阳气的充盛，利于气血的运行，振奋精神。芒种过后，午时天热，人易出汗，衣衫要勤洗勤换。为避免中暑，芒种后要常洗澡，这样可使皮肤疏松。饮食调养方面，历代养生家都认为夏三月的饮食宜清补。《吕氏春秋·尽数篇》指出"凡食无强厚味，无以烈味重酒"。唐朝的孙思邈提倡"常宜轻清甜淡之物，大小麦曲，粳米为佳"，又说"善养生者常须少食肉，多食饭"。元代医家朱丹溪的《茹谈论》曰"少食肉食，多食谷菽菜果，自然冲和之味"。

芒种端午前，处处有荒田；芒种端午后，处处有酒肉

这句谚语的意思是说，农民耕田种地都是按节气安排的，芒种如果在端午之前，预示着雨季会提前到来，持续性降雨会影响麦子收割，也会影响夏季作物种植，耽误农事，如此一来就会出现"处处有荒田"；芒种如果在端午之后，预示着雨季会推迟来临，农民就可以及时抢收麦子，及时播种夏季作物，大概率会在秋季丰收，农民就会有饱饭吃，也会买点儿酒肉犒劳自己，所以有"处处有酒肉"的说法。

端午是芒种节气前后的传统节日，芒种节气一般是在公历6月6日前后，端午是在每年农历五月初五，但公历和农历立法不一样，并且设置了闰月，所以端午节的公历时间是有波动的。有的年份在5月，有的年份在6

月。端午节是首个入选人类非遗的中国节日，民俗颇多，赛龙舟和吃粽子盛行不衰，而且流传到朝鲜、日本和东南亚诸国。赛龙舟在我国南方沿海非常流行，是汉族龙图腾文化的代表，多人集体划桨竞赛，能充分体现人们的集体主义精神。每年5月初，中国百姓家家都要浸糯米、洗粽叶、包粽子，北方有枣粽子，南方有豆沙、鲜肉、火腿、蛋黄等馅料做的粽子。

芒种后见面

这句谚语的意思是说，芒种之后收了麦子，打了麦子，就可以吃上面了，并不是约定芒种后相见。面粉是由小麦磨成的粉状物，不同于现在机械加工，过去用传统石磨加工面粉。石磨面粉好处很多，低速研磨，低温加工，不会破坏小麦的营养物质，还能保留小麦的原汁原味。按面粉中蛋白质的多少，可以分为高筋面粉、中筋面粉、低筋面粉和无筋面粉，中国北方地区的主食，面条、馒头、包子、饺子多用中筋粉制成。芒种开始暑气上升，夏季来临，人们多吃捞面条，面条煮熟后捞出，放在凉水里拔一下，拌上酱料、菜码，吃时清凉利口，防暑降温。面条做法简单，容易煮熟，既可作正餐，也能当点心，不失为农忙时节的好选择。面条是东方饮食的重要内容，中国最早的面条叫做"汤饼"，自汉代出现开始，汤饼就一直享有极高地位，是上层贵族才能享用的美食。唐代后期，随着农业生产的发展，小麦在南方也大面积推广，原料的普及使汤饼变得平民化。到了宋代，汤饼改称为面条。中国是面条发源地，种类众多，著名的面条有：陕西 biáng biáng 面、山西刀削面、四川担担面、河南烩面、延吉冷面、兰州牛肉面、山东炝锅面、武汉热干面、广东云吞面和北京炸酱面。

蚕老桑子黑，芒种吃大麦

这句谚语的意思是，芒种时节黑桑葚变黑成熟可以吃了，新麦也有的吃了。蚕桑子就是黑桑葚，是一种口感很好的时令水果。据研究表明，黑桑葚可做药用，具有调节免疫功能，是开发功能性食品的优质原料。黑桑葚果实呈椭圆形，在中国北方6月上旬成熟，果实初熟时呈红色，成熟后变紫黑色，气味清香，酸甜适口。黑桑葚富含蛋白质、氨基酸、维生素等成分，具有较高的营养价值，同时，还富含芦丁、花青素、白藜芦醇等成分，具有良好的抗氧化、降血糖等作用。现在，桑葚被加工成种类丰富的功能性食品，如桑葚汁、桑葚果酒、桑葚果脯等，受到消费者青睐。

　　芒种时节新麦收获，喜欢吃麦子的北方人也有口福了。食新食鲜，被现代人视为饮食之大要，但古代食新，却不仅仅是为了口味与营养。殷商卜辞里记录了殷人的一个习俗，"月一正日食麦"，殷历的岁首在五月，即芒种时节。史学家对此有过解释，古代农事收获之后，行登尝之礼。"登尝礼"即以新收获的谷物先荐于寝庙让祖先尝新，意为作物丰登而报功。可见，食麦是祭祖之礼。

桑园里的桑葚逐渐成熟（黄旭胡　摄）

三、常用谚语

　　芒种庚，水流坑；芒种戊，日晒路。　福建（仙游）

　　芒种过，逢丙入梅；小暑后，逢庚起伏。　浙江（绍兴）

　　芒种好，鲹鱼到。　江苏、山东

　　芒种黑，涂草埔。　福建

　　芒种火烧天，大雨十八番。　江西（黎川）

　　芒种落雨草芊芊，夏至落雨叫皇天。　江西（上高）

　　雷打芒种头，河鱼眼泪流；雷打芒种脚，河潭刮三刮。　福建（福鼎）

　　雷公打芒种，谷子满仓送。　广西（上思、来宾）

　　端阳有雨是丰年，芒种闻雷天报喜。　海南（海口）

　　芒种边，七天七夜不见天。　湖南

　　北风多，六月大风多。　福建

芒种北风起，庄稼根干死。　福建（仙游）

芒种秕，中秋蛏。　福建

芒种不旱会大旱。　福建（将乐）

芒种不怕火烧天，夏至不怕雨连绵。　江西（宜黄）

芒种不雨汛来旱。　河北（邢台）

芒种发夏至，梅饭顶到鼻。　福建（福清、平潭）

芒种哈哈，大水十八塔。　海南（保亭）

芒种旱，扁担断。　福建

芒种旱，吃饱饭。　吉林

芒种不出蒜，烂了没的怨。　河北（定州）

芒种，芒种，样样要种，一样不种，秋后囤空。　陕西（咸阳）、山东（崂山）、江苏（镇江）

过了芒种，不可强种。　河北（武安、定兴）、云南（大理）［白族］、广西、湖北、河南、辽宁、吉林、北京、黑龙江（绥化）、海南（儋县）、安徽

热在芒种夏至，冷在小寒大寒。　海南（定安）

三伏有雨收麦好，芒种有雨豌豆宜，黍子出地怕雷雨。　河南（新乡）

水三时，火芒种。　上海

四月芒种刚搭镰，五月芒种不见田。　陕西、甘肃、河南、河北

芒种插得是个宝，夏至插得是根草。　江苏

芒种穈子不伸手。　内蒙古

麦到芒种割半拉。　山东（梁山）

麦到芒种谷到秋，白露一到把豆钩，过了霜降刨芋头。　山东（曲阜）

麦到芒种谷到秋，豆子寒露及时收。　河南（南阳）

麦过芒种青有面，枣过白露青地甜。　河南（郑州）

麦到芒种谷到秋，豆子寒露快镰钩。　山西（新绛）

芒种大麦收，鲦鱼大回游。　上海

芒种到，无老少，黄金铺地，老少弯腰。　江苏（常州）

芒种的穈，如手提。　宁夏

芒种豆打板，夏至禾出穗。　山东、河北

芒种端午前，处处有荒田。　天津、江苏（镇江）、陕西（安康）、海南

（文昌）

芒种端午前，点火夜耕田。　四川、浙江（杭州）

芒种好节气，棒棒坠落地；落地就生根，生根就成器。　湖北（远安）

芒种禾合色，夏至分高低。　江西（新建）

芒种落雨草开花，夏至落雨无棉花。　江西（都昌）

芒种落雨草扛花，秒掉棉花种西瓜。　江西（分宜）

芒种夏至不要困，一道锄头一道粪。　江西（九江）、安徽（蒙城）

芒种夏至六月底，薅草种谷摘枸杞。　宁夏（银南）

芒种要插秧，季节要跟上。　广西（龙州）［壮族］

芒种有雨一场空。　广东（广州）、江苏（无锡）

芒种栽薯重十斤，夏至栽薯光长根。　河南

芒种栽田日管日，夏至栽田时管时。　湖南（怀化）

芒种栽芋重十斤，夏至栽芋尽是根。　安徽（宿州）

芒种在中间，两头插秧莫偷闲。　广西（三江）［侗族］

芒种站一站，冬天少顿饭；芒种赶一赶，冬天添个碗。　浙江（丽水）

芒种芝麻夏至豆，秋分种麦正时候。　河北（遵化）、河南（新乡）、陕西（武功）、山东、安徽（阜阳）、四川、山东（泰山）、山西（临汾）

芒种种棉花，到老勿归家，老婆无脚纱。　浙江

宁浇芒种水，不浇夏至油。　甘肃（甘南藏族自治州）

芒种不抬头，一直忙到秋。　吉林、宁夏

芒种后，夏锄前，多添功夫别疼钱。　河北、山西、辽宁

人怕没得食，稻怕芒种蝎。　广东

三伏有雨收麦好，芒种有雨豌豆宜，黍子出地怕雷雨。　河南（新乡）

水三时，火芒种。　上海

五月芒种忙忙种，雷雨像刀也要种。　云南

夏到芒种，点水插秧；过了季节，误了时光。　陕西（汉中）

阳雀叫，芒种到。　贵州（黔南）

要等人家牛空，插田插到芒种。　湖南

莜麦芒种快动手，过了夏至没准头。　山西（忻州）

雨打芒种头，旱死小芋头。　四川

早稻最怕芒种蝎。　广东

芒种前三后四，种下谷子不迟。　　陕西

芒种青遥遥，大水十八交。　　浙江（湖州）

芒种晴，坝头成杆林；芒种溦，坝头成大路。　　福建（古田）

芒种晴，宽种田，紧割麦；芒种落，紧种田，宽割麦。　　浙江（金华）

芒种晴，入菇林。　　福建（同安）

芒种晴，蓑衣蓑帽满田塍；芒种落，蓑衣蓑帽放壁角。　　安徽

芒种晴，庄稼成，芒种旱，吃饱饭。　　吉林

芒种丘陵割一半，夏至平川不见面。　　山西（闻喜）

芒种热得很，八月冷得早。　　湖南

芒种日暗，大水淹上坎。　　福建

芒种日头夏至风，小暑南风十八工。　　海南（保亭）

芒种三日见麦茬，处暑三日割晚谷。　　山东（青州）

芒种扫种。　　福建（建瓯）

芒种少雨，点雨化虫。　　江西（万载）

芒种莳田两造空。　　广东

芒种收麦，秋分收豆。　　河南（商丘）

芒种黍子急种谷，平地还有十墒糜。　　山西（盂县）

芒种树头红，夏至树头空。　　广东（高州）

芒种水，毒过鬼。　　广东（湛江）

芒种死禾还有转，夏至死禾一把秆。　　广东

芒种粟，夏至谷。　　广西（钦州）

芒种腾半茬，再种豆芝麻。　　河南

芒种提前打糜谷，每亩能打三石六。　　宁夏

芒种天，三天五日不见天。　　湖南（零陵）

芒种天气暗，大水冲田坎；芒种见晴天，有雨在秋边。　　福建

芒种田无隙。　　福建（福清、平原）

芒种霆雷天赤洋，夏至霆雷米生苔。　　福建（霞浦）

芒种豌豆迸，不收角角空。　　宁夏

芒种乌暗暗，大水爬上岸。　　福建

芒种无大雨，秋来没米煮。　　广西（武宣）

芒种无雨，山头无望；夏至无雨，碓头无糠。　　湖北（松滋）

夏　　至

一、节气概述

夏至，二十四节气的第十个节气，通常在每年 6 月 21 日至 22 日，太阳到达黄经 90°进入夏至节气。夏至日，太阳正午时分直射北回归线，北半球迎来一年中昼最长、夜最短的一天。民谚云"夏至不过不热"，夏至期间日照充足、气温持续攀升，农作物生长迅速，对降水需求较大，故有"夏至雨点值千金"的说法。

夏至分三候：一候鹿角解，鹿角逐渐脱落；二候蝉始鸣，蝉开始鼓翼而鸣；三候半夏生，药用植物半夏开始生长。

"春争日，夏争时"。夏至时节，光照充足，雨水增多，全国各地都掀起农忙的高潮。"过了夏至节，锄头不能歇"，要抓住时机做好田间管理，及时清除杂草，防治病虫害，适时适量施肥，及时播种晚稻，培育好晚稻秧苗，同时做好茶园、果园等病虫害防治管理工作。

广西河池市罗城仫佬族自治县的夏日田园（韦如代　摄）

自古以来有在此时庆祝夏粮丰收、祭祀祖先之俗，以祈求消灾年丰。《周礼·春官》载："以夏日至，致地方物魅。"从周代开每逢夏至日，朝廷都以歌舞礼乐的方式举行隆重的祭祀仪式。清朝时期，夏至作为国家重要大典，举行盛大的祭祀活动。在民间，土地祭逐渐成为民间一项重要祭祀活动，多在土地庙、田间等地进行，用新小麦做成面条供奉，亦有让土地神尝新之意，一来表达对夏粮丰收的感谢，二来祈求来年消灾解难、再获丰收。

中国北方地区夏至吃"夏至面"，有提醒人们注意防暑降温之意；南方地区则"食麦粽吃夏至饼"，将麦粽作为礼物，互相馈赠，夏至饼祭祖后食用，或分赠亲友。广东阳江地区还有"夏至吃狗肉"这一独特的民间饮食文化，以实现养身滋补的愿望。此外，还有吃麦饭煮麦粒、夏至养生、避暑消夏、戴枣花、夏至禁忌等民间习俗。

二、谚语释义

气象类谚语

夏至无响雷，大水十几回

古人认为，夏至不打响雷的地方将来可能会有大雨，而在打响雷的地区，雨水往往很小甚至就落几滴雨。从气象学的角度看，当高海拔云层形成降雨之前，会有不断累积的过程，在云层吸收更多空气中水分子后，才会形成一个强降雨过程。而如果这个降雨的蓄积过程云层出现电场，则会引爆电闪雷鸣，闪电击散浓厚的云层，经过太阳照射造成水分大量蒸发，降下来的雨水反而就不多了。

江西省上饶市铅山县雷雨过后天空中不断出现电闪雷鸣（丁铭华　摄）

打雷和闪电是同时发生的，是带异种电荷的云层或云层与大地之间一种放电的现象。当带异种电荷云层由于运动而缩小到一定距离时，正负电荷间强大电势差将空气击穿而发生瞬间放电，放电时产生的放电火花就是闪电，产生的声音就是雷声。同理，当带电云层运动时，地面相应地方产生感应电荷，若云层与地面或地面高大物体间距离较小，则云层与物体间空气被击穿而发生瞬间放电也产生雷电。我们先看到闪电后听到雷声，是因为光传播速度比声音传播速度大得多，因此先看见闪电后听见雷声。

夏至东风潮，麦子水里捞

这句谚语主要说明了一个自然现象，即"刮东风就要下雨"。这个现象用气象学知识来解释，需要明白两个基础知识：第一，形成降水的条件。一是空气中要有充足的水汽并达到过饱和状态；二是要有凝结核，即凝结过程中起凝结核心作用的固态、液态和气态的气溶胶质粒；三是水滴逐渐变大，变大到重力大于空气的浮力，降到地面便可形成降水。第二，形成降水的过程。饱含水汽的空气上升或暖湿空气从低纬度流向高纬度地区，导致空气温度降低，空气中的水蒸气出现过饱和现象，水蒸气凝结，形成降水。

中国位于太平洋西岸，所以刮东风或东南风时会将海洋上空饱含水汽的湿空气吹向内陆地区，为降水的形成创造了基础条件。至于能否形成降雨，还要看空气温度是否会降低。若连续刮几天的东风或东南风之后，再刮北风或西北风，冷暖空气对流，水蒸气遇冷凝结便会形成降水。另外，暖湿空气沿大型山脉斜坡爬升，也会形成降雨（海拔每升高 100 米，气温会下降 $0.6℃$）。位于中国南北分界线上的秦岭南坡降水比较多，就是这个原因，在这个地区刮南风或东南风很容易形成降雨。

端午水，夏至梅

每年 6—7 月，从湖北宜昌以东、北纬 26～34° 之间的江淮流域常发生一种连续降水的连阴雨天气过程。此时冷暖气团在长江中下游、江淮一带交汇，当地雨量特别丰沛，相对湿度大，日照时间短，地面风力小，降水多连续。由于雨带来回摆动，且多锋面气旋东移，当地常有雷阵雨，有时甚至有区域性大雨、暴雨出现，这种气象现象称之为梅雨。

梅雨名称由来已久，早在汉朝即有记载，古时候称为"黄梅雨"。例如晋代有"夏至之雨，名曰黄梅雨"，唐有"梅实迎时雨"，宋有"梅子黄时雨", 又有"江南五月梅熟时, 霖雨连旬, 谓之黄梅雨", 等等, 所以梅雨是因为发生在梅子成熟时期而得名。又因梅雨时期阴雨连绵, 空气潮湿, 物品容易发霉, 所以明朝医学家李时珍有"梅雨或作霉雨, 言其霑衣及物皆生黑霉也"的说法, 因此梅雨又有一个别名"霉雨", 在福建地区民间就有"夏至百重霉"的谚语流传。

梅雨期间集中了江淮地区全年降水量的 40% 以上, 因而也被称为江淮地区的雨季, 宋代赵师秀借江南梅雨季节的夏夜之景, 写就名篇《约客》, 以"黄梅时节家家雨, 青草池塘处处蛙。有约不来过夜半, 闲敲棋子落灯花。"把雨夜候客来访的心情描写得细致入微, 更从另一个侧面反映出梅雨时节多雨的气象特点。

雨后放晴的浙江省安吉县大竹海 (潘学康 摄)

长不过夏至, 短不过冬至

夏至这天, 太阳直射地面的位置到达一年的最北端, 几乎直射北回归线 (北纬 23°26′), 北半球白昼达到全年最长, 且越往北昼越长。例如海南省海口市这天的昼长约为 13 小时多, 杭州市昼长约为 14 小时, 北京市昼长约为 15 小时, 而黑龙江漠河市昼长可达 17 小时以上。也是从这天开始, 白天时间慢慢变短, 短到冬至过后, 白天的时间又慢慢变长。唐代诗人韦应物的《夏至避暑北池》也曾写到"昼晷已云极, 宵漏自此长"。在山东(牟平)流传"长到夏至短到冬, 过了冬, 一天长一葱。"这里的"冬"指的是冬至, 老农的说法"长一葱宽一叶", 其中"一葱"约等于 2 分钟, 也是白天时间渐渐变长的意思。广西（玉林）则流传"冬至日短，两个吃碗；夏至日长，两次扛饭"，"扛饭"是送饭的意思，民间故事说财主雇两个长工，冬至日以白天时间最短为由，只给两人送一碗饭，到夏至日长工以白天时间最长为由要财主送两次饭。民间还流传"吃了夏至面（饭），一天短一线"，因为有钱人家的小姐长年躲在绣花楼里绣花，她们对这个时间变化最敏感，从夏至这天起，她们每天绣花要少绣一根线，也指的是夏至之后白天时间的变化。

夏至三庚数头伏

夏至三庚数头伏是我国农历中计算三伏天的方法之一，指的是从夏至日开始算起，第三个庚日便是头伏第一天，即一年中最热的时候开始了。古代用天干、地支合并记载时间，三庚中的"庚"字便是"甲、乙、丙、丁、戊、己、庚、辛、壬、癸"10个天干中的第七个字，庚日每10天重复一次，根据"夏至三庚数头伏"这个口诀，可以算出每年的头伏时间。夏至之后即将迎来三伏天，太阳光强烈集中，照射面积大，各地向日的时间长，形成白天长，黑夜短，地面保持的热量最多，所以说"热在三伏，冷在三九"。

三伏天出现在小暑与处暑之间，是一年中气温最高且又潮湿、闷热的日子。"伏"是指"伏邪"，表示阴气受阳气所迫，藏伏在地下的意思。曹雪芹在《红楼梦》第一回中对夏日的描写可谓生动："一个夏日午后，甄士隐做了一个梦，大叫一声，突然醒来，定睛一看，只见烈日炎炎，芭蕉冉冉，所梦之事便忘了大半。"因此，夏至之后便要做好纳凉降温工作，古人在此时充分发挥起聪明才智。西汉时期，京城长安的器具工匠丁缓，为了祛暑，把7个一丈长（3.33米）的大轮连在一起，做成一把巨大的"七轮扇"。《西京杂记》记载，这把扇子"一人运之，满堂寒颤"，一人操纵可以让满厅堂的人都感到凉爽。除此之外，古人还发明了水亭，《唐语林》卷五记载，御史大夫王某"宅第有一雨亭。檐上飞流四注，当夏处之，凛若高秋"。在亭中安装机械传动的制冷设备，将冷水送向屋顶，任其沿檐直下，形成人造水帘，激起凉气，效果堪比空调房，也称为"凉屋"或者"凉殿"。

农 事 类 谚 语

夏至水满塘，秋季谷满仓

夏至时节，中国各地都开始掀起农忙的高潮，此时正是早稻抽穗扬花，棉花现蕾和蔬菜水果的采收旺季。进入6月天气逐渐炎热，春天播种的各类农作物在夏至进入旺盛的生长期，此时也正是农作物需水最为关键和紧要的时期，据《荆楚岁时记》记载："六月必有三时雨，田家以为甘泽，邑里相贺。"说明了此时降水对农作物影响很大，如果雨水条件合适，进行及时的灌溉，秋季到来之时便可有好的收成，大家可以共庆丰收。

中国华南地区及东部地区，夏至以后容易出现伏旱天气，为了增强抗旱能力确保收成，在伏前做好蓄水保墒也是促进农作物增产的一项重要措施。夏至雨量极其充沛，正是蓄水的最好时机，也更能充分发挥出水利工程的灌溉作用，促进农业生产种植。一般塘坝都有比较高的埂，当塘水已与地面相平，雨水不能进塘的时候，百姓就把汇集在低田里的水车引进塘中，实行立体蓄水，塘水比周围的地面都高，既加大了蓄水量，也可自流灌溉，是"闲时蓄水忙时用"的一个好经验、好做法，充分体现了中国古代劳动人民的智慧，所以"夏至灌满塘，谷子到了仓"指的就是这个意思。

江苏省淮安市农民在田间插秧移秧忙农事（张建 摄）

夏至雨点值千金

夏至时节晚稻插秧工作已经结束，玉米等作物进入到拔节抽雄花序期。这期间中国大部分地区气温较高，日照充足，作物生长很快，正需要水分滋长发育，所以这时的雨水对水稻、玉米和其他作物生长发育有很大好处，可以满足植物生理和生态对水分的需求。此时的降水对水稻、玉米和其他农作物的产量形成以及获取丰收起着关键性作用，因此，在广西武宣地区也流传着"夏至雨不落，伏天难睡着"的说法，在最需要水分的时节不降雨，农作物的收成便将大打折扣。

有的地区也有"夏至五月头，担水救禾苗"的谚语，即如果该年的夏至在农历五月初，则这一年就将较为干旱，生长期的庄稼容易干死，需要挑水来浇。"夏至五月中，多雨又多风"，即如果该年夏至在农历五月中旬的话，这一年则较为洪涝，降雨较多，刮风也多。"夏至五月后，白馍夹着肉"，即如果该年夏至在农历五月末尾的话，这一年会风调雨顺、五谷丰登，家家都能吃上白馍和肉。另外，由于夏至时节正是长三角地区黄梅季节，谚语更有云"黄梅无雨，半年荒"。以上这些谚语都生动地说明了夏至时节雨水对农作物生长的极端重要性。

到了夏至节，锄头不能歇

夏至时节农作物进入生长的旺盛期，这是农事最繁忙的时候，需要农民及时对这些农作物进行多种管理和维护。譬如此时正是红薯块根膨大的时期，要对红薯进行翻蔓，防止茎叶过度生长吸收过多养分。过了夏至，春播玉米和夏播玉米也都进入了不同的生长期，这时候玉米的水肥管理特别重要，如果养分不足或者持续干旱都会导致玉米减产，很多夏播玉米由于种在麦茬地里，杂草较多，还要及时打除草剂。

山西省稷山县农民在给葡萄做拨芽、吊蔓、疏果、套袋等管护（粟卢建　摄）

夏至时节各农业区的主要农事活动也有一定的区别。北方地区：水稻追拔节肥、中耕、拔草、防虫。冬麦区收获适期，需要细收细打，颗粒归仓。春小麦地区继续追施肥料、灌溉、防治病虫，保证小麦拔节抽穗，扬花灌浆，做好收获前的准备工作。东北地区：追肥、中耕、培土、防治螟虫和马铃薯晚疫病，大豆进行第二、三次追肥、铲耥、培土。西北地区：玉米、谷子等间苗、定苗后及时追肥，马铃薯摘蕾、拔草，白胡麻追肥、浇水、中耕除草。华南地区：水稻插秧、中耕，浅灌防倒伏。西南地区：水稻追施圆秆肥、薅草，浅水灌溉，秧田追肥，防治三化螟，花生中耕压蔓。黄淮地区：春播杂粮追施攻穗肥、灌水、中耕、培土，防治钻心虫、蚜虫和粟灰螟。虽然各个地区农事活动各有区别，但是无论天气是否炎热，农民都要去田地里进行劳作，否则"人误地一时，地误人一年"。

夏至杨梅满山红，小暑杨梅要出虫

从 6 月份起，浙江地区的杨梅就开始陆陆续续进入成熟期，尤其是在夏至前后，绝大多数的杨梅品种都开始着色变红。而此时也正是多雨高温季节，成熟的杨梅容易发生病变或者脱落，如果不及时采摘，过了小暑杨梅就要遭受虫害。但杨梅的果实因为存在光照、营养等方面的差异，在成熟时间上也存在差异，需要适时采收，选红留青，将已经着色良好的杨梅及时采摘，否则成熟的杨梅不仅会出现病变，还会大量落果。

梅农在中国著名的杨梅之乡浙江省仙居县采摘杨梅（陈月明　摄）

杨梅又称"珠红"，果实按色泽可分为红、白两种，尤以深红或紫红为佳。杨梅汁液丰富，入口酸甜可口，含有丰富的维生素 C、果糖、葡萄糖、柠檬酸、苹果酸和乳酸等，性温，味甘酸，具有生津解渴、和胃消食、止吐止痢功用，适用于津少口渴、食积腹胀、吐泻、腹痛、痢疾之人。《本草纲目》记载："杨梅止渴，和五脏，能涤肠胃，除烦溃恶气。烧灰服，断下痢，甚验。"有人以为杨梅味酸，吃了会胃痛，其实它属于碱性食物，有助于平抑肝火，润肝脏，又助脾胃消化；含有较多枸橼酸，有利于祛除血管老化物质；含有维生素 B17，有助于抗癌。

人们常以 50°～60°白酒浸泡杨梅，加入适量佛手片，泡后 15 天即可，腹胀腹痛或非细菌性腹泻均可食用，每次 3 只，每日 2～3 次。需要注意的是，杨梅性温，味酸，多食容易令人发热、长疮，孕妇及大便秘结者忌食。杨梅酒具有预防中暑、养胃健脾、养颜的功效，并能理气活血抗衰老，提高机体免疫力。

夏至插老秧，秋后喝米汤

在西北地区，插秧日期不能晚于夏至，否则水稻生长发育的时间不够充足，到收获季节往往很难成熟，造成产量低甚至颗粒无收的结果。在这种情况下，如果最终收获的时候粮食产量不足，农人在秋后就只能等着喝米汤了。

广西百色市靖西县夏耕夏种大忙时期，农民正在田间里插秧（赵京武　摄）

水稻的产量决定于分蘖的多少。分蘖是指小麦、水稻等在近地面的茎基部发生分枝，此时能抽穗结实的叫有效分蘖，不能抽穗的叫无效分蘖。适宜水稻分蘖的水温一般在 26～27℃，若在 25℃以下分蘖很慢，且多无效分蘖。因此，若过了夏至插秧，插秧期已过，秧龄过大，使营养生长期过分缩短，先天营养生长不足致使水稻秆低、穗小，造成减产。同时在北方地区，秋季降温快，如插秧过晚，不能保证分蘖时水稻田的水温，同样也会造成水稻减产。如遇干旱、洪水或其他灾害只能在夏至时节播种，就必须选择一些生长期较短的早熟作物，以保证作物的产量，所以在适当的时节抢抓时机进行插秧是决定一年产量的关键。南宋诗人杨万里的《插秧歌》便生动形象地描绘了江南农户雨中抢插秧的生动形象，"田夫抛秧田妇接，小儿拔秧大儿插。笠是兜鍪蓑是甲，雨从头上湿到胛。"田夫、田妇、大儿、小儿各有分工，拔秧、抛秧、接秧、插秧，紧张忙碌，秩序井然，其乐融融。

夏至不刨蒜，蒜就离了瓣

大蒜生长周期为8个月，一般为每年10月播种，第二年6月收获。收获时期会因地理、气候等原因存在细微差异，但大多在秋天播种（10月左右），次年5月中下旬至6月蒜叶枯萎时开始收获。当大蒜叶出现叶片发黄、蒜瓣较为凸出时就可收获。收获时用专门工具（蒜别子），不可把大蒜刨破也不能将大蒜撞伤，收获之后及时晒干（不然存贮过程中会发生腐烂），但是又不能暴晒过度，造成大蒜糖化。

晋朝崔豹在《古今注》中记载："蒜，卵蒜也，俗人谓之小蒜。外国有蒜，十许子共为一株，箨幕裹之，名为胡蒜，尤辛于小蒜，俗人亦呼之为大蒜。"事实上，大蒜起源于中亚和地中海地区，于汉武帝时期由张骞出使西域后带回，东汉文学家王逸编纂的《正部》中记载，"张骞使还，始得大蒜、苜蓿。"张骞出使西域，很多瓜果蔬菜都随之传入中国，大蒜也在其中。古人对于蒜非常热爱，吃鱼要拌蒜，吃肉也要就蒜，于是他们把蒜加工成蒜薤或蒜酱，吃肉的时候蘸着吃。唐代诗僧寒山大师便写下"蒸豚揾蒜酱，炙鸭点椒盐"的诗句。在9世纪时大蒜传入日本和南亚地区，16世纪前叶在非洲和南美洲出现栽培，18世纪传入北美洲，现已在世界各地广泛栽培。中国是世界上最大的大蒜种植和出口国，主要生产区有山东、江苏、河南、四川、陕西等。大蒜营养成分相当丰富，而且还有很好的食疗和药用价值，大蒜鳞茎中含有丰富的蛋白质、低聚糖和多糖类，还有脂肪、矿物质等。

夏至不种高三黍，还有十天平地黍

清代段玉裁《说文解字注》中记载，"按黍为禾属者，其米之大小相等也……大暑而種，故谓之黍。……诸书皆言种黍以夏至，说文独言以大暑，盖言种暑之极时，其正时实夏至也。"高三黍，即穈、谷、黍。农谚描述的是，夏至时节正是内蒙古地区田间管理的紧要时期，大日期的糜、谷、黍播期已过，但如再播小日期的小红糜及小黄罗黍等尚有收成，因此有"还有两垧植糜子""糜子谷子不误种"等说法。

　　黍的名称源于《本草纲目》，在《中国植物学》中记载为糜，也叫糜子，是禾本科稷属植物。该植物为一年生栽培草本，在我国北方和西南、华南、华东等地山区常有栽培，是人们栽培最早的谷物之一。谷是一个别名，它的正式中文名叫粱，是在《中国植物志》中确定的，粱这个名称来源于《名医别录》，别名还有狗尾草、黄粟、小米等。它是禾本科狗尾草属植物，在中国黄河中上游为主要栽培区域，其他地方种植比较少，是过去北方主要粮食之一。粟是一个正式中文名，它是粱的一个变种，在我国南北有栽培，谷粒可以食用。

生 活 类 谚 语

夏至吃的歹大麦，处暑吃的好饺子

　　夏至时节正是大麦收获的时候，据传在古代，皇帝会在夏至这一天赏赐近臣冰块和大麦。冰块用来冰镇，大麦作为五谷之长，可食用也可泡煮冰镇大麦茶，消暑解热。《黄帝内经》有诸如"大麦，五谷之长"和"大麦，肝之谷"等记载。从现代科学角度看，大麦中含有丰富的碳水合化物、蛋白质、维生素以及钙、铁、磷等矿物元素，并容易被人体吸收和消化，有利于增强身体各个组织器官的功能，促进人体的新陈代谢。

山东省烟台市农科院职工将收割机收获的小麦卸车晾晒（孙文潭　摄）

夏至过后一年中最热的时候随即到来，因此夏至食物的健康性是民众关心的重点。唐朝诗人白居易有诗云："忆在苏州日，常谙夏至筵。粽香竹筒嫩，炙脆子鹅鲜。水国多台榭，吴风尚管弦。每家皆有酒，无处不过船。"生动地描绘了江南地区民众夏至日摆设美食佳肴、调养饮食起居的场景。夏至的衣食住行讲究"顺天应时"，起居方面早睡早起适当午休；饮食方面避免过度寒凉，多食清淡少食辛辣；情志方面保持神清气爽，心情愉悦。

冬至饺子夏至面

夏至吃面主要有3个原因：一是庆贺丰收、解馋吃鲜。夏至正是芒种过后新小麦刚刚收割的季节，此时的小麦最新鲜有营养，古代人们讲究"不时不食"的理念，要吃最新鲜当季食材。二是面食敬神，祈求灾消年丰。夏至民间新麦方出，人们在丰收时节用最新鲜的食材祭祀，期待来年的风调雨顺。三是因为夏至标志着炎热天气的开始，这一日有的地方特别是北京地区要象征性地食用一些冰凉食物，冷面就是其中最常见的一种。关于夏至食冷淘面，清朝潘荣陛《帝京岁时纪胜》记载："夏至大祀方泽，乃国之大典。京师于是日家家俱食冷淘面，即俗说过水面是也，乃都门之美品。向曾询及各省游历友人，成以京师之冷淘面爽口适宜，天下无比。谚云：'冬至馄饨夏至面'。"冷淘面早在唐宋时期就很流行，杜甫有一首《槐叶冷淘》就写到了食冷面的感受，诗中有"经齿冷于雪"的句子。又据《东京梦华录》和《梦粱录》等书记载，宋代两京食肆上还有"银丝冷淘"和"丝鸡淘"等出售，丝鸡淘即是鸡丝冷面。

山东省沂源县教师与学校留守儿童一起做凉面（赵东山　摄）

夏至狗，没啶走

"没啶走"即"无处走"，夏至吃狗肉是岭南一带的特色，民间有说法，狗肉性温，大补元气，属性燥热，仅适宜秋冬季节食用，夏天吃狗肉会上火，外热加上内热，对身体不利。但夏至这天例外，夏至这天吃了狗肉，不但不会引起身体不适，反而会对身体有益，"吃了夏至狗，西风绕道走"，也是指吃了狗肉就能抵抗西风恶雨入侵的思想。所以一到夏至这天，许多狗被杀掉，没路可逃。

我国烹食狗肉的历史由来已久。相传，夏至吃狗肉补身源于战国时期秦德公即位次年，六月酷热，疫疾横行，秦德公便按"狗为阳畜，能辟不详"之说，命臣民杀狗辟邪，后逐渐形成该习俗。《礼记·王制》中记载的燕飨之礼"一献之礼既毕，皆坐而饮酒，以至于醉，其牲用狗……"；《周礼·天官冢宰》和《周礼·天官·食医》中皆载"豕宜稷，犬宜粱，雁宜麦"；《史记·樊郦滕灌列传》记载"舞阳侯樊哙者，沛人也，以屠狗为事"；唐人张守节《史记正义》亦云"时人食狗亦与羊豕同，故哙专屠以卖之。"

狗长期以来也被视为"伴侣动物"，且狗肉中的营养成分均可从其他肉类获取并满足人体所需，多年来吃狗肉一直为爱狗人士和动物保护者所诟病，颇有争议。2011年，浙江金华取缔了据称有600多年历史的"狗肉节"。

夏至食个荔，一年都无弊

夏至正是荔枝收获的季节，广州粤语地区和广西钦州、玉林等地区都非常喜欢在夏至吃荔枝。历史上，有不少人物与荔枝结缘。据《新唐书·杨贵妃传》记载："妃嗜荔枝，必欲生致之，乃置骑传送，走数千里，味未变，已至京城"，杜牧的千古名句"一骑红尘妃子笑，无人知是荔枝来"，描述杨贵妃对荔枝喜爱的同时，也形象揭露了统治者为满足一己私欲，骄奢淫逸的形象。另一位与荔枝结缘的历史名人则是苏轼。东坡先生于宋哲宗绍圣元年被人告以"讥斥先朝"的罪名被贬岭南，"不得签书公事"。于是，流连风景，体察风物，对岭南产生了深深的热爱之情，对岭南地区荔枝产生了极大的喜爱。绍圣二年四月十一日，在惠州第一次吃荔枝，作有《四月十一日初食荔枝》一诗，对荔枝极尽赞美："垂黄缀紫烟雨里，特与荔枝为先驱。海山仙人绛罗襦，红纱中单白玉肤。不须更待妃子笑，风骨自是倾城姝。"自此以后，苏轼又多次在诗文中表现了他对荔枝的喜爱之情。如《新年五首》：

"荔子几时熟，花头今已繁。"《赠昙秀》："留师笋蕨不足道，怅望荔枝何时丹。"《和陶归园田居》其五："愿同荔枝社，长作鸡黍局。"最负有盛名的，当属《食荔枝二首》其二："日啖荔枝三百颗，不辞长作岭南人。"在慨叹人身际遇的同时也从侧面表现出自己对荔枝的喜爱之情。

当然，"日啖荔枝三百颗"是苏轼先生运用夸张手法的表现形式，在日常生活中不可过多食用荔枝，过量食用容易引起低血糖症，也就是"荔枝病"。但是适量食用荔枝则有非常多的好处。吃荔枝首先能够滋阴养血，对于病后体虚贫血的人来讲，适当地食用荔枝通过滋阴的作用而发挥出养血、纠正贫血的一个功效。其次能够健脾胃，对于脾虚久泻、腹胀、腹痛、消化不良、食欲比较差的人，适当食用荔枝，通过入脾经进而能够起到很好的健脾开胃的作用。第三能够行气消肿，对于肝肾功能下降所造成的水肿，适当食用荔枝能很好地推动体内气体流通，达到利尿消肿的作用。

福建省泉州市永春县果农在挑选刚采摘的荔枝（康庆平 摄）

夏至馄饨冬至团，四季安康人团圆

夏至这天无锡人早晨喝麦粥，中午吃馄饨，取馄饨和合之意。吃过馄饨，为孩童称体重，希望孩童体重增加更健康。馄饨，因其形"有如鸡卵，颇似天地混沌之象"，其音又与"混沌"谐音，所以民间还有夏至吃馄饨有助于孩子聪明的说法。

相传春秋战国，吴王夫差打败越国，生俘越王勾践，得到许多金银财宝，特别是得到了绝代美女西施后更加得意忘形，终日沉湎歌舞酒色之中，不问国事。一日，吴王夫差照例接受百官朝拜，宫廷内外歌舞升平。不料饮宴之中，吃腻山珍海味的他竟心有不悦，搁箸不食。这一切西施全都看在眼里，她趁机跑进御厨房，和面又擀皮，欲做出一种新式点心来，以表自己的心意。皮子在她手中翻了几个花样后，终于包出一种畚箕式的点心，放入滚水里一汆，点心便一只只泛上水面。她盛进碗里，加进鲜汤，撒上葱、蒜、胡椒粉，滴上香油，献给吴王夫差。吴王夫差一尝，鲜美至极，一口气吃了一大碗，连声问道："这为何种点心？"西施暗中好笑：这个无道昏君，成天浑浑噩噩，真是混沌不开。听到问话，她便随口应道："馄饨"。从此，这种点心便以"馄饨"为名流入民间。

夏至日，市民在无锡百年老店"王兴记"选购馄饨（宦玮　摄）

夏至吃了圆糊醮，踩得石头咕咕叫

醮坨由米磨粉做成，加韭菜等佐料炸成圆圆的小饼，所以叫做圆糊醮。古时浙江绍兴一带很多农户将醮坨用竹签穿好，插于每丘水田的缺口流水处，并燃香祭祀，以祈丰收。小孩子早待此日，以便到各田城摘取醮坨，趁机饱食一顿。夏收完毕，新麦上市，江浙地区亦有做麦糊烧者，做法与圆糊醮相似，经常会被人混淆，麦糊烧以麦粉调糊，摊为薄饼烤熟，带尝新之意。在民间，人们认为在夏至这天，吃了圆糊醮便会有劲，能把石头踩得咕咕叫。在湘南嘉禾、蓝山、桂阳一带，人们则会在夏至日将整鸡蛋煮熟，剥壳后加红枣煮汤吃，这种习惯称作吃"夏至蛋"。夏至当天早晨起来将整鸡蛋煮熟，用红纸或红色染料将蛋皮染红，再用一个小网袋装上系在少年儿童的前胸，一直挂到中午或下午再剥去蛋壳将蛋吃掉，民间认为夏至吃蛋，能强身健胃，行走有劲，所以有谚语说道，"夏至吃蛋，石板踩烂"。

三、常用谚语

冬日十雾九天晴，夏至浓雾雨相随。　四川

愁也不要愁，夏至过了有日头。　江西（南丰）

发透夏至南，台风会少来。　福建

过了夏至郎，一日闹一场。　江西（宜春）

黑豆不识羞，夏至开花至立秋。　山西（阳曲）、黑龙江

雷打夏至下，大路好跑马；雷打夏至上，大路烂成浆。　海南（琼山）

立夏三天火，夏至火连天。　江苏（扬州）

热从夏至起，冷从冬至来。　福建（南平）

夏出月晕，日日放晴。　广西（象州）

夏天雨，能隔墙；这边下雨，那边出太阳。　河南

夏至北风旱，西风秋雨多。　陕西（渭南）

夏至备爬犁，冬至修牛具。　黑龙江（牡丹江）

夏至不起尘，起了尘，四十五天大黄风。　山西（寿阳）

夏至蝉啾啾，一日雨三遍。　广西（贵港）

夏至长，冬至短，二八月，昼夜平。　山东（桓台）

夏至冬至，日夜相等；春分秋分，昼夜平分。　河北（抚宁）、安徽（合肥）、上海、陕西（宝鸡）、江苏（镇江）、山东（临清）

夏至吹南风，大旱六十天。　海南（儋县）

夏至打雷，六月担泥槌。　广东（廉江）

夏至大雨十八场。　贵州（毕节）

夏至大雨小暑旱。　广西（宜州、上思）

夏至到初伏，东风难下雨。　河南（焦作）

夏至到小暑，好大南风好大雨。　安徽（歙县）

夏至东北，鲤鱼跳屋。　上海

夏至东风恶过鬼，一斗东风三斗水。　海南、广西（天等）、广东（汕头）

夏至东南拔草风，几天几夜好天公。　上海

夏至东南风，半月雨来冲。　安徽（长丰）

夏至南，梅雨北，做了无得落。　福建（福清、平潭）

夏至南风十八工，小暑南风昼夜冲。　湖南（零陵）

夏至起西风，天气晴得凶。　湖南

夏至起西南，铁打扁担两头弯。　浙江（台州）

夏至前后吹南风，紧紧跟着雨公公。　海南

夏至东云作水灾。　福建

夏至端，旱一千。　山西（芮城）

夏至发雷三日雨，夏至无雷大台风。　福建（永定）

夏至发雾，晴到白露。　浙江（台州）

夏至翻白云，三天方得两天晴。　湖北

夏至泛云生，四十五日风不正。　湖北

夏至分龙雨涟涟，淋山淋岭不淋田。　广西（平乐）

夏至逢端阳，水淹八沟墙。　云南（昆明）

夏至逢辛三伏热，重阳逢戌一冬晴。　福建（宁德）

夏至浮云生，四十五日风不正。　湖北

夏至赶端阳，伏天缺太阳。　四川

夏至高山不种薯。　河南（林县）

夏至隔夜西风晴，拔只黄秧手里顿。　上海

夏至耕禾，不够喂鸡婆。　江西

夏至过后起南风，牛郎一去永无踪；夏至过后起北风，城墙底下捞虾公。　江西（吉水）

夏至过后雨如金。　海南、江西（遂川、新建）、山东（乳山）

夏至火烧天，大水十八番。　福建（沙县）

夏至季节若吹一天东风，要下三天雨。　广东

夏至夹分龙，眼睛要晒黄。　浙江（丽水）

夏至见三庚，立春后两月。

夏至进三伏，冬至人寒九。　新疆

夏至郎，夏至郎，淋女不淋娘，一日落成七八场。　江西（临川）

夏至雷一声，上昼锄花下昼困。　上海

夏至落一滴，蓑衣斗笠挂上壁。　湖南（零陵）

夏至落雨蛤蟆叫。　江苏（连云港）

夏至落雨做重梅，小暑落雨做三梅。　浙江（绍兴）、上海、江苏（苏州）

夏至没过莫道热，夹衣夹裤脱不得。　四川

夏至霉花子，独生一个泡。　江苏

夏至日，雾到岸；夏至后，水到岸。　安徽（巢湖）

夏至日出火，大雨不过七月半。　上海（松江）

夏至三朝雾，出门要摸路。　上海

夏至三庚便入伏，冬至百六是清明。　山东（青州）

夏至晴，蓑衣箬帽勿留停；夏至雨，蓑衣箬帽上庭柱。　浙江（丽水）

夏至未头遍，天谷莫怨天。　浙江

夏至无风，瓜果成功。　安徽（合肥）、河南（郑州）、内蒙古

夏至无雨火烧天，禾上出火瓦冒烟。　江西（新余）

夏至无雨三伏热，秋后响雷百日暖。　陕西（安康）

夏至一场雾，河底当大路。　河南（许昌）

夏至十日麦梢黄，再过十日都上场。　陕西、山西

播田播夏至，割稻割两下。　福建

插田插到夏至尾，一粒谷，二粒米。　浙江（龙泉）

插秧不过夏，种麦不滞霜。　江苏（徐州）

端午夏至连，抄手可种田；端午夏至隔得开，三次大水并次来。　广东
（连山）

分垅后夏至，有秧晤使莳，夏至后分龙，顶多两座峇。　广东

高高棉花平平稻，夏至黄苗是大稻。　浙江（宁波）

谷过夏至就烧芽，种到地里不顶啥。　山西（太原）

过了夏至不栽田，过了芒种不点棉。　陕西、甘肃、宁夏、山西

二遍锄在夏至后，苗儿一镰割不透。　山西、山东、河南、河北

过了夏至不种田，人到六月不转闲。　宁夏

过了夏至莫栽秧，及早碎垡种旱粮。　云南（昆明）

过了夏至无青麦，过了寒露无青豆。　安徽（泗县）、河南（开封、新
乡）、河北、浙江（湖州）

过夏至种黄豆，给蛤蟆田鸡做大寿。　浙江（杭州）

麦到夏至谷到秋，寒露才把豆子收。　吉林、山东、山西、河南、河北

麦过夏至谷立秋，豆过天社使镰钩。　山东

梅内芝麻时内豆，完秧莫落夏至后。　江苏（建湖）

南风送夏至，早禾不结籽。　江西（宜春）

十年八年，夏至割完。　山东（潍坊）

夏至拔蒜，不拔掉蛋。　河北（安新）

夏至白撞雨，十眼鱼塘九眼起。　广东（佛山）

夏至不出棉花苗，到老不结棉白头。　江西（安义）

夏至不垄葱，垄葱一场空。　山西（忻州）

夏至不热，五谷不结。　福建（三明）

夏至不掩姜，大出右四两。　湖南（郴州）

夏至不种豆，十种九不收。　山西（太原）

夏至不种高秆麻，低着腰儿把地犁。　甘肃（定西）

夏至插黄秧，勿够接钱粮。　浙江（桐庐）

夏至锄地有三好，杀虫锄草土变好。　宁夏

夏至稻田草，农民薅断腰。　宁夏

夏至点黄豆，拧秸不拆豆。　安徽

夏至当日回三刻。　山西（忻州）

夏至多锄草，籽粒就能饱。　山东

夏至禾筅脑偏偏。　湖南（新宁）

夏至耩黄豆，一天一夜扛榔头。　河南（沈丘、潢川、固始）、安徽
（淮南）

夏至紧靠端阳，麦子不能上场。　安徽

夏至忙忙，点火栽秧，早栽是米，晚栽是糠。　云南

夏至糜，出土皮。　新疆（呼图壁）

夏至前，吃井叫；有车吃，无车叫。　江苏（苏北）

夏至前后一条鲞，拔掉黄秧种赤豆。　浙江（绍兴）

夏至前见豆，花丢啦；夏至后见豆，花收啦。　山西（神池）

夏至前头隔夜雨，干煞山田没掉瓜。　江苏（连云港）

夏至钱壅稻，夏至后壅草。　浙江（温州）、湖北、山西（太原）

夏至荞麦小满雨，八月种麦有根据。　甘肃（环县、平凉专区）

夏至青粒硬，收成方可定。　宁夏

夏至三根结成伴，七天七夜长成半。　湖南（岳阳）

夏至十二遍山黄，预备工具上麦场，大暑小暑割麦忙。　山东、山西

（太原）、甘肃

　　夏至十日麦秆黄，小暑不割麦自亡。　　山西（临汾）、黑龙江

　　夏至头，担水淋禾头；夏至尾，禾黄米价起；夏至腰，有米无人挑。
广东（吴川）

　　夏至栽茄子，累死老爷子。　　黑龙江、河北、河南、山东、山西（太原）、安徽（淮南）、辽宁

　　夏至栽苕，斤多一条。　　四川、浙江、山西（太原）

　　夏至种豆子，收一蒜臼子。　　山东（菏泽、泗水）

　　夏至种瓜，开花不结果。　　广西（德保）

　　夏至种六谷，有蒲没有肉。　　浙江（绍兴）

　　夏至种络麻，不上草鞋耙。　　江苏

　　夏至种棉花，不如打伞走人家。　　江西（于都）

　　夏至种芝麻，头顶一朵花；夏至种黄豆，只长一榔头。　　安徽

　　早稻插到夏至尾，一棵秧苗三粒米。　　湖南（常德）

　　知了夏至后头叫，冬仓白米飞飞叫。　　浙江（湖州）

　　白相要在夏至日，困觉要在冬至夜。　　江苏（苏州）

　　动了夏至风，爱吃不爱动。　　江西（广昌）

　　夏至不取帽，收不到被窝套。　　湖北

　　夏至逢庚便出霉，芒种逢庚便入霉。

　　夏公，田卡放空空；夏母，棕蓑披到生蚤母。

小　暑

一、节气概述

小暑，二十四节气的第十一个节气，通常在每年 7 月 6 日至 8 日，太阳到达黄经 105°进入小暑节气。小暑意味着气温持续升高、暑热天气来临。民间有"小暑大暑，上蒸下煮"的说法，气候闷热、潮湿。农作物进入苗壮成长阶段，需加强田间管理，勤除杂草，防治病虫害，并根据长势追肥。

小暑分三候：一候温风至，骄阳烤地，风挟热浪；二候蟋蟀居壁，蟋蟀羽翼已成，在房檐、屋角下叫个不停；三候鹰始击，雏鹰羽翼已丰满，飞向高空开始练习捕食之技。

小暑前后，除东北与西北地区收割冬、春小麦等作物外，农业生产上主要是忙着田间管理了。早稻处于灌浆后期，早熟品种大暑前就要成熟收获。中稻已拔节，进入孕穗期，应根据长势追施穗肥，促使穗大粒多。单季晚稻正在分蘖，应及早施好分叶肥。双晚秧苗要防治病虫，于栽秧前 5～7 天施足"送嫁肥"。"小暑天气热，棉花整枝不停歇。"大部分棉区的棉花开始开花结铃，生长最为旺盛，在重施花铃肥的同时，要及时整枝、打杈、去老叶，以协调植株体内养分分配，增强通风透光，改善群体小气候，减少蕾铃脱落。盛夏高温是蚜虫、红蜘蛛等多种害虫盛发的季节，适时防治病虫是田间管理上的又一重要环节。

小暑时节，江苏徐州人有入伏吃羊肉的习惯，称为"吃伏羊"。这种习俗可上溯到尧舜时期，在民间有"彭城伏羊一碗汤，不用神医开药方"之说法。此外，许多地方还有忌荤腥的"封斋""吃伏面"等习俗。

二、谚语释义

气象类谚语

小暑温暾大暑热

"温暾"是南方地区的方言，指微暖，不冷不热。小暑时节，气温还没到达最高，只是温而不热，到了大暑那才叫真正的炎热。"暑，热也。"《说文》如是解。《月令七十二候集解》又注小暑："就热之中分为大小，月初为小，月中为大，今则热气犹小也。"就小暑和大暑两个节气来说，两者好像一对同胞姐妹，小暑唱罢大暑登场，小暑温暾大暑酷热。如果说大暑是热的极致，那么小暑则是大暑的预热。反倒是这种温暾，让人闷在一个难以出脱、难见极致的阶段。倘能忍受小暑的煎熬，大暑的极限就能突破。

小暑开始，江淮流域梅雨即将结束，盛夏开始，气温升高，并进入伏旱期；中国东部淮河、秦岭一线以北的广大地区开始受到来自太平洋的东南季风影响，进入到雨季，降水明显增加，且雨量比较集中；华南、西南、青藏高原也处于来自印度洋和中国南海的西南季风的影响，处于雨季中；而长江中下游地区则一般为副热带高压控制下的高温少雨天气，常常出现的伏旱，这对农业生产影响很大，及早蓄水防旱就显得十分重要。

雨打小暑头，四十五天不用牛

农谚是古人经过千百年的观察、体验之后总结出来的，其在过去相当长一段时间都给农民农事安排起到了很好的借鉴作用。虽然现在有天气预报了，想要了解最新的天气情况，随时随地都可以，而且还比较精准。但是古人没有现在的高科技，全部凭借长期的经验。在农村的很多农谚中，绝大多数都是和二十四节气相关，就比如这句农谚："雨打小暑头，四十五天不用牛"。这是在江苏地区流传的农谚，意思是说小暑节气这天如果下雨了，就代表后面的雨水比较多，可能会出现持续降雨的天气。需要指出来，这里的"四十五天"是虚数，暗指的是后面雨水多，要注意防范。我们都知道，小暑节气意味着气候正式进入"桑拿"模式，小暑虽然只是"小热"，但对于人体已经非常炎热，而紧随小暑之后就是头伏天的到来，可以说小暑的气候情况对后面一段时间气候的影响是比较明显的。因此，小暑节气有不少预测后期天气的农谚，"雨打小暑头，四十五天不用牛"就是非常经典的一句农谚。以前农村里，基本上每个村子都有几个很会看天气的老人，如果对近期的天气拿不准，村里人都会向他去请教，而这些老人判断天气好坏的依据就是古人传下来的农谚，在当时虽然没有天气预报，但是这些老人的预测十有八九是准确的，这就是农谚的魅力。

小暑快入伏，大暑中伏天

"伏"，指三伏天，三伏，是初伏、中伏和末伏的统称，是一年中最热的时节。每年三伏天出现在公历 7 月中旬到 8 月中旬，其气候特点是气温高、气压低、湿度大、风速小。"伏"表示阴气受阳气所迫藏伏地下。三伏有初伏、中伏和末伏之分，它的日期是由干支历的节气日期和干支纪日的日期相配合来决定的。

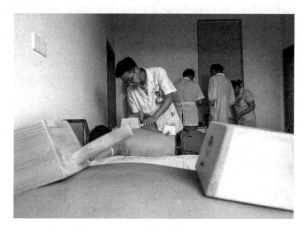

小暑时节，江苏省镇江市医生给病人进行"冬病夏治"（封疆民　摄）

中国的传统中医药疗法中有冬病夏治的特色疗法，建议人们在三伏天贴三伏贴。中医认为，冬病主要指人体受寒气侵袭容易发作或加重的疾病，常见的如反复感冒、慢性阻塞性肺病、哮喘、鼻炎、关节炎等。这些疾病呈明显的季节性，秋冬季加重，夏季有所减轻。从入伏第一天起，就意味着一年中气温最高、天气最热的三伏天正式登场。这时，利用夏季阳气旺盛，人体阳气随之生发渐旺，体内凝寒之气易解的状态，运用补虚助阳药或温里散寒药物，天人合击，最容易把冬病的病根拔除，这也是中医强调"春夏养阳"的原因。夏季人体气血流通旺盛，药物最容易吸收，而三伏期间是一年中阳气最旺盛的时候，此时进行贴敷治疗，最易恢复和扶助人体的阳气，加强防卫功能，提高机体的抵抗力。

小暑大暑，灌死老鼠

小暑节气，盘踞在太平洋上的副热带高压，逐渐北抬西伸进入中国大陆，导致多晴朗高温的天气。日最高气温可达 40℃ 以上。小暑是全年降水最多的节气，特别是北方，常出现大雨、暴雨、电闪雷鸣、冰雹、龙卷风等。谚云："小暑大暑，灌死老鼠"，生动地说明了此一时段降雨量的丰沛。

小暑开始，江淮流域梅雨即将结束，盛夏开始，气温升高，并进入伏旱期；中国东部淮河、秦岭一线以北的广大地区开始受到来自太平洋的东南季风影响，进入到雨季，降水明显增加，且雨量比较集中；华南、西南、青藏高原也处于来自印度洋和中国南海的西南季风的影响，处于雨季中；而长江中下游地区则一般为副热带高压控制下的高温少雨天气，常常出现伏旱，这对农业生产影响很大，及早蓄水防旱就显得十分重要。也有的年份，小暑前后北方冷空气势力仍较强，在长江中下游地区与南方暖空气势均力敌的情况下，出现锋面雷雨，促使长江中下游地区出现"倒黄梅"的天气现象。小暑后北方需注意防涝，南方应注意抗旱。农谚说："伏天的雨，锅里的米"，这时出现的雷雨，热带风暴或台风带来的降水虽对水稻等作物生长十分有利，但有时也会给棉花、大豆等旱作物及蔬菜造成不利影响。北京降水也主要集中在七八月份。

农 事 类 谚 语

伏天热得狠，丰收才有准

俗话说"过了小暑便入伏"，入伏后，地表湿度变大，每天吸收的热量多，散发的热量少，地表层的热量累积下来，所以一天比一天热，进入三伏，地面积累热量达到最高峰，天气就最热。另外，夏季雨水多，空气湿度大，水的热容量比干空气要大得多，这也是天气闷热的重要原因。七八月份副热带高压加强，在副高的控制下，高压内部的下沉气流，使天气晴朗少云，有利于阳光照射，地面辐射增温，天气就更热。三伏天包含了大暑、立秋两个节气，小暑在 7 月的 7 日或 8 日，正值初伏前，因此，小暑节气之后就要入伏了。而如果在伏天的时候很炎热，这样农作物才会丰收。夏收作物的生长需要高温天气，这样利于光合作用存储能量，自然产量也就会更高。比如小暑时节，高温天气，棉花处于生长最为旺盛的时期，"小暑天气热，棉花整枝不停歇。"大部分地区的棉花陆续开花，此时在重施花铃肥的同时，还要及时打杈、整枝、去老叶，以协调植株体内养分分配，增强通风透光，改善群体小气候，减少蕾铃脱落。盛夏高温是蚜虫、红蜘蛛等多种害虫盛发的季节，适时防治病虫是田间管理上的又一重要环节。相反如果夏季该热不热，那就对夏收作物的生长不利。

小暑时节，新疆生产建设兵团职工在棉田里忙碌劳作（王志清　摄）

人在屋里热得跳，稻在田里哈哈笑

本条谚语形象地说明了热量对农作物生长的重要性。水稻喜高温多湿环境，夏季三伏炎热天气有利于水稻的生长发育。类似农谚有"铺上热得不能躺，田里只见庄稼长""三伏不热，五谷不结""人往屋里钻，稻在田里窜"。

小暑时节，安徽省巢湖市农民在田间给水稻施肥（马丰成　摄）

防暑小常识：①夏天不提倡爬山等在室外、白天进行的剧烈活动，建议可选择游泳、早晚慢跑等体育活动。②要多喝白开水，并且要定时饮水，不要等口渴时再喝，口渴后不宜狂饮。应少喝果汁、汽水等饮料，其中含有较多的糖精和电解质，喝多了会对胃肠产生不良刺激，影响消化和食欲。③不宜过量饮酒。④饮食不宜过于清淡。夏天人的活动时间长，出汗多，消耗大，应适当多吃鸡、鸭、瘦肉、鱼类、蛋类等营养食品，以满足人体代谢需要。夏天的时令蔬菜，如生菜、黄瓜、西红柿等的含水量较高；新鲜水果，如桃子、杏、西瓜、甜瓜等水分含量为 $80\%\sim90\%$ ，都可以用来补充水分。⑤午睡时间不宜过长。午睡时间过长，中枢神经会加深抑制，脑内血流量相对减少会减慢代谢过程，导致醒来后周身不舒服而更加困倦。⑥忌"受热后快速冷却"。炎夏，人们外出或劳动归来，不是喜欢开足电扇，就是立即去洗冷水澡，这样会使全身毛孔快速闭合，体内热量反而难以散发，还会因脑部血管迅速收缩而引起大脑供血不足，使人头晕目眩。⑦空调室内外温差不宜太大。使用空调室内外温差不超过 5℃ 为宜，即使天气再热，空调室内温度也不宜到 24℃ 以下。⑧夏天出门记得要备好防晒用具，最好不要在上午10 点至下午 4 点时在烈日下行走。如果此时必须外出，一定要做好防护工作，如打遮阳伞、戴遮阳帽、戴太阳镜，最好涂抹防晒霜。⑨生活起居要规律，不经常熬夜，保证充分的睡眠也是预防中暑的有效措施。睡眠时注意不要躺在空调的出风口和电扇下。⑩出门还要随身携带防暑降温药品，如十滴水、仁丹、风油精等，以防应急之用。

过伏不栽稻，栽了收不到

出伏后南方大部分地区气温通常低于 30℃ ，不会很热，但是也不会突然降温，早晚温差比较大。华南处暑时仍基本上受夏季风控制，所以还常有华南西部最高气温高于 30℃ 、华南东部高于 35℃ 的天气出现。特别是长江沿岸低海拔地区，在伏旱延续的年份里，更感到"秋老虎"的余威。南方地区，秋天总是让人感到姗姗来迟，形成"秋老虎"的原因是控制我国的西太平洋副热带高压秋季逐步南移，但又向北抬，在该高压控制下晴朗少云，日射强烈，气温回升。

江淮及江南地区，从小暑开始进入伏天，到了小暑时节就不宜再栽插水稻，季节太晚，栽了也不能丰收。小暑前后，除东北与西北地区收割冬、春小麦等作物外，全国大部分地区的夏收作物，得益于小暑时节较高的气温、丰沛的雨水、充足的光照，都进入生长最为旺盛的时期，农田管理工作也进

小暑前后，江西省抚州市农民在田间查看水稻长势（汤文联　摄）

入较为繁忙的时期。早稻处于灌浆后期，早熟品种大暑前就要成熟收获，要保持田间的湿润度。中稻已拔节，进入孕穗期，应根据长势追施穗肥，促穗大粒多。单季晚稻正在分蘖，应及早施好分蘖肥。双晚秧苗要防治病虫，于栽秧前5～7天施足"送嫁肥"。晚稻一般于6月中下旬播种，10月上中旬收获。晚稻生育季节气温由高到低，日长由长到短，光照由强到弱，风雨由多到少，过晚栽种晚稻会影响其生长发育，进一步影响其产量，因此有"过伏不栽稻，栽了收不到"的农谚。

见暑不种黍和豆

这句谚语的意思是，到了小暑时节就不再种黍和豆了，时间太晚，种了收获较少。类似农谚有"伏里种豆，收成不厚"。

"黍"，五谷之一。"五谷"在古代有多种不同说法，最主要的有两种：一种指稻、黍、稷、麦、菽；另一种指麻、黍、稷、麦、菽。两者的区别是：前者有稻无麻，后者有麻无稻。古代中国经济文化中心在黄河流域，稻的主要产地在南方，而北方种稻有限，所以"五谷"中最初无稻。另外，也曾有关于"五谷"划分为"天谷"、"地谷"、"悬谷"、"风谷"、"水谷"的。天、地、悬、风、水所代表"五谷"并不一定都是粮食。"天谷"含诸如稻、谷、高粱、麦等果实长在头顶类的作物；"地谷"含诸如花生、番薯等果实长在地面下的作物；"悬谷"含诸如豆类、瓜类等果实在枝蔓上的作物；"水谷"含诸如菱角、藕等水中生长果实的作物；唯有"风谷"特殊，指玉米是通过风传播花粉，将头顶花粉吹到作物秸秆长出的须上从而结出果实的作物。

小暑拔三稂，一拔大精光；大暑拔荸荠，一拔就离泥；獐舌拔到秋，来年不再有

这句谚语说明不同节气田间的杂草不同，指出务必把杂草拔除干净，来年才不再有。"稂"指害禾苗的杂草，杂草的繁殖能力很强，一棵杂草上的种子，一般多达1万～10万粒。一棵野苋菜的种子，甚至多到50万粒以上，一棵狗尾草（稂）一年可以结出125万粒种子。特别是庄稼长大以后，在庄稼棵里常常散生一些黄瘦的杂草。这些杂草看起来可怜巴巴，"寄人篱下"，对当季庄稼似乎危害不大，但是，它照样开花结籽，留下无穷祸根。对杂草要强调除恶务尽，彻底消灭。

荸荠，又名马蹄、水栗、乌芋、菩荠等，属单子叶莎草科，为多年生宿根性草本植物。有细长的匍匐根状茎，在匍匐根状茎的顶端生块茎，俗称荸荠。秆多数，丛生，直立，圆柱状，有多数横隔膜，干后秆表面现有节，但不明显，灰绿色，光滑无毛。叶缺如，只在秆的基部有2、3个叶鞘；鞘近膜质，绿黄色、紫红色或褐色。小穗顶生，圆柱状，在小穗基部有两片鳞片中空无花，抱小穗基部一周；其余鳞片全有花；较小坚果长一倍半，有倒刺。花果期5—10月。

小暑时节，江苏省盱眙县农民在地里拔除鸡冠菜等杂草（颜怀峰　摄）

"獐舌"指的是獐舌草，又名眼子菜，是多年生水生草本。为常见的稻田杂草，有时是恶性杂草，亦是中医中药的一种，全草入药，中国各地都有分布。根茎发达，白色，直径 1.5～2 毫米，多分枝，常于顶端形成纺锤状休眠芽体，并在节处生有稍密的须根。茎圆柱形，直径 1.5～2 毫米，通常不分枝。浮水叶革质，披针形、宽披针形至卵状披针形，长 2～10 厘米，宽 1～4 厘米，先端尖或钝圆，基部钝圆或有时近楔形，具 5～20 厘米长的柄。

小暑不种薯，立伏不种豆

此条农谚意思是指小暑的时候不种红薯、山药、马铃薯等薯类作物，进入伏天不种大豆、蚕豆、绿豆等豆类作物。薯类是喜冷凉喜低温的作物，其地下薯块形成和生长需要疏松透气、凉爽湿润的土壤环境，小暑之后马上入伏，因此此时不适合种植薯类。而入伏后温度高、湿度大、虫子多，豆类即便种下去也会烂，影响收成，因此就有了"小暑不种薯，立伏不种豆"的说法。

"薯"，薯类植物的总称，主要指具有可供食用块根或地下茎的一类陆生作物。有块根、块茎类，如番薯（红薯、甘薯）、木薯、马铃薯、薯蓣（山药）、脚板薯等。这类植物一般耐寒力较弱，多在无霜季节栽培，需要疏松、肥沃、深厚的土壤和多量钾肥。多行无性繁殖，只留薯块作种，并可以用藤本进行繁殖，如番薯、木薯等。食用部分多含大量淀粉和糖分，可作蔬菜、杂粮、饲料和作制淀粉、酒精等原料。

小暑时节，广西三江侗乡妇女在扶贫微田园里护理豆苗（龚普康　摄）

农谚中的"豆"指的是豆科植物的豆，原来不叫豆，而叫"尗"〔shú〕，把尗捡起来，就是"叔"，加上个草字头，便是典籍里通用的"菽"。《左传·成公十八年》"不能辨菽麦"，《淮南子·地形训》："其地宜菽"，菽指的都是现代所说的豆。据清人钱大昕研究，菽与豆的古音相近，后来渐渐通用，大概到秦汉之际，就开始把菽称作豆了。如《汉书·杨恽传》说："田彼南山，芜秽不治，种一顷豆，落而为萁。"所谓种一顷豆就是种一百亩豆类作物。

小暑小割，大暑大割

这句谚语的意思是说，小暑节气到了，早稻开始收割了。小暑到大暑是早稻收获期，同时也是晚稻栽插期，最迟到立秋前后要插完晚稻，因为水稻插下后得六十多天才能成熟，八月插下十月收割。如果晚了季节，避不过寒露风就会导致减产失收。所以从小暑经大暑到立秋这一段时间，只有不到一个月工夫，收割、犁田、插秧十分忙，也叫抢种抢收，"双抢"就是这样来的。这句农谚提醒人们莫偷懒，要勤劳争时不误事。双抢期间，一切工作都要为"双抢"服务，有些农村学校会放农忙假，进城打工的人员也有请假双抢的。

小暑前后，江西省吉安市农民正在翻耕田块，抢插晚稻（曾双全 摄）

另有一句农谚与之意思相近："小暑挏，大暑割，立秋不立秋，六月廿后。"这意思是说，不管什么时候立秋，最快也得六月二十后，这话也是合理的。从阴历看节气，虽定下日期，但也是有规律可循的，节气有提前或后延，但"节"前不越上月二十，迟不过当月月中，"气"前不过当月初十，"气"后不越下月初一，这基本成定例，立秋是"节"，就算立秋提前，是交早秋，但早不过六月二十，总在六月二十后。抢季节时令，懂节气法则，这一点是明白的。立秋前后要抢播完，这是在告诉人要重季节时令，掌握好时间，做好农耕，特别在夏收夏种双抢里就更要注意了。

小暑发棵，大暑发粗，立秋长穗

"发棵""发粗""长穗"，都是指晚稻在某一时节的生长发育特点和标志。此谚语是说，小暑正是晚稻分蘖高峰期，大暑后分叶开始消退，茎秆开始长粗，立秋时水稻开始幼穗分化，决定穗型大小。因此有"小暑发棵，大暑发粗，立秋长穗"之说。

水稻是稻属谷类作物，原产于中国和印度，七千年前中国长江流域的先民们就曾种植水稻。水稻按稻谷类型分为籼稻和粳稻、早稻和中晚稻、糯稻和非糯稻。按留种方式分为常规水稻和杂交水稻。还有其他分类，按是否无土栽培分为水田稻与浮水稻；按生存周期分为季节稻与"懒人稻"（越年再生稻）；按高矮分为普通水稻与2米左右的巨型稻；按耐盐碱性分为普通淡水稻与"海水稻"（其实仍主要使用淡水）。

水稻所结子实即稻谷，稻谷脱去颖壳后称糙米，糙米碾去米糠层即可得到大米。世界上近一半人口以大米为主食。水稻除可食用外，还可以酿酒、制糖、作工业原料，稻壳和稻秆可以作为牲畜饲料。中国水稻主产区主要是长江流域、珠江流域、东北地区。水稻属于经济作物，大米饭是中国居民的主食，目前国内的水稻种植面积常规稻是2.45亿亩，而杂交稻的种植面积是2亿亩。

中国科学家群体对水稻科研做出了全球罕见的贡献。袁隆平院士被誉为"杂交水稻之父"，朱英国院士对杂交水稻的研究作出了突出贡献，农民胡代书发明越年再生稻等。

小暑交大暑，热来无处钻

小暑节气是直接反映气候的一个节气，小暑中的"暑"字代表的是"炎热"的意思，加一个"小"字代表的是"小小的炎热"，还不是十分炎热，也就是还没有到最热的时候，再过半个月之后的大暑节气，往往是一年中最炎热的季节。这时正是长三角地区最炎热的时候，难怪旧时在田间劳作的农民热得无处容身。但这时对喜温作物是有利的，它的生长速度之快达到了顶峰。如果这时期该热时天气不热，对喜温作物特别是水稻反而会影响它的生长发育。在400多年前古人曾经说过："六月不热，五谷不结。"《田家五行》中用老农民的话说，三伏天，正是水稻搁田，又是施肥的时候，因此最需要晴天，天晴则必然天热。所以又说："六月盖夹被，田里无张屁。"如果六月凉冷雨多，雨多水大，淹没田地，田里就没有收成了。因此，谚语"小暑交大暑，热来无处钻"和"人在屋里热得双脚跳，稻在田里乐得哈哈笑"，反过来说明温度高对水稻等喜温作物生长是有利的。

小暑时节，甘肃张掖市农民冒高温除草（杨永伟　摄）

从中医学角度看小暑到大暑期间气温，也是一年中阳气最旺的时期。按传统"春夏养阳"的养生原则，一些冬季常发而以阳虚阴寒为主的慢性病，可通过伏夏的调养和打理，使病情逐步得到好转，甚至痊愈。在中医上，这种疗法叫"冬病夏治"。

小暑食新

在民间，小暑过后人们要尝新米，这就是小暑"食新"习俗。小暑时节，农民会把新收获的稻谷碾成米，然后将新米煮成香喷喷的米饭，以供奉五谷大神和祖先，这一天，家家户户都要吃新米尝新酒。据说"吃新"乃"吃辛"，是小暑节后第一个辛日。生活在城市的人们，会在小暑这一天买少量新米以及新上市的蔬菜、水果等，回到家把新米与老米同煮。俗话也有

"小暑吃黍，大暑吃谷"之说。夏季正是万物生长的时候，因此应时可口的食物于此时最多。如《东京梦华录》中关于宋代开封风俗的记载："是月时物巷陌路口，桥门市并，皆卖大小水饭、炙肉、干脯、葛筐笋、芥辣瓜儿、义塘甜瓜、卫州白桃、南京金桃、水鹅梨、金杏、小瑶李子、红菱、沙角儿、药木瓜、水木瓜、冰雪、凉水荔枝膏，皆用育布伞，当街列床凳堆垛。冰雪惟旧宋门外两家最盛，悉用银器、砂糖绿豆、水晶皂儿、黄冷团子、鸡头秧、水雪、细料情础儿、麻饮鸡皮、细索凉粉、素签、成申熟林擒、芝麻团子、豇豆锅儿、羊肉小馒头、龟儿沙馅之类。"应时美味繁富，不妨选择容易得到的时令之物来祛暑消渴。

小暑时节，广西贺州市农民采摘莲藕（廖祖平　摄）

此外，小暑习俗还包括吃暑羊、封斋、吃伏面、吃藕、舐牛等。

生活类谚语

六月六晒龙衣，龙衣晒不干，连阴带晴四十五天

相传"六月六"是龙宫晒龙袍的日子。因为这一天，差不多是在小暑的前夕，为一年中气温最高，日照时间最长，阳光辐射最强的日子，所以家家户户多会不约而同地选择这一天"晒伏"，就是把存放在箱柜里的衣服晾到外面接受阳光的暴晒，以去潮，去湿，防霉防蛀。

现在，农历六月初六是汉族传统节日天贶节，河南有句民谚："六月六晒龙衣，龙衣晒不干，连阴带晴四十五天。"此时佛寺、道观乃至各家各户，

都有晒衣服、器具、书籍的风俗。晒"龙衣"在扬州有个解释，说乾隆皇帝在扬州巡游的路上恰遭大雨，淋湿了外衣，又不好借百姓的衣服替换，只好等待雨过天晴，将湿衣晒干再穿，这一天正好是六月六，因而有"晒龙袍"之说。江南地区，经过了黄梅天，藏在箱底的衣物容易上霉，取出来晒一晒，可免霉烂。

此外还有给猫狗洗澡的趣事，叫做"六月六，猫儿狗儿同洗浴"。广西清晨各家宰鸡鸭宴饮后，全家动员将衣服、棉被、鞋子、首饰、箱笼拿到晒坪上曝晒，用夏日的阳光晒死隐藏的虫蚁。晒一两个小时后，要翻转再晒，然后搬回厅堂内凉一下，再叠好放入箱笼。湖北西部传说六月六是茅冈土司覃后王反抗皇帝统治遇难、血染龙袍的日子。这一天家家户户翻箱倒柜，将所有的衣服拿出来晾晒。有钱人家蒸饭、杀牛，取牛的肉、舌、肠、心等十处各一份（称"十全"）祭祀土王菩萨，然后邀请全村乡亲一起开怀畅饮。

天贶节的民俗活动，虽然已渐渐被人们遗忘，但有些地方还有保留。江苏东台县人，在这一天早晨全家老少都要互道恭喜，并吃一种用面粉掺和糖油制成的糕屑，有"六月六，吃了糕屑长了肉"的说法。

头伏饺子二伏面，三伏烙饼摊鸡蛋

小暑之后就是三伏天，此时正是进入伏天的开始。"伏"即伏藏的意思，所以人们应当少外出以避暑气。民间度过伏天的办法，就是吃清凉消暑的食品。俗话说"头伏饺子二伏面，三伏烙饼摊鸡蛋"。这种吃法便是为了使身体多出汗，排出体内的各种毒素。

小暑时节，山西省襄汾县农民利用农业机械在麦茬地进行深松作业（李现俊　摄）

　　三伏天的饮食习俗似乎都跟小麦有关，这是因为入伏之时，刚好是我国小麦生产区麦收不足一个月的时候，家家麦满仓，而到了伏天人们精神委顿，食欲不佳，饺子却是传统食品中开胃解馋的佳品，所以人们用新磨的面粉包饺子，或者吃顿新白面做的面条，就有了"头伏饺子二伏面，三伏烙饼摊鸡蛋"的说法。据考证，伏日吃面习俗出现在三国时期。《魏氏春秋》记载："伏日食汤饼，取巾拭汗，面色皎然"，这里的汤饼就是热汤面。《荆楚岁时记》中说："六月伏日食汤饼，名为辟恶。"五月是恶月，六月与五月相近，故也应"辟恶"。伏天还可吃过水面、炒面。过水面，就是将面条煮熟用凉水过出，拌上蒜泥，浇上卤汁，不仅味道鲜美，而且可以"败心火"。

　　小暑天气炎热，在饮食方面要注意饮食清淡，多吃蔬菜瓜果，少吃荤，少吃油炸爆炒的食品。饭菜品种要多样化，饮食调补以清补为主。清补能增强免疫力，提高抗病能力。常食用荷叶、土茯苓、扁豆、薏米、猪苓、泽泻、木棉花等材料煲成的消暑汤或粥，或甜或咸，非常适合此节气食用，多吃水果也有助防暑，但是不要食用过量，以免增加肠胃负担，严重的会造成腹泻。

三、常用谚语

　　小暑怕刮西南风，此日若刮西南风，五谷禾苗被水冲。　　江苏（苏北）

　　小暑大暑不算暑，立秋处暑正是暑。　　江苏（常州）、江西、天津、吉林、宁夏

　　小暑吹西北，鲤鱼上厝角。　　福建（南靖）

　　小暑东风，大暑红霞。　　福建（龙海）

　　小暑多燥风，日夜好天空。　　江苏（淮安）

　　吃了小暑饭，太阳一天短一揸。　　安徽（来安）

　　过了小暑和大暑，还有十八只秋老虎。　　江西（高安）

　　晴暑天，烂白露。　　安徽（定远）

　　暑天里三场雨，夏布衫子都挂起。　　山西（临汾）

　　小暑北风，一斗风三斗水。　　福建（龙海）

　　小暑不见日头，大暑晒干石头。　　安徽（固镇）、湖南

　　小暑不见日头，大暑晒开石头。　　山东（泰安）、江苏（盐城）

　　小暑不淋，干死竹林；大暑连阴，遍地黄金。　　湖北（建始）

小暑不落雨，干死大暑禾。　江西（南昌）

小暑不湿谷，立冬稻不熟。　海南（澄迈）

小暑不算数，大暑热掉魂。　江苏（淮阴）

小暑吹南风，大暑坐蒸笼。　福建（三明）

小暑打雷，大暑打堤。　湖北（黄冈）

小暑打雷，大暑破圩。　安徽（肥东）、河南、江苏（苏州）

小暑打雷，重新做霉。　江苏（南通）

小暑打一点，大暑淹一片。　安徽（舒城）

小暑大麦黄，大暑大麦捞上场。　甘肃（张掖）

小暑大热好丰年。　广西（玉林）

小暑大暑，炎死老鼠。　贵州（黔东南）

小暑大暑，皮肉不可相触。　广东（汕头）

小暑大暑，热得叫苦。　河北（石家庄）

小暑大暑，热得无钻处。　山东（梁山）

小暑大暑，日蒸夜煮。　江西（黎川）

小暑大暑紧相连，种好蔬菜摘新棉。　山西（临猗）

小暑大暑天不热，小寒大寒天不寒。　海南（保亭）

小暑东风早，大雨落到饱。　福建（漳州）

小暑东南风，七七四十九天敞门风。　江苏（淮阴）

小暑对小寒，晴则惧晴，雨则惧雨。　广西（荔浦）

小暑风不动，霜冻来的迟。　山西（晋城）

小暑过热九月冷。　福建（宁德）

小暑采，大暑割。　江西（宜春、新干）

小暑不见底，有谷也无米。　浙江（余姚）

小暑搭嘴，大暑吃米。　湖北

小暑吹了东南风，四十五天拔草风。　江苏（苏州）

小暑豆腐大暑饭。　浙江（衢州）、四川

小暑大暑，谷子乱出。　四川

小暑薅秧大暑耥，十二担稻稳稳当当。　江苏（常州）

小暑见见底，有谷又有米。　上海

小暑割不得，大暑收唔彻。　广东（梅州）

小暑接大暑，落场车稻雨。 上海（南汇）

小暑看黄秧。 江苏（盐城）

小暑扩权，大暑发粗。 黑龙江

小暑雷响，花其像香梗。 上海

小暑吹西北，鲤鱼上厝角。 福建（南靖）

小暑东风，大暑红霞。 福建（龙海）

小暑多燥风，日夜好天空。 江苏（淮安）

小暑大暑早稻黄，精打细收谷入仓。 浙江

不问有料没料，小暑要耕三交稻。 江苏（苏北）

不问有料无料，小暑要耘三次稻。 江苏（徐州）

过了小暑，不种玉蜀黍。 安徽（霍山）、河南

六月小暑大暑临，稻勤耕耘棉摘心。 江苏（扬州）

六月小暑接大暑，红日如火锄草苦。 安徽（灵璧）

六月小暑连大暑，中耕锄草勤培土。 江苏（连云港）

麦怕小暑连阴雨，谷怕寒露刮大风。 山西（太原）

梅天芝麻时天豆，小暑还可种小豆。 江苏（兴化）

七月小暑大暑连，菜园出来去摘棉。 山西（新绛）

七月小暑连大暑，中耕除草不失时。 山西（夏县）

七月小暑连大暑，中耕除草勤培土。 山西（临汾）

小暑包谷吃不得，大暑包谷吃不彻。 湖南（湘西自治州）［苗族］

小暑不用蓐，大暑不用刀。 云南（楚雄）

小暑不栽秧，大暑不点豆。 河南（郑州）

小暑不种黍，一伏不种豆。 山西（高平）

小暑出谷，大暑好吃。 浙江（舟山）

小暑出谷，大暑生育，中伏开镰。 浙江（舟山群岛）

小暑大暑，遍地开锄。 河南（周口）

小暑大暑，插秧不迟；立秋处暑，插秧无米。 海南（琼海）

小暑大暑，锄地别耽误。 河南（商丘）

小暑大暑，快把草锄。 黑龙江（绥化）、天津

小暑大暑，是禾要出。 湖南（隆回）

小暑催禾出，大暑催禾黄。 江西（丰城）

小暑大暑二节气，萝卜土豆种到地。　上海、河北（张家口）

小暑大暑旁，双抢正大忙。　湖南（湘西自治州）［苗族］

小暑大暑七月中，锄草防害保收成。　陕西（延安）

小暑大暑抢栽红薯。　河南（信阳）

小暑到，大麦黄，大暑小麦登上场。　宁夏（固原）、天津

小暑地里无剩麦。　宁夏（银南）、天津

小暑豆，大暑谷。　江西（赣中地区、靖安）、河南（新乡）、河北（张家口）

小暑伏中无酷热，田中五谷多不结。　河北（邯郸）

小暑赶禾黄，大暑满垌光。　广西（博白、陆川）

小暑割小麦，大暑割大麦。　山西（大同）

小暑谷露头。　河北（保定）

小暑管秋忙，样样不能放。　陕西（西安）

小暑过一七，作田人硬似铁。　江苏（高淳）

小暑过一日，生谷无半粒。　江西（峡江）

小暑后，不种豆。　河南（新蔡）

小暑呼雷，谷米成堆。　山西（忻州）

小暑见角哩，大暑见垛哩。　甘肃（甘南藏族自治州）

小暑交大暑，热得无处躲。　江西（临川、赣南地区）

小暑交大暑，热来无钻处。　山西（阳曲）、内蒙古、河南（新乡）、上海、吉林、湖北（汉川）

小暑开黄花，芭蕉叶上晒棉花。　江苏（海门）

小暑开黄花，白露摘白花。　江苏（太仓）

小暑开黄花，白露摘棉花。　甘肃（张掖）

小暑看禾，大暑看谷。　湖南（衡阳）

小暑来得迟，荷花开满池。　湖南（益阳）

小暑吃圆，大暑吃甜。　安徽（长丰）

豆到小暑，无熟也死。　福建（南平）

过了小暑节，撒豆不落叶。　贵州（贵阳）

过了小暑节，种的豆子不落叶。　河南（洛阳）

坏了小暑，淹死老鼠。　湖北（随州）

下了小暑，灌死老鼠。　陕西（咸阳）

小暑吃大麦，大暑吃小麦。　山西（朔州）、黑龙江

小暑吃大薯，大暑吃小薯。　河北（张家口）

小暑吃绿，大暑吃谷。　湖南（岳阳）

小暑吃麦麦，大暑吃角角。　山西（盂县）

小暑吃园，大暑吃田。　江西

小暑大暑，爱吃唔爱煮。　福建（晋江）

小暑大暑，包谷锅头煮。　贵州（遵义）

小暑大暑，有食都懒煮。　广东（佛山）

小暑大暑，炙死老鼠。　福建（长汀）

小暑逢六，青菜贵如肉。　江苏（兴化）

小暑吃黍，大暑吃粟。　湖北

大 暑

一、节气概述

　　大暑，二十四节气的第十二个节气，通常在每年 7 月 22 日至 24 日，太阳到达黄经 120°进入大暑节气。大暑，是反映夏季炎热程度的节令，意味着天气炎热至极。大暑节气正值"三伏天"里的"中伏"前后，是一年中最热的时期，农作物生长最快，很多地区的旱、涝、风灾等气象灾害也最为频繁。抗旱排涝防台风和田间管理等任务繁重。

　　大暑分三候：一候腐草为萤，腐草上的萤火虫发出点点荧光；二候土润溽暑，天气闷热土地潮湿；三候大雨时行，雷雨天气开始时常光顾。

　　大暑节气前后，浙江、安徽、云南、广西等长江中下游以南地区早稻进入成熟期，农民们抢收水稻，早籼新米上市了。

　　为了保证安全度夏，古代有伏日民俗，朝廷给官员赐肉，放假回家，闭门不出。宋代皇上为了表示对臣僚的体恤，三伏天给臣下赐冰解暑。明朝朝廷颁冰的日子改在立夏。清代苏州民间在三伏天起出窖冰发卖。蔡云《吴歈》云："初庚梅断忽三庚，九九难消暑气蒸。何事伏天钱好赚，担夫挥汗卖凉冰。"

　　在现代，人们依然保留着许多习俗。浙江台州民间有送"大暑船"的习俗。大暑节气也是乡村田野蟋蟀最多的季节，中国有些地区的人们茶余饭后有以斗蟋蟀为乐的风俗。

二、谚语释义

气象类谚语

伏天大雨不过三，囤里无谷可下饭

　　降雨对农业生产影响巨大。大暑节气，不同地区的人们对于降雨有喜有忧，形成了两个极端。大暑节气长江中下游以北等地正处于炎热少雨的阶段，容易导致伏旱，旺盛生长的作物对水分的要求更为迫切，而这正是伏旱形成的催生条件。伏旱区持续的大范围高温干旱的危害有时大于局地洪涝。

除长江中下游以北地区需要防旱外，陕甘宁、西南地区东部，特别是四川东部、重庆等地也要及时浇灌，防治旱灾。

相比之下，我国长江中下游以南地区此时降雨量大，过多的雨水容易导致庄稼烂根、减产，甚至引发洪涝灾害。大暑是华南地区雨水最丰沛的时期，降雨的同时，因为气温较高，降雨云系到来后容易产生热对流，出现雷电、大风等强对流天气。

浙江省玉环市农民在大棚上清理被台风刮破的农膜（吴达夫　摄）

大暑一声雷，十七八个野黄梅

"野"意为"不正常"。黄梅，又称为梅雨，在中国长江中下游地区、台湾地区、日本中南部以及韩国南部等地，每年6、7月份都会出现持续天阴有雨的气候现象，由于正是江南梅子的成熟期，故称其为"梅雨"，此时段便被称作"梅雨季节"。

大暑节气当天打雷了，未来有可能出现多个类似黄梅雨的天气。大暑通常处于三伏里的中伏阶段，是一年中最热的阶段，全国各地温差不大。大暑节气，中国除青藏高原及东北北部外，大部分地区天气炎热，35℃的高温已是司空见惯，40℃的酷热也屡见不鲜。大暑节气大部分地区已出梅，受副热带高压控制，进入炎热的三伏天。但如果大暑节气打雷，说明天气潮湿闷热，同时副高北侧时而有弱冷空气南下，致使短时雷雨、强降水、雷雨大风频繁发生，出现多个不正常的黄梅天。

大暑前后，晒死泥鳅

泥鳅即便是在水塘干涸时，也能潜入泥中，只要泥土有少量水分保持湿润，便不致晒死。本条谚语夸张地表达了大暑气候的炎热和较为极端的干旱少雨天气。

泥鳅是鳅科、泥鳅属鳅类。体长形，呈圆柱状，尾柄侧扁而薄。头小，吻尖，口下位，呈马蹄形。须5对，眼小，侧上位，被皮膜覆盖，无眼下刺。鳃孔小。鳞甚细小，深陷皮内。侧线完全。鳔很小，包于硬的骨质囊内。背鳍短，起点与腹鳍起点相对。尾鳍圆形。体上部灰褐色，下部白色，体侧有不规则的黑色斑点。背鳍及尾鳍上也有斑点。尾鳍基部上方有一显著的黑色大斑，其他各鳍灰白色。泥鳅为底栖鱼类，栖息于河流、湖泊、沟渠水田、池沼等各种浅水多淤泥环境水域的底层。昼伏夜出，适应性强，可生活在腐殖质丰富的环境内。水中缺氧时，能跳跃到水面吞入空气进行肠呼吸。泥鳅广泛分布于亚洲沿岸的中国、日本、朝鲜、俄罗斯及印度等地。

小暑大暑不热，小寒大寒不冷

人们对大暑节气前后所表现出的天气现象进行了细致的观察，对于此时的温度、降水等会带来什么样的天气或者对农事产生的影响进行了总结。夏天炎热，冬天寒冷，是最鲜明的四季特点，如果在一年中最热的小暑大暑节气时天气不热，或者是天气炎热的时间推迟到立秋后，这样的天气就很反常，那么到了冬天最冷的小寒大寒时天气也不会很冷。

与这条谚语类似，预见未来天气变化的"大暑大雨，百日见霜"，意思是，大暑日如下大雨，那么过一百天便可以见到霜，意指秋后降温迅速。霜是指贴近地面的空气受地面辐射冷却的影响而降温到霜点以下，在地面或物体上凝华而成的白色冰晶。霜通常出现在秋季至春季时间段，秋季出现的第一次霜称作"早霜"或"初霜"，春季出现的最后一次霜称为"晚霜"或"终霜"；从终霜到初霜的间隔时期，就是无霜期。

小暑不见日头，大暑晒开石头

本条谚语意思是，如果在小暑节气当天逢阴雨天没有太阳，那么到大暑时节会更加炎热，炎热到石头都要被晒开的程度。

在农村，很多老人却认为，小暑越热越好，小暑不热，反而会不好。同样的道理，还有一句俗语叫"小暑热得透，大暑凉飕飕"。人们认为，如果小暑时节很热，天气几乎已经达到了一年中的高温峰值，那么大暑期间天气就比较凉快，有凉飕飕的风吹着。当然，这里的"大暑凉飕飕"，其实是相对"小暑热得透"说法而言的。

事实上，无论小暑或大暑的天气变化如何，这两个节气中间都会夹着三伏天，也就是说谁也躲不过高温天。之所以会有这种说法，主要是根据农时的变化而言。每个农民都希望年年风调雨顺，只有这样才能够丰衣足食。只有对气候变化有所了解，才不会对农业发展造成太大损失，也会给日常生活带来更多便利。

农 事 类 谚 语

禾到大暑日夜黄

水稻是禾本科稻属植物的统称，是中国第一大粮食作物。"大禾"一般指晚稻，"小禾"一般指中稻。中国是世界栽培稻起源地之一，据考证，一万年前，江西万年仙人洞——吊桶环遗址为中心区域的长江中下游及以南地区已开始种植水稻。稻谷脱去颖壳后称糙米，糙米去皮即为大米。除食用外，水稻还可以酿酒、制糖、作工业原料，稻壳和稻秆可作为牲畜饲料。水稻按稻谷类型分为粳稻、籼稻和糯稻等，籼稻又可分为早稻和中晚稻，糯稻和非糯稻。

浙江省绍兴市农民正在抢收早稻（朱胜钧　摄）

大暑时节，在中国华南地区，地里的早稻等禾谷类作物会顺利成熟。早稻生长期较短、收获期较早，基本上为早籼稻，多在4月左右播种，7月中旬收获，生长期约为90～120天，早籼米口感较差，一般作为工业粮或储备粮。早稻进入成熟期，渐渐从绿色变成黄绿色，最终为金黄色。此时应适时收获早稻，不仅可减少后期风雨造成的危害，确保丰产丰收，而且可使双季晚稻适时栽插，争取足够的生长期。大暑节气中晚稻多处于幼穗形成期和拔节期前后，是需水需肥和防止倒伏的重要时期，此时稻田要频繁浇水，排水晒田，做到干湿交替、湿润灌溉，否则到成熟时不会有好的收成。

大暑不浇苗，小麦无好收

大暑时节，天气炎热，陕西、甘肃、宁夏等地雨水较少，需要及时浇灌春小麦，否则到秋天将没有好收成。

小麦是禾本科小麦属植物的统称，是中国重要的粮食作物。据考证，小麦的栽培历史已有1万年以上，公元前3000年左右，中国黄河流域开始种植。小麦粒磨成面粉后可制作面包、馒头、饼干、面条等食物，发酵后可制成啤酒、酒精、白酒或生物质燃料。小麦在中国的种植面积大，分布范围广，除海南省和港澳台地区以外，其他30个省（区、市）均有小麦种植。从长城以北到长江以南，东起黄海、渤海，西至六盘山、秦岭一带，都是小麦的主要播种区。我国小麦分为三大自然麦区，即北方冬麦区（包括河南、山东、河北、陕西、山西等）、南方冬麦区（包括江苏、安徽、四川、湖北）和春麦区（包括黑龙江、新疆、甘肃等）。根据种植时间不同，小麦分为冬小麦和春小麦。冬小麦一般在秋天播种，经历萌发、出苗、分蘖、越冬、返青、起身、拔节、孕穗、抽穗、开花、灌浆、成熟等阶段，来年夏天收获；春小麦一般在春天播种，不需要越冬，当年秋天就可收获。

七月菱角水面飘

大暑节气正是长江中下游地区菱角成熟的时候，人们开始在水田中采收菱角。江南一带的菱湖上，此时随处可见采菱人忙碌的身影。

菱角，又名腰菱、水栗、菱实、水中落花生等，是一种菱科菱属一年生草本水生植物菱的果实，原产于欧洲，在中国南方比较多见，尤其以长江下游太湖地区和珠江三角洲栽培最多。菱角喜欢温润的气候，生长在密叶之下的水中。

在我国一些地方,有七月初七或七月十五品菱角的习俗。古时候的人们认为,吃菱角可以补五脏、除百病。《本草纲目》就指出:"菱角能补脾胃,强股膝,健力益气。"菱角味甘、凉性、无毒,含有丰富的蛋白质、不饱和脂肪酸及多种维生素和微量元素,具有利尿通乳、止渴、解酒毒的功效。菱肉含淀粉24%、蛋白质3.6%、脂肪0.5%,幼嫩时可当水果生食,果肉脆嫩,成熟后粉糯,煮熟可以当菜蔬,也可以作为粮食,菱叶则可做青饲料或绿肥。

江苏省海安市农民正在采摘菱角(翟慧勇　摄)

大暑油麻小暑粟

油麻即芝麻,广东、广西、江西等地区有把芝麻称为油麻的习惯。大暑节气正是当地播种芝麻的时候。秋芝麻适宜的播期是7月中旬左右。芝麻属喜温作物,发芽出苗要求稳定的适温,发芽最低临界温度为15℃,最适温度为24℃左右。过早播种,由于地温较低,发芽缓慢,容易引起烂种与缺苗,影响产量。过晚播种,则延迟生育,生长期积温不足时降低种子质量和收获产量。由于中国各芝麻产区的自然条件和栽培制度不同,所以播种期差别很大。

长江中下游以南大部分地区播种秋芝麻,以江西种植面积最大。农民有"头伏芝麻,二伏粟"和"伏尾种芝麻,头顶一朵花"的经验,说明头伏是播种适期,末伏种芝麻要减产。广东有"小暑芝麻、大暑豆"一说;福建有"5月芝麻正当时,6月芝麻略已迟,7月芝麻已失时(指农历)"的经验;湖北有"头伏芝麻、二伏豆"的农谚。从各地经验看,秋芝麻应力争早播。

湖北宜昌城郊农家地里的芝麻开花了（刘君凤　摄）

大暑到立秋，积肥到田头

大暑到立秋期间，本地夏收夏种已告一段落，秋收秋种即将开始。农民们利用这一间隙，开展积肥造肥。积肥是把一切可以腐蚀、发酵的物质，腐蚀、发酵后产生的生物菌肥，可提供所有植物生长所需的养分。20世纪六七十年代前，大多以农家肥和青草、水草等堆制、沤制的自然肥料为主，备足秋种有机基肥，并提前将各种肥料运送到田头，为秋种做好肥料准备，为农作物提供更好的营养。

大暑前，小暑后，两暑之间种菜豆

这条农谚说的是菜豆播种要在小暑节气和大暑节气之间。菜豆原产美洲，中国各地均有栽培，已广植于各热带至温带地区。菜豆喜温暖，不耐霜冻。菜豆是豆科菜豆属一年生、缠绕或近直立草本植物。茎被短柔毛或老时无毛。羽状复叶，托叶披针形，小叶片宽卵形或卵状菱形，侧生的偏斜；总状花序比叶短，有数朵生于花序顶部的花。小苞片卵形，有数条隆起的脉，花萼杯状，花冠白色、黄色、紫色或红色。翼瓣倒卵形，花柱压扁。荚果带形，稍弯曲，种子长椭圆形或肾形，白色、褐色、蓝色或有花斑，种脐通常白色。春夏开花。菜豆为菜豆属栽培最广的一种作物，嫩荚供蔬食，品种逾500个，故植株的形态，花的颜色和大小，荚果及种子的形状和颜色均有较大的变异，风味也不同。

普通菜豆主要分布于黑龙江西北部、云南大部、贵州大部、四川凉山、陕西北部、山西北部、新疆北部、内蒙古凉城等地区。根据联合国粮农组织统计，我国菜豆年播种面积约 80.7 万公顷，年平均产量为 133 万吨，居世界第五。菜豆具有高蛋白、中淀粉、低脂肪、营养元素丰富等特点，是人类十分重要的植物蛋白质来源。

小暑见豆荚，大暑见麦垛

意思是小暑前后北方小豌豆普遍结荚，而大暑到来时，小麦基本收割完毕，一座一座的麦垛，就立在麦场上了，往往前后错不了几天。在华北地区，到了芒种节气人们开始收麦子，到大暑节气的时候，在麦场上人们会把脱粒后剩下的麦秆和麦叶等堆起来，堆成高高的麦垛。麦垛里的秸秆是人们用来烧火做饭的材料，还可以用来喂牲口。

新疆生产建设兵团农机人员用秸秆粉碎机实施秸秆还田（魏新江　摄）

如今麦子稻子收割后的秸秆不再堆起来，而有了新的更为环保的处理方式，比如转化为生物油、用作发酵饲料等，统称为秸秆综合利用，是推进农业绿色发展的一项重要举措。秸秆既是原料也是燃料，既关乎生产，又关乎生活和生态，是农民增收就业的重要途径。同时，通过规模化、产业化发展，还可以形成高效产业，培育农村经济发展的新增长点。目前中国每年饲用秸秆约 1.5 亿吨，按营养价值折算，相当于 4000 万吨饲料粮，缓解了饲料粮供给和土地资源压力，有利于解决人畜争粮问题。此外，秸秆中富含有机质、氮磷钾和微量元素，主要农区秸秆连续还田 5 年后，可使土壤有机质平均提升约 0.25 个百分点。

大暑不暑，五谷不起

大暑是喜温作物生长最快的时期，各种谷类作物抽穗成熟，需要稳定的气温，大暑节气越热，作物长势就越好。如果该热不热，气温低，光照差，将严重影响五谷结实或因结实不饱满而降低产量和品质。

大暑节气的酷热，为农作物生长提供了必需的热量，由于温差的存在，使得能量转化成作物生命活动的能力。热量和温度有紧密关系，在植物生命活动中，就经常会产生热量和其他能量。如果大暑不暑，农作物在生长周期过程中，积温达不到，植物的生命活动不足，那么籽实不饱满，粮食就会歉收。大暑节气正好处于我国日照时间长，日照强度大的夏季。而夏季的光照和温度共同作用产生的"能量"，使得植物生长更有活力。在确保水肥充足的情况下，大暑的酷热，很好地"催化"了农作物的生长发育，为农作物的苗壮生长和丰产丰收打下良好的基础条件。

大暑前，小暑后，两暑见面种黄豆

这条农谚指的是小暑与大暑的过渡期，最适合播种黄豆。黄豆，也叫大豆，是豆科大豆属的植物，中国重要粮食作物之一，原产于中国，有 5000 多年的种植历史。大豆种子含有丰富的植物蛋白质，常用来做各种豆制品、酿造酱油和提取蛋白质。大豆含油率较高，又属油料作物。中国栽培的大豆品种繁多，按播种季节，可分为春大豆、夏大豆、秋大豆和冬大豆四类，以春大豆占多数。中国北起北纬 53°的黑龙江沿岸、南至北纬 18°的海南省崖县的广大地区，都有生育期适宜的品种种植。中国长江流域有适于春播、夏播和秋播的不同成熟期的品种类型，其不同生育期类型的品种资源繁多，其他性状的变异也丰富多彩。很多大豆品种具有优良特性，如对酸性土中的铝离子具有抗性的比洛克西、具有明显的耐盐性的文丰 7 号、抗细菌性斑疹病的布雷格、抗灰斑病的钢 5151、抗大豆花叶病毒的水牛、抗大豆孢囊线虫病的北京小黑豆等。按颜色可分为黄、棕、绿、黑、花等类大豆。粮油部门为了经营管理上的方便，在编排商品目录和统计工作中根据大豆的颜色分为黄豆、青豆和黑豆三种，棕、褐豆等划归为黑豆。

黑龙江垦区五大连池农场大豆田，飞机正在航化作业（陆文祥　摄）

大暑吃大瓜，小暑吃小瓜

大暑是喜温作物生长最快的时期，各种谷类作物抽穗成熟，需要稳定的气温，大暑节气越热，作物长势就越好。如果该热不热，气温低，光照差，将严重影响五谷结实或因结实不饱满而降低产量和品质。

华北地区的大瓜指西瓜，小瓜指香瓜、甜瓜等瓜类。菜用瓜类一般是指葫芦科中以果实供食用的栽培种群，包括9个属15个种及2个变种。一年生或多年生攀缘性草本植物。南瓜属有南瓜（中国南瓜）、笋瓜（印度南瓜）、西葫芦（美洲南瓜）、黑子南瓜及灰子南瓜；丝瓜属有普通丝瓜和有棱丝瓜；冬瓜属有冬瓜和节瓜；西瓜属有西瓜；甜瓜属有黄瓜、甜瓜和越瓜（菜瓜）；佛手瓜属有佛手瓜；葫芦属有瓠瓜；栝楼属有蛇瓜；苦瓜属有苦瓜。瓜类蔬菜中黄瓜、西瓜、甜瓜、西葫芦和南瓜分布于世界各地，类型和品种多，栽培面积大，经济价值高。冬瓜、丝瓜、苦瓜、瓠瓜、佛手瓜等主要分布于亚洲各地和南美洲部分地区，是该地区的重要蔬菜。西瓜、甜瓜食用成熟果，冬瓜、南瓜、笋瓜以食用成熟果为主，嫩果也可供食；其他瓜类主要食用嫩果。

大暑莲蓬水中扬

大暑节气，在北方地区，大批的荷花已经盛开，开始一批批地结莲蓬。

莲蓬，又称莲房，即埋藏莲花雌蕊的倒圆锥状海绵质花托。花托表面具有多数散生蜂窝状孔洞，受精后逐渐膨大而称之为莲蓬。莲蓬包括莲房、莲子、莲芯。莲房可用来煮茶，能预防糖尿病，还可用来熬汤，加冰糖服用能散瘀治病。莲房每一个孔洞内生有 1 枚小坚果即为莲子，莲子中间长了 1 根莲芯，可做药用，降火，果熟期为 9—10 月。秋冬季果实成熟时，割取莲蓬，取出果实，剥去外壳及去除莲芯，鲜用或晒干用，特称之为莲子肉。莲子肉营养价值极高，是一种人人喜爱的高级滋补食品。从栽培地点上分，莲子有田莲、池莲和湖莲之别，以田莲的质量最好。以采收季节论，莲子有伏莲和秋莲之分，伏莲颗粒大而饱满，胀性好，入口软糯；而秋莲颗粒瘦长，胀性差，入口较硬。莲子又可分为白莲、冬瓜莲、红莲和通心莲。白莲脱皮、通芯，籽粒洁白；红莲不脱皮，不通心；通心莲为刚成熟尚未完全老的莲子经除皮去蕊加工而成的；冬瓜莲，多为糊莲母藕结的籽实。品质以白莲最佳，红莲为差。

江西萍乡市农民采摘莲蓬（李桂东　摄）

大暑小暑天气热，防治鱼病要施药

每年小暑到大暑季节，盛夏高温开始，此时是鱼类、虾蟹等水产动物的生长旺季，但同时又是病虫害滋生蔓延的时期，也是鱼、虾、蟹疾病高发期。水温随着气温逐渐升高，天气变化大，饲料投喂多，水质不易控制，各种细菌性、病毒性和寄生虫性病害都可发生，预防措施不力，还可能大面积流行，因此要十分注意水质变化，及时投放药物，严防出现缺氧浮头，甚至发生死鱼事故。

　　渔业是中国最古老的生产部门之一。北魏贾思勰所著的《齐民要术》中记载有《陶朱公养鱼经》，传说是范蠡携西施在西湖养鱼后总结记录下的经验之作，原著早已失传，现录入《齐民要术》中的约 400 余字，以问答形式记载了鱼池构造、亲鱼规格、雌雄鱼搭配比例、适宜放养的时间以及密养、轮捕、留种增殖等养鲤方法，与后世方法多相类似，是中国养鱼史上值得重视的珍贵文献。春秋时代鱼类养殖技术已经很成熟，东汉时有了稻田养鱼，唐代养鲤鱼，明清时期，根据鱼类的不同食性和水层分布特点，实现多种家鱼的混合高产养殖，提高了经济效益。

大暑锄禾苗，过时禾不牢

　　大暑节气，长江中下游的梅雨季也到了，几乎每天都在下雨，一阵阵雨水浇灌着农田里的稻苗，稻田里杂草滋生，此时要注意及时除草，免得杂草夺走水稻的营养。除草时用的传统农具为锄，锄也称耰锄，虽有数千年的历史，形制简单，变化也不大，至今仍然是我国农村中最常见的田间管理农具。传统的锄有大小之分，小型锄用于松土除草是中耕农具，大型锄用于掘土，是耕整地农具。质地发展是骨、木、石、青铜、铁。

江苏省淮安市农民正在水稻地里进行除草（万震　摄）

　　在水田中，常用的锄草工具是耘荡，又叫耘锄，历史悠久。把它放入水田里，顺着行间走向，前后推拉，耘锄头部的铁齿或铁条会勾住杂草，将杂草锄去。稻田里的有些杂草跟稻苗长得很像，锄草的时候需要好好辨别，如千金子、稗草、水苋菜、鸭舌草等。

大暑开黄花，四十五日捉白花

"捉"意为"拾"或"摘"，"捉花"，是采收棉絮的俗称。棉花在大暑时开黄花，立秋时结桃，白露时吐絮。从大暑到白露相隔 45 天。大暑节气，也是杂草旺盛的季节，要想摘到好的棉花，还要用锄头多锄去杂草，因此相关的谚语还有"要捉好棉花，伏里锄头多耙耙"等。

棉花是锦葵科棉属的植物。棉花的原产地是印度和阿拉伯。在棉花传入中国之前，中国只有可供充填枕褥的木棉，没有可以织布的棉花。棉花的传入，至迟在南北朝时期，但是多在边疆种植。在宋末元初，棉花大量传入内地。棉花产量最高的国家有中国、美国、印度等。棉花可分成粗绒棉、长绒棉、细绒棉 3 大类。中国五大商品棉基地分别是江淮平原、江汉平原、南疆棉区、冀中南鲁西北豫北平原、长江下游滨海沿江平原。

大暑蛾子立秋蚕

大暑时期，家蚕正值成虫状态，也就是俗话所说的蛾子，此时一般蛾子会从蛹中出来开始产卵。

蚕是丝绸的主要原料来源，在人类经济生活及文化历史上占有重要地位。原产中国，华南地区及台湾俗称之蚕宝宝或娘仔。桑蚕是鳞翅目昆虫，又称家蚕，是以桑叶为食料的吐丝结茧的经济昆虫之一。桑蚕发育温度是

江苏省海安市蚕业农场员工正进行夏蚕上山结茧管理（顾华夏　摄）

7～40℃，饲育适温为 20～30℃。蚕宝宝以桑叶为生，不断吃桑叶后身体便成白色，一段时间后它便开始脱皮。脱皮时约有一天的时间，如睡眠般的不吃也不动，这叫"休眠"。经过一次脱皮后，就是二龄幼虫。它脱一次皮就算增加一岁，幼虫共要脱皮四次，成为五龄幼虫，再吃桑叶 8 天成为熟蚕，开始吐丝结茧。茧是由一根 300～900 米长的丝织成的。现如今中国茧丝绸产量与出口量均占世界总量的 70％以上，已成为可以主导世界茧丝价格走势的茧丝绸大国。

大暑来，种芥菜

芥菜，萌于严冬，茂于早春，收于酷暑，称得上是人们舌尖上的野味。全国各地栽培。芥菜也叫大头菜、水芥，是十字花科芸薹属一年生草本植物，高可达 150 厘米，幼茎及叶具刺毛，有辣味；茎直立，叶片柄具小裂片；茎下部叶较小，边缘有缺刻或锯齿，茎上部叶窄，披针形，边缘具不明显疏齿或全缘。总状花序顶生，花后延长；花黄色，萼片淡黄色，长圆状椭圆形，直立开展；花瓣倒卵形，长角果线形，种子球形，紫褐色，3—5 月开花，5—6 月结果。

芥菜的品种有很多，有的可以直接吃，但主要还是腌制之后食用，去除了原本的辛辣味。腌制需要经过晾晒、切碎、加调料、入坛、封口等步骤，不到一个月就可以食用了。腌制好的芥菜酸脆可口，储存时间更长，常被人们用作配制菜肴或小菜。

芥菜是药食同源的食物，它的种子及全草供药用，能化痰平喘，消肿止痛；种子磨粉称芥末，为调味料；榨出的油称芥子油；芥菜为优良的蜜源植物。欧美各国极少栽培，起源于亚洲。《本草纲目》记载了医用芥菜的医用价值。

大暑小暑，慌薯乱薯

大暑是中国华南地区栽红薯的季节。红薯又叫甘薯、山芋、地瓜、番薯、红苕，是薯蓣科薯蓣属的植物，原产于秘鲁、厄瓜多尔等中南美洲热带地区，400 多年前引入中国，因其产量高、适应性广，很快传播到全国大部分地区，具有较高的营养和药用价值。按照用途，甘薯可分为食用型、淀粉加工型、菜用型、色素加工型、饮料型、饲料加工型等类别。按照薯肉的颜色可分为红心红薯、白心红薯、黄心红薯、紫心红薯等类别。按口感还可分为糯甜型、软甜型、水果型等几个种类。

红薯在中国种植的范围很广泛，南起海南省，北到黑龙江省，西至四川省西部山区和云贵高原，均有分布。根据红薯种植区的气候、栽培制度、地形和土壤等条件，一般将红薯栽培划分为5个区域：北方春薯区、黄淮流域春夏薯区、长江流域夏薯区、南方夏秋薯区和南方秋冬薯区。

山东省邹城市农民为红薯翻秧（王齐胜　摄）

小暑大暑七月间，追肥授粉种菜园

小暑大暑在阳历的7月、8月，需要授粉的蔬菜一般都是常见的果菜类，果菜类生长最适宜的温度是25～35℃，这个时候果菜类正是生长最好的时候，处于开花结果或者盛果期，追肥授粉的效果都是最好的。果菜类是指蔬菜的可食部分为果实，含有丰富的糖、蛋白质、胡萝卜素及维生素等，主要产于夏季，常见的果菜有西红柿、辣椒、茄子、黄瓜、西葫芦、冬瓜等。

以西红柿为例，人工授粉可以通过摇动或振动架材来振动植株，以促进花粉授精，也可以通过人工走动来带动植株，还可以用高压喷雾器喷雾振动。在人工辅助授粉的基础上，如果保花保果困难，则要施用坐果调节剂处理花序。保花保果应注重正常的授粉受精进行坐果。番茄植株具有发育良好的花粉，通过振动或摇动花序能促进花粉从花粉囊里散出，并落到柱头上，从而达到人工辅助授粉的目的。摇动花序或振动植株的适宜时间为上午9—

10 时。

　　追肥是指在植物生长期间为补充和调节植物营养而施用的肥料。追肥的主要目的是补充基肥的不足和满足植物中后期的营养需求。追肥施用比较灵活，要根据作物生长的不同时期所表现出来的元素缺乏症，对症追肥。氮钾及微肥是最常见的追肥品种。追肥可以土施也可以喷施，土施容易造成机械伤害，而喷施适用于紧急缺素状况，供应养分快，但供应量不足，因此多用于需求量较少的微量元素的施用。在农业生产中，通常采用基肥、种肥和追肥相结合。

贵州省大方县农民在香葱基地里劳作（罗大富　摄）

伏天大雨下满塘，玉米、高粱啪啪响

　　大暑节气正值"三伏天"里的"中伏"前后，是一年中最热的时段，这时期也正是中国华北地区玉米、高粱等秋庄稼的孕穗期。充足的雨水有利于庄稼的出穗，有助于增加庄稼的产量。如果三伏期间下雨较多，雨水都充满了池塘的话，那么玉米、高粱就会长得特别好，在地里都能听见啪啪的声音。玉米、高粱长得好，秋天自然也就会有个好收成。

　　玉米是禾本科玉蜀黍属的植物。据记载，玉米原产于中美洲和南美洲，于 16 世纪传入我国广西，后被人们普遍种植。玉米具有高纤维、抗氧化、抗肿瘤、降血糖等营养价值，是优良的粮食作物和重要的饲料作物，也是食

罗平县高粱长势喜人（毛虹 摄）

品、化工、燃料、医药等行业的重要原料。玉米在中国产地主要集中在吉林、山东、黑龙江、辽宁、河北、河南等省，以上六省的产量占全国玉米总产量的55%以上；其中吉林、黑龙江、辽宁三省的产量就占全国的35%以上。

高粱是禾本科高粱属的植物，是重要的旱粮作物之一。据研究，中国最早的高粱栽培可上溯至新石器时代。高粱抗旱、耐盐碱和瘠薄土壤，具有在恶劣的环境下生长的能力，被称为"作物中的骆驼"，对干旱和半干旱地区的粮食饲料安全及畜牧业发展起着举足轻重的作用。

生活类谚语

大暑大暑，当心中暑

大暑正值"中伏"前后，是一年中气温最高的时候，尤其在中国的南方地区。大暑时节全国大部分地区已进入最热的时候，此时人体出汗较多，容易耗气伤阴，身体虚弱，尤其老人、儿童、体虚气弱者往往难以抵御酷暑，而导致中暑等问题发生，出现头晕、心悸、胸闷、注意力不集中、大量出汗等症状。

因此在大暑节气，人们需要合理安排工作，注意劳逸结合，避免在烈日下暴晒，注意室内降温，保证充足睡眠，讲究饮食卫生。饮食方面，首先应注意补充水分。夏季人体水分挥发较多，不能等渴了再喝水，那时身体已是缺水状态。另外，身体中的一些微量元素会随着水分的蒸发被带走，应适当喝一些盐水。食物方面，要补充足够的蛋白质，如鱼、肉蛋、奶和豆类；另外，还应多吃能预防中暑的新鲜蔬果，如西红柿、西瓜、苦瓜、黄瓜、莲藕、山药、笋等。唐代诗人白居易写了许多消夏避暑的诗作，其中《夏日作》里就写到："宿雨林笋嫩，晨露园葵鲜。烹葵炮嫩笋，可以备朝餐。"

江苏省连云港市一家制冰厂正在生产冰块（王建民　摄）

大暑到，食菠萝

在福建、台湾等地到了大暑节气要吃菠萝，百姓认为这个时节的菠萝最好吃。菠萝属热带水果之一，有 70 多个品种，岭南四大名果之一，通常 3—6 月在热带地区生长，原产于南美洲巴西、巴拉圭的亚马逊河流域一带，16 世纪从巴西传入中国，其可食部分主要由肉质增大之花序轴、螺旋状排列于外周的花组成，花通常不结实，宿存的花被裂片围成一空腔，腔内藏有萎缩的雄蕊和花柱。菠萝叶的纤维甚坚韧，可供织物、制绳、结网和造纸。

菠萝含有丰富的果糖、葡萄糖、有机酸、维生素等营养物质。所含碳水化合物与鸭梨相仿，钙含量为香蕉的 2 倍、葡萄的 5 倍，磷含量是苹果的 3 倍、梨的 5 倍，维生素 C 含量远远超过桃、李、杏等夏果，尤其值得称道的是其中的维生素 B_1，其含量仅次于柑橘，为水果中的"二哥大"。中医认为，菠萝其色、味皆入脾经，具有补脾益气、消食开胃、生津止渴的功效。现代医学研究也证实，菠萝中的蛋白酶能够帮助食物消化。菠萝还含有一种酶，能使血凝块消散，避免血管阻塞，保护心脏，防治心脏病。

六月大暑吃仙草，活如神仙不会老

广东很多地方在大暑时节有"吃仙草"的习俗。仙草冻和烧仙草是厦门人常见的消暑凉品。烧仙草是福建闽西南地区的传统特色饮品，其中在中国国内正宗的做法有用草直接烧煮的，而其他有用仙草粉、仙草液制作的。仙草是一年生草本植物，形状类似薄荷叶，翠绿小巧，低海拔山麓地区较常见到。很久以前，由于交通不便，人们出入均靠双腿，天热赶路容易中暑。有位神医将一种具有特殊香味的草类植物，施于路人，人们食用后感到神清气爽，身体很快复原。人们认为这种具有神效的草是仙人所赐，因此将之命名为"仙草"。过去人们吃仙草，主要是把它切成小方块，再简单地加上糖水和碎冰食用。虽然也有热饮，但还是冻吃为妙，配上用糖水浸制的扁豆与弹牙的黑珍珠，冰冰爽爽的清凉令人心境平和。现在的烧仙草，多是仙草冻，配以芋圆、花豆、鲜奶、绿豆、枣、葡萄干、花生等若干食材，成为炎炎夏日里广受人们欢迎的清凉甜点。

大暑老鸭胜补药

俗话说"药补不如食补，食补不如汤补"。大暑节气，人们有食用鸭子的习俗，一般认为鸭子属于水禽，性偏凉，根据中医热者寒之的原则，很适合苦夏的时候食用。《名医别录》中称鸭肉为"妙药"和滋补上品。老鸭，是夏季清补佳品，能滋五脏之阴，清虚劳之热，补气解水，养胃生津，且营养丰富。鸭肉具有非常丰富的高蛋白，脂肪含量却很少，它的营养成分中还包含 B 族维生素、维生素 E、钾、铁、铜、锌等其他肉类较少有的微量元素，大大补充了人体所需的各类营养素，增强了人体免疫力。鸭肉中还富含微量元素硒，而硒正是人体所需的最佳抗氧化元素。在炎热的夏日，强烈的紫外线照射下，人体的各类细胞都在加快氧化、老化，所以在夏天，人类最需要的也是最佳的抗氧化元素就是硒。有的地方在喝老鸭汤的时候会加上冬瓜，也就是冬瓜老鸭汤。冬瓜清热解毒、利水消痰、健脾去湿、除烦止渴、祛湿解暑，炖老鸭时加入冬瓜等煲汤食材，既可荤素搭配起到营养互补的效果，又能补虚损、消暑滋阳。

三、常用谚语

布田布大暑，无死三丛一管米。　福建

大暑不耕苗，到老无好稻。　江苏

大暑不热，地要开裂。　广西（平乐）

大暑不暑无米煮。　福建

大暑不完禾，一夜少一箩。　江西（吉安）

大暑不雨秋边旱。　湖北

大暑不耘苗，到老无好稻。　江苏（淮阴）

大暑插不死，三丛一斤米。　福建

大暑插禾，立秋插田谷线长。　广东

大暑插田插稻花，立秋插田楂打楂。　广东

大暑插田禾衣打，立秋插田谷线长。　广东

大暑插秧，立冬满仓。　福建

大暑插秧大丰收，秋后插秧要减收。　福建

大暑大割。　江西（靖安）

大暑大落，晚秋大死。　福建

大暑大暑，不熟也熟。　江西（黎川）

大暑大雨行。　湖北

大暑单，插早无饭餐。　广西（玉林）

大暑的糜，拿手提。　新疆

大暑丢一丢，耕掉黄秧种小豆。　江苏（徐州）

大暑东风早，雨水落到饱。　福建（三明）

大暑封行密，处暑封行稀，立秋前后秧子搭头最相宜。

大暑逢中伏，作物长得速。　广西（平乐）

大暑更加忙，二秋作物上了场。　宁夏

大暑谷露头。　河北（围场）

大暑过，乱刀剁。　江西（丰城）

大暑过热，九月早寒。　福建（古田）

大暑过三朝，种豆不撑腰；大暑过十七，米谷无一粒。　江西（南昌）

大暑过三天，庄稼不收土里钻。　河南（漯河）

大暑过一日，青谷无一粒。　江西（万安）

大暑旱过，锣鼓敲破。　河南（信阳）

大暑烘，秋薯塞竹篓；大暑冻，秋薯当谷种。　广东（始兴）

大暑后立秋前，最好插完田。　广东

大暑节有雾，高田多失误。　四川

大暑焗热转北风，西边黄云黄到东，二三天内雨重重。　广东（肇庆）

大暑开头雨，立秋抗旱苦。　福建

大暑雷响有秋旱，小暑雷响定烂冬。　海南（保亭）

大暑里三个阵，三石田稻勿用问。　上海

大暑凉，饿断肠，大暑热，食唔绝。　广东

大暑漏水，漏水烂冬。　浙江（丽水）

大暑没雨不丰收。　吉林

大暑闷热当天雨。　海南

大暑苗不死，三蔸一斤米。　福建

大暑南风点火烧。　海南

大暑南风干破天，车得水车叫皇天。　湖南（衡阳）

大暑闹雷有秋旱。　湖南（湘西自治州）

大暑怕早晚霞，台风打树倒屋斜。　海南（琼山）

大暑前后锄，赛如大粪浇。　安徽（含山）

大暑前三天出三星，离热不要紧，后三天出三星，热的翻眼睛。

大暑热的怪，要凉单等立秋来。　山西（临汾）

大暑日下雨，稻秆烂如泥。　福建

大暑若落雨，溪底好行路。　福建

大暑三天吃新米。　上海

大暑双，插早也无妨。　广西（玉林）

大暑天，瓦不干，三天不下干一砖。　陕西（咸阳）

大暑头，无秧不用愁；大暑腰，寻秧请食朝；大暑尾，寻秧不晓归。
广东

大暑透凉，干枯河床。　安徽（和县）

大暑无雨，吃水背躬。　湖南（湘西自治州）

大暑无雨米缸空。　吉林

大暑勿耙稻，到老勿会好。　上海（川沙）

大暑西北风，数九冷得凶。　江苏（扬州）

大暑下得三场雨，必定大熟年。　上海

大暑下破头，一直淋到头。　宁夏

大暑下雨灾害多。　福建（古田）

大暑响雷有秋旱，大暑落雨烂冬天。　广西（玉林）

大暑响了一声雷，十七八个野黄梅。　山西（晋城）

大暑阳，十年九年无收成。　海南

大暑要热，立秋要雨。　陕西（咸阳）

大暑一粒谷，处暑一穗谷。　山西（晋城）

大暑一天西北风，必有一天河不通。　江苏（淮阴）

大暑阴，雨水多。　海南

大暑阴雨淋，一秋雨不停。　吉林、宁夏、天津

大暑阴雨天，遍地出黄金。　福建（龙岩）

大暑有东风，虫害人得病。　山西（太原）

大暑有雨，秋雨水足。　海南

大暑有雨多雨秋水足，大暑无雨少雨吃水愁。　湖南（湘潭）

大暑有雨米满仓，大暑无雨空米缸。　天津、宁夏

大暑有雨秋水足。　福建

大暑雨，烂草埔。　福建（德化）

大暑雨淋淋，黄梅又回来。　上海

大暑玉米小暑谷。　四川

大暑月下雨，稻秆烂如泥。　广西

大暑栽黄秧，立秋种苗秧。　浙江

大暑在七，大寒在一。　内蒙古、湖南

大暑折瓜，春分栽菜。　上海

大暑种蔬菜，生活巧安排。

过了大暑，黄鳝咬人。　上海

禾黄问大暑。　福建

雷打暑，得半煮；雷打秋，得半收。　广东（韶关）

六月大暑毋想雪。　广西（兴安）

绿豆要吹大暑风，过了大暑无收成。　上海

宁插大暑边，不插小暑前。　广东

秋菜下种，大暑立秋。　山西（太原）

三伏大暑热，冬必多雨雪。　湖北（天门）

暑有雨主多雨，大暑无雨有秋旱。

秋 季

　　一叶梧桐一报秋，稻花田里话丰收。当太阳黄经达135°，北斗七星的斗柄指向西方的时候，秋季开始了。秋季是农作物收获的季节。秋季包含有立秋、处暑、白露、秋分、寒露、霜降六个节气。在这一段时间内，天气逐渐从晚夏进入深秋，红彤彤的枫叶，金灿灿的稻田，挂满枝头的硕果，共同描绘出秋季独有的美景。

　　"风吹一片叶，万物已惊秋"，立秋时，开启了夏到秋的转换；"处暑无三日，新凉直万金"，处暑时，炎暑褪去，秋凉来临；"蒹葭苍苍，白露为霜"，白露时，温差加大，凝水为露；"云淡风清扬，秋色可分长"，秋分时，风和日丽，秋高气爽；"袅袅凉风动，凄凄寒露零"，寒露时，雁南飞，菊见黄；"白昼秋云散漫远，霜月萧萧霜飞寒"，霜降时，草木黄落，蛰虫咸俯。

　　"秋风萧瑟天气凉，草木摇落露为霜，群燕辞归鹄南翔。"天渐凉，雁南飞的秋季，水稻、玉米、棉花、高粱、红薯等作物逐渐成熟，经过春种夏管的辛苦，农民们迎来了虽然忙碌，但充满喜悦的收获季节。此时气温整体较为舒适宜人，不冷不热，风和日丽，天高云淡，适合出游赏秋。秋季养生要顺应气候特点，从"养阳"转向"养阴"，饮食以酸、润为主，可以多吃百合、银耳、山药、秋梨、藕、鸭肉、柿子、芝麻等，润肺生津，养阴清燥。

立　秋

一、节气概述

立秋，二十四节气的第十三个节气，通常在每年8月7日至9日，太阳到达黄经135°进入立秋节气。立秋标志着秋季的正式开始，表示暑去凉来，秋天开始之意。

立秋分三候：一候凉风至，暑热之气渐退，人们会明显地感觉到风中的凉意；二候白露降，薄雾蒙蒙，清晨的植株上凝结着晶莹的露珠；三候寒蝉鸣，金风始至，初酿其寒，寒蝉之鸣若断若续。

立秋的气候特点是气温的昼夜温差变化明显，通常是白天很热，而夜晚比较凉爽。降水、湿度都处于一年中的转折点，趋于下降或减少，光照充足，有利于秋季作物的生长发育。

田间稻谷黄，秋收正当时。立秋前后各种农作物生长旺盛，中稻开花结实，单季晚稻圆秆，大豆结荚，玉米抽雄吐丝，棉花结铃，甘薯薯块迅速膨大，对水分要求迫切。双季晚稻要追肥耘田，加强管理。棉花处于保伏桃、抓秋桃的重要时期，要及时打顶、整枝、去老叶等。华北地区开始播种大白菜，北方的冬小麦播种也即将开始，需做好整地、施肥等准备工作。立秋时节也是多种作物病虫集中危害的时期，要加强预测预报和防治。

"苗族赶秋"活动现场（周建华　摄）

作为时间和农事上的重要节点，立秋自古受到帝王、百姓的重视。古代有帝王率诸侯大夫西郊迎秋的习俗，还会举行祭祀蓐〔rù〕收神等仪式，祈祷来年的风调雨顺。民间有带楸叶、立鳅、晒秋、啃秋，喝"立秋水"、吃"凉宵"、秋桃、秋渣、贴秋膘等习俗。湖南湘西花垣等地一般会在此时举办"苗族赶秋"活动。

立秋也是人体阳消阴长的过渡时期，需注意精神调养，饮食上宜补养脾胃，多吃些清热祛燥的食物。

二、谚语释义

气象类谚语

立秋一庚末伏见

根据我国历法规定，代表夏季最热的"三伏"天开始的时间，是从夏至之后的第三个庚日开始算起，称为头伏，二伏是夏至后的第四个庚日，末伏是立秋之后的第一个庚日，一伏为10天，整个伏天有的年份是30天，有的则是40天，取决于夏至后的第四个庚日与立秋节气后的第一个庚日之间的时间间隔。

"庚日"是干支纪日法的体现。中国古代"干支纪日法"，用十个天干与十二个地支相配而成的60组不同的名称来记日子，循环使用。每逢有庚字的日子叫庚日。庚日的"庚"字是"甲、乙、丙、丁、戊、己、庚、辛、壬、癸"十天干中的第七个字，庚日每十天重复一次。

宋·高承《事物纪原》中记载"立秋以金代火，而畏火，故至庚日必伏。故谓之伏日。颜师古曰：阴气将起，迫于残阳而未得升，故为藏伏，因名曰伏。"

因此，立秋后还处在伏天中，依然是处于全年最热的时间段，故民间自古就有"秋老虎"一说，类似谚语还有"立秋过后，还有'秋老虎'在一头""秋后一伏热死人"等。

早立秋冷飕飕，晚立秋热死牛

自古以来，我国民间就有以立秋早晚来占验天气的风俗。东汉崔寔的《四民月令》收录了"朝立秋，凉飕飕；夜立秋，热到头"，就是"土俗以立秋之朝夜占寒燠"的记载。

云贵高原立秋后景象（朱平　摄）

对于立秋的"早晚"，民间有两种说法：一种是指立秋的交节时刻（即太阳到达黄经135°时），是在上午或是下午。如果立秋的交节时刻是在上午，那么天很快就会凉快下来；反之，如果是在下午，那么炎热的天气还会持续一段时间。另一种是指立秋在阴历六月或七月，六月为早，七月为晚。

民间认为早立秋，天气会凉爽的早一些；晚立秋的话，炎热会持续更长的时间。而根据多年的气象观察，民间的这种说法好像也不完全精准，如2013年立秋是8月7日16：20，农历七月初一；2014年立秋是8月7日22：02，农历七月十二，都属于晚立秋，但2013年立秋之后是"热死牛"的节奏，而2014年立秋后很快就"凉飕飕"了。但不管怎样，如果是早立秋，于人们的心理上总是有种炎夏似乎快要结束的希望感。

立秋三场雨，遍地是黄金

立秋是夏玉米、水稻、大豆、红薯等秋熟作物旺盛生长和结实的时候，此时需要大量的水分。如果雨水充沛，秋熟作物就会长得茂盛，容易获得高产。因此，有"立了秋，哪里有雨哪里收""庄稼就怕夹秋旱""晚禾不要粪，全靠秋雨淋"等农谚。立秋时，降雨有利于气温下降，每降一次雨，气温就会随之下降一定幅度，因此民间有"一场秋雨一场凉""立秋后三场雨，夏布衣裳高搁起（新疆地区）"的谚语。

人们希望下雨，但不希望是雷雨，因此，有"立秋日雷鸣，主稻秀不实"的农谚。因为秋天的雷雨往往是气旋性雷雨，对农业造成雨涝损失。

早在宋代，《岁时广记》就记载"立秋日天气清明，万物不成。有小雨，吉；大雨，则伤五谷。"说明人们早已掌握了季节性雷雨对农业生产的不利影响。

但也有的地区希望晴天，如"立秋晴一日，农夫不用力"。这与作物的类别及生长期相关，立秋时临近收割的作物，人们希望晴暖天气加速黄熟，比如上海地区春播高粱在立秋时已普遍成熟，此时如遇连阴雨，特别是密穗高粱，容易穗上生芽。

立秋南风秋要旱，立秋北风冬雪多

立秋吹南风，说明本地在暖空气控制下，同时也说明暖空气势力比较强，立秋以后将维持一段时间的晴热天气，因此有"立秋南风秋要旱"之说；立秋吹北风，说明冷空气势力较强，到了冬天，温度一低，雪就容易下下来了，因此有"立秋北风冬雪多"的说法。对于立秋时吹什么方向的风会预示未来是怎么样的天气情况，民间根据经验总结出了很多相关谚语。如："秋前北风秋后雨，秋后北风干到底"，是说立秋节气之前如起北风，立秋节气以后就要下雨，如果在立秋节气以后起北风，就有一段很长的时间不下雨；"立秋刮北风，稻要收获必然丰（海南保亭）"，是说海南地区此时水稻已经成熟，如果刮北风则主晴，利于抢收水稻，晾晒稻谷。注意观察立秋节气前后的风向，大致可预测秋天是干旱天气还是多雨天气。类似谚语还有"立秋西北风，秋后干得凶（广西容县、江苏丹阳、山东成武）"，不同地区对于不同的风所带来的气候特点的总结，也不尽相同，如谚语"立秋南风必旱，东北风大雨"（广西宜州）"立秋东风多雨，南风旱"（河南新乡）。

立秋节前有伏汛，霜降前后有秋汛

汛期是指在一年中因季节性降雨、融冰、化雪而引起的江河水位有规律地显著上涨时期。春季，气候转暖，流域上的季节性积雪融化、河冰解冻或春雨，引起河水上涨，称春汛。中国北方，冬春季节河中水流受冰凌阻碍而引起的明显涨水现象称为凌汛。夏季，流域上的暴雨或高山冰川积雪融化，使河水急剧上涨，称夏汛。人们习惯把发生在夏季三伏前后的汛期称为伏汛。秋季，由于暴雨，河水发生急剧上涨，称秋汛。汛期不等于水灾，但是水灾一般都在汛期。各地由于降雨时间的差异，汛期并不一致。

这条谚语说的是上海地区在立秋前会有伏汛，在霜降前后会有秋汛。因为伏汛期和秋汛期紧接，又都极易形成大洪水，一般把二者合称为伏秋大汛期，通常简称为汛期。上海地区每年5月1日至10月20日是汛期，一方面由于汛期降雨明显比其他月份多，故江河水位比冬天要高；另一方面由于上海地区江河水位受潮汐影响较大，每年5月至10月由于日、月引潮力大，高潮位高，故习惯上把5至10月称汛期。中国大江大河大洪水多发生在伏秋汛期。如长江1153—1949年宜昌站发生8次80000立方米/秒以上的大洪水，黄河1761—2000年花园口站曾发生4次20000立方米/秒以上大洪水，都发生在伏秋汛期。

农 事 类 谚 语

立秋前不白，立秋后没得

指湖北地区荞麦应在立秋节两三天抢种。因荞麦开白花，所以"白"指代荞麦。荞麦一年四季都可播种：春播、夏播、秋播和冬播，各产区的具体适宜播期根据品种的熟性（生育期）、当地的无霜期及大于10℃的有效积温而定，使荞麦的盛花期避开当地的高温（大于26℃）期，同时保证霜前成熟为基本原则。按地区可区分如下：我国北方旱作区及一年一作的高寒山地多春播；黄河流域冬麦区多夏播；长江以南及沿海的华中、华南地区多秋播；亚热带地区多冬播；西南高原地区春播或秋播。

荞麦，起源于中国，是中国古代重要的粮食作物和救荒作物之一。已知最早的荞麦实物出土于陕西咸阳杨家湾四号汉墓中，距今已有2000多年。另外陕西咸阳马泉和甘肃武威磨嘴子也分别出土过前汉和后汉时的实物。荞麦的栽培比较简单，因为它的全生育期极短，可以在主作收获后，补种一熟荞麦，既增加复种指数，又便于与其他作物轮作换茬。这种情况在明清时期就比较普遍，《天工开物》记载"凡荞麦南方必刈稻，北方必刈菽稷而后种"。

随着现代科学技术的发展，人民生活质量的提高，食物的优质化和多样化，荞麦作为健康食品受到人们的青睐。此外，我国古人很早就发现了荞麦壳的药用价值，《本草纲目》记载：使用荞麦壳做成的枕头能至老明目，清热解凉，促进睡眠等。

立秋播种，处暑定苗，白露晒盘，秋分拢帮，寒露平口，霜降灌心，立冬砍菜

立秋前后是白菜播种的适宜期。这条谚语指明了大白菜从种植到收获，不同节气对应的生长环节。

河南省商丘市夏邑县农民正在给大葱封沟（王高超　摄）

白菜，原产中国，是中国北方常见的冬季蔬菜，栽培历史悠久，新石器时期的西安半坡村遗址就有出土的白菜籽，说明距今六七千年前就有白菜的栽培。白菜品种资源繁多，结合各地的气候条件、栽培技术、栽培季节，农民都有固定的适宜品种。早熟品种一般在8月上中旬播种，也有提早在7月下旬播种的。中熟品种可在8月下旬至9月初播种。晚熟品种以8月下旬播种为宜。我国河北、山东、江苏、浙江、四川等地均有栽培。

白菜，南方也叫"黄芽菜"，古称"菘"，白菜性味甘平，含有较多弱钙和维生素，特别是含粗纤维较多，有清热除烦、解渴利尿、通利肠胃等功效。俗话说"萝卜白菜保平安"，虽为家常菜肴，但也深受人们喜爱。美食家苏轼把白菜形容成"白菘似羔豚，冒土出熊蹯"。著名画家齐白石也是极其喜爱大白菜，还曾创作了《白菜与辣椒》。

在中国民间，白菜还有吉祥的寓意，取谐音"百财"和外形"清白"，老百姓在过春节的时候，都要吃两道家常菜，即长叶白菜和青菜，寓意天长地久，清清白白。

湖北省孝感市云梦县菜农在田间耕耘（陈保忠　摄）

立了秋，把头揪，一颗棉花拾一兜

棉花属于无限花序，在适宜的条件下，可以不断现蕾、消耗大量的营养物质，为保证棉铃形成纤维，一般在 7 月中下旬，单株达到 14 个果枝时进行打顶心，最迟不超过立秋，以便减少原有蕾铃落脱，提高产量。该条谚语流传于陕西地区，"把头揪"是艺术性的修辞，不是科学语言。类似谚语还有"立秋之前先揪头，棉花长得像绣球（江苏徐州）"。

棉花并不是一种花，它是棉花的果实裂开后露出的白色棉纤维交织而成的白絮球。棉花的花朵为乳白色，开花后不久转成深红色，然后凋谢，留下绿色小型的蒴果，称为棉铃。棉铃内有棉籽，棉籽上的茸毛从棉籽表皮长出，塞满棉铃内部，棉铃成熟时裂开，露出柔软的纤维。目前棉花产量最高的国家是中国、印度、美国、巴西、墨西哥、埃及、巴基斯坦、土耳其、阿根廷和苏丹等。我国江淮平原、江汉平原、南疆棉区、华北平原、鲁西北、豫北平原、长江下游滨海沿江平原等均有种植。

棉花还曾是上海的市花。1929 年 1 月上海市社会局曾以莲花、月季、天竹等作为市花的候选对象，后又增加棉花、牡丹和桂花，征询市民意见。4 月，评选结果揭晓，棉花名列榜首，当选为上海市花。《申报》在 1929 年 4 月 29 日关于棉花当选市花的报道中解释："棉花为农产品中主要品，花类美观，结实结絮，为工业界制造原料，衣被民生，利赖莫大，上海土壤，宜于植棉，棉花贸易，尤为进出口之大宗，本市正在改良植棉事业，扩大纺织经营，用为市花，以示提倡，俾冀农工商业，日趋发展……希望无穷焉。"阐述了市民选棉花做市花的缘由。

农民在棉田整枝（刘肖坤　摄）

立秋勿耘稻，处暑勿爬泥

立秋时是福建、广西等地早稻成熟，晚稻播种的双抢季节。对于中稻而言，江苏地区立秋以后，水稻已经长得既高又茂盛，杂草在底下已不易生长，此时水稻已开始孕穗，不能再耘耥，否则会损坏稻秆，耘耥稻必须在立秋前结束。勤劳的农民在立秋后往往还要下田拔一次稗草。拔稗草相对比较轻松，沿着稻埭向前走，见有稗草，拔起后绕成团，随即踩入泥中。

耘耥除草工作一般是在水稻移栽 20 天后，稻已成活时开始。耘耥中稻集中在小暑至立秋间的一个月时间内，此时是田间杂草最易生长的季节，传统为三耘三耥。具体方法是用耥［tǎng］（一种长竹竿装上钉耙形的农具），用它在稻田的行间来回拉动，这就是所谓的耘耥。据《浦泖农咨》："耥形如木屐，下用长钉三层，勾转；上用长竿。转侧于田肋中，使泥性松而稻根易于滋长。耘则以一膝跪于污泥，两手置稻棵左右扒去泥之高下不匀者，兼去杂草而下壅壮。"耘耥不仅可以清除杂草，还能松土，可以促使稻根分蘖发育，增强吸收养分的能力，从而提高产量。过去农民在耘稻时，为了消除疲劳，往往一起喊唱耘稻山歌。青浦地区的田山歌就是农民在耘稻、耥稻时，由一人领唱，众人轮流接唱的田山歌，2007 年，青浦田山歌被列为上海市首批非物质文化遗产，并被列入市重点保护项目。

抢收早稻（谢顺珩　摄）

立秋处暑八月到，玉米掰开肚皮笑

西北地区立秋处暑时节，玉米已经成熟，扒开外面的苞叶进行曝晒，促使籽粒尽快脱水，以便收获脱粒。

立秋过后，玉米渐近收获，此阶段直至最终收割，是玉米发育最关键的时刻，也是长势最旺盛的时期。立秋后，昼夜温差变大，日照充足，非常有利于营养物质的积累和产量的形成。玉米不同于其他作物讲究及时收获，反而要相对晚一些收获。因为过早收割，玉米籽粒灌浆不充分，将导致粒重下降，从而产量降低。而适当晚收，不仅可增加粒重，更能提高玉米产量和品质。如果是抢收已经成熟的玉米，一般要掰四次：头茬、二茬、三茬、捞空茬。头茬先掰已经成熟了的玉米穗，未成熟的玉米穗留至二茬再去掰；二茬、三茬是用同样的办法去掰；最后是捞空茬，把剩余的玉米穗不管老嫩一齐掰回家中。

在农村，玉米长起来以后，特别是玉米长成一人高，初结穗儿的时候，一些青年人和十余岁的孩子把田间当作玩耍、游戏的场所。他们把嫩玉米穗掰下来，在地下挖一个土窑，留上烟囱，就是一个天然的土灶，然后把玉米谷穗放进去，拿玉米顶花当燃料，加火去烧。一会儿一全窑的玉米穗全被烧熟了，丰硕的"玉米宴"就在田间举行。

农村大地进入晒秋季节（瞿明斌　摄）

立秋三日遍地红

高粱一般是春季播种，立秋以后不久，山东地区高粱穗子就由青变红。三日只是泛指，并非绝对的时间界限，指立秋后数日，就可以陆续收割高粱了。类似农谚有"立秋十日遍地红""立秋十天动镰刀"等。

四川省泸州市农民在收割高粱（刘学懿　摄）

中国人栽培高粱的历史，可以追溯到新石器时代。甘肃东灰山新石器时代遗址，辽宁大嘴子商周村落遗址，河北石家庄战国时代遗址以及长安汉代建筑遗址，都发现了炭化高粱。

高粱曾是华北农民的"救命粮"，得到了广泛的种植。一是因为高粱不太耐肥，且抗旱耐劳，一般地力就可生长；二是因为高粱对于当时经济比较落后的农村来说，浑身都有用处。高粱面可以吃，高粱还是酿酒的好原料，高粱叶子是农户蒸馍必不可少的铺算材料，每到高粱即将成熟时，各户人家都要去刷桃秆叶，脱粒后的高粱穗是扎刷子的好材料。有一种穗子比较松散的高粱叫"饭桃秝"，梃子很长，穗茅也很长，梃子可以做锅拍子（也叫盖帘，放饺子用），蒸馍用的锅盖等，穗子可以扎扫帚等。高粱秆是过去盖草房和小瓦屋等房子做衬里的好材料。高粱秆还可以织箔、烧锅做饭，篾子可以编席、编凉帽等。

高粱还承载着中国人特殊的记忆感情，如《松花江上》"那里有森林煤矿，还有那满山遍野的大豆高粱"，曾叫多少国人痛彻心扉；艰苦的华北敌后抗日战场上，被称为"青纱帐"的大片高粱地，也洒下过多少英烈的热血；改革开放以来，著名的小说和影视剧《红高粱》，曾掀起一次次热潮，相关的主题歌也唱遍大江南北。

立秋忙打靛，处暑动刀镰

靛，又被称为"靛青"，也即"靛蓝"，是将蓼［liǎo］蓝的茎叶放入大缸或木桶中水浸，至叶腐烂，茎脱皮、脱节时，捞出茎叶，加入石灰，充分搅拌，数日后捞出沉淀，以布袋吊起晾干，即为靛蓝。靛蓝类色素是人类所知最古老的色素之一，广泛用于食品、医药和印染工业。靛蓝作为织物染料的应用至少可追溯到公元前2500年。古埃及木乃伊穿着的一些服装和我国马王堆出土的蓝色麻织物等都是由靛蓝染成的，苗、侗、瑶、布依等少数民族大量使用靛蓝加工扎染和蜡染民族工艺品等。我国瑶族的一支因其生产和使用靛蓝染布的技术独特而得名"蓝靛瑶"。靛蓝除了作为染料，也指蓝中带紫的深蓝色，《天工开物》中记载"凡蓝五种，皆可为靛。"因立秋时是蓼蓝叶片采收的时节，故有立秋忙打靛一说。

另外有一种说法是立秋忙打"甸"，是打草料的意思。立秋过后草种一般都熟了，而且立秋过后天气转冷，人们要忙着打草料给牲畜准备过冬用饲料。处暑动刀镰指的是处暑时节挥动镰刀收割春小麦。

河南省内黄县农民在收获地膜花生（刘肖坤　摄）

头麻不过节，二麻不过秋，三麻霜前收

中国沿江地区苎麻一年收割三次，谚语指的是苎麻每次收割的适期。"节"指端午，"秋"指立秋，"霜"指霜降。苎麻一年内可收获次数，主要取决于不同地区的气候条件和栽培措施。如菲律宾一般年收五次，改善肥水管理后，二年可收十三次。中国华南地区一般年收三四次，生长曲线分别在5月下旬左右、7月下旬左右和10月上旬左右出现三个高峰，是苎麻地下部位生长加快和纤维积累较多的时期。

苎麻是中国古代重要的纤维作物之一，原产于中国西南地区。新石器时代长江中下游一些地方就有种植。考古出土年代最早的是浙江钱山漾新石器时代遗址出土的苎麻布和细麻绳，距今已有4700余年。秦汉以前，苎麻已进入北方，故《诗经》中有"东门之池，可以沤苎"。但长期以来，苎麻的主要产区在南方。故王祯《农书》说："南人不解刘麻（大麻），北人不知治苎"。不过在元代苎麻又有向北方扩展的趋势。当时的农书也开始积极致力于苎麻栽培技术的总结。元官修农书《农桑辑要》中就专门添有"栽种苎麻法"，代表了当时苎麻栽培技术的最高水平。后来《王祯农书》"农器图谱"还专为苎麻设立一门，备载治苎纺织工具。四川省达州市大竹县是"中国苎麻之乡"，苎麻种植面积30万亩，年产量4.5万吨，居全国首位。

安徽省庐江县农民正在收获芡实（左学长　摄）

立秋核桃白露梨，寒露柿子摆满集

立秋是河南地区核桃成熟的时节，核桃又名胡桃、羌桃，是国内外栽培最为广泛的一种。落叶乔木，一般树高10～20米，最高可达30米以上，主干直径1米左右，寿命长达一二百年，最长可达500年以上。我国是核桃的起源地之一，在近现代考古中，距今七八千年前河北的武安县考古遗址发现过核桃坚果残壳，六七千年前的半坡遗址曾发现过核桃孢粉，距今4600多年的高山古城中发现了3枚核桃。

核桃全身都是宝。核桃仁是我国常见的坚果，由于在我国产量丰富、种植面积广且具有丰富的营养成分而被封为"四大坚果"之一，素有"智力神""长寿果""万岁子"的美称，核桃仁以及中间的分心木作为一种中药，性热、味甘而微辛，入肺、肝、肾三经。核桃仁还可以榨油，是为核桃油。除了食用还有一种文玩核桃。文玩核桃始于汉朝，在唐代达到了一个小高潮，一直延续至清朝的时候，贝勒王爷们几乎都是人手一对儿了。核桃和扳指、笼中鸟并称为清代贝勒爷们手中的"三宝"，足以见得风靡程度之广。文玩核桃的玩法在于通过日积月累的摩擦揉搓，把手心的汗、油脂渗透到核桃壳里，让核桃色泽光亮，如同玛瑙一般，越透亮的越是精品。文玩核桃种类很多，大家公认的四种名品即是：狮子头、虎头、官帽和公子帽。

立秋打花椒，白露打核桃

立秋是河北保定地区花椒成熟的时候。花椒一般4—5月开花，8—9月或 10 月结果。花椒耐旱，喜阳光，各地多有栽种，中国是花椒的原产地，北起东北南部，南至五岭北坡，东南至江苏、浙江沿海地带，西南至西藏东南部都有种植，一般见于平原至海拔较高的山地，在青海，见于海拔 2500 米的坡地，也有栽种。

花椒在我国有着悠久的历史，古人认为，花椒的香气能驱邪，常用椒酒来祭祀祖先神灵。《诗经·周颂·载芟》中"有椒其馨，胡考之宁"，描写的正是周王在秋收后用椒酒祭祀宗庙，祈福上苍，祝愿老人长寿安康的场景。后来，楚人用椒和泥涂壁，开启了椒房之先例。古人用花椒来涂抹墙壁，表面闻上去是借助它的气味驱除蚊虫，防止蛀虫，保护木质宫殿，对身体也有益，但更多是取其"椒蓼之实，繁衍赢升"（多子）之意。到了汉代，椒房已成为未央宫皇后的居所，后来这个特殊的封赏范围蔓延到宠妃，正所谓椒房之宠，宠冠后宫。花椒的烹饪功能相对较晚，三国时代陆玑《毛诗草木疏》中有："椒聊之实……蜀人作茶、吴人作茗，皆合煮叶以为香。今成皋诸山间有椒谓之竹叶椒，其状亦如蜀椒，少毒热，不中合药也。可著饮食中，又用蒸鸡肠最佳香。"这是花椒首见用于饮食之中。

河北省邯郸市涉县农民收获花椒（郝群英　摄）

生 活 类 谚 语

吃蜜不吃姜，吃果不吃瓜

这句谚语说的是立秋节气后饮食应该注意的两个方面：一方面是秋季需要固护肺阴，应多吃蜂蜜，有润肺养肺的作用，要不吃或少吃辛辣烧烤类的食品，包括辣椒、花椒、桂皮、生姜、葱及酒等，特别是生姜，在古代医书中就出现这样的警示："一年之内，秋不食姜"。这些食品属于热性，又在烹饪中失去了不少水分，食后容易上火，加重秋燥对人体的危害。除蜂蜜外，也可多进食些芝麻、杏仁等食品，既补脾胃又能养肺润肠，可防止秋燥带来的津液不足，常见的干咳、咽干口燥、肌肤失去光泽、肠燥便秘等身体不适症状也能得到缓解。另一方面，民间有句俗语叫做"秋瓜坏肚"，一些美味的瓜类多属阴寒性质，吃多了会损伤脾胃，因此要适可而止。但一些"果类"却可以多吃。如梨可润肺，能够消痰止咳，是秋天最提倡吃的水果。苹果富含多种维生素和钾，不但对心血管疾病患者有益，还可止泻。龙眼有滋补、强壮、安神、补血等作用，对夜间失眠的老人尤为适宜。葡萄可以预防疲劳，有益气、补血、利筋骨、健胃、利尿等作用。

蚊子赛老虎，秋后的蚊子咬死人

这句谚语是说人们一般感觉立秋后的蚊子咬人更厉害，这是因为蚊子最喜欢的气温是 25～30℃，每年蚊虫的密度分布曲线呈"驼峰状"，6 月受晴热高温气候的影响，不少蚊子被"热死了"，随着 7 月份雨水的增多以及气温的变化，8、9 月份便成了蚊子活动的高峰期，适宜蚊虫的繁殖，因此蚊子便大量活动起来。所以夏天天气很热时，它们并不活跃，反倒是立秋后才是它们最喜欢的时节。此外，立秋后，蚊子便开始为越冬储备能量。只有身体强壮、吸血量多的蚊子，才能躲在墙角，挨过整个冬季。这时蚊子会大量储存过冬的营养，找机会拼命吸血，在腹部形成脂肪垫以增加自己抵抗寒冷冬季的能力；另外，立秋后，雌蚊子为大量繁殖后代，也需大量营养，需要拼命吸血。

浙江省临安市农户蒸秋包
祝丰收（胡剑欢 摄）

目前，世界上大约有 3000 多种蚊子，会咬人的蚊子只有 80 多种。其中雄蚊是"素食主义者"，靠吸食植物的汁液为生。只有雌蚊会吸血，而且是怀孕雌蚊才会吸血，它们要靠吸血来补充蛋白质，促进卵的发育；未怀孕的雌蚊与雄蚊一样，只吸食植物的汁液。此外蚊子并不会分辨血型，也不会"偏爱"某种血型的人，想要避免被蚊子叮咬需要关注生活习惯：一要勤洗澡、保持皮肤清洁，汗液中的乳酸对蚊子极具吸引力；二要少穿深色衣服，蚊虫喜欢潮湿、阴暗，深色衣服容易制造这样的环境；三要少化浓妆，大多数化妆品因含有多种化学成分易吸引蚊虫。

立秋澡洗招秋狗子

"澡洗"指在河里游泳、洗澡，"秋狗子"指的是痱子。山东莱西一带，忌秋日洗澡，否则会起痱子等，还有的地方认为秋日洗澡，秋后会拉肚子，妇女则认为立秋后的水不下灰，洗不干净衣服，所以多争取在立秋前拆洗棉衣等，如谚语"立秋洗肚子，不长痱子拉肚子。"在过去农村，一般人家都是到河湾里去洗澡，特别是小孩子，整个夏天基本都泡在河水里。这些民间流传的禁忌，主要是提醒人们换季以后多注意身体，要适时调整夏天里的一些生活方式。经常下河洗澡的人会感觉到，夏季到河水里洗澡会有很清爽的感觉，水温会比较热一点。但立秋之后，随着天气的转凉，再下河洗澡就有明显不一样的感觉了，秋天的河水会比原来凉很多，下河洗澡会不自觉打寒战，上岸后，皮肤会发紧。如果体温无法适应，就容易抽筋和患感冒。此外在经过炎热的夏季后，人体内耗比较大，导致身体免疫力下降，如果立秋后还到河里或湾里洗澡，就容易引起普通感冒和病毒性感冒等疾病。此外转入秋季以后，水中的微生物也在发生着变化，更容易引起各种皮肤病。

北京市民在京城老字号"天福号"买肉食

吃了立秋的渣，大人孩子不呕也不拉

山东莱西有的地方有立秋吃"渣"的习俗，"渣"是用豆沫和青菜做成的小豆腐，因为秋天的时候早晚比较凉，饮食不注意，就会引起肠胃不适，导致拉肚子。这个说法体现了民间老百姓对秋季腹泻有着很强的防范意识。

此外民间还有其他防止秋季腹泻的饮食习俗，如服食赤小豆。据记载有些地方从唐宋时起，有用秋水服食赤小豆的风俗。具体做法是在立秋当日，取7～14粒赤小豆，以井水吞服，服时需面朝西，据说这样可以一秋不犯痢疾。四川东、西部还流行喝"立秋水"，即在立秋正刻，全家老小各饮一杯，据说可消除积暑，秋来不闹肚子。天津地区人们相信立秋时吃瓜可免除冬天和来春的腹泻。如清朝张焘的《津门杂记·岁时风俗》中就有这样的记载："立秋之时食瓜，曰咬秋，可免腹泻。"但立秋之后天气逐渐转凉，《黄帝内经》讲："秋伤于湿，冬必咳嗽"，意思是说秋天到了，人们应该减少食用寒湿之物，免得伤了脾，脾湿则生痰湿，从而引起咳嗽。因此有不少地方讲究立秋后要少吃或不吃西瓜这类生冷瓜果了。

明代刘侗、于奕正的《帝京景物略》中记载："立秋日相戒不饮生水，曰呷秋头水，生暑痱子。"流传到今天就是北方地区的立秋民俗禁忌，立秋日，小孩子一天不许喝凉水，说是喝了凉水要生秋痱子。此外，很多人家过去会用红纸书写"今日立秋，百病皆休"字样贴于墙壁上，以起到预防疾病之意；妇女们用红布剪成葫芦形，缝在儿童的衣服背后，用以驱除病灾。

梧桐一叶落，天下尽知秋

《花镜》云："此木（即梧桐）能知岁，每枝应十二月而着十二叶，逢闰则十三叶，春晚乃生，望秋则槁，叶落而知秋深，故有'梧桐一叶落，天下尽知秋'之句。"宋朝，更有一项重要的仪式：梧桐报秋。据《梦粱录》记载，立秋当天，宋代宫内要把栽在室外盆里的梧桐移入殿内。等到"立秋"时辰一到，太史官便高声奏道："秋来了！"奏毕，梧桐应声落下一两片叶子以寓报秋之意。之后，秋来之声传遍宫城内外。不等回声消失，盔甲整齐的将士们护卫天子蜂拥而出，到郊外的狩猎场射猎，一是表明从即日起开始练兵，二是为秋神准备祭品。这个习俗也一直沿传到后代。明朝王象晋在《二如亭群芳谱》写道："立秋之日，如某时立秋，至期一叶先坠，故云：梧桐

一叶落，天下尽知秋。"

梧桐是中国很常见的一种本土树木，在古人心中，梧桐是高贵的象征，有很多美好的寓意，如《诗经》云："凤凰鸣兮，于彼高冈。梧桐生兮，于彼朝阳。"认为凤凰只有看到梧桐才会落在上面，认为"梧"是雄、"桐"是雌，梧桐乃是雌雄互生，是为爱情的象征。此外古人很早就懂得利用梧桐的各个部分了：桐花纤维丰富，可以织成布匹；桐木挺拔耐用，可以制作桌椅；梧桐木制作的古琴声音清脆，故而也常常被用来制作古琴。

三、常用谚语

白日立秋露水好，夜头立秋露水少。　云南（玉溪）

北风立秋，秋谷无收。　湖北（汉川）

雌秋雄白露台风少，雄秋雌白露台风多。　上海

雷打秋，没得收。　内蒙古

立了秋，雨水少，蓄水保水最重要。　广西（柳城）

立了秋，雨水收，沟渠路闸赶快修。　宁夏

立秋不立秋，苇塘窝里看雁头。　安徽（当涂）

立秋不下雨，塘角鱼死泥底。　广西（宁明）［壮族］

立秋吹东风，渔家肚皮空。　广西（东兴）［京族］

立秋东风多雨，南风旱。　河南（新乡）

脱衣秋，热得久；着衣秋，热勿久。　上海

立了秋，枣核天，热在中午，凉在早晚。

立秋不落，寒露不冷。

秋天雨水多，来年蝗虫稀。

立秋一日，水冷三尺。

立秋发雾，晴到白露。　江苏（溧阳）、山西（晋城）、浙江

立秋发西风，田口不用封。　广西（上思）

立秋刮北风，稻要收获必然丰。　海南（保亭）

立秋南风必旱，东北风大雨。　广西（宜州）

立秋雾，草叶枯；白露雾，加条裤。　福建（宁化）

立秋西北风，粮食加倍增。　河北（张家口）

立秋西北风，秋后干得凶。　广西（容县）、江苏（丹阳）、山东（成武）

秋前吹风打日头，秋后吹风打夜晚。　广东（番禺、顺德）

秋前鲎，米谷去。　山西

未秋先秋，踏断眠牛。　长三角地区

早立秋，冷啾啾；晚立秋，闹龙宫。　江苏（淮阴）

播田播到秋，割稻流目油。　福建（南靖）

大暑早，处暑迟，立秋种薯正适时。　江西、湖北、河南、安徽

到了立秋节，锄苗不敢歇。　山西（襄垣）

地瓜长在立秋，上粪浇水准丰收。　山东（平阴）

豆子立秋，十八日裹顶。　山东

鲫鱼不害羞，稀稀拉拉产到秋。　湖北

开春时的鱼逆水走，立秋后的鱼顺水走。　黑龙江

立罢秋，大鱼小鱼都上钩。　山东

立罢秋，凉飕飕，田间管理不罢休。　河南（郑州）

立罢秋万事休，棉花治虫不能丢。　河南

立冬打软枣，立秋摘花椒。　河北（张家口）

立了秋，挂锄钩，吃瓜看戏街上游。　山西（忻州）

立了秋，挂锄钩，夹着镰把上南沟。　河南（新乡）

立了秋，蛤蟆肿嘴蛇跳沟。　山西（高平）

立了秋，小粮小食往回收。　山西（襄垣）

立秋、处暑，连夜种番薯。　广东

立秋扒破皮，秋后顶一犁；立秋耙一耙，强似犁一夏。　河南

立秋不拔菜，必定遭霜害。　山西（临汾）

立秋不拔葱，霜降心就空。　吉林

立秋不出头，拔掉喂老牛。　宁夏

立秋不带糠，不如家中坐。　山西（新绛）

立秋不带耙，误了来年夏。　陕西、山西、甘肃、宁夏、河北、青海

立秋不见霜，插柳正相当。　天津

立秋不起蒜，必定散了瓣。　吉林、内蒙古

立秋不深耕，来年虫害生。　山西（忻州）

立秋处暑八月中，管理杂粮莫放松。　宁夏

立秋处暑秋收忙，秋季选种正相当。　河南、内蒙古、宁夏

立秋处暑是七月，石榴开口桐落叶。　　广西

立秋处暑天气凉，翻晒夏茬紧打场。　　宁夏

立秋单芽爪，十年九不收。　　安徽、山东、河南、山西、河北

立秋到处暑，正好种萝卜。　　湖北

立秋的糜糜二指高，拔节秀穗摸作腰。　　山西（盂县）

立秋根头草，好比毒蛇咬。　　浙江

立秋谷勾腰，快些磨镰刀。　　四川

立秋轰一轰，鱼干整大瓮。　　浙江（金华）

立秋后，处暑前，播种油菜苗齐全。　　陕西（宝鸡）

立秋惊蛰接柿树，强似伏天接万株。　　河南

立秋看年景。　　黑龙江

立秋看巧云，早种荞麦跟芜菁。　　上海

立秋立秋，马肥膘厚。　　新疆［维吾尔族］

立秋满田黄，家家修小仓。　　四川

立秋糜，四指高，出穗拔节打缠腰。　　陕西

立秋三天晴，高粱穗变红。　　上海、黑龙江、吉林

立秋十日吃早谷。　　湖南

立秋天气爽，整修场院忙。　　山西（新绛）

立秋一到，农人齐跳。　　山西（太原）

立秋栽葱，苗长易丰。　　湖南

立秋栽芋头，强如种绿豆。　　安徽、河北

立秋芝麻结顶。　　河北、河南、山东、山西

立秋种黑豆，一亩打三斗。　　山东（无棣）

立秋种芝麻，死也不开花。　　海南（琼山）

秋不凉，籽不实。　　黑龙江

秋后甘蔗节节甜。　　四川

秋前不插晚稻秧，霜打稻穗难灌浆。　　长江流域、广东

莳田过立秋，迟禾冇得收。　　广东

要想明年虫子少，秋后割掉田边草。　　黑龙江（牡丹江）

一年之季在于秋，谷不到家不算收。　　湖北、浙江

早禾傍秋死。　　广西

只望立秋晴一日，农民不用力耕田。　广东

立秋五戊为秋社。　湖南

立了秋，寸草都结子；黄金铺地，老少低头。

立了秋，苹果梨子陆续揪。

立秋处暑，种菜莫误。

立秋管葱，快把土壅。

六月弗出汗，秋后必要乱。

秋前拔稗，吃白米饭；秋后拔稗，弄点烧柴。

立秋胡桃白露梨，寒露柿子红了皮。

头伏芝麻二伏豆，晚粟种到立秋后。

昼夜温差大，有利籽粒发。

立了秋，板凳桌子往家拖。　江苏（盐城）

立了秋，裤腿往下揪。　山东（长岛）

立秋九日，添层单衣。　新疆

立秋一场雨，夏衣紧收起。　福建

立秋至，夜雨好睡觉。　海南

秋不食辛辣。

立了秋，把扇丢。

立秋洗肚子，不长痱子拉肚子。

处　暑

一、节气概述

处暑，二十四节气的第十四个节气，通常在每年 8 月 22 日至 24 日，太阳到达黄经 150°进入处暑节气。处暑的含义是暑气终结、炎热结束。

处暑分三候：一候鹰乃祭鸟，老鹰开始大量捕猎鸟类；二候天地始肃，气肃而清，万物开始凋零；三候禾乃登，谷物开始成熟。

处暑时，我国北京、太原、西安、成都和贵阳一线以东及以南的广大地区和新疆塔里木盆地日平均气温仍在 22℃以上，但是这时冷空气南下次数增多，气温下降逐渐明显。

处暑以后，除华南和西南地区外，我国大部分地区雨季将结束，华北、东北和西北地区需抓紧蓄水、保墒，以防秋种期间出现干旱而延误冬作物的播种期。华南中部的雨量常是一年里的次高点，应抓好冬春农田的蓄水工作。高原地区出现连续阴雨天气，对农牧业生产不利。南方大部分地区连作晚稻正处于拔节、孕穗期，要注意灌好"养胎水"，施好"保花肥"，并加强田间管理。处暑节气内，除华南西部以外，雨日不多，有利于中稻割晒和棉花吐絮。但少数年份秋绵雨会提前到来，要抓住晴好天气，抢收抢晒。

连云港海棠渔港渔民在分拣装运梭子蟹（王春　摄）

处暑前后民间有祭祖、放荷灯、吃鸭子等民俗。处暑还与"七夕"靠近，民间有"穿针乞巧""投针验巧"等习俗。东海渔民自古以来在处暑时开捕祭海，举行盛大的开渔仪式。

二、谚语释义

气 象 类 谚 语

处暑天还暑，好似秋老虎

所谓"秋老虎"，指的是在处暑节气到了以后，还会出现的短期回热天气。每年秋老虎持续的时间长短不一，短的是半个月左右，而长的能持续到两个月。并且有些年份秋老虎来了就走，可是有些年份是来了走，走了还会再来，反反复复持续时间较长。

在民间还把秋老虎分为"公秋老虎"和"母秋老虎"。如果立秋是在凌晨以后到中午 12 点之前，则成为"公秋老虎"，立秋以后很快就会凉爽下来。但如果立秋是在中午 12 点以后到晚上 12 点前这段时间，那秋老虎则是"母"的。"母秋老虎"表示立秋以后的天气还会很闷热，并且这种天气持续的时间很长。

江西赣州会昌县月季园景区人们在戏水玩耍（朱海鹏 摄）

不过，在处暑节气到了以后，会不会出现秋老虎的天气，秋老虎厉不厉害，其实主要原因并不是看立秋是早上还是下午，关键是看该地区所控制的高压。因为形成秋老虎的原因是秋季控制我国的西太平洋副热带高压逐步南移，但又向北抬，在该高压控制下晴朗少云，日照强烈，气温又再一次回升，这就是名副其实的"秋老虎"。

处暑不热，五谷不活；寒冬不冷，六畜不稳

处暑期间如果温度不高，粮食吸收不了充足的光照，就不能多打籽；冬天如果温度不够冷，病菌就不能被冻死，家畜就容易生病。

"五谷"的称谓最早起源于春秋战国，古代有多种说法，其中有两种说法影响较大：一种指稻（水稻）、黍（黄米）、稷（粟，即小米）、麦（小麦）、菽（大豆）；另一种指麻、黍、稷、麦、菽。两者的区别是前者有稻无麻，后者有麻无稻。稻的主要产地在南方，而北方气候干旱，不利于水稻的种植，因此将麻代替稻，作为五谷之一。

六畜在传统文化中一般泛指家畜。早在远古时期，祖先们根据自身生活需要和对动物世界的认识程度，先后选择了马、牛、羊、鸡、狗和猪进行饲养驯化，经过漫长的岁月，逐渐成为家畜。在《三字经·训诂》中，对"此六畜，人所饲"有精辟的评述，"牛能耕田，马能负重致远，羊能供备祭器""鸡能司晨报晓，犬能守夜防患，猪能宴飨速宾"，还有"鸡羊猪，畜之孳生以备食者也"。马、牛、羊多见于青铜时代文化遗址，与游牧生活方式有关；猪、狗、鸡常见于新石器时代文化遗址，与定居农业生产方式相关。六畜各有所长，在悠远的农业社会里，为人们的生活提供了基本保障。"五谷丰登、六畜兴旺"是人们最美好的愿望之一。

内蒙古扎兰屯市达斡尔民族乡草场美景（韩颖群　摄）

立秋下雨人欢乐，处暑下雨万人愁

立秋时节，很多地区的秋苗正值生长旺季，蒸腾作用加强，这段期间如果得不到充沛的降雨，农田很容易出现干旱，缺少水分的土壤，自然无法让庄稼很好地生长，减产也就在所难免。此时是秋季粮食生长的最关键阶段，如出现充沛的降雨，对于农田的收获有利好作用。

立秋节气距离处暑虽然时间间隔不远，但处暑节气期间，秋粮已经生长到最后的紧要关头，这段时间需要高温的环境加上充足的光照，才能让庄稼籽粒饱满，从而获得丰收。处暑如果出现持续的阴雨天气，自然对于庄稼生长不利，很容易出现籽粒干瘪，从而造成减产，所以也被叫做"万人愁"。

其实我国有的地区反而认为处暑节气期间下雨比较好，这样才能利于丰收，也被叫做："处暑早得雨，谷仓早得米"。所以，农谚的地域性比较明显，但对于大部分地区来讲，处暑期间还是比较期望天气晴朗，艳阳高照的天气对作物生长才比较有益。

处暑逢单，放火烧山；处暑逢双，水淹谷桩

这里的"单"、"双"是指日子是单数还是双数，比如1、3、5、7、9是单数，2、4、6、8、10是双数。同时，"单、双"不是按照阳历来算，而是按照老辈人喜欢的农历计算。在农民看来，不管是开门利是，还是起房上梁都需要找个黄道吉日，生产劳作也是如此。在四川地区，处暑当天的日期为单数时，之后就会艳阳高照，是个好天气，适合庄稼生长。相反，如果处暑当天的日期为双数，那么接下来一段时间就会出现连续的阴雨天气，对农作物生长不利。

农历又有夏历、阴历、旧历等称，是中国的传统历法。它根据月相的变化周期，每一次月相朔望变化为一个月；并把一个太阳回归年划分为24段，形成二十四节气。农历是融合阴历与阳历成为一种阴阳合历的历法，其年份分为平年和闰年。平年为十二个月；闰年为十三个月。月份分为大月和小月，大月三十天，小月二十九天，其平均历月等于一个朔望月。

这句农谚是老辈人通过多年的生产实践总结出来的经验，并没有真正的证据能够验证处暑这天的单双数与雨水的多少有直接关系。随着气象环境的不断变化，这句话在以前某个地区比较正确，现在也会出现一定偏差，不过

当做参考仍有很大价值。

山怕处暑，川怕白露

"山"指高山，"川"指平原，内蒙古和山西等地，因为高山处温度下降又早又快，在处暑后就可能出现霜冻，威胁作物，平原地带温度下降较慢，白露节后才出现霜冻。根据农谚总结，山地和平原在气温和出现霜冻日期上，一般约差一个节气。

我国是多山之国。据统计，山地、丘陵和高原的面积占全国土地总面积的69%。就海拔而言，世界上海拔8 000米以上的高峰共14座，位于喜马拉雅山脉和喀喇昆仑山脉的我国国境线上和国境内者即达9座。至于海拔超过5 000米的高峰，在喜马拉雅山脉、喀喇昆仑山脉、唐古拉山脉、昆仑山脉、天山山脉、祁连山脉、横断山脉、大雪山、岷山等山地中数以千百计，山峰的高度和数量都是其他国家无可比拟的。这里土地资源的情况是：山地多，平地少；宜林宜牧地多，农耕面积狭小；旱地多，水田少；低质土多，优质土少。在这种特殊环境下发展起来的农业，是一种典型的山地农业。

我国平原面积约为115万平方千米，占全国面积的12%。这些平原主要是由江、河、湖、海的泥沙冲积而成，地势坦荡，水网稠密，土壤肥沃，是我国主要的农耕地区。我国的平原分布很广，规模巨大的平原主要集中分布在大兴安岭——太行山——雪峰山一线以东的地区，形成一个依山连海、南北纵长的平原地带。

处暑雨，粒粒皆是米

这句农谚说明，在处暑节气来临之际，降雨会让农田很容易获得丰收，这也是晚熟作物的需求。晚熟秋粮，在处暑期间开始孕蕾、灌浆，这个时候出现充沛的降雨，能够缓解农田的旱情，庄稼能够更好地生长。我国幅员辽阔，各地地形和温湿度各异，因此这句农谚并非全面，具有很强的地域性和针对性。

早熟农作物与晚熟农作物有什么区别呢？早熟农作物的植株一般较矮，大部分的株高为50厘米左右；现蕾和开花时间较早，有的只现蕾不开花或花期很短；分枝多在茎的中上部，叶片的单位面积上的气孔少，但气孔较大。晚熟农作物的节间稍长，植株较高，大部分的株高在 70 厘米左右；现蕾和开花的时间较晚，花期较长；分枝大多靠近茎的下部。

那么，农谚中常说的早中晚稻又是怎么划分呢？主要根据播种期和收获期而划分，在长江中下游地区，早稻一般于 3 月底 4 月初播种，7 月中下旬收获；中稻一般 4 月初至 5 月底播种，9 月中下旬收获；晚稻一般于 6 月中下旬播种，10 月上中旬收获。同一地区，种完早稻可以接着种植晚稻，俗称双季稻。而中稻生育期较长，同一地区一年只能种植一次。准确把握水稻的播种和收割时间，同时在影响水稻产量的分蘖期、幼穗分化期和灌浆结实期科学合理地管理水稻，是水稻稳产高产的保障。

处暑过后广西三江侗族自治县人们在收割早稻（吴练勋　摄）

处暑打雷，荞麦一去不回

处暑正是播种秋荞的时节，因而有"处暑点荞"之谚。荞麦，也作乌麦、花荞，一年生草本作物。处暑下种，农历九月收割，此时遭遇阴雨天气的话，荞麦就会颗粒无收。

荞麦起源于中国，早在公元前一、二世纪已开始栽培，有荞麦和鞑靼荞麦两种，前者称甜荞，后者称苦荞。荞麦在日本的出现时间较为久远。早在绳文时代的遗迹中就已经发现荞麦的种子，早期的王宫贵族阶层不认同荞麦为食物，还只是被当做农民充饥的粗谷杂粮。到了奈良时代，当时的元正天皇为防止闹饥荒，鼓励种植小麦、荞麦等谷物。荞麦与小麦相比，大量加工制粉的难度相对较大，仍旧没能成为食物的主流。直至镰仓时代中国传来了石臼等研磨器具才得以改观。

尽管如此，荞麦依旧不如小麦加工容易。江户时代，朝鲜来的僧侣在和面时加入小麦粉进行调和，此方法传授到日本，才从寺院开始普及荞面切面加工技术。今天经常吃的荞面，就是当时留下来的"二八荞面"按照小麦、荞麦1∶4的比例加工的。不同配比的荞面，名称也随之变动。有时使用山芋、魔芋等代替小麦粉来调和荞麦粉和面，产生不同的弹性和食感。现在还添加"明日叶、紫苏、山椒、松茸、竹笋、蜂斗菜、樱花"等季节感的食材，变化出各式口味，食感不同而色彩各异，是一种极富诗意的美食体验。

农 事 类 谚 语

处暑满地黄，家家修廪仓

廪〔lǐn〕本指粮仓，引申指粮食。仓，是储藏粮食或其他物资的建筑物。廪仓也称仓廪，是贮藏米谷的仓库。处暑以后，山间田野里的粮食变得一片金黄。家家户户修筑粮仓，开始收获一年的辛劳，憧憬一年好似一年的生活。

自古以来，我国都是一个崇尚农业、以粮为本的国家。先秦经典著作《管子》载，"不生粟之国亡，粟生而死者霸，粟生而不死者王"，从国家层面揭示了粮食生产与储备的重要性。不仅如此，古人在对粮食生产及储备问题的思考中，也有不少制度化的探索与成果。《礼记·王制》一文就提出"耕三余一"的观点，即按年度计算，年末官府和民间的粮食库存量要相当于当年粮食总产量的三分之一，达到这个标准才能实现安居，未雨绸缪。再

江西省靖安县田间地头一派繁忙的秋收景象（徐仲庭　摄）

如，"国无九年之蓄，曰不足；无六年之蓄，曰急；无三年之蓄，曰国非其国也"，强调的是一个国家只有保有足够的粮食储备，才能保障国家安全。

手中有粮，心中不慌。仓廪殷实，是国家之福，也是百姓之盼。一粥一饭，当思来之不易；半丝半缕，恒念物力维艰。时移世易，道理无改。我们仍需珍惜每一粒粮食，唯有丰年不忘饥馑，方可有备无患、心中不慌。正所谓"仓廪实、天下安"！

处暑镰刀响，胡麻先遭殃

山西北部的胡麻产地以左云、右玉、平鲁为主。这三个县（区）是山西省的油料基地。"北路胡麻"的特点是：清香、味美、炸食物时烟雾小，上皮快，色泽清黄美观。胡麻的出油率也很高，达30％以上。这些特点使"北路胡油"不仅誉满塞上，也香飘全国各地。其中左云县的胡麻以其产量大、质量好、出油率高而闻名全省。处暑时节，正是左云地区农民挥动镰刀，开始收割胡麻的季节。

胡麻，即油用亚麻，顾名思义是由北方少数民族地区传来的植物。其生性喜寒耐寒，适合生长在西部、北部高寒干旱地区。胡麻不是麻，胡麻籽粒呈扁椭圆形，暗褐色，有光泽，像芝麻和油菜籽一样，是一种油料作物。胡麻油也叫亚麻籽油，香气浓郁，可炒菜，煎食品。胡麻油在我国有着悠久的食用历史，在民间称谓极多，有汪油、潞油和麻油等。胡麻油的营养价值和售价都为色拉油的两倍以上，也可用于生产油漆、油墨、肥皂等。胡麻油防治高血压、糖尿病、心脑血管病的独特功效是其他任何动植物油都不具备的。至于内服抗衰老、润肺润肠、凉血解毒及外敷滋润皮肤、美容养颜、疗疮生肌止痛，与香油有类似功能。

处暑定犁耙，日夜处处秋

在南方的客家农村，农民们经过"夏收夏种"后，处暑前完成了莳田，晚稻也已种上。这一时节相对农闲，犁、耙等农具也要在冬种或来年春耕时才派上用场，所以要"定"放在某一处保管。这时夏季的暑气渐消，尤其是山村早晚已有秋凉的感觉。

犁是一种耕地的农具，是由一种原始双刃三角形石器发展起来的，被称作"石犁"。春秋战国时期铁犁的出现，是我国农具发展史上的重大变革。

隋唐时期曲辕犁的发明和推广，大大提高了劳动生产率和耕地质量，标志着中国耕犁的发展进入了成熟阶段。传统步犁发展至此，在结构上便基本定型。此后，曲辕犁就成为中国耕犁的主流犁型。

　　耙是农业生产中用于表层土壤耕作的翻地农具，多在平地碎土、耙土、耙堆肥、耙草、平整菜园中使用。耙在我国已有 1500 年以上的历史。北魏贾思勰的《齐民要术》称之为"铁齿楱"，而将使用此农具的作业称作"耙"。元代《王祯农书》记载有方耙、人字耙、耢（用柳条编织的无齿耙）和耖（水田用的耖田耙）。随着现代化工具的发明使用，许多传统农具已逐步退出历史舞台，但铁耙作为农家必备农具之一，仍在使用。

千车万车，不及处暑一车；千戽万戽，不及处暑一戽

　　处暑时期的温差较大，是各种庄稼生长发育所需要的。这种温差十分有利于作物体内干物质的形成和积累，因此，南方晚稻正值圆秆至抽穗期，此时是决定庄稼收成的关键期，自然对水分需求量也相对偏多。农民使用水车、戽斗等汲水农具加大农田灌溉，是保证庄稼丰产的重要因素。

　　水车是一种古老的提水灌溉工具，是古代劳动人民充分利用水力发明出来的一种运转机械。据文献记载，水车大约在东汉时期出现。车高 10 余米，由一根车轴支撑着 24 根木辐条，呈放射状向四周展开。每根辐条的顶端带有一个刮板和水斗。刮板刮水，水斗装水。河水冲来，借着水势的运动惯性转动辐条，一个个水斗装满了河水被逐级提升。临顶，水斗又自然倾斜，将水注入渡槽，流到灌溉的农田里。

　　戽〔hù〕斗是一种取水灌田用的旧式汉族农具，用竹篾、藤条等编成。戽斗两边系有绳子，两人相对而立，双手牵拉绳索，使之上下有节奏地戽水上岸入田，或由此田戽入他田。元代王祯所著《农书》写道："戽斗，提水器也，……凡水岸稍下，不容置车，当旱之际，乃用戽斗，控以双绠，两人掣之抒水上岸，以灌田畨，其斗或柳筲，或木罌，所以便也。"可见，戽斗很早就在中国用于灌溉农田。有些地方把戽斗做成簸箕形，绑在杆上，一人操作即可。

处暑种芫荽，白露种菠菜

　　在陕西西安，处暑时节适合种香菜，香菜性喜冷凉，耐寒性很强；白露

时节适合种菠菜，菠菜也是一种典型的喜凉蔬菜，除了夏季之外，其他季节均可种植，天气愈凉，反而愈加容易管理。芫荽和香菜其实都是外来物种，而今，已成为我国人民餐桌上最为常见的蔬菜品种。

江西吉安永丰县农民在蔬菜地里劳作（刘浩军　摄）

芫荽，别名胡荽、香菜、香荽，为双子叶植物纲、伞形目、伞形科、芫荽属的一个植物种，一、二年生草本植物。芫荽原产地为地中海沿岸及中亚地区。据唐代《博物志》记载，公元前119年西汉张骞从西域引进香菜，故初名胡荽。公元8—12世纪传入日本，在南北朝后赵时，皇帝石勒认为自己是胡人，胡荽听起来不顺耳，便下令改名为原荽，后来演变为芫荽。芫荽是人们熟悉的提味蔬菜，状似芹，叶小且嫩，茎纤细，味郁香，多用于做凉拌菜佐料或在烫料、面类菜中提味之用。

菠菜，又名波斯菜、赤根菜、鹦鹉菜等，属藜科菠菜属，一年生草本植物。植物高可达1米，根圆锥状，带红色，较少为白色，叶戟形至卵形，鲜绿色，全缘或有少数牙齿状裂片。菠菜的种类很多，按种子形态可分为有刺与无刺两个变种。菠菜的源头可以追溯到2000年前亚洲西部的波斯（今伊朗），并经北非，由摩尔人传到西欧西班牙等国。《唐会要》曾明确记载，菠菜种子是唐太宗时从尼泊尔作为贡品传入中国的。

口外怕处暑，口里怕白露

霜的出现表明地面最低温度已达0℃以下，对农作物生长不利。秋季出现的第一次霜称为初霜，初霜愈早对作物危害愈大。我国地域辽阔，各地气候差异较大，各地的初霜自北向南、自高山向平原逐渐推迟。如果长城以北的地区在处暑时出现降霜，就会影响农作物的生长，如果降霜的时间在长城以南的白露时节出现，庄稼就会受冻减产。此农谚在河北宣化、张北、山西大同地区比较流行。

农谚里的"口内"和"口外"是什么意思呢？在张家口市的北端，屹立着东太平山和西太平山。在这两座高山中间有个大山口，山口中间，清水河从此流出。这个山口就是张家口名称当中的那个"口"字。再来说说"张家"二字的来历。在张家口堡建成之前，有个姓张的人家居住在山口附近，因此这个山口被称为"张家隘口"。1492 年，在这个隘口南面 7 里的地方，又筑一城堡，就是张家口堡。东西太平山上的山口，历史上不但被称为张家口，在清代还称为"东口"，与位于山西长城上的"西口"，一起成为晋商进入蒙古的重要通道。也有一说，张家口的"口"，其实也指长城的关口。以张家口市来说，有张家口、新开口、新河口，驻守边关就是守卫这几个"口"。因此"口里""口外"是指张家口以南和张家口以北，如今也泛指长城南北的地方。

处暑落雨又起风，十个橘园九个空

在江西地区，处暑节气正是橘子的生长期，橘树是耐阴性较强的树种，但要优质丰产仍需充足的日照。如果这时连续出现降雨的景象，雨水过多就会影响橘子成熟，大风天气还会使橘子出现倒伏等情况，橘子产量就会不保。

说起橘子，人们自然会想到江西。南丰蜜橘是我国古老柑橘的优良品种之一，是江西省的名贵特产。南丰蜜橘富含氨基酸、硒等 40 多种维生素和微量元素，色、香、味、形俱全，为"食之悦口、视之悦目、闻之悦鼻、誉之悦耳"的四悦水果，是中国地理标志农产品，单一品种种植规模和产量均为世界之最，出口量和出口国家数居全国第一。历史上的南丰蜜橘就以果色金黄、皮薄肉嫩、食不存渣、风味浓甜、芳香扑鼻而闻名中外。据古籍《禹贡》记载，早在两千多年以前，南丰一带所产的柑橘，就已列为"贡品"。唐宋八大家之一，南丰籍的曾巩，曾写诗赞美家乡的柑橘："家林香橙有两树，根缠铁钮凌坡陀。鲜明百数见秋实，错缀众叶倾霜柯。翠羽流苏出天仗，黄金戏球相荡摩。入苞岂数橘柚贱，笔鼎始足盐梅和。江湖苦遭俗眼慢，禁御尚觉凡木多。谁能出口献天子，一致大树凌沧波。"由此可见，当时蜜橘已能献给天子，故南丰蜜橘又有"贡橘"的美誉。在中外友好交往中，曾被斯大林同志誉为"橘中之王"。

生活类谚语

处暑十八盆，白露勿露身

处暑节气后，人们在早晚可以明显感觉到气温下降，但是在正午时气温依然很高，在室外工作的人依然会大汗淋漓。以前的农村，因为没有像现在这么多沐浴设备，所以在夏天的白天，人们便会用大澡盆在院子里晒上满满一盆水，等晚上回到家后，便用晒得很热的水来洗澡，冲去一身的臭汗和疲惫。"十八盆"就是说处暑节气之后每天都要洗澡，还要再洗十八次，也表示处暑后还要再热十八天。在《清嘉录》中有记载："土俗以处暑后，天气犹暄，约再历十八日而始凉。谚云'处暑十八盆'，谓沐浴十八日也。"洗完"十八盆"后，我国大部分地区气温会明显下降，降水减少，才会进入真正意义上的秋天。

处暑过后便是白露节气，虽然白露和处暑紧紧相连，但是在白露节气后，闷热的暑气已经基本结束，人们在晚上可以感受到一丝凉意，昼夜温差也会加大，人们已经不能再继续将胳膊和腿裸露在外面。所以处暑十八盆，白露无露身的意思便是，在处暑节气后人们依然可以像以前那样在院子里冲凉，但是到了白露节气后，大家就不能再贪图凉爽而继续穿着短衣短裤，而是要穿上长衣长裤以抵挡凉意。

处暑送鸭，无病各家

在处暑时节，家家户户亲朋好友要互相以鸭子作为赠送的礼物，所有的人吃了都会身体健康，这也从侧面说明了人们有一直在处暑吃鸭子的习惯。之所以有这样的习俗，有两个方面的说法。一种说法是处暑交节日期，一般出现在农历七月份，七月份有民间重大节日中元节，古时候的人认为从七月初一起，就有开鬼门的仪式，直到七月底关鬼门止，所以人们在七月份会有很多祭祀仪式，而吃鸭子的谐音是"压"，有压制一切灾祸的说法，利用吃鸭来保佑家人身体健康。此外从处暑的气温上来说，这个时候正是人体处于生理调节的季节，夏季人们过于贪凉，肠胃的抵抗力下降，同时这个季节正是阳消阴长的过渡阶段，人们容易出现口鼻干燥，咽干唇焦的燥症，所以适合吃鸭肉进行养胃滋阴。鸭子是"鸡鸭鱼肉"四大荤之一，全身都是宝。《本草纲目》记载鸭肉"填骨髓、长肌肉、生津血、补五脏"。由于气温开始逐渐寒凉，肺与秋季相应，人们容易患上咳嗽、咽干等感冒症状，因此要注意养肺防燥，饮食起居均要调剂周到，而鸭肉有养肺生津止咳的作用，所以正是符合"四时相配"的食物。

民间多有处暑吃鸭子的传统，而鸭子的做法也各有不同，演变出白切鸭、柠檬鸭、子姜鸭、烤鸭、荷叶鸭、核桃鸭等多种吃法。北京地区有个老传统，人们会在处暑的这一天购买处暑百合鸭。主要用百合、陈皮、蜂蜜、菊花等养肺生津的食材烹制老鸭，营养价值丰富。

江西德兴民众争相选购香包鸭（卓忠伟、吴园明　摄）

处暑鹞子白露鹰

处暑时，在我国北方的山东长岛一带，中小型猛禽开始迁徙。到了白露，还可以见到迁飞的苍鹰等中大型猛禽。鹞〔yào〕子是雀鹰的俗称，古名"鹞子""笼脱"，今通称"鹞鹰"。鹞子形体像鹰而比鹰小，背为灰褐色，以小鸟、小鸡为食，在民间也泛指中小猛禽。鹰，泛指中大型的白昼活动的鹰形类鸟，是肉食性动物，体态雄伟，性情凶猛，动物学上称它是猛禽类。

处暑三候与白露三候多与鸟儿有关且有引申意义。处暑一候为鹰乃祭鸟，《吕氏春秋》云："鹰乃祭鸟，始用行戮。"就是说处暑之时，鹰于大泽之中捕鸟，进食时将捕捉到的鸟儿放于面前慢慢享用，就像祭祀一样。古人顺应天时，此时行戮刑罚，以顺秋气，上天才会保佑禾谷丰登。白露一候鸿

安徽民众放生国家重点保护鸟类鹞鹰（叶华阳　摄）

雁来，二候玄鸟归，三候群鸟养羞。其中，鸿与雁中的"鸿"指天鹅，"雁"指大雁，"玄鸟"指燕子，这些候鸟们都要踏上南归的旅程。而不南归的鸟儿，便开始准备过冬的食物。

我国现存最早的琵琶曲是元人杨允孚的《海青拿天鹅》或称《平沙落雁》，讲的就是"万鹰之神"海东青猎取候鸟天鹅的过程，正合"鹰乃刑鸟"与"鸿雁南归"之意。该曲于处暑白露时节来听，颇为合适。

秋后问斩

春夏为阳，秋冬为阴，处暑正是阴的开始。《吕氏春秋》上说："天地始肃不可以赢。"即是告诫人们秋天天地肃杀，人也应该顺应自然，做到收敛而不骄淫。古时候，人们认为在人类和自然界万物之外存在着一个能支配万物的造世主。灾害、瘟疫、祥瑞、丰年都是上天赐予的，因而人们的一切行为都必须符合天意。设官、立制不仅要与天意相和谐，刑杀、赦免也不能与天意相违背。如果违背天意，就会招致灾异，受到上天的惩罚。在《逸周书》中，在此时"行戮""戮有罪"已成定制，"秋冬行刑"遂被载入律令而制度化。战国时"五行说"兴起以后，秋天与行刑的联系就更紧密了。"五行说"是我国特有的物质观，认为物质是由金、木、水、火、土五种形态组成，并有相克的关系。春夏秋冬和东南西北也与五行分别对应。西汉时，儒家在五行相克的基础上，更提出了五行相生，即木生火、火生土、土生金、金生水、水生木。金对应秋和西方，行刑使刀，所以用金于秋、在西门外问斩。在明清时的北京城，斩首犯人位于城西门的宣武门外。"秋决"也就是顺应天地肃杀之气行刑，借此告诫人们顺应自然，谨言慎行，做到反省收敛而不骄淫。

曝衣物晒干桃

"授时指掌活法图"是《王祯农书》的首创，他把星躔、节气、物候归纳于一图，并把月份按二十四节气固定下来，以此安排每月农事。他又指出该图以"天地南北之中气作标准"，要结合各地具体情况灵活运用，不能"胶柱鼓瑟"。该图以平面上同一个轴的八重转盘，从内向外，分别代表北斗星斗杓的指向以及天干、地支、四季、十二个月、二十四节气、七十二候，各物候所指示的农事活动。把星躔、季节、物候、农业生产程序灵活而紧凑地联成一体。授时指掌活法图把"农家月令"的主要内容集中总结在一个小图中，明确、经济、使用方便，不能不说是一个令人叹赏的绝妙构思。

在此图中，政府授百姓在处暑时节"曝衣物晒干桃"。处暑时期天气肃爽，湿气已敛，正是晾晒衣物的绝好时期。经过汛期的湿热天气，衣物多被湿邪之气所浸，若不及时晾晒通风，对衣物及人体有害。"晒干桃"与中医药有关，李时珍的《本草纲目》中有这样的记载："桃实在树上，经冬不落者为桃枭，苦、微温、有小毒。主治：疟疾、盗汗不止。"古时，由于通讯和交通等条件的局限，大多数人在生病时得不到及时医治，有人家中会自备些药材，干桃便在此时节及时晾晒，以备其用。

三、常用谚语

处暑北风恶，秋天干了河。　广西（荔浦）

处暑处暑，灌死老鼠。　湖北

处暑大雨淋，晚稻半收成。　浙江（衢州）

处暑东北风，大路当河通。　福建（晋江）

处暑逢霜，割尽谷桩。　四川

处暑格雨滴滴落，过年多买几斤肉。　江苏（无锡）

处暑还无雨，五谷空籽粒。　吉林

处暑久雨天必旱，处暑无雨白露雨。　广西（上思）

处暑雷公叫，老鼠恶过猫。　广东（惠州）

处暑凉，浇倒墙。　青海

处暑落一点，高山都有捡。　江西（广昌）

处暑落雨百草长，白露落雨霜苽慢。　浙江（丽水）

处暑难阴，白露难晴。　上海

处暑晴，冬雨多。　海南（保亭）

处暑热渐止，常有大风雨。　福建（厦门）

处暑日，曝死鲫。　福建（云霄）

处暑日北来，晒出脑汁来。　山西（平遥）

处暑无雨一冬晴，处暑有雨难收冬。　海南（屯昌）

处暑勿雾，晴到白露。　浙江（宁波）

处暑下雨十八闹，处暑无雨十八燥。　广西（荔浦）

处暑响雷，百日无霜。　上海

处暑有雨河涨水，处暑无雨干断河。　四川（阿坝）［羌族］

处暑雨，串串珠；白露水，无益处。　广东（肇庆）

处暑不插田，插了也枉然。　广东

处暑不落雨，干到白露止。　江西（东乡）

处暑不拿镰，没有十天闲。　河北、陕西、宁夏、甘肃

处暑不找黍，白露准割谷。　河北（保定）

处暑栽菜白露追，秋分放大水。　河北（任丘）

处暑到秋分，大蒜播种是时辰。　湖南（湘西）［苗族］

处暑节气来，要种大白菜。　山东（郓城）

处暑漏一漏，种得十天秋大豆。　福建（浦城）

处暑前，莫荒田；处暑后，莫点豆。　江西（万安）

处暑三日强种田，早种荞麦莫偷闲。　河南

处暑栽黄秧，能收一箩筐。　河南（固始）

处暑栽薯一根鞭，白露栽薯一根藤。　湖南、浙江

处暑栽粟秧，粟头粟秆一样长。　浙江

处暑早，秋分迟，白露前后正当时。　山西（平陆）

处暑种红薯，急过借米煮。　广西（贺州）

处暑种黄豆，一升滚一斗。　福建

处暑种荞，不如栽苕。　湖南（岳阳）

处暑不浇苗，到老无好稻。　　河北、上海、江苏（南京）

处暑不收墒，不如炕上躺。　　山西（长子）

处暑不耘田，误了下半年。　　福建

处暑锄草根，来年草回头。　　河北（万全）

处暑根头白，白露枉费心。　　浙江

处暑够苗不封行，白露封行不铺雾。　　广东

处暑谷渐黄，大风要提防。　　山西（太原、新绛）

处暑过了禾翻身，三月无雨减一分。　　江西（永新）

处暑花，捡到家；白露花，不归家。　　河南（濮阳）

处暑及早捉黄塘，块块稻田苗兴旺。　　上海

处暑雷声起，瘪谷绕场飞。　　上海

处暑犁耙住，秋分满垌匀。　　广西（桂平）

处暑里的雨，收不及个米。　　江苏

处暑落水刮北风，晚造多虫又烂冬。　　广西（桂平）

处暑落下雷暴雨，没有老鼠啃禾穗。　　江西（宜黄）

处暑三田水，白露稻上场。　　上海

处暑上一作，家家满仓谷。　　浙江

处暑十八耙，懒人种荞麦。　　江西

处暑勿浇苗，到老无好稻。　　河北、上海、江苏（南京、吴县）

处暑夜夜点诱蛾灯，立冬处处有好收成。　　上海

处暑一根枪，三天三夜赶上娘。　　浙江（嘉兴）

稻怕处暑风，人怕老来穷。　　黑龙江

豆吃处暑露，迟勿落叶早无荚。　　浙江（丽水）

过了处暑节，不打自己跌。　　四川

雨打处暑头，长柄锲子割稻头。　　浙江（湖州）

处暑的核桃白露枣，霜降的柿子红山坡。　　湖北

处暑豆，升换斗。　　福建（武平）

处暑割线麻，白露割黄烟。　　黑龙江

处暑好晴天，家家要采棉。　　浙江、湖北（鄂北）

处暑黄豆白露麦，寒露萝卜摘油菜。　　福建（宁化）

处暑看庄稼，黑谷黄棉花。　　河南

处暑离社三十三，荞麦压坏铁扁担。　陕西（渭南）

处暑落一番，豆麦随身担。　福建（清流）

处暑满垌黄，白露满田光。　广西

处暑葡萄白露菜，不到秋分不种麦。　山西（曲沃）

处暑前十天不为早，处暑后十天不为迟。　湖北（荆门）

处暑荞，白露菜，秋分麦子满地盖。　云南

处暑晴，割稻芽。　海南（定安）

处暑秋杂正出穗，糜谷荞麦淌三水。　宁夏

处暑三，有豆担；处暑四，种种看。　浙江

处暑穗儿长，秋分糜子黄。　宁夏

处暑提镰割早稻，白露提镰不认青。　河南（光山、罗山）

处暑田内箩担子，白露田内一场空。　安徽

处暑阴一阴，稻草烂成筋。　广东、福建（福鼎）

处暑有雨滴滴是米，处暑无雨百日无霜。　河南（驻马店）

处暑找暑，白露割谷。　北京（房山）

棉到处暑节，桃儿争着裂。　宁夏

三暑无雷稳收冬，三暑打雷一场空。　福建

莳田莳到处暑，不如上山捉老鼠。　广东（和平）

天下若逢处暑雨，纵然结实也难收。　广东（深圳）

头秋旱，减一半，处暑雨，贵如金。　山西（晋城）

晚插秧苗过处暑，收谷不够养老鼠。　广西（平乐）

处了暑，被子捂。　河南（南阳）

处暑日，故礼逐；处暑过，不用布。　福建（罗源）

处暑浴壶干。　上海

处暑十八盆，白露加三盆。　江苏（镇江）

处暑十八盆，河里呒下泅浴人。　江苏（太仓）

处暑后十八盆汤，立秋后四十日浴汤干。

处暑晴，布衣当光到京城。

白　　露

一、节气概述

白露，二十四节气的第十五个节气，通常在每年 9 月 7 日至 9 日，太阳到达黄经 165°进入白露节气。白露的含义是天气转凉、寒生露凝。

白露分三候：一候鸿雁来，大雁从漠北飞来；二候元鸟归，小燕飞向南方越冬；三候群鸟养羞，百鸟开始积攒和储藏干果粮食，以备过冬。

白露季节的物产有谷子、大豆、高粱、花生、山芋、甘薯、梨和红枣等，此时秋茶也正值采摘的时节。富饶辽阔的东北平原开始收获，华北地区秋收作物成熟，大江南北的棉花正在吐絮，进入全面分批采收的季节。白露不仅是收获的季节，也是播种的季节。这时南方地区开始种小麦、晚稻和荞麦等作物。

白露节气的民俗活动有"过白露节"、祭禹王、祭土地神、祭花神、祭蚕花姑娘、祭门神、祭宅神、祭姜太公等。浙江苍南、平阳等地民间，人们于此日采集"十样白"，以煨乌骨白毛鸡（或鸭子），据说食后可滋补身体，去关节炎。这"十样白"是十种带"白"字的草药，如白木槿、白毛苦等，与"白露"字面上相应。此外，还有吃龙眼、吃番薯，饮白露米酒、白露茶等习俗。

二、谚语释义

气象类谚语

白露秋分夜，一夜凉一夜

白露时节凉爽的秋风自北向南已吹遍南北大地。太阳直射地面的位置南移，北半球日照时间变短，日照强度减弱，夜间常晴朗少云，地面辐射散热快，所以温度下降速度逐渐加快。夏季风渐渐被冬季风所取代，多吹偏北风，冷空气南下频率加快，气温下降速度快。这时，冷空气南下逐渐频繁，北方多大风天气，福建等西南沿海地区多台风。白露在阳历九月初，已是秋天气象，天气逐渐变冷了。但此时，我国的南方沿海地区暑热仍未全消，偶有热天。白露时节的晴天是最为难得的，晴天在白露节气预示着来年丰收、冬季气温不会太低，一些地区有"白露晴，冬不冷"的农谚，从农事生产上讲，人们也更期盼白露多晴天。"早北晏东南，晚稻好晒田"，白露以后，如果夜晨吹偏北风，上午或中午后转吹东到东南风，未来天气多出现晴好，对于晚稻的晒田是很有利的。

白露日，西北风，十个铃儿九个空

白露时节正是晚稻抽穗扬花、棉铃吐絮的时候，需要天晴，不宜雨水。如果晚稻在扬花最盛时遇暴雨，稻花被雨所伤，将来瘪粒就多，造成减产，棉花烂铃，蔬菜影响品质。像蔬菜和晚稻等作物，在白露期间还是需要一定雨水的，但雨水过多对农作物生长是有害的。

民间有"滥了白露，天天走溜路"的农谚，虽然不能以白露这一天是否有雨水来作天气预报，但一般白露节前后确实常有一段阴雨天气。而且，自此华南降雨多具有强度小、雨日多、常连绵的特点。与此相应，华南白露期间日照较处暑骤减一半左右，递减趋势一直持续到冬季。白露时节的上述气候特点，对晚稻抽穗扬花和棉桃爆桃是不利的，也影响中稻的收割和翻晒。充分认识白露气候特点，并且采取相应的农技措施，才能减轻或避免秋雨危害。另外，也要趁雨抓紧蓄水，特别是华南东部的白露是继小满、夏至后又一个雨量较多的节气，更不要错过良好时机。

白露青铜镜，三日就起霜

这句谚语的意思是，白露天上无云，没几日就要起霜了。霜是一种白色的冰晶，多形成于夜间。少数情况下，在日落以前太阳斜照的时候也能形成。通常，日出后不久霜就融化了。但是在天气严寒的时候或者在背阴的地方，霜也能终日不消。由于干湿状况的差异，不同地区会出现阴冷多雨，或干燥凉爽的气象状况。在较冷的深秋，由于昼夜温差大，白天蒸腾的水汽会在夜间凝结，或为露，或为霜。在北纬45°以北的呼伦贝尔盟、锡林郭勒盟和乌兰察布盟的大青山以北地带，初霜多出现在白露前后，因此内蒙古地区有"白露前三后四有霜"的农谚。霜本身对植物会产生冻害，因为溶化或升华的过程中吸热，降低植物的温度，使得植物内部的水分凝结，过低的温度会损害植物细胞。不过也有研究表明，经历过霜的植物比没经历过霜的植物具有更好的耐寒性。霜通常出现在秋季至春季时间段。

金丝桃花蕊上凝结着晶莹剔透的露珠（王建中　摄）

白露三朝露，好稻满大路

这句谚语的意思是，白露节连日朝露重，说明会有多日晴天，对晚稻扬花授粉好，稻谷粒粒饱满。露是指空气中水汽凝结在地物上的液态水。傍晚或夜间，地面或地物由于辐射冷却，使贴近地表面的空气层也随之降温，当其温度降到露点以下，即空气中水汽含量过饱和时，在地面或地物的表面就会有水汽的凝结。如果此时温度在0℃以上，在地面或地物上就出现微小的水滴形成露。许多学者认为露水对植物生长有利，例如可改善土壤水分、可调节湿度、可使肥料和脱落剂长时间附着，以及延长杀菌剂杀菌时间等。李时珍在《本草纲目》水部记载了许多与露有关的养生保健知识。《露水·主治》中记载"秋露繁时，以盘收取，煎如饴，令人延年不饥""百草头上秋露，未晞时收取，愈百疾，止消渴，令人身轻不饥，肌肉悦泽"；"百花上露，令人好颜色"。《甘露·主治》中还记载"食之润五脏，长年，不饥，神仙"。因此，收清露成为白露节气一种最特别的民间习俗。

农 事 类 谚 语

白露不摘烟，霜打不怨天

东北二十四节气歌谣中有"白露烟上架，秋分不生田"，前半句指的是到了白露，烤烟就应当收割了，收割下来的烤烟，要挂到架子上晾晒。烤烟，是一种专采叶子的经济作物，叶子非常怕寒。被霜点过的烟叶会发苦，所以东北地区烤烟到了白露就要收割，并且要趁秋高气爽的日子晾晒干，由此，被称为"烟上架"。烤烟源于美国的弗吉尼亚州，因此也称为弗吉尼亚烟草，是将生长成熟的烟叶置于设有热气管道的烤房中，给以适宜的温、湿度条件，使烟叶内成分进行生物化学变化，待烟叶变黄后烘干。因此，烤烟又称火管烤烟，是卷烟工业的主要原料。

在国外也有明火烤烟，是利用木柴燃烧直接加热烤房完成调制过程，所以这种烟叶有种特殊的烟熏气味，又称熏烟，是制作鼻烟、嚼烟等的原

烤烟丰收，准备烘烤（张克非　摄）

料。烟草起源于美洲、大洋洲及南太平洋的某些岛屿，传入亚洲是在 16 世纪中叶，传入中国的时间大约是在明万历年间（1573—1620 年），也有报道在 1522 年便传入我国。起先传入我国的都是晾晒烟，烤烟于 1900 年间传入我国，并于 1937—1940 年间形成大规模的烤烟生产。早期应用于烟叶生产的烤烟品种主要是靠引进，进入 20 世纪中后期，伴随我国烟草育种工作的普及和育种水平的提升，自育烤烟品种的种植推广比率逐年上升。21 世纪初期，自育品种的推广种植已超过引进品种。

白露草，耘也倒，不耘也倒

"耘"的本义为除去田里的杂草。《墨子》中有"农夫春耕夏耘，秋敛冬藏。"意思是农民春天耕种，夏天除草，秋天收获，冬天储藏。中耕除草是田间管理的重要过程。原始农业时期，作物播种后，任其生长，不加管理，因此没有田间管理工具。商周时期，人们认识到杂草严重危害作物生长，懂得了除草壅苗，创造了田间管理技术，开始使用青铜农具除草松土，使用时单手执握蹲行田间。春秋战国时期铁质农具的出现标志着农业生产力的

提高。

　　田间管理农具主要包括旱地农具和水田农具两种。旱地中耕农具有锄、漏锄、铲等。锄也称耰锄，虽有数千年的历史，是中耕除草农具，形制简单，变化也不大，至今仍然是我国农村最常见的田间管理农具。锄种类非常丰富，有小锄与大锄之分，适合不同的田块和不同的作物。用小锄时，农民得蹲着锄地，用大锄时，农民可站立使用。还有一种中空的锄，称漏锄，是北方旱地中耕除草工具，自清代开始使用。它比一般锄稍小，刃宽三寸多，刃边至中空处约寸余。其特点是使用轻便，且锄地时不会把土翻起来，锄过之后，土地平整，利于保墒。此外，除草松土工具还有铲，古代又称钱（小铲），出现于春秋战国时期。唐宋以后，出现大铲，站立使用。在南方水田中耕农具有耘荡、耘爪等，耘荡又称耘耥，水田中耕农具，开始在元代江浙地区使用。现在广泛应用于南方水田。耘爪是水田中耕农具，用竹管斜削成长寸许的指套，戴在手指上耘禾。始于唐代，宋元之后通行各地。

头白露割谷，过白露打枣

　　枣子在白露之前成熟，过了白露枣子就要掉了。白露打下的枣，从品相到滋味，最为怡人。

　　关于枣的发现，民间有不少传说。相传，黄帝带领族人到野外狩猎，发现这果儿甘甜中带着微涩，分外解饥止渴。到了秦代，秦始皇为求长生，命方士徐福往东海寻长生不老之药，徐福在今黄骅一带逗留两年有余，遍寻仙丹，偶得土人奉上异枣，入口甘甜，食之神清气爽，众人以为"神果"。然而咸阳距此千里之遥，无法送达。后徐福东渡扶桑，一去不返。公元前210年，秦始皇亲自带队，来寻神果，未果即驾崩于途中，始皇帝终无口福。一代英雄汉武帝也是迷信拜神求仙，乞求长生不老。受方士李少君"有仙人食仙枣逾年而不衰"的蛊惑，于公元前110年东巡观海、筑台求仙。武帝得食冬枣，当即封为"仙枣"。沧海桑田，物换星移。直至明代，崔庄冬枣才走进皇宫，成为皇家枣园。崔庄古冬枣种植流传至今，是植物类全国重点文物保护单位，也是中国重要农业文化遗产地。在植被稀疏的黄土高原，在黄河沿岸的坡地上，枣树林起到防风固沙、水土保持、涵养水源的作用，陕西佳县古枣园、宁夏灵武长枣种植系统是著名的中国重要农业文化遗产。

白露时节冬枣飘香农事忙（姜桦　摄）

白露到，打核桃

白露时节是果树的果实采收的关键时期。"白露到，打核桃""白露打核桃，秋分下杂梨""白露打核桃，不打仁变燥""白露到，核桃往下掉"等谚语，都提示这一时节果树的果实成熟可以采收了。这是由于白露时节需要食用一些温补的食物，核桃就是非常适合的节令食品。因为核桃味甘、性温，入肾、肺、大肠经，具有健胃、补血、润肺、养神的功效。核桃营养价值丰富，有"万岁子""长寿果""养生之宝"的美誉。白露时节，不仅是收获核桃的时间，更是吃核桃、养身体的时候。

河北涉县农民打核桃（郝群英　摄）

除了吃核桃，这个时节也还需要加强对核桃树的管理，这不仅关系到核桃果实的品质，还关系到来年核桃的产量。对于白露时节来说，核桃的管理，关键是要做好以下几个方面：一是适时采收果实。核桃属于坚果类，果实耐贮藏。但如果在不适时采收，依然会对果实的产量和品质产生很大的影响。如果采收过晚则果实易脱落，而青皮开裂后挂在树上的时间过长，会增加受霉菌感染的机会，导致坚果品质下降。而如果采收过早，则会出现核桃青皮采收后不易脱皮，种仁饱满程度不够，吃起来有涩味，以及其他品质不达标等问题。所以核桃的采收不能过早，也不能过晚，只有在成熟期适时采收最好。二是要防治好病虫害。这个时候的核桃，也比较容易遭受病虫的危害，因此需要在施基肥的同时，做好病虫害的防治。三是在白露时节，核桃采果后还需要做好秋季修剪、果园深翻等事项，才能确保核桃来年继续丰产稳产。

白露到，南瓜掉

进入白露之后，天气冷热不均，昼夜气温变化大，很容易导致湿毒、病菌等毒素的入侵。南瓜营养价值非常高，富含多种营养物质成分，可以起到解毒、清热解暑等功效，可以说是养生"圣品"。南瓜原产于南美洲，已有9 000年的栽培史，哥伦布将其带回欧洲，以后被葡萄牙引种到日本、印度尼西亚、菲律宾等地，明代开始进入中国。李时珍在《本草纲目》中说："南瓜种出南番，转入闽浙，今燕京诸处亦有之矣。二月下种，宜沙沃地，四月生苗，引蔓甚繁，一蔓可延十余丈……其子如冬瓜子，其肉厚色黄，不可生食，惟去皮瓤瀹，味如山药，同猪肉煮食更良，亦可蜜煎"。南瓜的优点非常明显，它产量大、易成活、营养丰富，荒年可以代粮，故又称"饭瓜""米瓜"。《北墅抱瓮录》中说："南瓜愈老愈佳，宜用子瞻煮黄州猪肉之法，少水缓火，蒸令极熟，味甘腻，且极香。"所谓"子瞻煮黄州猪肉之法"，就是苏东坡制作东坡肉的方法，可见人们已将南瓜视为珍物。光绪之前甚少见"南瓜"之说，多以"番瓜""翻瓜""蕃瓜""房瓜""窝瓜"称之，一方面是说它来自海外，一方面是说它体量巨大，此外还有"金瓜"一说，因为它色泽金黄，且有药用价值。

白露点荞，秋分看苗

荞麦又称乌麦、甜麦、花麦、花荞、三棱荞等。产地分布产于中国北方内蒙古和云贵地区，内蒙古自治区库伦旗素有"中国荞麦之乡"的美誉。荞麦原产地是在亚洲东北部、贝加尔湖附近到中国的东北地区，具体的传播过程是在唐朝时期由北向南传入中国内地。宋朝时期在华南地区普遍种植。荞麦喜凉爽湿润的气候，不耐高温、干旱、大风，畏霜冻，喜日照，需水较多。荞麦光合能力的大小决定着产量的高低。荞麦生长期约 70 余天，江西省农民习惯种秋荞麦，多在处暑前后下种，过早气温太高，容易引起生长过旺，开花结实少；过迟植株矮小，生长发育不良，易遭霜害，影响产量。我国荞麦一年四季都有播种：春播、夏播、秋播和冬播，也称春荞、夏荞、秋荞、冬荞。我国北方旱作区及一年一作的高寒山地多春播；黄河流域冬麦区多夏播；长江以南及沿海的华中、华南地区多秋播；亚热带地区多冬播；西南高原地区春播或秋播。荞麦因其含有丰富的营养物质以及能够在土壤贫瘠的环境良好生长的特点而被作为优质牧草进行研究和利用。研究表明，使用荞麦饲喂畜禽，可以增加猪肉蛋白质和脂肪含量，提高瘦肉率，改善肉质风味，提高牛奶和牛肉的品质，增加鸡蛋蛋壳的厚度、蛋黄和鸡肉中的维生素 E 含量。

蚕豆不用粪，只要白露种

蚕豆是世界上第三大重要的冬季食用豆作物。据宋《太平御览》记载，蚕豆由西汉张骞自西域引入中原地区。蚕豆在我国种植广泛，自古即是重要的食物，同时也是重要的出口产品。蚕豆隶属于小杂粮，在生活中有十分重要的价值。既可作为传统口粮，又是现代绿色食品和营养保健食品，也是富含营养及蛋白质的粮食作物和动物饲料。蚕豆和其他豆类一样，在其根部有形成根瘤的固氮菌，具有固定和吸收空气中游离氮气的能力，为植物提供氮素养料，所以种蚕豆不需要施肥。而且蚕豆管理粗放，地边田角，宅前宅后零星空地均可种植，只要求在白露节前后下种就可以了，都可收获相当产量。进入白露节气之后，我国各地露水会增多，在蔬菜管理方面，要注意不要在露水未干的蔬菜上喷洒药剂，这样会稀释药剂，难以达到相应效果，要提早做好施肥除害，晚稻施肥也要赶在白露前完成。俗话说"白露屎，无人使"，说的就是施肥误时没有效果，白露时节就不再适合给作物施肥了。

谷雨种谷子，白露栽白菜

白菜，在民间俗称"百姓之菜"，虽然一年四季都能吃到，但唯有经过霜打后的白菜，味道才特别鲜美。"拨雪挑来塌地菘，味如蜜藕更肥浓。朱门肉食无风味，只作寻常菜把供。"宋代范成大的这首《田园杂兴》就是专门盛赞冬日白菜之美味的。说这个时节的白菜甜如蜜藕，但又比蜜藕更加鲜美。白菜是典型的冬季蔬菜，一般在 9 月左右种植，最适宜的生长温度是 5～25℃，因此白露节气最适宜栽培白菜。白菜对土壤的要求并不高，以富含有机质、疏松肥沃的沙壤土或壤土为最佳选择，地块前茬不宜是十字花科作物。栽种之前可以将土地进行翻耕一次，然后还需施用一次底肥，底肥一定要施充足，可以将有机肥和复合肥搭配使用，然后深耕耙平。白菜生长中，可以适当地追肥，追肥的时间和每次的用量都要根据大白菜的生长周期和长势来决定。在幼苗阶段如果底肥足够的话，可以不用追肥。除了肥料的使用之外，浇水也非常关键，大白菜在种植管理期间对水分的要求比其他蔬菜要大，所以根据白菜的长势，要及时地给大白菜增加浇水量，要注意的是，南方地区雨水过多的话容易造成缺氧烂根。

白露花，不归家

白露以后棉花所开的花，即使能结铃也不能正常吐絮了，因此在生产上有放弃后期管理的倾向。其实，此谚语在长三角地区大多数年份并不符合实际情况。通常此时仍在有所减弱的西北太平洋副热带高压控制下，白天温度依然较高，因此白露后几天开的花，经过 50～70 天后仍可吐絮，一般不会遇到早霜危害，所以白露花也能够正常吐絮。而且由于白天光照较多，气温较高，夜间气温较低，昼夜温差较大，有利于光合作用和干物质积累，光合效率高，对棉花结铃与伏、秋桃的增重均较有利。因此加强白露以后的田间管理对于提高棉花产量及质量都有重要的意义。此外，白露时还是棉花选种的重要时间，相关谚语如"要想来年长好棉，今年白露田边选"，指的是要想种出好的棉花就要在白露时在田间选好种子。农历八月，正值棉桃成熟吐絮时间，在田间挑选具有结铃性强、铃大、成熟早、吐絮畅等优良性状的棉株，选择上中下部靠近主茎的棉铃留种，且要单收、单晒、单轧、单存，严防混杂。

机械采棉机在新疆棉田中采收棉花（陶维明　摄）

白露雁南飞，收割早准备；中秋磨刀镰，晚秋葱插田

白露一候为"鸿雁来"，此时鸿雁等候鸟为了过冬开始向南迁徙。鸿雁是中国文化中的灵禽，小者曰雁，大者曰鸿。李时珍在《本草纲目》中说雁有"四德"："寒则自北而南，止于衡阳，热则自南而北，归于雁门，其信也；飞则有序而前鸣后和，其礼也；失偶不再配，其节也；夜则群宿而一奴巡警，昼则衔芦以避缯缴，其智也。"因为雁有着如此多的优良品质，所以被古人附着了诸多的象征意义。古人称来往书信为"雁书""雁帛"，称事物排列有序为"雁行""雁序""雁阵"，称彼此音信断绝为"雁逝鱼沉"，称两相别离为"雁影分飞"，等等。

据《史记》记载，汉武帝天汉元年（公元前 100 年），中郎将苏武出使匈奴，被长期拘留，关押在北海（今贝加尔湖）苦寒地带多年。后来，汉朝派使者要求匈奴释放苏武，匈奴单于却谎称苏武已死。与苏武一同出使匈奴的常惠秘密地见到了汉使者，告诉苏武并没有死，并让他对单于说：汉天子在上林苑打猎，射到一只鸿雁，雁足上系着一块帛书，上面说苏武在一大泽中。这样，匈奴单于再也无法诡称苏武已死，只得把他放归汉朝。因此，鸿雁也就成了邮使的美称。

白露一到，大马哈鱼往网里跳

每年到了白露季节，黑龙江乌苏里江就会迎来大马哈鱼洄游，场面十分壮观。《盛京志》上说："秋八月自海迎水入口，驱之不去，充积甚厚，土人竟有履鱼背渡江者。"当地渔民形容"当大马哈鱼洄游进黑龙江里的时候，在鱼群里插根竿子都不会倒下"，"捕鱼网拉起来一半就要割断绳索，不然船都要翻了"。大马哈鱼名字的来历有一个传说故事。相传唐王东征时来到黑龙江边，正逢白露时节，被敌人围困，外无援兵内无粮草。正当唐王一筹莫展之时，一大臣奏道："何不奏请玉皇大帝，向东海龙王借鱼救饥？"玉帝便令东海龙王派一条叫做秃尾巴老李的黑龙带领鲑鱼前来。人马得到鱼吃，力量倍增，于是大获全胜。马原来是不吃鱼的，但架不住鲑鱼美味，可是也只吃鲑鱼，所以后来便把鲑鱼叫做"大马鱼"，再后来就慢慢地演变成了"大马哈鱼"。"江里生，海里长，江里死"，大马哈鱼的洄游可说是悲壮的旅程，行程几千里，进入淡水后几十天不再进食，一路上要经过激流瀑布，上有鸟类下有熊狼，最大的威胁还是来自人类的捕捞，能够到达出生地的可以说是千里挑一。大马哈鱼的洄游对于生态有着重要作用，洄游流域沿岸森林中80％的氮都来自海洋，大马哈鱼可以说是当地生态的核心枢纽。

白露一过，镰刀操作

　　白露一过就到了收获时节。收获农具包括收割、脱粒、清选用具。收割用具包括收割禾穗的掐刀、收割茎秆的镰刀等。镰是重要的传统收获工具，也称镰刀。旧石器时代末期，已经有镰形器物。至少在8000年前，石镰开始出现。以河南裴李岗村为代表的中原地区的早期新石器时代文化遗址，出土了较多的石镰，这些石镰一般为弯月形，形体扁薄，刃部多为细小的面性锯齿状，柄部稍宽，宽端有一或两个便于系绳的缺口，形体多样，制作精细。商周时期出现了青铜镰，其形制已与战国西汉的铁镰相差不多。与镰相似的工具还有早期的铚，也称掐刀、爪镰，它是从原始农业收获工具石刀和蚌刀发展而来的，因此早期的铚就保留了石刀和蚌刀的形态。春秋以前使用的是铜铚，战国以后则多为铁铚。大致从战国开始，开始实行育秧移栽技术，田中已有株行距，水稻品种也远离野生状态，再加上铁质农具的普及，铁镰已非常轻巧锋利，人们懂得了用稻、粟的秸秆盖房子和饲养牲畜，为连秆收割技术的运用打下了基础。汉代以后，铁铚逐渐减少，铁镰成为主要收获农具。但是铚并未完全消失，至今在华北农村尚有使用。

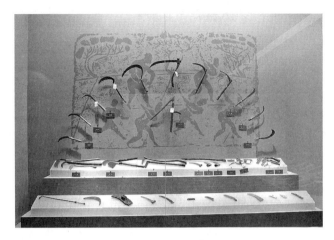

各式镰刀（中国农业博物馆藏）

白露早，寒露迟，秋分种麦正当时

秋分是黄河流域适期播种小麦的最佳时机。白露种麦有些过早，寒露有些过迟，秋分时节最适宜。"种麦"又作"麦子"，"正当时"又作"正适时"或"正适宜""正相宜""最相宜""最当时""还当时"。此时西北、东北地区的冬小麦开始播种，华北的秋种也即将开始，应抓紧做好送肥、耕地、防治地下害虫等准备工作。黄淮地区、江淮及以南地区的单季晚稻已扬花灌浆，双季晚稻即将抽穗，都要抓紧气温还较高的有利时机浅水勤灌。待灌浆完成后，排水落干，促进早熟。如遇低温阴雨，还要注意防治稻瘟病、菌核病等病害。

白露收高粱，寒露打完场

白露是秋季的第三个节气，不少农作物已经进入了成熟阶段，在幅员辽阔的中国大地上，不同的地区有不同的成熟作物。此时东北平原开始收获大豆、小米、大米、高粱和其他作物。西北和华北地区的玉米、甘薯和其他秋作物正在逐渐成熟，并将很快收获。此外，来自大江南北的棉花、花椒、红枣、谷子、核桃、番薯等也即将成熟收获。如果白露时节天气晴好，气温正常，就有利于晚稻结实，便会有"谷米白如银"的好收成。

高粱喜温、喜光，在生育期间所需的温度比玉米高，并有一定的耐高温特性，全生育期适宜温度 20～30℃。而且，高粱是 C4 作物，全生育期都需要充足的光照。根系发达，根细胞具有较高的渗透压，从土壤中吸收水分能力强。有关出土文物及农书史籍证明高粱种植最少也有 5000 年的历史，许多研究者认为高粱原产于非洲，以后传入印度，再到远东。世界上高粱分布广，形态变异多，非洲是高粱变种最多的地区。

生 活 类 谚 语

白露到，龙眼俏

秋季肺脏当令，肺五行属金，根据中国传统的"五行"学说，土能生金，而金又能生水，土、金、水分别对应"五脏"中的脾、肺、肾，因此白露节的食补与药膳既要润肺，又要健脾，还可以养肾。

龙眼肉甘温，入心脾两经，具有补益心脾，养血安神的功效。《得配本草》中说龙眼肉："益脾胃，保心血，润五脏，治怔忡。"对于久病体虚或老年体衰，气血不足，有心悸怔忡，健忘失眠，面色萎黄的人不妨在白露时多吃些龙眼。在福州有个传统叫"白露必吃龙眼"，人们认为白露这一天吃龙眼有大补身体的奇效，要注意的是龙眼属于偏温性的水果，平时容易上火的人以及糖尿病患者都不宜多吃龙眼。为了适当中和龙眼的热性，最好用淡盐水把龙眼浸泡一段时间，并且在吃完龙眼之后，多吃些青菜，这样不易上火。

商家在整理龙眼笑迎顾客选购（陈柏材　摄）

龙眼原产我国南方，栽培历史可追溯到两千多年前的汉代。因其成熟期在农历八月，由于古时称八月为"桂"，加上龙眼果实呈圆形，所以又称龙眼为桂圆。有关龙眼的文献记载，最早见于《后汉书·南匈奴列传》："汉乃遣单于使，令谒者将送……橙桔、龙眼、荔枝。"此后，在许多古籍中也都有记载，如北魏贾思勰《齐民要术》云："龙眼一名益智，一名比目。"龙眼系无患子科龙眼属，南亚热带常绿乔木，著名的长寿果树。它的果实是果中珍品，含有多量维生素、矿物质和果糖等对人体有益的营养成分。既可供鲜果，且可供焙干制罐或加工龙眼膏，是医药上的珍贵补品。李时珍说："龙眼大补""资益以龙眼为良"。鲜果有开胃健脾，补益安神功效。

白露不露身，寒露不露脚

白露正值仲秋的开始，早晚温差加大，应随温度变化及时添衣。如果这时再赤膊露体，就很容易患上感冒，而哮喘、消化性溃疡等慢性病患者也容易因此诱发或加重。古人认为，五色、五行、五脏与五方都是一一对应的，同时也与四时相对。《黄帝内经》记载"肺者，气之本，魄之处也。其华在毛，其充在皮。为阴中之太阴，通于秋气。"白露属于初秋，民谚道："白露勿身露。"所以，老幼及病弱之人早晚要注意增加衣物。白露之后最常见的疾病就是感冒、过敏性鼻炎、咽炎和秋季腹泻。白露之后可以增加一些耐寒训练，为秋冬到来做准备，比如做一些运动、用凉水洗脸、适当秋冻等。

白露饮食宜滋阴润燥，以平补为主。平补就是要避免大鱼大肉等油腻之品，虽然秋高气爽能促进消化液分泌进而促进食欲，但是脾胃经过一个夏天的暑气，刚进入恢复状态，所以不宜暴饮暴食、过食油腻。而且，过度生冷、海鲜、辛辣之物都应尽量避免。水果以梨、葡萄、西瓜、香蕉、椰子、鲜枣、龙眼、乌梅为宜；蔬菜以百合、莲藕、银耳为佳；禽类可适当多吃鸭肉、鸭蛋等。在苏、浙一带有白露时节用糯米、稻米等五谷酿制、饮用"白露米酒"的习俗。旧时苏浙一带乡下人家每年白露一到，家家酿酒，用以待客。糯米、稻米种植在水中，能祛湿，性味甘甜入脾，米酒性温不烈，既能温阳散寒，又能健脾利湿，适当饮用有助保健。

春茶苦，夏茶涩，要好喝，秋白露

白露茶是白露时节采摘的茶叶，此时秋意渐浓，茶树经过夏季的酷热，到了白露前后又会进入生长佳期。白露茶不像春茶那样娇嫩、不经泡，也不像夏茶那样干涩、味苦，而是有一股独特的甘醇味道。经过了一夏的煎熬，茶叶也仿佛在时间中熬出了最浓烈的品性，白露茶以丰富的花香亮相，汤的颜色变得更加明亮有光泽，味道浓郁醇厚，回味甜。除"白露茶"外，秋天的白茶还包括"立秋茶""秋分茶""冷露茶"，一般白露节气之前采摘的茶叶叫早秋茶；从白露之后到十月上旬，采摘的茶叶叫晚秋茶。秋天最多的白茶是寿眉。就茶的滋味而言，这些茶是各有千秋。单论"白露茶"和"寒露茶"，"白露茶"是醇厚、和润、甘甜，而"寒露茶"虽也甜，不过它还带着一股鲜爽气，更加洒脱。

　　白露茶味道的独特来源于白露季节大气中的水蒸气减少，云层也相应减少，昼夜温差开始增加，白天，茶通过光合作用吸收养分，但在晚上，温度下降，呼吸减弱，养分消耗低。因此，这个季节的白茶叶富含营养成分，并且积累了更多的糖分。

贵州余庆茶农赶采"白露茶"（贺春雨　摄）

白露前后，驯养蟋蟀

　　在白露农闲的时候，农村的人们就会玩斗蟋蟀的游戏，称为"秋兴"。唐代天宝年间，入秋之后，内宫的妃嫔常用小金笼装蟋蟀，放在枕边，晚上听蟋蟀的鸣叫，民间也加以仿效。从宋代开始民间就流行白露斗蟋蟀，当时主要盛行于王孙贵族之间。明清时期，此风更盛。《清嘉录》中保留了古代"斗赚绩"游戏的完整记载："白露前后，驯养蟋蟀，以为赌斗之乐，谓之

‘秋兴’，俗名‘斗赚绩’”，白露时节人们“提笼相望，结队成群，呼其虫为将军”。蟋蟀，亦称促织，雄虫能鸣善斗，秋夜振翅发声，凄凉清脆，声音悦耳。当时长安的富人，用象牙镂空做成蟋蟀笼蓄养蟋蟀，以万金之资，换一声之鸣。比赛时，不仅有斗蟋蟀的场子，还有专门的搏斗器具。人们一般将最善斗的蟋蟀称为将军，以头大足长为贵，青、黄、红、黑、白等正色为优。相斗的蟋蟀要大小相似，重量相同，势均力敌。先用兰草拂其头部，如果它的触须张开如丝状，就继续用兰草挑逗，使之角斗。两只蟋蟀相搏，赌注往往很高。清代秦子惠的《功虫录》中有详细的养蟋蟀、斗蟋蟀方法。

三、常用谚语

八月白露秋分到，收好梨儿和红枣。　广西

八月白露又秋分，收了高粱收花生。　广西

白露秋分，禾生米硬。　湖南（怀化）

白露、秋分，红苕一把筋筋；寒露、霜降，红苕长成棒棒。　四川

白露、秋分晴到底，砻糠、瘪谷会变米。　浙江（杭州）

白露拔节早，寒露难发芽；要想麦出好，秋分把籽下。　山西（临猗）

白露把土松，萝卜嫩冬冬。　四川

白露把衣添。　河北（成安）

白露白，寒露齐。　福建

白露白，一亩田出一百。　浙江（台州）

白露白得清，番薯有得蒸。　广东

白露白得清，禾苗定九成。　广东（广州）

白露白得清，莳苗青又青。　广东

白露白肚皮，秋分稻出齐。　浙江

白露白露，管薯收芋。　福建（晋江）

白露白露，黑白分明。　云南（大理）

白露白露，一头番薯一头芋。　福建（福鼎）

白露白茫茫，迟禾打秆大禾黄。　广东

白露白茫茫，到处中稻黄。　浙江（丽水）

白露白茫茫，番薯豆子要塞行。　福建

白露白茫茫，一场风雨一场寒。　福建

白露白云多，处处好欢乐。　　广东（连山）［壮族］

白露北风起，一夜冷一夜。　　上海

白露边，炙火头。　　福建（建瓯）

白露才肥禾，不如泼落河。　　广东（鹤山）

白露吹夜风，一夜冷一夜。　　四川

白露底下放大田，黄田隔夜变。　　内蒙古、上海

白露多风台，要来难得猜。　　福建（厦门）

白露番薯，摇头不吃肥。　　福建（惠安）

白露刮北风，越刮越干旱。　　湖北（黄石）

白露刮西北风秋旱，白露刮北风见霜天。　　湖南（湘西）

白露禾苗不弯苗，赶快下足肥。　　广东

白露烘，烘死人。　　福建（福州）

白露降霜，火盆上炕。　　新疆

白露宽一宽，寒露干一干。　　上海

白露露水多，一场秋露抵场雨。　　安徽

白露落了雨，路白又有雨。　　四川

白露麦，不施肥。　　山东（郯城）

白露莫露体，露体顶不起。　　广西（平乐）

白露南省肥，白露北吃重肥。　　福建（海澄）

白露前后一场风。　　北京（昌平）

白露前后有西风，不出二天必有雨。　　福建

白露前雷响，秋分前来霜；秋分前雷响，寒露前来霜。　　甘肃

白露前三后四有霜。　　内蒙古

白露荞麦秋分菜。　　浙江（永康）、浙江（武义）、河南（新乡）

白露晴，打谷不用晒谷坪。　　湖南（益阳）

白露晴，冬不冷。　　海南

白露晴，谷米白如银；白露雨，家家缺粮米。　　江西（临川）

白露晴，寒露阴，白露阴，寒露晴。　　江苏（连云港）

白露晴，五谷好收成；白露雨，五谷没好米。　　吉林

白露晴三日，砻糠变白米。　　安徽（舒城）、浙江（湖州）

白露晴天云彩多，来年必定吃蒸馍。　　山西（晋城）

白露秋菜长，水肥要加量。　宁夏、天津

白露秋分菜，寒露霜降麦，芒种前后秧。　江苏

白露秋分节，夜寒日里热。　海南、内蒙古、江苏（淮阴）

白露日，西北风，十个铃儿九个空。　河南

白露扫粪坪。　福建（武平）

白露晒得过，番薯大丰收。　广东（蕉岭）

白露屎，无人使。　福建

白露收高粱，秋分打完场。　上海

白露收黍，秋分割谷。　黑龙江

白露水，冻脚腿。　福建（诏安）

白露水毒，秋风夜寒。　福建（龙岩）

白露一次肥。　福建（永泰）

白露雨，有禾都无米。　广东

白露在日，番薯苗头直直。　海南（文昌）

白露在夜，番薯生如头颅。　海南（文昌）

白露种萝卜，秋分谷割完。　河南

包谷白露不出头，割了喂老牛。　陕西（安康）

不要早，不宜迟，白露过，育苗时。　安徽（泗县）

蚕豆不用粪，只要白露种。　长三角地区

六月里有雾，要雨直到白露。　浙江（绍兴）

棉怕白露连天阴。　浙江、上海、四川、江苏（苏北）

是好是坏，白露看花；是蒸是煮，秋分看谷。　山西（临猗）

蒜到秋白自生根。　陕西

头白露割谷，过白露打春。　山东

晚禾不吃白露水。　江西（宜春）

稳稻大不大，看白露内外。　福建

无怕白露雨，最怕寒露风。　广东（阳江）

栽树逢开春，砍柴白露后。　安徽（天长）

遭了白露风，收成一场空。　安徽

早打谷子一包浆，迟打谷子要生秧；过了八月白露节，挑起箩筐到田庄。　贵州

早稻白露前，晚稻白露后。　上海、山西（平遥）

早冬不吃白露肥，晚冬不吃秋分肥。　福建、广东

枣到白露两头红。　陕西、甘肃、宁夏

中秋前后是白露，宜收棉花和甘薯。　上海

种麦不过白露节，就怕来年二月雪。　山西（晋城）

种麦抢时间，白露种高山，秋分种平川，寒露种河滩。　天津

庄稼喝了白露水，连明昼夜黄到顶儿。　河北（张北）

八月白露又秋分，秋收种麦闹纷纷。

白露白飞飞，秋分稻头齐。

白露白露，四肢不露。

白露白茫茫，稻谷满田黄。

白露节气勿露身，早晚要叮咛。

白露满地红黄白，棉花地里人如海，杈子耳子继续去，上午修棉下午摘。

白露荞麦压断丫，处暑荞麦晒开花。

白露日雨为苦雨，稻禾沾之多秕粃，蔬菜沾之多苦味。

白露收五斗，寒露收一斗。

白露做得车场光，三石一亩稳叮当。

七月白露八月种，八月白露早些种。

秋　分

一、节气概述

秋分，二十四节气的第十六个节气，通常在每年9月22日至24日，太阳到达黄经180°进入秋分节气。秋分，意为秋季中间，昼夜等长。

秋分分三候：一候雷始收声，人们很少再听到雷声；二候蛰虫坯户，虫子开始藏入穴中，并用细土将洞口封起来以防寒气侵入；三候水始涸，降雨减少、天气干燥，一些沼泽和水洼处开始干涸。

秋分时节，我国大部分地区已经进入凉爽的秋季，南下的冷空气与逐渐衰减的暖湿空气相遇，降雨频繁气温下降，但秋分之后的日降水量通常不大。在此时令秋收、秋耕、秋种的"三秋"大忙显得格外紧张。秋分时节的干旱少雨或连绵阴雨都是影响"三秋"正常进行的主要不利因素，特别是阴雨会使即将收获的作物倒伏、霉烂或发芽，造成严重损失。"三秋"大忙，贵在一个"早"字，及时抢收秋收作物可免受早霜冻和连阴雨的危害，适时早播越冬作物可争取充分利用冬前的热量资源，为来年奠定丰产基础。

秋季是万物成熟的季节，秋分是广大农民喜获丰收的节令。经党中央批准、国务院批复，自2018年起，将每年秋分日设立为"中国农民丰收节"，节气时令"摇身一变"，成了具有鲜活现代感的重要节日。

二、谚语释义

气象类谚语

先分后社，米价不算贵；先社后分，白米如锦墩

这里的社指的是秋社，一般在秋分前后，此时正是作物收获的季节，家家户户会在此时祭祀土地神，在感谢土地神保佑的同时祈求来年丰收，称为"秋报"。在汉朝以前只有春社，自汉朝之后才开始有春秋二社，至唐代以后，庆祝秋社就是很普遍的习俗了。

孟元老《东京梦华录》中记载："八月秋社，各以社糕社酒相赏送。贵戚宫院以猪羊肉、腰子、奶房、肚肺、鸭饼、瓜姜之属，切作棋子片样，滋味调和，铺于饭上，谓之社饭，请客供养。人家妇女皆归外家，晚归，即外公姨舅皆以新葫芦儿枣儿为遗，俗云宜良外甥。市学先生预敛诸生钱作社会，以致雇倩祗应白席歌唱之人，归时各携花篮、果实、食物、社糕而散。"生动记载了北宋年间开封秋社期间的种种庆典活动。

　　每逢秋社，古代劳动人民不但通过祭祀土地神的方式表达他们对减少自然灾害、获得丰收的良好祝愿，同时也利用这一节日开展丰富多彩的节庆活动。社日到来之时，民众集会竞技，进行各式各样的作社表演，并集体欢宴，非常热闹。旧时逢社日，有钱或官宦人家在这一天要宴请宾朋，民间则互送社饭、社糕、社酒，集会娱乐，这些活动后来逐渐流传演变为今天的社戏、庙会等民俗活动。

　　在秋分灶日如果遭遇风雨，地里未收割的庄稼就会遭到损害而减产，所以古人认为，若秋分在秋社之前，则预兆来年五谷丰登；若秋社在秋分之前，则预兆来年收成堪忧。由于古代对月神与土地神的信仰，假如遇上"社后分"，古人就会自然而然以为这是遭遇了神灵的惩罚。

　　类似的民谚还有："先社后分，泥下重屯屯；先分后社，泥下撒天火"等。

老寿星的脑袋——宝贝疙瘩

　　寿星又称南极老人星，本为恒星名，后逐渐演化为道教中的神仙"南极长生大帝"。位列四御之第三位，其职能为掌世间寿数。寿星的民间形象通常为一个持杖的白须老翁。寿星的形象最鲜明的特点当属他那硕大而突出的额头，此当为古代养生术所营造的种种长寿意象融合叠加的产物，如：象征长寿的丹顶鹤头部高高隆起，西王母的寿桃可使人得道成仙长生不老等。

　　中国地处北半球，因而南极星（南极老人星）一年内只有在秋分之后才能见到，且一闪而逝，极难见到。古时把南极星的出现看成是祥瑞的象征，在秋分这日早晨，皇帝会率领文武百官到城外南郊迎接南极星。司

杨家埠年画《老寿星》
（中国农业博物馆藏）

马迁《史记·天官书》记载"狼比地有大星，曰南极老人。老人见，治安；不见，兵起。常以秋分时候之于南郊。"秦始皇统一天下后，在长安附近杜县建寿星祠，从此有了在秋分时节祭祀南极星的官方传统。该仪式除了祈福求寿之外还有希望天下太平之意思。自明代以后，对南极星的国家祀典虽然被废止，但候南极这种寿星崇拜在民间仍然广为流传，寿星也与福星、禄星一道，成为中国民间最受欢迎的神仙。

除南极老人星外，民间信仰中主保福寿之神还有老子、彭祖等。为男性长者祝寿时通常供祀寿星，而为女性长者祝寿时则多供祀麻姑。相传麻姑手若鸡爪貌如少女，已目睹东海三次化为桑田，在王母娘娘的寿辰时麻姑以灵芝酿美酒为其祝寿，遂成为吉祥长寿的象征。

八月十五涨大潮

在中秋之后农历八月十六至十八日，往往在秋分时节，会出现壮观的大潮。

地球产生潮汐的原因是潮汐力。潮汐力是一个积分力，源于月球和太阳对地球的万有引力。地球不同部分所承受的引力大小和方向并非完全相同，月球、太阳对地球上单位质量物体的引力和对地心的引力会有所差别，地球绕太阳运动所产生的惯性离心力与月（日）引力的合力便形成了潮汐力。

潮汐力的特点就是星体沿着引力方向被拉伸，垂直于引力的方向被压缩，地球上的潮汐就是这么来的，地球上每天的潮汐涨落有2次。因为月球离地球更近，所以比太阳引起的潮汐更大，地球、月球、太阳3个星体成一直线的时候，地月与地日两个潮汐力高潮叠加，出现天文大潮。秋分时节的农历太阳、月球、地球几乎在一直线上，地球又处于近日点，所以此时的涨潮更为壮观。

中国最著名的秋分大潮当属钱塘江大潮。相传农历八月十八是潮神的生日，钱塘江涌潮最大，潮头可达数米。观赏钱塘秋潮，早在汉、魏、六朝时就已蔚成风气，至唐、宋时，此风更盛，南宋朝廷曾经规定，这一天在钱塘江上校阅水师，以后相沿成习，八月十八逐渐成为观潮节。古时杭州观潮，以凤凰山、江干一带为最佳处。因地理位置的变迁，从明代起以海宁盐官为观潮第一胜地，故亦称"海宁观潮"。

秋分秋分，昼夜平分

公历每年 9 月 22 日至 24 日太阳到达黄经 180°时为秋分，于每年的公历 9 月 22—24 日交节。秋分，"分"即为"平分""半"的意思，秋分这天太阳几乎直射地球赤道，因此这一天 24 小时昼夜均分，各 12 小时，全球无极昼极夜现象。秋分后太阳直射的位置移至南半球，北半球得到的太阳辐射越来越少，地面散失的热量却较多，气温降低的速度明显加快。秋分过后，太阳直射点继续由赤道向南半球推移，北半球各地开始昼短夜长，即一天之内白昼开始短于黑夜；昼夜温差逐渐加大，幅度将高于 10℃ 以上；气温逐日下降，一天比一天冷，逐渐步入深秋季节。南半球则刚好相反。在南北两极，秋分这一天，太阳整日都在地平线上；此后随着太阳直射点的继续南移，北极附近开始为期 6 个月的极夜，南极附近开始为期 6 个月的极昼。

秋分日晴，万物不生

秋分时节南方通常频繁降雨。若此时降雨偏少，预示南方未来将迎来一个干旱的冬季，对未来作物生长会造成一定不良影响。反之，如果在秋分季节有一定降雨，可以把墒保墒，为种麦积蓄水分，对大麦、水稻等粮食作物播种较为有利，有利于来年丰收。

"墒"指的是土壤水分，所谓"保墒"在古代文献中也称为"务泽"，意思就是指经营水分。农田的土壤湿度，是干旱地区农民最关心的一件大事。每当春季来临，有经验的农民，常常抓起一把土搓一搓，看看地里的墒情好不好。除了肉眼看凭经验取土检查外，还可用烘干法或酒精烧干法，计算土壤含水率。一般说来土壤含水量占干土重的 20%～30% 时，是作物生长较适宜的墒情。

土地保墒就是保持水分不蒸发不渗漏，通过深耕、细耙、勤锄等手段，尽量减少土壤水分的无效蒸发，使土壤保存尽可能多的水分来满足秋种作物的生长需求。例如播种后土地要压实，这是为了减少土壤孔隙，让上层密实的土保住下层土壤的水分。

类似的民谚还有："秋分微雨或阴天，来岁高低大熟年""秋分日晴主大旱""秋分无雨春分补，秋分有雨来年丰"等。

秋分白云多，处处好田禾

秋分期间高气压控制下的天气，风平天晴，气压稳定，地面的水汽和尘埃，大多集结在近地的天空，成为白漫漫的云雾。这种天气对于水稻籽粒灌浆充实十分有利。

水稻灌浆期是指从扬花结束颖壳闭合开始到籽粒成熟的一段时间。从生物学角度看，此时是水稻受精卵发育形成胚、受精极核发育成胚乳的过程。

水稻灌浆期的特点包括：①子粒形成。子房受精后第一天就开始伸长，在开花后 6～7 天，米粒即可达最大长度，此时胚的各器官也大体完成，开始具有发芽能力；8～10 天，米粒达最大厚度；米粒干重增加高峰期在开花后 15～20 天，开花后 25～45 天达最大值。②水稻子粒成熟，一般分为乳熟、蜡熟、完熟几个时期。一般开花 3～5 天进入乳熟期，这时子粒中有淀粉沉积呈乳白色。在此基础上，白色乳液变浓，直至成硬块蜡状，谷壳变黄，称之为蜡熟期。在蜡熟后约 7～8 天进入完熟期，这时米粒硬固，背部绿色退去呈白色，水稻的一生至此结束。

农事类谚语

秋分不露头，割了喂老牛

秋分时节天气已经变凉，庄稼此时如还未接穗，就难以正常结实，收割后只能作为牲畜饲料。

"三秋"农活大忙，贵在一个"早"字。适时早播过冬作物可充分利用冬前的热量资源，培育壮苗安全越冬，为来年奠定丰产的基础。此时南方的双季晚稻正抽穗扬花，是产量形成的关键时期，早来低温阴雨形成的"秋分寒"天气，是双晚开花结实的主要威胁，必须认真做好预报和防御工作。一旦错过这个关键时节，来年粮食就可能歉收。

收获之后的水稻秸秆是一种宝贵的资源，水稻光合作用的产物有一半以上存在秸秆中，秸秆富含氮、磷、钾、钙、镁和有机质等，是一种具有多用途的可再生的生物资源。秸秆也是一种粗饲料，特点是粗纤维含量高（30%～40%），并含有木质素等，能被反刍动物牛、羊等牲畜吸收和利用，一直是农村最常见的牲畜饲料。

中国农民对水稻等粮食作物秸秆的利用有悠久的历史。除用于喂养牲畜外，秸秆在农村还可以为牲口垫圈，堆沤肥，或者作为家用燃料直接焚烧。自 20 世纪 80 年代以来，随着省柴节煤技术的推广，烧煤和使用液化气的普及，以及社会环保意识的增强，农村富余秸秆逐渐由堆沤肥转变为直接还田，作为燃料直接焚烧日渐减少。

八月交秋分，禾不好也抽穗

所谓"抽穗"，是指水稻等禾谷类作物发育完全的穗，随着茎秆的伸长而伸出顶部叶的现象。水稻抽穗时间的定义是水稻抽穗历期统计从始穗期开始到齐穗期为止：全田有 10％植株抽穗时记为始穗期，50％植株抽穗时为抽穗期，80％植株抽穗时为齐穗期。一般认为破口后，谷粒露出 3 粒以上就算达到单穗抽穗的指标了。

水稻幼穗形成并发育成熟后，先是主穗开始抽出，然后分蘖期陆续抽出，一般 7～10 天时间，这段时期称抽穗期。抽穗期是决定水稻结实粒数多少的关键时期，对外界条件反应敏感。

在南方地区，水稻即使发育不良，在秋分时节也当进入抽穗期，这是决定作物结实粒数多少的关键时期，对外界条件反应敏感。低温对于稻子的开花、受粉都有不利的影响，所以水稻最迟插秧时期，应该以保证安全的抽穗期做标准。

秋分前后，是晚稻抽穗扬花期，在此间最怕秋季低温来临，当日平均气温连续 3 天以上小于或等于 23℃时，对杂交晚稻抽穗扬花很不利，称为"秋季低温"；当日平均气温连续 3 天以上小于或等于 20℃时，对晚稻抽穗扬花很不利，称为"寒露风"。因此，在晚稻管理上要注意预防低温冷害和病虫害，夺取晚稻丰收。

秋分虫集中，大意收成空

秋分时节南方水稻开始进入抽穗期，此时易产生水稻害虫灾害，如螟虫、卷叶虫、稻飞虫、剃枝虫等。如此时忽视田间虫害控制，会致使水稻枯黄，影响结实。

螟虫，是磷翅目有喙亚目螟蛾科昆虫的统称，中国常见的螟虫有五种：螟蛾科的三化螟、褐边螟、二化螟、台湾稻螟和夜蛾科的大螟，其中尤以三化螟、二化螟为害最为严重。螟虫在寒冷的冬季潜藏稻内过冬，第二年随着气温升高而逐渐恢复生理活动，当气温升到 16℃时过冬螟虫幼虫开始原地化蛹成为成虫蛾子。螟虫成虫化蛾后飞出过冬处产卵，卵成块状分布于水稻叶片上，卵化为幼虫后蛀入稻秆内部危害庄稼。在水稻苗期，螟虫幼虫多从水稻茎的底部蛀入，破坏水稻的水分与养料输送机能，使得水稻心叶卷缩枯萎，成为"枯心苗"。在秋分时节的抽穗前期，螟虫多从抽穗节附近的茎秆处蛀入，使得水稻从根部输送到穗部的养分中断，造成白穗。

不同地区因气候、植物等条件不同，螟虫一年分化次数也不同，螟虫在北方一年可繁殖两代，在温暖的南方则可繁殖数代。水稻在孕穗末期到抽穗初期，是最易遭受螟害的危险期，凡是螟卵盛卵期与水稻抽穗期相吻合，螟虫病害就比较严重。

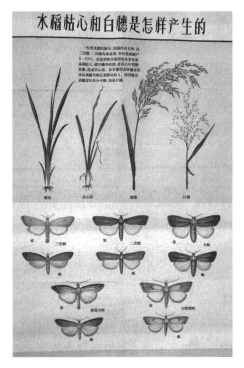

水稻螟虫挂图（中国农业博物馆藏）

秋分豆角不起鼓，庄户半年白受苦

秋收时节豆类纷纷发育成熟，在霜降前要完成豆类的收割，如果收割迟了豆荚会爆裂；即使霜降期间仍未成熟，也会很快枯萎无法收获。

豆角是蔷薇目豆科豇豆属的一年生蔬菜，又名豇豆、长豇豆、带豆。富含蛋白质、胡萝卜素、营养价值高，口感好，是我国特别是北方广泛栽培的大众化蔬菜之一。豆角别名颇多，根据中国南北方不同叫法有四季豆、芸豆、架豆等，其正名叫做菜豆，以植物的嫩荚果和种子供食。

菜豆起源自美洲中部和南部，据考古证实，大约 7000 年前，墨西哥和秘鲁的印第安人就种植这种蔬菜。菜豆是由葡萄牙和西班牙探险者及商人传播到世界各地的，16 世纪，西班牙和葡萄牙人把它带出了美洲；大约在明代后期传入中国，明万历二十四年（1596 年），李时珍在撰写《本草纲目》时对此已有记载。在菜豆被引入的初期，由于其常以嫩荚为食用部位，故常与"扁豆""豇豆"等中国原有的豆类蔬菜相混淆。

菜豆含丰富的维生素 B、维生素 C 和植物蛋白质，对羟自由基有较强的清除作用，这可能与其含有较丰富的胡萝卜素、维生素 E、抗坏血酸、微量元素硒有关。对比研究结果表明，长豆角比短豆角对羟自由基的清除能力更强。

淤种秋分，沙种寒，碱地种在秋分前

秋天不仅是春小麦收获的季节，也是冬小麦开始种植的季节。冬小麦的种植一般要结合当地的自然条件才能确定适宜的种植时间，从北到南冬小麦的种植时节可相差五六个节气，华北地区冬小麦种植一般集中在从白露到寒露这段时间。

除地域外，不同地势与土壤条件，冬小麦的播种适期亦存在显著差异。淤土地较黏重，微生物活性相对高，不漏水不漏肥，保墒保肥保温性好，种麦比较省水省肥，正所谓"小麦泥窝种，来年好收成"。自秋分时节后，天气逐渐转寒，地表水分增多，正是华北地区在淤土地上种植冬小麦的好时机。

沙土地土壤透气性好不易板结，利于小麦根系呼吸，但是土壤相对贫瘠，而且漏水漏肥。华北地区在沙土地上种植冬小麦可比在淤土地推迟一些，但一般不晚于寒露。相比之下，盐碱地土壤透气性差容易板结，在气候逐渐转寒的秋季这一特点尤为突出，所以华北地区需要在秋分之前在盐碱地上进行冬小麦的种植工作。

无论何种土地，在种植冬小麦时都应该做到：深耕深翻，加深耕层；耕

透耙透，不漏耕漏耙；土壤细碎，无明暗坷垃；蓄水保墒，底墒充足。只有这样才会为来年冬小麦的高产丰收打造良好的水、肥、土基础条件。

秋分时节两头忙，又种麦子又打场

秋分时节正是农家收获秋熟作物、播种冬小麦的大忙季节。所谓"打场"，就是指在禾场上将收割的麦子、稻子、高粱等脱粒的过程。打场的地点要选在向阳、通风的地方，在禾场把脱粒后的粮食摊开，更便于蒸发水分，以利于存储。

经党中央批准、国务院批复，自2018年起，将每年秋分日设立为"中国农民丰收节"，具体工作由农业农村部和有关部门组织实施，首届中国农民丰收节开幕式在中国农业博物馆举办。对于有着数千年农业文明的古老中国而言，这个节日的设立具有特殊意义。春种秋收，春华秋实，一年的辛勤耕耘，金秋时节硕果累累，最能体现出丰收的喜悦。将每年的农历秋分设立为"中国农民丰收节"，节气时令"摇身一变"，成了具有鲜活现代感的重要节日。

国家将每年的秋分设立为"中国农民丰收节"，既是对传统"二十四节气"这种古人智慧结晶的致敬与传承，同时更加体现了当代中国人知晓自然更替，顺应自然规律和适应可持续的生态发展观。

秋分收桐，油多质优

油桐树一般3—4月开花，8—9月结果，秋分时节油桐果实已经成熟，此时是最佳采收时期，压榨出的桐油产量大、质量好。

桐在此特指油桐，油桐是大戟科油桐属落叶乔木，是中国著名的木本油料树种，通常栽培于海拔1000米以下丘陵山地。油桐树高可达10米；树皮灰色光滑，枝条粗壮无毛，叶片卵圆形，花雌雄同株，花先于叶或与叶同时开放；花瓣白色，有淡红色脉纹，子房密被柔毛，核果近球状，果皮光滑。

油桐是重要的工业油料植物，其果实经压榨后所得桐油是优良的干性油。油桐油具有干燥快、不透水、不透气、不传电、抗酸碱、防腐蚀、耐冷热等特点，虽然不能食用，但广泛用于制漆、塑料、电器、人造橡胶、人造皮革、人造汽油、油墨等领域，具有很高的经济价值。

中国自古以来就有种植桐树的传统，北宋学者陈翥所著《桐谱》是我国

《开山种桐》展画（中国农业博物馆藏）

最早一本比较详细地论述桐树种植的专著，成书于北宋皇祐末年（1054 年）前后，是作者在搜集以往文献资料基础上，结合自己的野外调查和种植实践写成的。全书约 1.6 万字，分为叙源、类属、种植、所宜、所出、采斫、杂说、记志、诗赋等十篇，较全面地叙述了前人有关桐树的认识史，并详细说明了桐树种植技术，是一本有较高科学价值的植物专著。

秋分收花生，晚了落果叶落空

花生一定要在秋分时节进行收获，若未能及时收获，待天气变冷后，连接花生果的根须会逐渐腐烂，致使花生断在泥土里，此时再进行收获就会非常麻烦。

花生属蔷薇目豆科一年生草本植物，是重要的油料作物之一。花生名称繁杂，据我国有关历史文献记载，先后有万寿果、落地参、长生果、地豆、千岁子、地果、后花果、香芋、番豆等名称。

1958 年在浙江吴兴钱山漾原始社会遗址中，首次发现了两粒碳化的花生种子，经 C14 测定距今 4700±100 年。这证明我国早在新石器时期就已经存在花生，比南美洲迄今为止所发现的最古老的花生遗物早 1000 多年。我国花生栽培的记载最早见于汉代《三辅黄图》中"干岁子"；而国外关于花生的最早记载，是西班牙殖民者在 1535 年编著的《西印度通史》。

花生生长与结实方式很是特殊，在地上开花，于地下结果。这种奇妙结实方式原因在于：花生开花有两种，一种为生在分枝的顶端的不孕花，这种花不能结实；另一种为可孕花，生在分枝的下端，经传粉受精后花瓣逐渐凋谢，其子房柄越长越长，达到一定的重量下垂，接近地面后就慢慢钻入土里结实。

现在用机器收获花生很快捷，但在过去收花生需要以人工完成，仅是把花生果实从土里刨出来就需要两个人合作：一人用花生锄把花生挖出来，另外一人拎起花生秧子，抖掉泥土后放在地垄上晾晒，一亩地的花生两个人差不多要花上一天的时间才能完成收获。

花生锄（中国农业博物馆藏）

秋分节到温度降，鱼塘投饵要减量，投喂水旱各种草，嫩绿新老均匀上

秋分时节在收获加工粮食的同时，还要开展畜禽秋季防疫与管理工作，特别是加强成鱼饲养管理，防治鱼病。在投放鱼饲料时候应适当减量，饲料种类应做到合理搭配，以促进成鱼快速成长，可开始分期捕捞上市。

在唐代以前，鲤鱼是中国养殖最为广泛的淡水鱼类。因为唐皇室姓李，所以鲤鱼的养殖、捕捞、销售一度受到限制，渔业者只得从事其他品种的生产，这就产生了青鱼、草鱼、鲢鱼、鳙鱼这四大家鱼。

青鱼栖息在水域的底层，吃螺蛳、蚬和蚌等软体动物；草鱼生活在水域的中下层，以昆虫、藻类为食；鲢鱼又叫白鲢，主要在水域的上层活动，吃绿藻等浮游植物；鳙鱼的头部较大，俗称"胖头鱼"，又叫花鲢，栖息在水域的中上层，吃原生动物、水蚤等浮游动物。将这4种鱼类混合饲养能有效提高饵料的利用率，增加鱼类产量。

　　每年秋分时节也是鱼类疾病高发的危险期，其原因主要：夏、秋季节转变温度下降，水温下降到病菌、寄生虫适宜繁殖温度；池塘经过夏季高温季节的养殖，残渣剩饵、鱼类粪便等长时间积累出现水质恶化；养殖密度随着鱼类生长而增大，容易出现缺氧等。秋分前后的鱼病高发危险期大约维持一个月，在此时需要高度重视鱼塘管理。

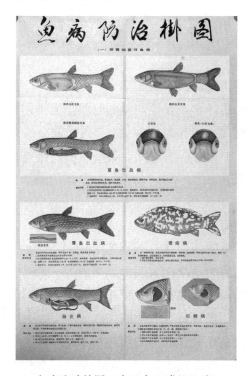

鱼病防治挂图（中国农业博物馆藏）

生 活 类 谚 语

秋分梨子甜

　　秋分时节气候逐渐干燥，应该及时补充水分。梨子此时已经逐渐成熟应季，正是采摘的好时节。

　　梨属于被子植物门双子叶植物纲蔷薇科苹果亚科，在中国，梨的栽培面积与产量仅次于苹果。梨树叶片多呈卵形，大小因品种不同而各异；梨花多为白色，或略带黄色、粉红色；不同品种的梨果皮颜色大相径庭，野生梨的果径较小，在1～4厘米，而人工培植的品种果径可达8厘米，长度可达18厘米。

咸宁大黄梨蜡果
（中国农业博物馆藏）

梨的果实通常用来食用，不仅味美汁多，甜中带酸，而且营养丰富，含有多种维生素和纤维素。梨既可生食，也可蒸煮后食用。在医疗功效上，梨可以通便秘，利消化，对心血管也有好处。在民间，梨还有一种疗效，把梨去核，放入冰糖，蒸煮过后食用可以止咳。

中国历史上与梨相关的故事最出名者当属"孔融让梨"：东汉末年的文学家孔融从小非常聪明好学，在他四岁的时候与兄弟们一起吃梨，孔融主动挑了一个最小的，被大人问起时回答说："我是最小的弟弟，就应该拿最小的梨吃。"《三字经》中"融四岁，能让梨"说的就是这个教导兄弟之间互相谦让和谐友爱的故事。

兔儿爷洗澡——瘫了

秋分这一天，正是阴阳交接，分割寒暑的日子。古人认为秋分之后天地改由太阴星君月神掌管，所以秋分这天的夜晚需要祭月，而中国传统的中秋节是由传统的"祭月节"演化而来。

把兔子和月亮联系在一起的历史可追溯到两千多年前，在长沙马王堆汉墓中，出土的帛画上就在左上角绘有一弯新月，中间是只奔跑的玉兔。更早的《淮南子》一书中，把玉兔和蟾蜍并存于月中，作为阴阳的代表，提出了阴阳对立并存的哲学理念。

明朝人纪坤的《花王阁剩稿》是较早记述兔儿爷的文字。他说："中秋节多以泥撰兔形，衣冠踞坐如人状，儿女祈而拜之。"这表明，明代

兔爷儿（中国农业博物馆藏）

中叶以后，民间中秋已有在祭月之际摆兔儿爷的习俗。兔儿爷是民间叫法，清代宫廷把月中的玉兔称作太阴君，可见这项风俗无论在北京的民间还是宫廷都很盛行。中秋这一天，皇家众人还佩带"玉兔桂树"等应节荷包。除此之外，宫眷们还常从集市买来兔儿爷供奉。

早期的兔儿爷是蟾兔的形象，随着时代的演变其形象也愈加丰富，现在典型的兔爷儿是京剧中武生的打扮，金盔金甲，外裹红色战袍，脚蹬厚底靴，以黑虎作为坐骑。正因为制作兔儿爷的原料是泥土，所以一旦放到水中就会瘫做一团了。类似的民谚还有"兔儿爷打架——散摊子"等。

男不圆月女不祭灶

这是旧时汉族中秋期间民间禁忌，今日在广东潮汕地区仍有所见。旧时人们认为月亮属太阴，月神是为女神，所以只能由女性拜月；灶神是男性，理应男性祭拜。每逢中秋之夜，女性在院内对空祭拜，以求家庭生活幸福美满；而男性则于房内祭灶，以体现男主人在家庭中的主导地位。

秋分曾是传统的"祭月节"，古代有"春祭日，秋祭月"之说，现在的中秋节则是由传统的"祭月节"而来。《礼记》中记载："天子春朝日，秋夕月。朝日以朝，夕月以夕。"早在周朝，古代帝王就有"春分祭日，夏至祭地，秋分祭月，冬至祭天"的礼制。明朝对祭月更加重视，并且修建了月坛，专供天子于秋分设坛夜晚祭祀月神。清朝较为完整地继承了明朝祭月仪规，又专门设立夕月坛祠祭署，专管祭月之事。

随着时间的推移，礼仪式的皇家祭神行为逐渐流传到民间，祭月的日子也由秋分日移到了离秋分最近的满月日中秋，祭月习俗因地区不同而仪式各异。

江苏、浙江、湖北一带流行"守月华"的习俗。在拜月活动结束后，全家人围坐在桌旁赏月，静候月华出现，能看到月华的人能得到月神赐福。广西壮族地区流行"请月姑"的习俗，壮族姑娘们用艾叶水沐浴，用柚子叶水洒在房屋四周。把一根五米到十米长的竹竿竖在门前空旷地，竿顶插一个插满线香的柚子，香烟缭绕，作为指引月姑下凡的天梯。

八月十五月正圆，中秋月饼香又甜

秋分时节最重要的节日便是中秋节。中秋节起源于上古时代，普及于汉代，定型于唐朝初年，盛行于宋朝以后。中秋节是由传统的"祭月节"演变而来，最初"祭月节"是定在干支历二十四节气"秋分"这天，不过由于这天在农历八月里的日子每年不同，不一定都有圆月，后来就将"祭月节"由"秋分"调至农历八月十五日。

吃月饼是中秋节最重要的民俗活动之一。月饼最早是古代中秋拜祭月神的供品，相传中秋节赏月吃饼的习俗始于唐朝，此时月饼还叫做胡饼。"月饼"一词的文字记载，最早见于宋朝吴自牧的《梦粱录》一书，但此时的月饼并非中秋节时专用，而是"四时皆有，任便索唤"。明代《西湖游览志会》记载："八月十五日谓之中秋，民间以月饼相遗，取团圆之义"，这是将月饼与中秋节正式联系在一起的最早文献记载，可见明朝时候中秋赏月吃月饼已经成为全民共同的饮食习俗。

到了清代，月饼的制作工艺已经有了很大提高，当时一些月饼的饼面上，已出现"月中蟾兔"之类的图案。在东汉中期之前，月中玉兔形象是一只奔跑的兔子，捣药玉兔形象通常与西王母一起出现。西王母为月精、月神，掌不死之药，而捣药玉兔所捣的正是不死药。东汉时期社会上弥漫着追求长生不死的风尚，尤其是捣药玉兔捣的还是长生不死之药，更能符合他们祈求灵魂不死飞升仙界的想象，于是月兔的形象逐渐由奔兔演化为月宫桂树下的一只捣药兔。

月宫糕饼模（中国农业博物馆藏）

三、常用谚语

秋分前后，三场霜。　黑龙江（齐齐哈尔）

秋分秋分，雨水纷纷。 河北、海南（保亭）

秋分撒秕花。 浙江（宁波）

秋分三天种好麦。 陕西（武功）

秋分牲口忙，运耕耙耢耩。 北方地区

秋分十日无收田。 山西（潞城）

秋分十日无早，秋分十日天晚。 山东（周村）

秋分拾花一半。 山东（青城）

秋分是麦节，紧种不可歇。 河北（新乐）

秋分收大田。 河北（万全）

秋分黍子寒露谷。 河北、河南（新乡）

秋分四忙，割打晒藏。 安徽

秋分四五，麦子入土。 河南（平顶山）

秋分送霜，催衣添装。 浙江（宁波）

秋分天，放大田。 河北（涿鹿）

秋分头，白露尾。 河北、江苏（常州）

秋分晚上冷，必然干得很。 广西（平乐）

秋分闻声，冬季雨淋。 广西（乐业）

秋分无生田，家家动刀镰。 河北（张家口）

秋分下冷雨，旱到来年底。 河北（邢台）

秋分下雨来年丰。 江苏（镇江）

秋分夜冷必干旱。 湖南（湘西）

秋分夜冷天气旱。 广西

秋分宜种麦。 河南（新乡）

秋分已来临，种麦要抓紧。 江淮地区

秋分以后雪连天。 河北

秋分有可谷。 福建

秋分之后早稻黄，细收细打粮满仓。 江苏（常州）

是节不是节，齐秋分种麦。 山西（襄汾）

天上月圆，人间秋分。 上海

五谷丰登看秋分。 天津

养过秋分莫怨天。 山西（朔州）

野草过秋分，子孙飞满林。　河北（围场）

淤土秋分前十天不早，沙土秋分后十天不晚。　河南（临颍、沈丘）

淤种秋分沙种寒，碱地种在秋分前。　河南（商丘）

雨打秋，没得收。　浙江（丽水）

早谷秋分前，晚谷秋分后。　山西（高平）

寒　　露

一、节气概述

寒露，二十四节气的第十七个节气，通常在每年 10 月 8 日或 9 日，太阳到达黄经 195°进入寒露节气。寒露的含义是，露水开始变得冰冷，即将凝结成霜，已是深秋。

寒露分三候：一候鸿雁来宾，最后一批鸿雁南迁；二候雀入大水为蛤，鸟类已不多见，蛤类变得常见；三候菊有黄华，菊花争相怒放。

寒露是深秋的节令，最重要的气候特征就是天气由凉爽向寒冷过度，昼夜温差也逐渐拉大。一场冷空气过后，降温 8～10℃是很有可能的。因此，寒露时节是我国许多地区季节变化的转折点。

寒露是秋收、秋种、秋管的重要时期。正所谓"人误地一时，地误人一年"，寒露的到来意味着许多农事需加紧进行，否则会影响来年的收成。由于地域不同，南北方农事各不相同。此时，北方秋收已近收尾，正紧张地播种冬小麦；南方单季晚稻开始收割，双季晚稻正处于灌浆期。寒露时节还是翻地的好时机，可以把害虫及虫卵冻死，减少庄稼所受的侵害。

山东省潍坊青州市森林公园里，植株上的
露珠晶莹剔透（王继林　摄）

寒露开始，天气少雨，风逐渐多了起来，空气中的水分逐渐减少，空气趋于干燥，人体同样缺少水分。所以此时饮食应以滋阴润肺为宜。寒露节气前后，有一个重要的中国传统节日，即农历九月初九的重阳节。民间在庆祝重阳节时有登高、赏菊、喝菊花酒、插茱萸、吃重阳糕等传统习俗。

二、谚语释义

气象类谚语

寒露天凉露水重，霜降转寒霜花浓

寒露在二十四节气中最早出现"寒"字，意味着全国大部地区将由凉爽向寒冷过渡。寒露之后，天气转凉，气温更低，地面的露水更冷更重，快要凝结成霜了。

寒露时节，北方冷空气在此时已有一定势力，地面大多处在冷高压控制之中，秋高气爽，早晚略感寒意，地面多吹偏北风。同时，北方冷空气的南下入侵频率和强度都会加大。从寒露到霜降，虽然只有短短 15 天，却是一年之中气温降得比较快的一段时间。一场较强的冷空气带来的秋风、秋雨过后，温度下降 8～10℃ 是很有可能的。因此，气温降得快，是寒露节气的一大特点，也是我国许多地区季节变化的转折点。

寒露节气期间，我国西北大部、内蒙古、东北大部、西藏大部、川西高原等地基本已经入冬或是在寒露期间进入冬季。而辽宁南部、华北中南部、陕西南部、西南地区东部和南部、黄淮、江淮、江汉、江南大部地区在寒露节气前就已经进入秋季，南岭沿线地区紧随其后，在寒露期间也会逐步入秋。然而，对于华南大部地区来说，寒露期间气温依然不低，夏天的感觉还在延续。

寒露不算冷，温度变化大；中午暖洋洋，早晨见冰碴儿

寒露节气后，昼渐短，夜渐长，日照减少，热气慢慢退去，寒气渐生，昼暖夜凉。在东北地区白天中午还比较暖和，但夜晚的温度特别寒冷，昼夜温差大，因此早晨还能看见冰碴儿。

我国地域辽阔，寒露时节平均气温分布的地域差别明显。在华南地区，平均温度大多数地区在 22℃ 以上，但早、晚会感到丝丝寒意，因此广西有"过了寒露节，夜寒白天热"的谚语。天津、山东、山西、河南、江苏等

寒露将至，市民身着冬装在寒气十足的街头行走（高新生　摄）

地秋意渐浓，气爽风凉，有"寒露不算冷，霜降变了天"的谚语，因为寒露时节东北南部、华北、黄淮在 8～16℃，江淮、江南各地一般在 15～20℃，表明寒露时节气候转凉，但是与霜降节气的气候相比还不算真正的寒冷，到了霜降的时候才是真的冷了。而此时西北的部分地区、东北中北部的平均温度已经到了 8℃ 以下，青海省部分高原地区平均温度甚至在 0℃ 以下了。

九月九，收龙口

从前民间认为，下雨是龙口吐水。在农历九月九（寒露时节），龙闭嘴了，雨水就少了。相似的谚语还有"九月九，雷收口"，指的是江南地区，雷电天气在寒露节气终止的规律。寒露过后，我国大部分地区将转凉，受气候变化的影响，雨季基本结束，大部分地区雷暴已消失，只有云南、四川和贵州局部地区尚可听到雷声。

龙在中国的历史传统文化中扮演了十分重要的角色。龙是古代神话传说生活于海中的神异生物，为鳞虫之长，司掌行云布雨，是风和雨的主宰，常用来象征祥瑞。许慎《说文解字》中记载："龙，鳞中之长，能幽能明，能细能巨，能长能短，春分登天，秋分而潜渊。"

在中国古代民间传说中，龙往往具有降雨的神性。龙王成为兴云布雨，为人消灭炎热和烦恼的神，龙王治水则成为中国民间普遍的信仰。据史书记载，唐玄宗时，诏祠龙池，设坛官致祭，以祭雨师之仪祭龙王。宋太祖沿用唐代祭五龙之制。宋徽宗大观二年（1108 年）诏天下五龙皆封王爵。

白露雨，寒露风，较圣过三公

每逢白露时节，雨水增多；寒露时节则容易刮大风。台湾地区的民众认为这个规律的灵验程度，甚至高过司掌天、地、水三界的"三界公"之法力。相似的谚语还有"九月九，风吹满天吼""九月九，无事不在河边走"，表明农历九月九是雨水减弱，风势增强的一个关键日。

"三界公"在民间俗称"三官大帝"，是天官、地官、水官之简称，是道教尊奉的三位掌管天、地、水三界的天神。民间对于"三官大帝"的崇敬，源自于古代先民对天、地、水的自然崇拜。在上古社会，天、地、水是人们生产、生活的必要条件，没有它们，人类无法生存生活，因此人们常怀敬畏之心，虔诚地顶礼膜拜。

据记载，"天官一品，上元赐福天官紫薇大帝，降福消灾，论人间祸福，掌造化之机。地官二品，中元赦罪地官清灵大帝，七气赦罪，掌分别善恶，赦罪消劫。水官三品，下元解厄水官洞阴大帝，解危去厄，掌消灾解厄，定人间罪福。"赐福、消灾、解厄，人人需要，人人企求。

在台湾，特别是客家地区，民间非常敬奉三官大帝，在庙宇中往往是主神。非三官的庙宇，同祀神为三官大帝的庙宇几乎每座都有，就连没有庙宇信仰的地区，也还存有"三官炉"的设置。

寒露吹了风，晚稻谷子空

寒露时节，南方正是晚稻抽穗扬花时期。如果此时遇到冷空气南下，会造成晚稻受到低温冷害，从而空壳、瘪粒，导致减产。

寒露风是南方晚稻生育期的主要气象灾害之一。每年秋季寒露节气前后，是华南晚稻抽穗扬花的关键时期，这时一连三天或二天以上日平均气温降至22℃以下，则会造成晚稻空壳、瘪粒，导致严重减产甚至绝收。因降温时一般都伴有偏北大风，当地俗称"寒露风"。

寒露风对晚稻造成的危害，大致可以分为两种天气类型。一是湿冷型，北方南下的冷空气和逐渐减弱难退的暖湿气流相遇，通常出现低温阴雨天气，其特征是低温、阴雨、少日照。二是干冷型，较强冷空气南下，吹偏北风，风力3～5级，空气干燥，天气晴朗，有明显的降温，其特征是低温、干燥、大风、昼夜温差大。

新中国成立后，双季稻逐渐向北扩大到长江中下游一带，这些地区晚稻在 9 月中下旬进入抽穗扬花期，易遭受低温危害，但习惯上仍沿用"寒露风"一词，长江中游有的地区称"社风"或"秋分风"，长江下游称"翘穗"或"不沉头"，在长江流域有"秋分不出头，割了喂老牛"之说。虽然出现的时间和称呼不同，但实质上都是秋季低温给晚稻抽穗扬花、灌浆造成的危害。类似的谚语还有：湖南地区的"禾怕寒露风，人怕老来穷"，广西地区的"寒露翻大风，农户米缸空""早造要防倒春寒，晚造须避寒露风"。

四川广元农民正在收割水稻（李明成　摄）

寒露风云少，霜冻快来了

河北地区民间经验认为如果寒露风少云少，则预示着霜冻快来了。农谚中有很多根据节气日及前后的云和风的状况，来预测未来的气候。云是天气的招牌。观云则一直是人们辨天的重要方式。古人力图通过寒露节气的天气推断未来的天气。类似的谚语还有广西地区的"寒露起黑云，冷雨时间长"，表明如果寒露有乌云，则预示着天气转冷且雨水多。

除了观云，古人很早以前就注重把握风向。我国属于季风气候，风为先导。一个时节盛行风向的转变，季节转换；一天之中风向的不同，则晴雨不同。人们首先划分不同方向的风。先秦时期，人们便开始划定"天有八风"，不同方向的风可能导致不同的天气。常言：秋冬以东风、南风有雨，春夏以西风、北风有雨。

华南地区流行"寒露紧南风，三天后起北风雨"的农谚，表明寒露节气如果刮南风，说明暖气团在"北伐"，冷暖气团的会战，暖气团沿着冷气团被迫抬升，水汽凝结形成降水，同时很快三天内会转而刮北风，要注意防范寒露风对农事生产的影响。安徽地区流行"寒露东风雨，西北风晴天"的农谚。在中国，东风来自海洋，和暖而温润。寒露节气一旦转为刮东风，说明高空有西风往东移或台风来临，海上的水汽将会顺着偏东风源源不断地输送到陆地，晴好天气不会超出一天，很快就会转为阴雨天气。类似的谚语还有江苏地区的"寒露吹了西北风，十只水缸九只空"，因为西风来自内陆，干且冷，因此，在寒露节气如果刮西北风，就会越刮越冷，非常干旱，十只水缸九只都是空的。这是因为西北风的水汽含量低于其他风向，因此人们也常常用"喝西北风"来形容什么都没有喝到。这句农谚饱含缜密的气候原理。

寒露若逢下雨天，正月二月雨涟涟

谚语中还有多根据节气日及前后的天气状况，来预测未来天气的谚语。寒露前后是否打雷下雨，对未来天气有指示作用。如果寒露前后有雷电下雨，则预示第二年春天雨水丰沛，五谷丰登。类似的谚语还有"寒露有雨，春天无晴""寒露若逢天下雨，五谷丰登禾坠枝""寒露雨后有雷声，来年处处有水坑"。

还有通过白露节气当天天气晴雨，判断寒露风出现的早晚情况。如"白露天晴，寒露风迟""白露下雨，寒露翻风""白露无雨，寒露风迟"。表明白露天晴，则寒露风来得较晚，相反如果白露节气下雨，则寒露节气刮风。此外，还有通过寒露天气预测霜降天气状况的谚语。如"寒露勿冷，霜降做梅"，指江南地区如果寒露时节不冷，霜降时节就可能阴雨连绵，如同梅雨一般。山西地区流行"暖寒露，冷霜降"，表明如果寒露节天气暖和，霜降节天气则会寒冷。类似的还有"寒露多雨，芒种少雨"，寒露时节如果雨水多，芒种时节则会雨水少。

农 事 类 谚 语

寒露种麦正当时

为保证农事活动的顺利进行，掌握好播种季节是重中之重。我国地域广阔，气候不同，地域性差别最大的就是播种期，因此各地流传的谚语也有所差异。同时，不同地势播种适期亦存在显著差异。"骑寒露种麦"，指的是低田。再细分，大体是：寒露种平川，白露种高山。

冬小麦是我国主要粮食作物之一。不同地域，农事季节差异很大，同样是冬小麦播种，南北从白露到小雪，相差五六个节气。"白露早，寒露迟，秋分种麦正当时"主要流行于河北、天津、北京等华北地区。"寒露种麦正当时"这一农谚在河南、山东、山西、陕西等黄淮地区广为流传。类似的谚语还有"骑寒露种麦，十种九得"。此时，天气逐渐转寒，地表水分增多，正是种植冬小麦的好时机。寒露种麦往往会全家人齐上阵。种上冬小麦后，还要加强田间管理。

从黄河流域向南看"寒露到霜降种麦"的农谚适用于华中地区。"寒露早，立冬迟，霜降种麦正当时"适用于淮河以南地区，小麦适播期在霜降前后，寒露到霜降期间，不要急着种麦，否则会引起冬前、冬季旺长，甚至提前拔节，易遭遇早春低温寒流或倒春寒、春霜冻害，导致减产。到了浙江，则是"立冬种麦正当时"。

播种机正在田间忙碌（王高超　摄）

十月寒露霜降到，摘了棉花收晚稻

指江南地区寒露霜降时节，正是棉花和单季晚稻收获的重要时期。类似的谚语还有"十月寒露霜降到，收割晚稻又挖薯"。

水稻经过育苗、拔秧、插秧、施肥等耕作步骤后，当稻穗金黄饱满垂下时，就到了收获的季节。农民用镰刀等进行收割，然后将收割好的稻穗进行脱粒。脱粒是水稻收获过程中最重要的环节之一，主要是将原来附着在茎秆上的谷粒脱落下来，同时尽可能将其他脱出物（短茎秆、杂物等）与谷粒分离。在原始农耕阶段，人们可能是直接用手捋的方式获取稻穗上的稻谷。我国及世界多个民族都曾使用过这种脱粒方式。但是，随着农业生产的发展，水稻种植规模不断扩大，手捋方式不能满足需要，于是就出现了各式各样提高生产效率的稻桶、连枷、稻箪、稻床等脱粒工具。

我国南方多种植籼稻，籼稻有自然落粒的习性，且南方收稻时多雨，稻田较湿，往往不能及时把割下的水稻运到晒谷场上，所以，在浙江、江苏、安徽等南方地区主要使用稻桶在稻田里进行脱粒。

寒露油菜，霜降麦

寒露前后，南方地区进入真正的秋季，此时长江流域适合种植油菜等耐寒作物。油菜，又叫油白菜，原产我国，其茎颜色深绿，帮如白菜，属十字花科白菜变种，花朵为黄色。油菜营养丰富，其中维生素 C 含量很高。农艺学上将植物中种子含油的多个物种统称油菜。

油菜主要分布在长江流域一带，为两年生作物。在秋季播种育苗，次年 5 月收获。春播秋收的一年生油菜主要分布在新疆西南地区、甘肃、青海和内蒙古等地。中国栽培的油菜，可分为三大类型：白菜型、芥菜型、甘蓝型。

寒露前后长江流域直播油菜在品种上应选甘蓝型。甘蓝型油菜因其叶形和株型与甘蓝酷似，故名。20 世纪 30 年代由朝鲜、日本和英国引进，已广泛分布于中国各地，尤以长江流域各省油菜主产区分布最为集中。甘蓝型油菜是三种油用油菜中籽粒产量最高的种类，目前在我国长江中下游流域大量种植，是我国重要的油料作物。甘蓝型油菜不仅可生产食用油，而且其饼粕富含蛋白质，也可作为动物饲料。

寒露时节收蓝靛

蓝靛是多年生的草本植物，它的栽培及制作在瑶族、苗族等少数民族中具有悠久的历史，蓝靛的主要用途是染布，也可药用。蓝靛种子细小，形似杉木种，一般在 3 月清明以后采种，7—8 月移栽，株高 70～100 厘米，其味芳香，独有特色，一年可采割两到三次，最佳采割时间为 9—10 月。

贵州黔东南州苗族村民在收割蓝靛草（刘开福　摄）

蜡染，是我国民间传统纺织印染手工艺。蜡染的基本原理是在需要白色花型的地方涂抹蜡质，然后去染色，将没有涂蜡的地方染成蓝色，有蜡的地方因为没有上色而呈现白色，行话叫做"留白"。蜡在高温下会融化，因此用于蜡染的染料只能在低温下染布，否则蜡一融化，就无法留白了。古代没有化学染料，只有天然植物染料，能满足低温染色的只有靛蓝一种。

贵州蜡染源远流长，安顺是著名的蜡染之乡，被誉为"东方第一染"。安顺于1992年成功举办了首届蜡染艺术节，吸引了来自国内外的众多宾客，自此蜡染艺术走向全国，走向世界。安顺有大量的蜡染作坊、工厂，涌现出洪福远等一批知名的蜡染艺人，安顺的蜡染在继承传统的同时也在不断创新。

寒露不摘棉，霜打莫怨天

寒露时节，棉花处于收获集中期，应趁天晴抓紧采摘棉花，遇降温早的年份，要趁气温较高时把棉花收回来。

棉花原产南亚，汉唐之时，作为贡品传入中国，因其为稀有之物，仅供皇宫贵族使用，是身份地位的象征，并未广泛种植。元代棉花在南方广泛种植，并取代蚕桑成为重要的纺织原料。明代棉花受到官方重视和青睐，颁布政策鼓励民间种植棉花。

清代棉花种植更加盛行。清乾隆年间更是出现了中国古代唯一记载棉花从植棉、管理到织纺、织染成布的全过程的图谱——《御题棉花图》。《御题棉花图》由直隶总督方观承主持绘制，以乾隆皇帝观视保定腰山王氏庄园的棉行为背景，图谱包括布种、灌溉、耕畦、摘尖、采棉、炼晒、收贩、轧核、弹花、拘节、纺线、挽经、布浆、上机、织布、炼染，每图都配有文字说明和乾隆皇帝御题七言诗一首。

《御题棉花图》以图为主，图文并茂，通俗易懂，极具观赏性，是当时倡导和推广植棉和棉纺织技术的优秀科普作品。流传至今仍是研究中国农业科技史，以及清代前期冀中地区农业经济的可贵资料。

大豆收割寒露天，石榴山楂摘下来

寒露时节，大豆、石榴和山楂等农作物和水果都已成熟，秋收进入了高潮。由于石榴多籽，因此在中国传统文化中被视为吉祥物，是多子多福的象征。

石榴，原产巴尔干半岛至伊朗及其邻近地区。汉代，石榴树从域外传入中国，先是在北地种植，魏晋时期已经在中国南北方得到推广，且有不同品种。陕西临潼石榴、山东枣庄石榴、安徽怀远石榴、云南蒙自石榴和四川会理石榴被誉为"中国五大名榴"，其中临潼石榴被称为"五大名榴之冠"。临潼石榴以色泽艳丽、果大皮薄、汁多味甜、核软鲜美、籽肥渣少、品质优良等特点而著称。临潼石榴具有悠久的历史，引进初期，先在京都长安（今西安）御花园的"上林

河北省石家庄的石榴成熟
（贾敏杰 摄）

苑"和骊山的温泉宫（今华清池）内种植，是供皇子后妃观赏的。东晋潘岳称之为"天下之奇树，九州之名果"。到了唐代，长安周围石榴栽种已有相当规模。临潼在长安以东 25 千米的地方，南依骊山，北跨渭河，自然条件极宜石榴生长，加之长期培育，形成临潼石榴的优良品种。白居易曾写诗赞美："日照血球将滴地，风翻火焰欲烧人"。石榴花期较长，一般在 5—6 月开花，秋分至寒露时节成熟采收。石榴果实艳丽、籽粒晶莹，味酸甜，清鲜爽口，具有较高的营养、药用等功能。2020 年临潼区石榴种植系统被正式

列入第五批中国重要农业文化遗产保护名录。

立秋荞麦白露花，寒露荞麦收到家

荞麦生育期短，适应性强，一年四季都有播种：春播、夏播、秋播和冬播，也称春荞、夏荞、秋荞、冬荞。这句谚语的意思是立秋播种的荞麦，白露时节就开花了，但是秋播的荞麦耐寒力弱，怕霜冻，因此寒露节后就可以进行收割。

民间则流传着"荞麦不过寒露"的神话。传说从前，有一对夫妻，男的叫寒露，女的叫荞麦。夫妻俩男耕女织，日子过得很美满。一天，寒露骑着马，一个秀才看寒露傻乎乎的，就说："老弟，我有急事，把你的马借我骑骑吧？"寒露下马，说："好，你叫啥，住哪里？骑过了我好去牵。"那秀才骑上马说："我姓你所赠，日月本是名，住在半空里，月亮落村中。"说罢，骑上马走了。寒露回到家里，妻子问："马丢了？"寒露说："一个秀才借去了。""他叫啥呀，在哪庄住？"寒露把那人说的几句话说了出来。荞麦听罢，说："明天你翻过大梁山，山西坡半腰中有个村子，去找一个叫马明的人要马。"第二天，寒露找到了马明。马明见寒露找来了，惊奇地问："谁叫你到这里来找的？"寒露说："我媳妇。"马明在心里赞叹寒露妻子聪明，又觉得她嫁了这憨傻的丈夫怪窝囊的，就说："把马骑回去吧，再把我给你妻子捎的一份礼物带回去。"寒露拿着礼物回家，并把马明的话说了一番。荞麦抖开包，只见一朵花，一棵葱，一个大南瓜。荞麦看罢，明白这是讥笑她"聪明伶俐一枝花，竟然配个大憨瓜。"越想越气，竟气出了病。病一天重一天，不到半年就去世了。寒露每想起妻子，便到坟上哭一场，慢慢地在他落泪的地方长出一棵红秆绿叶的苗。寒露想念妻子，就把这种果实叫做荞麦。他把荞麦种子采下，撒在田里，第二年长出了一片，他让种子在田里自生自落。这样一年又一年，满地都是。一年秋旱，庄稼不收，唯有寒露地里的荞麦丰收。人们就把荞麦磨了吃，度过了灾荒。这荞麦也怪，总在寒露节前熟。人们都说，这是荞麦和寒露夫妻情重的缘故。

一夜寒露风，柿子挂灯笼

寒露时节，正是柿子上市之时。不入秋时柿子还是绿色的，这时柿味苦涩，难以下咽。入秋以后，柿子开始发红，常言道"立秋胡桃白露梨，寒露柿子红了皮""立秋核桃白露枣，寒露柿子穿红袄"。到了寒露时节，橘黄色到深橘红色不等的柿子开始上市，成为寒露节气的代表性水果。硬柿子肉质细腻、入口甜脆；软柿子软糯嫩滑，果汁丰满，果肉甜似蜜糖。在柿子营养成分中，除了锌元素、铜元素的含量不及苹果，其他成分均优于苹果，故在金秋时节又有"每日一苹果，不如每日一柿子"的说法。

中国是柿树的原产地，由于柿子本身色美味甘，成熟后色泽艳丽、型制饱满、形如如意，从而获得世人的喜爱；又因"柿"与"事""世"等字谐音，从而被赋予"万事如意""喜事连连""世代平安"等喜庆吉祥的美好内涵，在中国民俗生活中成为寓意深刻的祥果之一，并广泛运用于民间艺术中。同时，柿子也成为画家常画的题材之一。其中，齐白石对方柿情有独钟，在他的笔下多出现一种呈青灰色或黄红色的方形柿子，题上"世世平安""事事如意"等一类的吉祥款识，寓意祥和吉利。他年近九旬画的《六柿图》，六个青色方柿巧置于篮中，设色朴雅，心静意清，用笔憨态淳厚带有浓重的乡土气息，自然而天真。

一只喜鹊站在挂满金黄色柿子的树梢（王子瑞　摄）

生活类谚语

寒露秋钓边

俗话说："春钓浅滩，秋钓近边。"虽然立秋表示暑去凉来，秋天开始之意，但是，在我国南方，初秋由于未出"三伏"，除早晚较凉爽外，炎热仍似盛夏，气温依然很高。垂钓还要避开中午。到了仲秋，天高云淡，金风送爽，温度适宜，但是气温、水温仍然较高，也不是钓浅边的最佳时节。

　　寒露已是深秋，此时气温快速下降。太阳难以晒透深水区域，而向阳的浅水区域，经过阳光照射升温快，比较暖和。同时，由于深秋多风，不断将岸上的草屑、草籽和昆虫等食物吹落水中，岸边附近就成为食物丰富的饵料区。鱼儿为了趋温和寻找食物，为越冬作最后的准备，纷纷从较深的地方游向水温较高的浅水岸边。从而，向阳岸边就成为垂钓者首选的下钩之处，便有了农谚所说的"秋钓边"。

垂钓爱好者在上海嘉定区鱼塘钓鱼（张海峰　摄）

寒露发脚，霜降捉着，西风响，蟹脚痒

　　这条谚语意思是，寒露前后，正是秋风送爽、菊黄蟹肥之时。品蟹也是自古以来寒露节气习俗之一。在我国，螃蟹的种类有很多，南北各地都有其特色蟹。根据生长水域的不同，可简单地分为海蟹和淡水蟹。北方以食海蟹居多，其中，梭子蟹便是最常见的品种，产量高。例如山东莱州的梭子蟹，不仅是当地有名的特产，而且还是中国国家地理标志产品。每年中秋后，莱州梭子蟹日渐丰腴，至霜降前后，个个都脂膏盈甲，壳满肉肥，当地谓之"顶盖肥"，这段时间正是一年中食用梭子蟹的最佳季节。

　　相对而言，南方则更偏爱淡水蟹，其中最有名的当属"中华绒螯蟹"，也就是人们俗称的"大闸蟹"。大闸蟹在长江水系产量最大，又以阳澄湖、固城湖、太湖等水域出产的大闸蟹最为著名。寒露时节以食雌蟹为佳。古人诗曰："九月团脐十月尖，持螯饮酒菊花天"，民间也有"九雌十雄"的谚语。意思是说，每当农历九月的时候，雌蟹卵满、黄膏丰腴，正是吃母蟹的最佳季节；而公蟹则长得慢一些，要等到农历十月以后，脂肪才逐渐堆积起来，长成蟹膏。螃蟹味美，做法也很多。明代李时珍赞云："鲜蟹和以姜醋，侑以醇酒，嚼黄持螯，略赏风味。"蟹的传统吃法有清蒸、水煮、面拖、酒醉、腌制等，取出蟹肉后，还可制成蟹肉狮子头、炒蟹粉、蟹粉小笼包等名菜、名点。正所谓"蟹味上桌百味淡"，螃蟹的美味自是不用多言了。

第五届固城湖螃蟹节落幕，高淳蟹王、蟹后浮出水面（左年生　摄）

寒露过三朝，过水要寻桥

广东一带地区寒露时节，天气也开始变凉了，不能像以前那样赤脚趟水过河了。可见，寒露节气，人们明显感觉到季节的变化。更多的地区开始用"寒"字来表达本身对天气的感受了。类似的谚语还有"寒露霜降，老汉要睡热炕"，说明过了寒露，天气由凉转寒，入夜后更是寒气袭人。人们应注意天气变化，特别要注重保暖，及时增减衣服，以防寒邪入侵。

"寒露脚不露"，最重要的是脚部保暖，除了要穿保暖性能好的鞋袜以外，还应当养成睡前用热水泡脚的习惯，以防"寒从足生"。两脚离心脏最远，血液供应较少，又因为脚部的脂肪层较薄，特别容易受到寒冷的刺激。

"吃了寒露饭，单衣汉少见"，是说到寒露时节，天气渐渐变凉了，俗话说"春捂秋冻"，可进入寒露节气之后，天气突然转冷，就不可以再"秋冻"啦，要特别注意保暖，这个时候街上已经很少能够看到穿单衣的人了。为防止凉气侵入体内，要注意添加衣服。

三、常用谚语

不到寒露不寒，不到夏至不热。　湖南（郴州）

寒露不算冷，霜降变了天。　河南、江苏（扬州）吉林、内蒙古、辽宁（西部地区）、安徽（绩溪）、广西（融安）、山东（乳山）、山西（大同）

过了寒露节，夜寒白天热。　广西（武宣）

寒露起南风，快防寒露风。　湖南

寒露有南风，三天之内转北风。　广西（宜州）

寒露东风雨，西北风晴天。　安徽

寒露降了霜，一冬暖洋洋。　安徽（和县）、湖北（竹溪）

寒露西北风，四十五天暖融融。　江苏（扬州）

寒露前后有雷电，来年雨水一定多。　广西（乐业）

寒露有雨，春天无晴。　广西（防城）

寒露前后雷响彻，来年雨水浸成泽。　湖南（湘西）

白露天晴，寒露风迟。　广西（马山）

白露下雨，寒露翻风；白露无雨，寒露风迟。　广西（崇左）

白露无雨，寒露风迟；白露久雨，寒露少风。　湖南（湘西）

暖寒露，冷霜降。　山西（沁源）

谷怕寒露风，老牛怕过冬。　广西（玉林、隆林）

寒露北风雨，禾黄仓里空。　广西（上思）

寒露带来北风雪，眼看黄谷变成铁。　广西（宜州）

寒露带来北风雨，眼见谷黄仓库虚。　广西（北海、合浦）

寒露翻大风，农户米缸空。　广西（象州）

寒露有风不成禾，白露有风虫害多。　广西（来宾）

老牛怕过冬，禾怕寒露风。　广西（横县、扶绥）〔壮族〕

早造要防倒春寒，晚造须避寒露风。　广西（象州）

早造最怕芒种虫，晚造最怕寒露风。　广西（容县）

寒露天凉露水重，水稻谨防寒露风。　宁夏

寒露南风好荞麦，寒露北风少雪霜。　湖南

麦种寒露头，粮食压断楼；麦种寒露尾，跑断仙人腿。　云南、安徽（淮北）

过了寒露加籽。　山西（万荣）

寒露到霜降，种麦日夜忙。　河南（正阳、镇平）、山东（曹县）

寒露到霜降，种麦要慌张。　河北、山东、安徽（利辛）、河南（新乡专区）

寒露到霜降，种麦要紧张。　甘肃、宁夏、陕西（武功）、山西（太原）、河北（张家口）

寒露收割罢，霜降种麦田。　河南

寒露天凉露水重，霜降转寒雪花浓；小麦播种应抓紧，秋耕工作快进行。　内蒙古

寒露早，立冬迟，霜降种麦正当时。　湖北（荆门）、安徽（淮南）

寒露霜降两中间，快种油菜莫迟延。　安徽（滁州）

寒露油菜霜降麦，立冬不种田小麦。　安徽（枞阳）

寒露种菜，霜降种麦。　河南

九月寒露按季节，八月寒露迟几天。　湖北

九月寒露霜降，油菜麦子种到坡上。　贵州

九月寒露霜降临，播种油菜要赶紧。　湖北（荆门）

中伏下菜种，寒露起菜苗。　江西（南昌）

蚕豆寒露种，豌豆不出九。　江西（横峰）

蚕豆种在寒露口，种一升来打三斗。　湖南（常德）

寒露蚕豆霜降麦，立冬油菜全种着。　上海

寒露蚕豆霜降麦，种了小麦种大麦。　河南（商丘）、山西（晋城）

寒露开花不结籽。　湖南（常德）

寒露霜降到，捉花收晚稻。

九月寒露霜降到，摘了棉花收晚稻。　湖南（湘潭）

十月寒露霜降到，收割甘薯就怕寒露雨。　黑龙江

豆子寒露动镰钩，骑着霜降收芋头。　山东

寒露过了霜降到，大豆甘薯早收好。　上海

寒露起薯，霜降开园。　内蒙古、上海、山西（晋城）

寒露霜降到，收了豆类收番薯。　山西（乡宁）

寒露杂粮收得多，霜降桐茶都剥壳。　湖北、湖南

施好寒露肥，番薯快快肥。　广西（北海、东兴）

寒露到立冬，翻地冻死虫。　安徽（滁州）、河北（丰宁）、天津（武清）、黑龙江（黑河）

春放背，夏放岭，寒露霜降沟底拱。　河北、天津、山西、陕西、甘肃、宁夏、安徽（霍邱）

寒露霜降水退沙，鱼归深处客归家。　安徽

寒露东风一日晴。

白露身不露，寒露脚不露。

霜　　降

一、节气概述

霜降，二十四节气的第十八个节气，通常在每年 10 月 22 日至 24 日，太阳到达黄经 210°进入霜降节气。"霜降"表示天气逐渐变冷，露水凝结成霜。

霜降分三候：一候豺祭兽，豺把捕食到的鸟兽摆在一起，如同陈列供品祭祀；二候草木黄落，气温下降，草木之叶变黄，随风摇落；三候蛰虫咸俯，寒气肃杀凛冽，准备冬眠的动物和昆虫安居在洞穴深处，不再进食。

霜降节气是大秋作物最后完成收获的季节，北方大部分地区已在秋收扫尾。长江中下游及以南地区正值冬麦播种黄金季节，油菜一般已进入二叶期，南方开始大量收挖红薯。此时北方地区农田应进行深度耕翻，利用低温冻杀土壤里的害虫。长江中下游及以南的地区的冬麦和油菜应及时间苗定苗，中耕除草，防治蚜虫。

霜降时节，正是菊花盛开之际，古有"霜打菊花开"一说，此时，民间会举行菊花会，以表达对菊花的喜爱和崇敬。霜叶红于二月花。霜降过后，枫树、黄栌树等树木在秋霜的抚慰下开始漫山遍野地变成红黄色，如火似锦，非常壮观，赏心悦目。

二、谚语释义

气象类谚语

霜见霜降，霜止清明

"霜降始霜"反映的是黄河流域的气候特征。气象学上，一般把秋季出现的第一次霜叫做"早霜"或"初霜"，而把春季出现的最后一次霜称为"晚霜"或"终霜"。从终霜到初霜的间隔时期，就是无霜期。也有把早霜叫"菊花霜"，因为此时菊花盛开，北宋大文学家苏轼有诗曰："千树扫作一番黄，只有芙蓉独自芳"。霜一般形成在寒冷季节里晴朗、微风或无风的夜晚。

　　霜的出现，说明当地夜间天气晴朗并寒冷，大气稳定，地面辐射降温强烈。这种情况一般出现于有冷气团控制的时候，所以往往会维持几天好天气。气象学对霜作出的解释是：霜降时节，若有较强的冷空气南下，地表面温度降到0℃或以下，近地面空气中的水汽达到饱和，便会在地面或近地面物体上直接凝华形成细小的冰晶。

　　霜的形成不仅和当时的天气条件有关，而且与所附着的物体的属性也有关。当物体表面的温度很低，而物体表面附近的空气温度却比较高，那么在空气和物体表面之间有一个温度差，如果物体表面与空气之间的温度差主要是由物体表面辐射冷却造成的，则在较暖的空气和较冷的物体表面相接触时空气就会冷却，达到水汽过饱和的时候多余的水汽就会析出，并在物体表面上凝华为冰晶，这就是霜。

白茫茫的霜打在蔬菜上（周文虎　摄）

霜重见晴天，霜打红日晒

　　意思是说在晚上打霜了，那么第二天就会是大晴天。

　　浓霜，俗称霜重，常出现在寒流过后，天空晴朗少云，风速减小，气温显著降低的夜晚。此时，地面正处于高压中心附近，高空在一致的西北气流控制下，天气较稳定，所以一般冬天当结霜很重时，能预示天气晴朗。

山东省枣庄市霜降时节的蓝天白云（刘明祥　摄）

霜大多出现在寒冷季节晴朗、微风或无风的夜晚，也就是地面辐射降温强烈的情况。而云会妨碍地面物体夜间的辐射冷却，当天空中有密云时，地面温度不容易降低，也就不利于霜的形成。在霜的形成过程中，风也是一大影响因素。假如风力过大，空气的流动速度很快，那么接触冷物体表面的时间也会随之变短，而且上下层的空气容易互相混合，不利于物体温度降低，同时水汽的饱和度不高，从而妨碍霜的形成。因此，微风环境最适合霜的形成，此时有空气缓慢地流过冷物体表面，不断为霜的形成供应着充足的水汽。

所以说，霜的出现说明当地夜间天气晴朗，大气稳定。出现这样的夜间天气是因为有冷气团控制，在冷气团控制下，未来几天会持续这样的好天气。霜越重，说明冷气团的威力越大，出现晴天的可能性越高，所以说霜的形成正是晴天的征兆。

霜降杀百草

霜降过后，气温骤降，植株体内的液体，因霜冻结成冰晶，蛋白质沉淀，细胞内的水分外渗，使原生质严重脱水而质变，严霜打过的植物，一点生机也没有。

霜和霜冻虽形影相连，但危害庄稼的是"冻"不是"霜"。先看个小实验：把植物的两片叶子，分别放在同样低温的箱里，其中一片叶子盖满了霜，另一片叶子没有盖霜，结果无霜的叶子受害极重，而盖霜的叶子只有轻微的霜害痕迹。这说明霜不但危害不了庄稼，相反，水汽凝华时，还可放出大量热来，1克0℃的水蒸气凝华成水，会使重霜变轻霜、轻霜变露水，免除冻害。因此，与其说"霜降杀百草"，不如说"霜冻杀百草"。

由于近地面产生霜冻时空气湿度有差异，若湿度大，在降温中近地面水汽达到饱和，就会在地面凝结成冰晶，就是通常所说的"白霜"；若湿度很小，地面水汽达不到饱和，不出现冰晶，被称为"黑霜"。从表面上看，白霜似乎厉害，其实水汽在形成冰晶时，需要释放出潜热，加之其冰晶层有隔热的作用，使降温不那么剧烈，这样冻害反而减轻。一般早春霜冻时，果园会提前喷水预防，就是要增加湿度，减轻霜冻危害。而黑霜不然，由于无水汽凝结，当然就无潜热提供，加之它是在暗中作祟，使人们容易产生麻痹情绪，往往导致危害严重。

新疆乌鲁木齐红光山一带花草被霜打的情景（张秀科　摄）

雪打高山霜打洼

雪是从天而降，高山低洼都会有，只不过落在低处的很容易融化，而在山上由于气温低，特别是山阴，积雪会存在很长时间；霜是地表水汽夜间凝华生成，低洼处水汽密度大，更容易生成霜，所以说雪打高山霜打洼。

我们知道，在下雨雪的天气里，下雪还是下雨，是以大气温度在0℃以上还是在0℃以下来决定的。地面和大气温度在0℃以下，降落的是雪，在0℃以上，降落的便是雨。由于高山上温度远远低于平地，所以高山顶上的雪总是多于平地。那么，出现"霜打洼"的现象是因为一到夜间，高高低低、坑坑洼洼的坡地上由于热量不断散失，靠近地面的空气层先冷却。由于冷空气密度大，便沿着斜坡流向盆地的底部，就好像天上落下来的雨水总是沿着斜坡流向低处一样，所以晚间凹洼的盆地总是积聚着大量的冷空气，洼地的温度要比坡地、平地低。

基于这种气象现象，在农业布局中应注意山区的垂直种植品种的分布，以及坑洼地带选择种植抗冻的农作物。如果春秋山区有降雪，那么降雪区域附近的洼地会有不同程度结霜现象出现。发生霜冻现象可以采取"烟雾驱霜法"，利用秸秆或薪柴燃烧产生的温度和浓烟驱散霜霾，防止农作物受到霜害。

九月霜降无霜打，十月霜降霜打霜

霜降节气在公历的时间虽然比较固定，表示的是从这个节气开始气温就要骤降了，但并不是说到了霜降节气就会"降霜"了。因为"霜"是天冷的表现，当气温低了，地面开始低于0℃了就会有霜了。但是霜降在农历的时间却每年都不一样，如果霜降是在农历九月份，这期间气温还比较高，是不会出现降霜的。而如果霜降节气是在农历十月份，那霜降节气到就打霜了，这期间气温很低了，换句话说已经很寒冷了。

根据霜降节气在农历时间的早晚，还有很多类似的俗语，比如"九月霜挑谷如挑糠，十月霜降米满苍"，其意思是说霜降节气如果是在农历的九月份，当年的稻谷产量就会受到影响；如果霜降节气是在农历十月份，那当年的粮食产量就很高。这是因为霜降节气来得早，农作物的生长时间缩短了，就会影响农作物的收成。相反，霜降来得晚一些，这样就延长了农作物的生长周期，颗粒就会更加饱满，自然产量也高一些了。另外还有"霜降前降霜，挑米如挑糠；霜降后降霜，稻谷打满仓"等说法。

一夜孤霜，来年有荒；多夜霜足，来年丰收

"一夜孤霜，来年有荒"并不夸张。如果到霜降时节还没有降霜，那就说明此时的天气还比较暖和，不利于成霜；如果霜降节气后连续一周都没有降霜，在越冬前，小麦会有生长过快的迹象，消耗养分较多，返青后生长较弱，这并不利于小麦的成长。早春如遇倒春寒天气，也会造成冻害死苗。俗话说，"麦无两旺"讲的就是越冬前旺长不利于越冬，更会影响来年开春的长势，自然会影响第二年的收成。

造成这种现象与冬小麦的生长周期是密切相关的，10月中下旬（霜降前后），冬小麦处于分蘖期，而越冬期为日平均气温降到2℃左右，小麦植株基本在11月底12月初这段时间停止生长，为来年二月份的返青积蓄能量。在本该霜降的时候连夜有霜，说明气候没有太大的变化，一切如常，气温会在霜降时节迅速下降，这样冬小麦就能按生长期正常生长。霜降带来的气温下降和霜冻会对很多农作物产生不好的影响，但对于冬小麦来说反而是必需的，"多夜霜足，来年丰收"成为这则谚语的精髓。

霜降下雨连阴雨，霜降不下一冬干

如果霜降时节下霜的话，那冬天就会风雪较少，而霜降时节下雨的话，那冬天风雪就会较多。

这句谚语是古人长期观察之后经验的总结，从过去流传至今，是有道理的，准确率也是相当高的。在农村的一些老人，就是依靠它来预测冬季雨水多少的。霜降节气含有天气渐冷、大地或将产生初霜的意思。到了霜降时节，冷空气就频频南下了，和南方的暖气流相遇，就会形成降雨天气。如果在霜降节气的时候还没有下雨，那就表示北方的冷气流没有南方的暖气流强势，下雨就很少。相反冷空气流强势，下雨就会多一些。如果在霜降节气前后，降雨较多，根据这句俗语来预测，则冬季应该是湿冬。对于农民来说，干冬好还是湿冬好呢？

对于农民来说，他们都是喜欢湿冬的。因为在冬季的时候降雨（雪）多一些，这样不仅对于过冬作物，比如油菜、小麦等作物的生长有利，雨水充足就利于生长，不然就要引水来灌溉。同时在冬季降雨（雪）了，那气温相对来说更低一些，低温可以冻死在地里面过冬的害虫，来年就会少一些病虫害。尤其是在冬季的时候如果能下雪，那对作物的生长更是相当有利，农谚"瑞雪兆丰年"，说的就是这个意思。

农 事 类 谚 语

霜降，橄榄摘落瓮

橄榄，是潮汕的土特产。潮汕橄榄品种繁多，驰名海内外的名优橄榄，有潮澄饶交界一带的乌种橄榄、潮阳金玉芦塘的三棱橄榄和揭西凤湖橄榄等，由于橄榄用途广，价值高，历来果农喜欢种植它。这条农谚说明两点，一说收获橄榄的季节是霜降，二说收获橄榄的方法是摘。

在潮汕地区，生橄榄作为水果在生活习俗中有着非常高的地位，过年时候，家家户户必备橄榄招待客人，串门拜年时也会说句"新正如意，橄榄物粒来试"。潮汕人自古有嚼食槟榔、以槟榔敬宾客的传统，槟榔需与荖叶、石灰同嚼，嚼后常吐红色唾液，民国时被视为不卫生的陋习，此风俗逐渐式微。刚好橄榄状似槟榔，故后来以橄榄代槟榔。

潮州菜中橄榄多用于炖汤，由于橄榄象征"如意"，做菜师傅也时常会拿橄榄来做菜，讨个好意头，所谓"合厝人嘴就是好工夫"。常见的有橄榄炖螺头、橄榄炖花胶等，做法是食材处理后入炖盅隔水炖。而家庭常做的如橄榄猪肺汤、橄榄粉肠汤等，猪肺俗称"冇肝"，切块洗净后需余水沥干，再用热锅逼出水分，然后才和橄榄一起入锅炖；粉肠同样需要洗净余水，打若干个结，慢火炖一个小时后左右，再剪成一小段，酌量添加姜片、盐、鸡精即可。这两种汤做法、火候相仿，食材处理后也可一起同炖，口感更加肥美，微苦带甘，别有深味。现如今外面一些店铺也用橄榄汤来做粿条面的汤底，颇受欢迎。

霜降有霜冻

霜降过后，在北方气温明显下降，而在这时有些农作物仍在生长，若气温降到作物生长的最低温度，就会出现霜冻灾害，所以在此时的农事活动中要特别注意防霜冻。过去常用浇水、覆盖、熏烟等方式来抵抗霜冻。在发生霜冻前浇一次水，因为水的比热容较大，土壤中的热量会增大，空气中的湿度会增加，浇过水的土壤叶面温度会高 $1 \sim 2℃$，对农作物起到保温作用，减轻冻害。当较冷空气过后，夜间无风时，温度降至 0℃ 以下出现霜冻时，可在地面大量浇水，以提高地温。也可以采用喷雾器喷水的方法，在发生霜冻前，用喷雾器对植株表面喷水，可使其体温下降缓慢，增加大气中水蒸气含量，水蒸气凝结放热，以缓解霜害。覆盖保温比较适合小面积种植的地块，比如家里有小菜园的，种植越冬蔬菜时非常合适。可以覆盖草帘、秸秆，起到保温的效果，也可以用塑料膜搭建一个简易的大棚。

以前，有些农户会在田间熏烟，但现在为了保证安全和减少环境污染，这种方法很少使用。正常的霜降对农作物的危害不太大，如果温度急剧下降，农作物就容易发生冻害，可采用上述两个方法进行预防。

河北省邢台市广宗县菜农们在为蔬菜大棚更换塑料膜（王垒　摄）

寒露早，立冬迟，霜降收薯正当时

霜降时节，红薯的叶子已经变得不再是之前的翠绿满园，茎、叶逐渐变深红颜色，叶子也开始萎蔫，就要准备收红薯了。收红薯要得法，要把握以下关键要素。

第一，红薯收获时间要把握好。红薯收获时间是霜降之前一两天，以及霜降之后一两天，合计起来也就五天时间，太早了红薯外面那层薄皮会更嫩，不利于储存，而太晚的话，霜降之后会出现霜冻，会把红薯冻坏，因为红薯的块茎不能受冻。

第二，刨红薯要注意轻刨、轻挖，避免出现损坏红薯和红薯皮。刨红薯时，需要离红薯根部一定距离，然后深挖，要保证镐头不能碰着红薯，从挖起的泥土中轻轻取出红薯，那些被不小心刨坏了的红薯根本就没办法储存，而红薯的那层薄皮也不能碰破，碰破一点点都不利于后期长时间储存，所以刨红薯时必须离开红薯主藤蔓，深深下镐头用力撬起，这样才能保证红薯的不破损，有利于储存时间更久。

第三，挖出来的红薯不要着急收，要在地里放一上午或者一中午。从刨起来的泥土中把红薯轻轻抖一下取出来后，不要着急把它们从藤蔓上摘下来，原地放下，刚从土壤中刨出来的红薯皮太容易出现碰损，暴露在空气中晾晒一下，稍微放置几个小时，到时候再从藤蔓上摘取下来，收进提前备好的容器里，容器也一定是有柔软铺垫的笼子或者篮子，避免损伤。

江苏省灌云县农民收获红薯（吴晨光　摄）

霜降不起葱，越长心越空

起葱，就是收获大葱的意思，如果霜降不收获，大葱就会在天气越来越冷的情况下空心化了。

大葱的整个生育期总共分为两个阶段、七个生育时期。两个阶段即营养生长阶段和生殖生长阶段。营养生长阶段可分为发芽期、幼苗期、葱白形成期。生殖生长阶段包括返青期、抽薹期、开花期、结籽期。而我们平时食用的大葱，都是在大葱葱白形成期末开始收获的。

大葱从定植到葱白形成期，一般需要120～140天。进入8月中下旬秋凉以后，葱白伸长进入快速生长时期，此时需要加强管理。最适宜大葱葱白加粗、伸长、充实的温度为13～20℃，而当气温降低到4～5℃时，大葱的叶身生长就趋于停顿，叶身中贮藏的养分向葱白转移，霜冻后，大葱完全停止生长，开始进入收获季节。

当进入霜降节气后，气温急剧下降，大葱的根系就失去其功能作用，叶片逐渐失去光合作用，大葱基本停止生长。一般在北方，霜降时，大葱的这些生长状况都已显露出来，养分倒流，葱白渐软，这就是农谚所说"霜降不出葱，越长越空"的道理。

农民画《霜降》（中国农业博物馆藏，王小俊　画）

霜降不收烟，你别埋怨天

谚语讲的是黄河流域要在霜降前完成烟叶采收，防止霜冻带来减产。烟叶，因其经济价值较高，在我国广泛种植，但烟草会对吸烟者产生一定的身体危害。

烟草对大脑的影响：尼古丁对中枢神经系统具有刺激作用，它能通过激活相关神经来释放更多的多巴胺。而烟草中所含的哈尔明和降哈尔明则能通过一种分解酶的活动，使神经突触内的多巴胺、血清素和去甲肾上腺素保持在高浓度水平。随着多巴胺、血清素和去甲肾上腺素保持的作用得到强化，人的清醒程度就更高、注意力更为集中，从而更能缓解忧虑忍耐饥饿。

耐受性和依赖性：经常吸烟会使大脑中的尼古丁含量始终处于很高水平。神经原受体对尼古丁越来越不敏感，对多巴胺释放的刺激作用也出现减弱，原来的烟量再也不能满足吸烟者的快感，吸烟者由此对尼古丁产生耐受性。当吸烟者停止吸烟数小时（睡眠时间）后，体内尼古丁含量出现下降，神经原受体变得异常敏感。此时乙酰胆碱的活性超出正常水平，使吸烟者变得烦躁，并很想抽烟。这时候吸烟会过度刺激神经原受体，并促使多巴胺大量释放。

既然吸烟有害健康为何还要种植烟叶呢？这是因为我国烟民基数较大，

大概有 3 亿人以上，其次烟草税收在万亿元以上，占总税收的近十分之一，如果我国不种植烟叶，则需要大量进口。

霜打蔬菜分外甜

经常买菜的人知道，萝卜、大白菜、菠菜……很多蔬菜经历过寒霜考验后吃起来就是要比"冻"之前来得美味。古人也发现了这个规律。汉代的《氾胜之书》记载："芸苔（萝卜）足霜乃收，不足霜即涩"。西晋的陆机也说："蔬茶苦菜生山田及泽中，得霜甜脆而美。"

霜降意味着低温的来临，对于农田里的蔬菜来说，这是一件让它们恐惧的事情。如果不做准备，零下的低温会让蔬菜体内细胞间隙中的水分凝结成冰晶并不断增大，挤压或破坏细胞，蔬菜的生命也就岌岌可危了。

在这种生存威胁下，聪明的蔬菜开启了"低温防御模式"，简单说来就是"调节体质"。

白菜、青菜等蔬菜的体内含有很多淀粉，这些淀粉无味且不容易溶于水。为了抵抗低温的侵袭，它们让身体里的淀粉酶与淀粉发生反应，把淀粉变成了"麦芽糖醇"，之后又进一步转化成了清甜而易溶于水的"葡萄糖"，使细胞间隙糖分浓度加大，于是我们就感觉蔬菜吃起来变甜了，而且也不容易遭受低温的破坏了。所以说，"霜打蔬菜分外甜"是蔬菜适应环境变化的一种生存手段。

而冬天大棚蔬菜的口感不好，是因为生长在大棚中的蔬菜处于温暖的环境，没有启动"低温防御模式"的缘故，淀粉酶和淀粉不发生甜蜜反应，蔬菜当然不会变得清甜可口啦。

霜降要出姜，不出姜冻膀

"初春种，霜降收"是姜农们千百年来面朝黄土背朝天总结出来的种姜经验。大姜是一种很有节气规律的农作物，一般每年初春前后播种，霜降时节收获。只有这样出产的大姜才能达到最高的成熟度。而霜降过后，温度走低，来不及收获的大姜就会被冻坏在地里。

出姜是一个技术活，用不得蛮力。要保证姜的完整，断裂或破皮都会影响卖相。出姜使用的工具不是镢头，而是近半米长的三齿耙钩。一脚把耙钩踩进地下，再使劲一掘，十几斤重的姜块带着泥土拔地而出。而为了保护大姜，姜块上的泥土只能手工去除。大姜从地里挖出来之后，简单清理后便堆放在一旁，需另一人用剪刀将竹叶似的姜苗剪掉，就剩下一大块明晃晃、鲜嫩嫩的大姜块了。

刚刚收获的新姜非常嫩，但是辣味不足，而且皮很薄，一碰就破，不易运输，因此刚出土的姜一般不会直接售卖，会存储一段时间，生姜在储存期间对温度和湿度的要求高，现代化的存储方式是将生姜置于低温的冷库之中，而卖姜翁遵循传统的存姜方式——姜井，即挖地成井，底部再挖横向通道，将姜置于其中。

山东省青州市姜农在收获大姜（王继林　摄）

霜降茶开口，挑起箩筐满山走

这里指的是油茶，收获油茶需要抢收，摘早了果实不成熟，出油率不高；采晚了，又会从树上掉落，增加采集难度。

油茶树主要生长在中国南方亚热带地区的高山及丘陵地带，是中国特有的一种纯天然高级油料。主要集中在浙江、江西、河南、湖南、广西五省，全国年产量仅为 20 万吨左右。

油茶喜温暖，怕寒冷，要求年平均气温 16～18℃，花期平均气温为 12～13℃。突然的低温或晚霜会造成落花、落果。要求有较充足的阳光，否则只长枝叶，结果少，含油率低。要求水分充足，年降水量一般在 1 000 毫米以上，但花期连续降雨，影响授粉。要求在坡度和缓、侵蚀作用弱的地方栽植，对土壤要求不甚严格，一般适于土层深厚的酸性土，而不适于石块多和

湖南省邵阳市茶农们在采摘油茶果（滕治中　摄）

土质坚硬的地方。

油茶种子含油30％以上，供食用及润发、调药，可制蜡烛和肥皂，也可作机油的代用品。油茶与油棕、油橄榄和椰子并称为世界四大木本食用油料植物。油茶具有很高的综合利用价值，茶籽粕中含有茶皂素、茶籽多糖、茶籽蛋白等，它们都是食品、饲料工业产品等的原料，茶籽壳还可制成糠醛、活性炭等，用茶树的灰洗头可杀死虱子包括虫卵。油茶树木质细、密、重，拿在手里沉甸甸的，很硬，是做陀螺、弹弓的最好材料，并且由于其有茶树天然的纹理，也是制作高档木纽扣的材料。

霜降配羊清明奶，夏至前后草满地

这句俗语的意思是，要想养好羊，霜降前后就得配羊，这样清明前后正好下羊羔，这个时候天气暖和青草也都冒芽了，羊羔就饿不着，活下来的可能性就大了。

羊的怀孕期一般为5个月左右，而依据长三角地区的气候特点，羊的配种时间以霜降前后为最佳，俗称秋配。霜降前后，经过了一个夏季优质草料的饲养后，母羊的身体状况达到最佳状态，此时对怀孕羊羔的发育非常有利，这样到来年清明前后就会产羔。羔羊经过2～3个月的哺乳后，至夏至前后青草长满山坡的时候，也正是羔羊断奶和草料最容易采食的时期。

霜降配羊、清明生产、夏至断奶，期间各个阶段环环相扣，非常适合羊的繁殖和羊羔的生长。此谚语总结了在长三角地区气候条件下，羊配种、繁殖和羊羔断奶等过程的最适宜时间，具有指导意义。

在漫长的养羊岁月里，老一辈人逐渐摸清了这一规律，再根据天气的冷暖变化，规划出最好的时间，并将这一经验用通俗的语言表达出来，一辈一辈地流传下来。

生 活 类 谚 语

一年补透透，不如补霜降

在炎热的夏日，人的胃口普遍较差，饮食相对清淡简单，两三个月下来，不少人都会瘦一些，加上经常食用冷饮解暑，人的脾胃也会变得虚弱。秋后天气渐凉，人有了食欲，脾胃功能也逐渐恢复，及至秋冬交替的霜降时节，若进补得宜，不仅能补偿夏季的损耗，还有助于增强体质，帮助人们度过寒冷的冬天，也为新一年的健康生活打下坚实基础，因此自古以来，人们都非常重视"霜降进补"。

霜降进入深秋，天气逐渐转凉，秋燥现象十分明显，由于燥邪易伤人体津液，就会出现口干、唇干、鼻干、咽干、舌干少津、大便干结、皮肤干燥甚至皲裂等状况，因此，霜降时节应多食用柔润的食物，如芝麻、蜂蜜、白菜、甘薯、萝卜、苹果、梨、柚子、甘蔗、橄榄等，以丰富体液，滋阴润肺。起居上应早睡早起，因为早起有养阴之效，可使机体津液充足，使人整天都精力充沛。

霜降除了需要养肺之外，养脾胃也是必不可少的，因为霜降时节是溃疡病高发的时期，此时，溃疡病发病率猛增的原因主要是冷空气的刺激、胃酸分泌过多和饮食不合理，冷空气会刺激人体使胃酸分泌增多，进而刺激胃黏膜，引发溃疡病。此外，人们在室外吸入的凉气会引起肠胃黏膜血管收缩，导致黏膜缺血、缺氧，大大削弱了肠胃黏膜的保护作用，影响溃疡处修复，甚至引发新的溃疡。

霜叶红于二月花

霜降过后，枫树、黄栌树等树木在秋霜的抚慰下，开始漫山遍野地变成红黄色，如火似锦，非常壮观，因此自古就有霜降赏红叶的习俗。

在植物的叶子里，含有许多天然色素，如叶绿素、叶黄素、花青素和胡萝卜素。叶片的颜色是由于这些色素的含量和比例的不同而造成的。春夏时节，叶绿素的含量较大，而叶黄素、胡萝卜素的含量远远低于叶绿素，因而它们的颜色不能显现，叶片显现叶绿素的绿色。由于叶绿素的合成需要较强的光照和较高的温度，到了秋天，随着气温的下降，光照的变弱，叶绿素合成受阻，而叶绿素又不稳定，见光易分解，分解的叶绿素又得不到补充，所以叶中的叶绿素比例降低，而叶黄素和胡萝卜素则相对比较稳定，不易受外界的影响。因而，大部分叶片就显现出这些色素的黄色。

在植物的叶子中储藏有光合作用产生的淀粉，淀粉只有转化成葡萄糖，才能输送到植物的各部分去。但是到了深秋季节，天气变冷，叶子在白天制造的淀粉由于输送作用的减弱，到了晚上也不能完全变为葡萄糖运出叶子，同时叶子内的水分也逐渐减少，于是葡萄糖就留在叶子里，浓度越来越高。而葡萄糖的增多和秋天低温有利于花青素的形成，所以，花青素含量逐渐增多而叶绿素含量逐渐降低。花青素是一种不稳定的有机物，本身没有颜色，当它遇到酸性物质时变成红色，遇到碱性物质时会变成蓝色。这样，花青素在酸性的叶肉细胞中就变成了红色，所以树叶就变成了红色。

北京八达岭国家森林公园红叶岭景观（丁帮学　摄）

霜降霜降，移花进房

霜降以后气温下降，南花北栽的花卉在露地条件下会受冻害，要移进温室暖房越冬。人们在长期的养花实践中总结出两条经验：一条叫"春不出"；另一条叫"冬不入"。

"春不出"即在早春不要急于让花卉出室。因为北方春天气温多变，常刮干燥风，寒流不时袭来，如过早出室，易遭干旱风危害，嫩芽、嫩叶常被吹焦；同时也易受到晚霜冻害，引起突然大量落叶，严重时会造成整株死亡，因此不宜过早出室。北方多数地区，室内越冬的花卉出室时间以清明至立夏之间为宜。

"冬不入"，即天气刚一寒冷时，如果没有霜冻，对于大多数花卉来说，不要急于将盆花搬入室内。因为这时气温反复多变，时冷时热，这时应将花卉放在背风向阳处，让它经过一段低温锻炼，对于多数花卉反而有益。如过早地把花卉搬进室内，对其生长发育不利。

但花卉种类不同，对温度的要求各异，因此入室时间有早有晚，不能千篇一律。在通常情况下，君子兰、一品红、扶桑、倒挂金钟、仙人球等，待气温降到10℃左右时入室为宜。茉莉、米兰、茶花、金橘、万年青等，气温降到5℃左右时入室较好。盆栽葡萄、月季、无花果等，需在−5℃冷冻一段时间，促使其休眠后，再搬入冷室（0℃左右）保存。

霜打菊花开

菊花属于短日照植物，光照短于12小时才能正常生长开花，且菊花的适应性很强，喜凉，较耐寒。在北方，霜降时节是秋菊盛开的时候，在我国很多的地区都要举行菊花会，赏菊饮酒，这样能够表达我们对菊花的崇敬和爱戴。在古代菊花有着不寻常的文化意义，人们也异常地喜欢菊花，菊花会被认为是"延寿客"、不老草。

东晋文学家陶渊明与菊花结下不解之缘，他写了很多咏菊诗，最有名的《饮酒》诗里边"采菊东篱下，悠然见南山"，还有"秋菊有佳色，露掇其英，泛此忘忧物，远我遗世情。"菊花对于陶渊明，是一种人格的化身。诗人将菊花素雅、淡泊的形象与自己不同流俗的志趣十分自然地联系在一起，以致后人将菊花视为君子之节、逸士之操的象征。他为什么对菊情有独钟呢？

一是陶渊明长期归隐田园，以酒遣怀，以菊花为伴侣，再没有出仕。菊花就像隐士隐居，不与世俗同流合污。陶渊明独爱菊，正是他不苟随时俗高洁品质的象征。

二是结合当时士大夫文人的生活，认真研究一下陶渊明诗中的咏菊之处，就不难看出：陶渊明推崇菊花，并不全是如后人所说是爱菊的品格，他爱菊的真正原因，乃是爱菊花的药用价值，他爱的是服食菊花，爱的是饮菊酒。

霜降日，湖北宜昌市民在观赏阳台上绽开的菊花（刘君凤　摄）

霜降吃丁柿，不会流鼻涕

柿子的营养价值非常高，不仅可以御寒保暖，而且还有补筋骨的作用。何况还有一点，那就是霜降以后的柿子特别甜。所以古人就相信在霜降节气吃了柿子，这样整个冬天都不怕冷了，不会出现流鼻涕，嘴唇冻裂的情况。闽南素有"霜降吃柿子"的说法，不易感冒、流鼻涕。

虽然这句话有点夸张，但是还是有几分道理的。因为在霜降的时候，柿子已经完全成熟了，这个时候树上的柿子不仅皮薄、肉多、味鲜美，而且还有一点那就是营养十分丰富，其中富含胡萝卜素、核黄素、维生素等。常吃柿子有润肠通便、消炎和消肿的作用，并且还能改善血液循环，尤其是适宜高血压患者食用。在民间甚至还有着"每日一苹果，不如每日一柿子"的说法，可见柿子的营养价值是非常高的。所以，吃些柿子对人体健康是很有好处的。

霜降时节厦门某水果店的柿子很受欢迎（张向阳　摄）

不过也要注意，柿子虽然美味，但不要多吃，也不要空腹吃。具体原因是，柿子中含有大量的鞣酸和果胶，尤其一些不是很熟的柿子，空腹吃了之后，有些人群会出现胃痛、恶心、呕吐现象，因此，以饭后吃柿子为宜。

三、常用谚语

二耳听霜降，过年菜脯装落瓮。　广东（潮州）

割过小麦点白菜，过了霜降长得快。　甘肃（定西专区）

过了霜降，犁耙架在梁上。　青海

过了霜降种晚麦，晚种一天，晚收三天。　河南（伊阳）

禾忌霜降风，人怕老来穷。　湖北、广东、河北（张家口）

禾怕霜降风，禾头有水不怕风。　广东

黄尖不食霜降水。　福建（福清、平潭）

今年霜降来得早，明年油菜结籽少。　河南（信阳）

齐霜降，挂犁杖。　内蒙古

秋吹西北风，霜降有白霜。　上海

秋风菱角舞刀枪，霜降出山柿子黄。　福建（武平）

霜降不降霜，来春天气凉。　河南（安阳）、湖北（竹溪）

霜降不摘柿，硬柿变软柿。　河南（安阳、林县）

霜降吹了东南风，冬天暖和好轻松。　湖南

霜降打伞，胡豆一个光秆秆。　　四川

霜降到，陂头破。　　福建（上杭）

霜降到立冬，翻土冻害虫。　　湖南

霜降对冬，十个牛栏九个空。　　广西（容县）

霜降风，海底空。　　浙江（舟山）

霜降见冰。　　河南

霜降落雨做双梅。　　浙江（宁波）

霜降麦，鸡爪墩，等到收麦蝇头穗。　　山东

霜降麦头齐。　　河北、上海（南汇）

霜降麦种出瓮。　　福建（漳浦）

霜降南风，高温会烂冬。　　广西（桂平）

霜降南风转北风，秋雨落蒙蒙。　　广西（上思）

霜降盘田水，立冬好捡起。　　福建（上杭）

霜降前后，晚稻抢收。　　福建

霜降前落霜，挑米如挑糠。　　四川

霜降前无霜，大雪满山冈。　　湖南

霜降晴，割稻芽；霜降雨，满田舞。　　海南（文昌）

霜降入深秋，秋耕在地头。　　山西（太原）

霜降三朝，过水寻桥。　　上海

霜降杀百虫。　　河南（三门峡）

霜降十八天，三六非等闲；头六破土出，中六绕垄出；尾垄就不出。
云南（昆明）

霜降水，饿死鬼。　　海南、福建（南安、莆田）

霜降田坎坎。　　福建（仙游）

霜降无风，暖到立冬。　　天津、广西（田阳）、湖南（零陵）

霜降无雨，清明断车。　　湖北（荆州）

霜降西风就来霜，霜降东风晚来霜。　　江苏

霜降熊归洞，腊月蛇复苏。　　云南（丽江）［纳西族］

霜降夜寒谨防秧。　　河南（新乡）

霜降一场风，十个米瓮九个空。　　广东

霜降一过天日短，梳头吃饭半个工。　　安徽（淮北）

霜降一圩满田红。　广东

霜降有大雾，旱得井也枯。　河北（易县）、河南（开封）

霜降有霜，稻像霸王。　湖南（怀化）

霜降有雨，不出三日晴。　湖南（株洲）

霜降有雨，开春雨水多，霜降无雨，冬春旱。

霜降雨连连，秋收雨绵绵。　广西（乐业、桂平）

霜降在月头，高地也丰收；霜降在月中，裹棉也挨冻；霜降在月尾，明年旱相随。　广西（隆安）

霜降枣儿圆。　安徽（宣州）

霜降之前刨芋头。　山东（枣庄）

上海霜前挡风，霜临盖草。　上海

听见伏笛儿叫，百日寒霜到。　河北（沧州）

头带珍珠花，身穿紫罗纱，出去三个月，霜降就归家。

晚霜伤棉苗，早霜伤棉桃。

乌蚁搬泥挖洞深，没有烂冬的苗根。一夜孤霜，来年有荒；多夜霜足，来年丰收。

迎伏种豆子，迎霜种麦子。

油菜移栽抓时机，霜降早，小雪迟，立冬前后正当时。　安徽（舒城）

鱿鱼不食霜降水。　广东

重阳拾霜降，有谷无箩装。　广东

白薯半年粮，霜降快贮藏。

冻后霜，柑橘光。

降霜前，种垄田；降霜后，种蚕豆。

萝卜落种霜降前。

麦浇黄芽，谷浇老大，豆子就怕霜降早。

麦怕胎里旱，棉怕秋里霜。

麦种霜降口，一颗收一斗。

棉是秋后草，就怕霜来早。轻霜棉无妨，酷霜棉株僵。

糯稻此节正收割，地瓜切晒和鲜藏。

秋雨透地，降霜来迟。

今夜霜露重，明早太阳红。

霜不离降，降不离霜。

霜降，霜降，洋芋地里不敢放。

霜降百草枯，立冬不使牛。

霜降播种，立冬见苗。

霜降不打禾，一夜丢一箩。

霜降不见霜，还要暖一暖。霜降当日霜，庄家尽遭殃。

霜降不砍菜，必定要受害。

霜降初放满园芳，置于檐下供品赏。

霜降来临温度降，罗非鱼种要捕光，温泉温室来越冬，明年鱼种有保障。

霜降露水遍野白，小寒霜雪满厝宅。

霜降萝卜，立冬白菜，小雪蔬菜都要回来。

霜降气候渐渐冷，牲畜感冒易发生。

霜降晴，风雪少；霜降雨，风雪多。

霜降下雨连阴雨，霜降不下一冬干。

霜降腌白菜。

霜降一到，补棉纳袄。

霜降一到，地瓜入窖。

霜降捉落花。

冬　季

严冬不肃杀，何以见阳春。当太阳黄经达 225°，北斗七星的斗柄指向北方的时候，我国大部分地区迎来了寒冷的冬季。冬季包含立冬、小雪、大雪、冬至、小寒、大寒六个节气。冬季是一年中地表光热最少的季节，虽然寒冷，实则孕育着春的希望。

"天水清相入，秋冬气始交"，立冬意味着冬季的开始；"满城楼观玉阑干，小雪晴时不共寒"，小雪时节，气候寒未深且降水未大；"风吹雪片似花落，月照冰文如镜破"，大雪节气标志着仲冬时节的正式开始，漫天雪花送来洁白的世界；"黄钟应律好风催，阴伏阳升淑气回"，冬至日北半球迎来一年中夜最长、昼最短的一天，人们认为冬至之后阳气开始回升；"小寒连大吕，欢鹊垒新巢"，小寒气候虽然寒冷，但是还没有冷到极致；"大寒已过腊来时，万物那逃出入机"，大寒在岁终，冬去春来，大寒过后又开始新的一个轮回。

冬季阴阳转变，是生机潜伏、阳气由收到藏的季节，立冬后万物进入休养、收藏的状态。同时，冬季也是保养、积蓄能量的最佳时机。所谓"冬藏"养生，是指到了冬季要注意养精蓄锐、休养生息。"岁冬万物善伏藏，只待惊蛰春雷响"，所有的潜藏与沉淀，都是为了来日的明亮与生长。

立　冬

一、节气概述

立冬，二十四节气的第十九个节气，通常在每年 11 月 6 日至 8 日，太阳到达黄经 225°进入立冬节气。立冬，意味着冬季开始，万物自此进入休养、闭藏状态。

立冬分三候：一候水始冰，水开始结冰；二候地始冻，大地开始封冻；三候雉入大水为蜃，雉鸡等鸟兽隐匿于山林之中，蛤蜊等贝类变得很常见。

立冬前后，我国大部分地区降水显著减少。东北地区大地封冻，农林作物进入越冬期；江淮地区"三秋"已接近尾声；江南正忙着抢种晚茬冬麦，抓紧移栽油菜；而华南却是"立冬种麦正当时"。

立冬与立春、立夏、立秋合称四立，在中国古代社会中是个重要的节日，有着丰富多彩的祭祀和庆祝活动。立冬日，周朝天子要携百官出北郊迎冬，迎回冬气后，天子要对为国捐躯的烈士进行表彰和抚恤，赐群臣冬衣、矜恤孤寡。立冬也是"进补"的好时节，例如，北京天津一带要在立冬这天吃饺子；山西陕西要吃年糕；苏州要吃膏滋；广东潮州要吃香饭；湖南醴陵要开始制作"醴陵焙肉"；在台湾地区，立冬会炖麻油鸡、四物鸡来进补，"羊肉炉""姜母鸭"也很受欢迎。

二、谚语释义

气 象 类 谚 语

立冬打雷要反春

打雷一般是春天的天气现象，如果立冬的时候打雷，就好像春天来了，所以说是"反春"。

在古代，由于科学技术不发达，人们认为冬天打雷和盛夏飘雪一样，是不可能发生的"异象"。汉代易学泰斗京房说："天冬雷，地必震。"古人还说："秋后打雷，遍地是贼。"汉乐府民歌《上邪》是一首著名的情歌，其中说：“上邪，我欲与君相知，长命无绝衰。山无棱，江水为竭。冬雷震震，夏雨雪。天地合，乃敢与君绝。”意思是说，除非凛凛寒冬雷声翻滚，除非炎炎酷暑白雪纷飞，除非天地相交聚合连接，直到这样的事情全都发生时，我才敢将对你的情意抛弃决绝！事实上，冬天打雷虽不常见，却也不算是什么“异象”。宋代文学家苏辙就有《立冬闻雷》的诗：“半夜发春雷，中天转车毂〔gǔ〕（车轮中心）。老夫睡不寐，稚子起惊哭。平明视中庭，松菊半摧秃。潜发枯草萌，乱起蛰虫伏。薪樵〔yǒu〕不出市，晨炊午未熟。首种不入土，春饷难满腹……”可见，立冬打雷还真有过。气象学家的解释是：冬季由于受大陆冷气团控制，空气寒冷而干燥，加之太阳辐射弱，空气不易形成剧烈对流，因而很少发生雷阵雨。但有时冬季天气偏暖，暖湿空气势力较强，当北方偶有较强冷空气南下，暖湿空气被迫抬升，对流加剧，就会形成雷阵雨，出现所谓“雷打冬”的现象。

立冬不见霜，来年鼠啃仓

立冬是冬季的第一个节气，这个季节天气已经开始变冷，早晨推开屋门会发现农田里面全是一层白霜。这样的天气是村民最乐意看到的。立冬这一天出现了霜降，那么整个冬天将会比较寒冷，寒冷的天气还会带来充沛的降水，下雪也会比较多。这样的天气对越冬庄稼最为适宜。如果立冬当天暖烘烘的，没有出现霜降，那么这个冬天将会是个暖冬。这样就不适宜越冬庄稼生长，收获欠佳，有的甚至会出现大幅度的减产。没有东西吃的老鼠，也都出来啃食粮仓里的食物了。类似的谚语还有“不怕重阳十三雨，就怕立冬一日晴”。意思是说不怕农历九月初九到十三这几天下雨，但怕立冬这天是晴天，因为这样一来冬天就会极为干旱。

造成暖冬的原因有很多，例如温室效应，厄尔尼诺现象，西太平洋副热带高压偏强等。暖冬现象对农业生产极为不利，主要体现在暖冬对土壤墒情的影响很大，暖冬往往会带来降雨量的减少，气温偏高，这样土壤中的水分蒸发会比较严重，对越冬作物的生长和春耕、春播不利，同时暖冬还会使农业病虫害加重。因为暖冬形成较高气温，使虫卵更容易越冬生存，并在春天大量繁殖，出现大面积的虫灾。在暖冬过后的 3 月末至 4 月初，正是农作物出苗期，暖冬使农作物旺盛生长，抗寒能力下降，一旦出现“倒春寒”将会造成粮食的大幅度减产。

今冬麦盖三层被，来年枕着馒头睡

"麦盖三层被"的意思是冬天降雪量大，田野里覆盖着厚厚的雪。瑞雪兆丰年，说明第二年将会迎来大丰收，收获的粮食多到吃不完。"枕着馒头睡"形容粮食丰收。

为什么冬季降雪来年会丰收呢？一是大雪保暖土壤，积水利田。在北方一些地区，冬天最严寒的几天，夜里最低温度可达零下十几度，这极易造成农作物冻害。而下的雪往往不易融化，盖在土壤上的雪是比较松软的，就像是小麦的一层"棉被"，能帮助小麦保温。二是大雪能给土壤补充"营养"。雪在形成的过程中会吸收空气中的氨气、硫化氢、二氧化碳、二氧化硫等气体。在融化后，雪水把这些营养物质带到土壤中，跟土壤中的一些酸化物合成各种盐类，如氨和硫酸化合成铵盐（即"硫酸铵"），变成良好的天然肥料，尤其是氮的含量是同体积普通水含量的 4 倍，酚、汞等有毒有害物质在雪水中的含量也比普通水要少。三是雪在融化时可以冻死害虫。化雪的时候，要从土壤中吸收许多热量，这时土壤会突然变得非常寒冷，温度降低许多，但这个温度不会影响作物，却会冻死一大部分越冬的害虫。四是雪融化带来的水，给土壤补充水分，防止农作物干旱。秋冬季节，北方雨水很少，长期不下雨，导致干旱，冬小麦等农作物的生长就会受到影响。当天气回暖，雪开始融化，雪融下去的水留在土壤里，给庄稼积蓄了很多水，对春耕播种以及庄稼的生长发育都很有利。

新疆库尔勒市普降大雪（徐明生　摄）

农事类谚语

麦子过冬壅遍灰，赛过冷天盖棉被

过冬的时候，在麦子地里面撒点草木灰，既保暖又施肥，麦子就像人类在冬天盖被子一样的舒服。

草木灰的主要成分是碳酸钾（K_2CO_3），分子质量为 138。草木灰肥料因是植物燃烧后的灰烬，所以凡植物所含的矿物质元素，草木灰中几乎都含有。其中含量最多的是钾元素，一般含钾 6%～12%，其中 90% 以上是水溶性，以碳酸盐形式存在；其次是磷，一般含 1.5%～3%；还含有钙、镁、硅、硫和铁、锰、铜、锌、硼、钼等微量元素。不同植物，其养分含量不同，以向日葵秸秆的含钾量为最高。草木灰肥具有促进种子发芽、促进生根、防止落叶、提高果树抗旱性等多种作用。同时也适用于各种作物使用，尤其适用于喜钾或喜钾忌氯作物，如马铃薯、甘薯、烟草、葡萄、向日葵、甜菜等。草木灰用于马铃薯，不仅能用于土壤施用，还能用于沾涂薯块伤口，这样，既可当种肥，又可防止伤口感染腐烂。所以，它是一种来源广泛、成本低廉、养分齐全、肥效明显的无机农家肥。另外，草木灰还可以做杀虫剂，有时候白菜或者瓜苗出现虫害的时候，就可以用草木灰撒在上面，因为草木灰含有一定的碱性，可以杀死轻微的虫害，如果虫害严重则可以加钾氯粉混合均匀洒在上面。不过需要注意的是草木灰不能与有机农家肥（人粪尿、厩肥、堆沤肥等）、铵态氮肥混合施用，以免造成氮素挥发损失，也不能与磷肥混合施用，以免造成磷素固定，降低磷肥的肥效。

九月立冬开始动工，十月立冬满洋空

在阴历中，立冬有时在九月，有时在十月。福建莆田大部分地区是在九月前后割晚稻，如果立冬在九月底，那么在九月中还有一部分迟熟的晚稻未割。如果是十月初立冬，则到处都割完了晚稻，稻田里也就是空荡荡的。"满洋"是指莆田南北洋平原的产粮地区。目前我国主要有华南双季稻、华中双季稻、西南高原单双季稻、华北单季稻、东北早熟单季稻和西北干燥区单季稻六大稻作地区。福建莆田位于华南双季稻地区。

南北洋平原又称兴化平原或莆田平原，是福建四大平原之一，地处木兰溪下游的南北侧。很久以前，那里是一片汪洋。由于木兰溪等溪流携带的泥沙长期堆积和兴化湾海浪搬运淤积而成。木兰溪是福建省"五江一溪"重要河流之一，也是莆田地区的"母亲河"。虽是"母亲河"，但木兰溪却水患频发，时常威胁着两岸人民的生产生活。虽历经唐宋等多个朝代治理，但并未从根本上解决水患问题。当地还流传着"雨下东西乡、水淹南北洋"的民谣。木兰溪难于治理，主要有两个难题：一是木兰溪下游河道蜿蜒曲折，行洪不畅，裁弯取直、抗冲刷难度大；二是木兰溪处于沿海淤泥地质带，在此基质上筑堤，无异于在"豆腐上筑堤"。为了破解"豆腐上筑堤"和软土抗冲刷的世界级难题，让木兰溪真正成为莆田地区的"母亲河"。1999 年 12 月 27 日，时任福建省委副书记、代省长的习近平同志将当年全省冬春修水利建设的义务劳动现场安排在木兰溪，并与当地干部群众、驻军官兵等 6 000 多人一道参加了义务劳动。习近平同志在现场说："今天是木兰溪下游防洪工程开工的一天，我们来这里参加劳动，目的是推动整个冬春修水利掀起一个高潮，支持木兰溪改造工程的建设，使木兰溪今后变害为利、造福人民。"木兰溪下游防洪工程建设由此拉开了序幕。2003 年，木兰溪裁弯取直工程完成。2011 年，两岸防洪堤实现闭合、洪水归槽。木兰溪治理完成后，425 平方千米的南北洋平原地区，全年农业灌溉都有了保障。目前莆田粮食产量每年稳定在 70 万吨以上。旱地变良田，每亩耕地效益从 2 000 元升至 7 000 元。

立冬栽油菜，不好有八开

意思是北方地区过了立冬节气就不适合再种油菜了。一般来说南方地区油菜移栽的比较多，而北方地区直播的比较多。立冬节气过后，北方地区就进入了冬季，气温就比较低了，在这个时间不适合直播油菜。但在南方，虽然过了立冬节气，但是气温还是比较高的，可以移栽油菜。但近年来，随着科研人员的逐步研究，我国冬油菜的种植区域及面积已逐步向北向西转移，使得原来不能种植冬油菜的甘肃、新疆等冷寒带区域也成为冬油菜种植区域。

油菜，又叫油白菜，苦菜，十字花科、芸薹［tái］属植物，原产我国，其茎颜色深绿，帮如白菜，花朵为黄色。主要分布在安徽、河南、四川等地。油菜营养丰富，其中维生素 C 含量很高。我国古代称油菜为芸薹，东汉服虔著《通俗文》中说："芸薹谓之胡菜"。最早种植在当时的"胡、羌、陇、氐"等地，即青海、甘肃、新疆、内蒙古一带，其后逐步在黄河流域发展，以后传播到长江流域一带广为种植。20世纪50年代以胜利油菜为油菜基础逐渐培育出大批早、中熟高产甘蓝型品种。70年代初，甘蓝型油菜引入黄淮地区，由于具有较好的丰产性、抗逆性，在北方冬油菜区大面积推广。

江西省永丰县农民正忙于油菜田间管理（刘浩军、桂云　摄）

冬季修水利，正是好时机

冬季河道水位较浅，农事不多，正好可以利用这段时间兴修水利。农田水利工具有调节、改善农田水分状况，提高抵御天灾的能力，促进生态环境的良性循环，有利于农作物生产等诸多作用。类似的谚语还有"大沟通小沟，旱涝保丰收""修畦如修仓，跑水如跑粮"等。我国最著名的水利工程就要数都江堰水利工程了。都江堰是由秦国蜀郡太守李冰及其子率众于公元前256年左右修建的，是全世界迄今为止，年代最久、唯一留存、以无坝引水为特征的宏大水利工程，被誉为"世界水利文化的鼻祖"。都江堰使用的是古代竹笼结构的堰体，这就决定了它每年洪水过后，堰体都会受到一定损坏，河道必然发生推移砂石的淤塞，因而必须定期进行修治，也就是"岁修"。据记载，岁修制度可能在建堰之初就已经开始，最迟在汉代基本形成。我国历代都很重视都江堰的岁修工作。汉灵帝时设置"都水掾"和"都水长"负责维护工程；蜀汉时，诸葛亮设堰官，并"征丁千二百人主护"（《水经注·江水》）。此后各朝，以堰首所在地的县令为主管进行负责。到宋朝时，制定了施行至今的岁修制度。都江堰的岁修有严格的时序习俗。根据前人所写的《天时地利堰务说》所言，每年修堰都必在立冬之后。因为这个时候天寒水冻，江流渐消，便可淘滩、作堰。都江堰的修堰之法，不仅与水性、节令相关，还与冬季农闲利于征集足够的役夫相关。岁修工程主要以"深淘滩、低作堰"六字诀为修复原则。"淘滩"，指淘挖淤积于内江、外江进水口河床的沙砾卵石。"深淘"指必须淘挖到规定的深度，为准确掌握这一深度，据传李冰曾在凤栖窝处河底埋有"石马"作标记，明、清又在凤栖窝崖下堰底放置"卧铁"为标记。现存三根一丈长的卧铁，位于宝瓶口的左岸边，分别铸造于明万历年间、清同治年间和 1927 年。"低作堰"是指飞沙堰在修筑时，堰顶宜低作，便于排洪排沙，起到"引水以灌田，分洪以减灾"的作用。切忌用高作堰的方式在枯水季节增加宝瓶口的进水，那是一种急功近利的做法，在洪水季节会造成严重淤积，使工程逐渐废弃。

河南省尉氏县村民正在对引黄支渠进行清淤（李俊生　摄）

蟹立冬，影无踪

到了立冬节气，螃蟹就没了踪迹。这句谚语究竟缘何而来呢？原来这种状况与大闸蟹的洄游有关系。大闸蟹属于在海水当中交配、产卵、孵化的一类水生物。我们国家的河蟹，在每年的 9—11 月，就开始生殖洄游，成熟了的大闸蟹离开水边的洞穴，翻坝越埂，顺流而下，历尽艰辛，向浅海这个目标进行千百里的远征。长江流域的江浙一带地区，洄游的高峰期在霜降前后，这是一年一度的蟹汛季节。一到立冬，寒风凛冽，气温骤降，这个时候的大闸蟹，大多数已经返回浅海开始了它的繁殖期，少数到达不了浅海的，就地蛰伏过冬，于是蟹汛基本就结束了，也就出现了"影无踪"的景象。但在江苏境内的优质水域里，水温相对仍较暖，因而到了小雪时，大闸蟹仍在水中涌动，热闹非凡，出现了"小雪前，闹踵踵"的景象。

现在，由于实施了人工放养，不仅螃蟹的产量提高，而且蟹汛期也大大延长。从前，要在春节期间品尝螃蟹，是一件极其稀罕的事情，但到了今天，寒冬腊月里，我们也完全可以在阳澄湖畔品尝到鲜美的螃蟹。

立冬以后日子短，组织起来搞冬灌

立冬以后除了温度降低，大多数地区的降水也明显减少。真要等到上冻以后再给地浇水，会降低土壤温度，影响农作物的生长，所以要趁立冬时节，土壤还未上冻，提前做好田地灌溉工作，称为"冬灌"。预防又冷又旱，造成田间作物损害。而且，水的比热相对于土壤要高，即便是天气骤变，土壤温度也不会变化太快，可以减少作物的冻害。当然，南方一些地区，冬季雨水也相对较多，农民朋友要做好田间的排水沟，防止因为冬季雨水多，田间积水，造成农作物发生冻害。

"麦子要长好，冬灌少不了"。冬灌可以使土壤提高储水量，防止来年春季干旱。这种方法常用于我国北方冬小麦种植。冬灌是冬小麦增产的有效措施。小麦田是否需要冬灌，一要看墒情，凡冬前田间持水量低于80％且有浇水条件的麦田，都应进行冬灌；二要看苗情，单株分蘖在1.5～2个以上的麦田，冬灌比较适宜，一般弱苗特别是晚播的单根独苗，不要冬灌，否则容易发生冻害。适宜小麦冬灌的时间，一般从日平均气温下降到7～8℃时开始，到5℃左右时结束。冬灌的顺序，一般是先灌渗水性差的黏土地、低洼地，后灌渗水性强的沙土地；先灌底墒不足或表墒较差的二、三类麦田，后灌墒情较好的、播种较早并有旺长趋势的麦田。

立冬不砍菜，必定受冻害

这句农谚的意思是说等立冬节气一到，就要开始忙着采收萝卜、白菜了。要及时把它们采收回去，并且还要做好防寒工作，避免蔬菜受到冻害。

为什么要在立冬前后收菜呢？以大白菜为例，我国的大白菜品种有春大白菜、夏大白菜、秋冬大白菜和越冬大白菜，其中秋冬大白菜是栽培面积最大、产量最高、品质最好的一茬。秋冬大白菜播种期是相当严格的，播种过早，气温高，降雨多，幼苗生长弱，根系发育不良，并易感染病虫害。又因高温条件下根系衰老快，而根系的衰老又会造成整个植株的早衰，使后期枯叶增多，贮藏时脱帮严重。播种过晚，生长日期不够，天气渐凉，光照不足，虽然病虫害减轻，但产品的产量和品质会下降。华北北部、西北和东北北部，一般在7月中下旬播种，10月中下旬收获；东北南部和华北中南部及黄淮地区，一般在8月上旬播种，11月上中旬收获。

立冬前犁金，立冬后犁银，立春后犁铁

这句谚语是告诉大家应在立冬前翻耕土壤最好，立冬后次之，立春后最差。为什么要在立冬前进行翻土耕作呢？有以下几个好处：一是减少病虫害发生。正所谓"冬天把田翻，害虫命归天"。冬季，害虫正处于冬眠期，此时正是害虫生命力最弱的时期。如果抓住这个有利时机，科学进行冬耕，能把地面上大部分害虫、虫卵及病菌孢子翻埋到较深的土层里，使之窒息而死或丧失发育能力，同时也能将土壤深处的虫卵、蛹和部分草根翻到地表，使之冻死或晒死，从而减轻和抑制病虫害的危害。二是有利于改善土壤结构。冬耕技术是改善土壤结构、促进根系发育的一项重要措施。冬耕可以加深活土层，提高土壤的通透性和蓄水保肥能力，有利于改善土壤的理化性状，促

甘肃省清水县农民正驾驶微耕机翻地松土（孙镇　摄）

进土壤养分的转化和根系发育的深度，对促进作物生长发育和提高产量、质量具有重要作用。三是有利于保墒培肥地力。"立冬把田耕，土地养分增"。冬耕以后，土壤中一些难溶性或不溶性的物质被翻到上层，可以在阳光、风和雨雪的共同作用下充分分解，使土壤疏松，各种养分直接被作物吸收利用。同时还能够改善土壤，提高土壤肥力。此外，冬耕后的土地可以多蓄积雨雪，增加土壤水分，达到保墒、增墒的目的。四是有利于培育发达根系。冬耕可以增加熟土层，促进土壤上下物质与能量的交换，促进作物根系向土壤深层发展，是促进根系发育的一项重要措施。

种麦到立冬，种一缸打一瓮

黄淮及以北地区到立冬时播种小麦已太晚，因气温太低，种子出苗率低、出苗迟，麦苗易遭冻害，来年不能丰收。有时连种的种子都收不回本来，所以才会说"种一缸打一瓮"。缸和瓮都是盛水容器，但瓮的体积较小。这句谚语告诉人们不误农时十分重要，正所谓"人误土一时，土误人一年"。

由于我国地域广阔，横跨多个温度带，同一农作物在每个地区种植时间并不相同。以小麦为例。北京农谚："白露早，寒露迟，秋分种麦正当时。"河南郑州："秋分早，霜降迟，寒露种麦正当时。"浙江杭州："寒露早，立冬迟，霜降前后正当时。"江西南昌："霜降早，小雪迟，立冬种麦正当时。"福建福州："立冬早，大雪迟，小雪种麦正当时。"厦门广州："大雪种麦最当时。"从上述节气农谚中，我们可以看到，北京到广州冬小麦适宜种植的农时相差 6 个节气，近 3 个月。这正反映了种植小麦温度要求的一致性，无论哪个地方播种冬小麦，一定保证当时的气温条件在 15～18℃。所以从这一点可以说明冬小麦的播种期是与各地旳气候条件相关联的。因为节气反映了气候特点，所以对某个地区来说，某个节气"正当时"从气候上是很有科学道理的。

雷打冬，十个牛栏九个空

这句谚语的意思是说如果立冬这一天打雷了，冬季就会比较寒冷，同时容易下雪，牛在外面很容易被冻死或者生病，于是有了"十个牛栏九个空"的说法。因此，冬季前应做好牧畜的越冬工作。一是抓好冬草料的储备，注重营养平衡。由于冬天饲草枯竭，耕牛放牧往往吃不饱，因此，除加喂稻草等粗饲料外，还要补喂足量的精料，加喂糠麸米粥、块根类饲料和矿物质饲料。一般每头成年牛每天补喂精料 1.5～2 千克、骨粉 10～20 克、食盐 10～15 克。二是要修好棚舍，注意换气保暖。要对牲畜棚舍进行维修，做到上不漏雨，侧不透风，地不潮湿，地垫禾草，以起到防寒保暖的作用。要避免贼风吹入，及时清除粪尿，勤加勤换垫草，保持栏舍清洁干燥，保证棚舍温度在 10℃以上。要在天气晴朗的中午适当开窗开门通风换气，保持舍内空气新鲜。三是抓好牲畜疫病防治和疫情监测。棚舍、用具要定期用 10％生石灰水或 30％草木灰水喷洒消毒，有针对性地做好耕牛体内外的驱虫工作。要做好耕牛的口蹄疫病预防工作，接种牛口蹄疫疫苗，提高耕牛机体抵抗力。平时多观察，发现耕牛患病及时诊断治疗。

新疆布尔津县牧民将羊群赶进羊圈（巴合提别克　摄）

生 活 类 谚 语

立冬不吃糕、一死一旮旯

立冬到来，气候转凉。应注意保暖御寒、壮阳强身，因此立冬的饮食适宜选择营养丰富、热量充足的温热性食物，以保护人体的阳气，提高御寒能力，尤其是对于寒性体质的人尤为重要。另外，秋收冬藏，冬季也正是各种作物储存的时节，这为立冬的食补奠定了丰厚的物质基础。在我国北方有立冬吃饺子的习俗，而南方则有"立冬不吃糕、一死一旮旯〔gā lá〕（屋子里或院子里的角落）"的说法。南方是著名的鱼米之乡，物产丰富，非常擅长制作种类多样的糕点，如梅花糕、发糕、糍粑、马蹄糕、米糕、红豆糕、绿豆糕、凉糕、桂花糕等。这些糕点以稻米、绿豆、红豆等为食材，再加上核桃、杏仁、栗子、红枣、芝麻、葡萄干等干果，味道甜美可口，营养极其丰富，而且都是高热量食物，是非常合适的冬季滋补食物。

　　糕，拥有很悠久的历史，是中国特色传统小吃之一。米和羔的组合，前者代表材质，后者代表形状、质地和颜色。"糕"字的出现很晚，东汉《说文解字》里没有这个字，而南宋王楙的《野客丛书》则说："欲用糕字，思六经中此字，遂止。"最早出现的"糕"字可能是唐诗里的"蝉鸣蛸寮唤，黍种糕糜断"。"黍"，也就是今天我们所说的黄米，这是当时制作糕的主要原料。到两晋时期，开始使用稻米制作糕。

浙江省湖州市长兴县村民教孩子们做"青团子"（许旭　摄）

立冬食蔗无病痛

　　潮汕先人认为在立冬这一天吃了甘蔗，既可以保护牙齿，又可起到滋补的功效。潮汕本地甘蔗每年八九月份便开始上市，一直持续到次年的清明节前后，销售期长达半年，在潮汕地区属于节令水果，且售价不高。本地甘蔗基本产自澄海区和周边潮州、揭阳等地区，路程短够新鲜。由于甘蔗纤维多，在反复咀嚼时就像用牙刷刷牙一样，把残留在口腔及牙缝中的垢物一扫而净，从而能提高牙齿的自洁和抗龋能力。甘蔗虽是补益佳品，但并非人人皆宜，比如患有胃寒、呕吐、泄泻、痰多等症的病人，应暂时不吃或少吃甘蔗，以免加重病情。另外还必须注意，甘蔗含糖量比较高，若保管欠妥，易于霉变。而误食霉变的甘蔗后容易引起霉菌中毒，并可导致视神经或中枢神经系统受到损害，严重者还会双目失明、患痉挛性瘫痪等难以治愈的疾病，所以千万不要吃霉变的甘蔗。

立冬一碗羊肉汤，不用神医开药方

羊肉可以说是最适合冬天食用的肉食。中医认为，羊肉味甘温，入脾、肾经。有暖胃生津，温阳散寒，健脾补肾的功效。常用于脾胃虚寒，食少反胃，虚寒泻痢，腰膝酸软，虚劳寒冷等。冬天常吃羊肉，不仅可以增加人体热量，抵御寒冷，促进血液循环，加速新陈代谢，而且还能增加消化酶，保护胃壁，修复胃黏膜，帮助脾胃消化，起到强身健体、抗衰防老的作用。

先秦时期，人们就有吃羊肉、喝羊肉汤的生活习惯。《战国策·中山策》记载："中山君飨都士，大司马子期在焉。羊羹不遍，司马子期怒而走于楚，说楚王伐中山，中山君亡。"《国语·晋语》中有："子为我具特养之飨，吾以从之饮酒。"这里说的就是吃羊肉、喝羊汤的事。唐代武则天也好食羊肉，并曾以"珍烹惟羊羹"的诗句赞美羊肉食品。清朝慈禧太后尽管吃尽山珍海味，稀世珍肴，但也对一种用羊肉作原料烹制的"它似蜜"胃口大开，倍加赞赏。

羊肉性温热，是冷天暖身的好食物，如果再配上萝卜，滋补的功效更好，而其中，最适合与羊肉一起入菜的是白萝卜。之所以说羊肉和白萝卜是绝配，主要是因为，这样不仅可解决吃羊肉易上火的问题，更重要的是还能营养互补。因为白萝卜味甘性凉，有清凉、解毒、去火的功效。同时，其富含的芥子油和膳食纤维，可促进消化，加快胃肠蠕动。羊肉不易消化，肠胃不好的人更应配上白萝卜。此外，白萝卜富含维 C，常吃可保持皮肤细腻红润、预防肌肤老化。

羊肉萝卜汤的制作比较简单，原料也不复杂。所需的原料有：羊肉 400 克，萝卜 300 克，香菜一棵，酱油、绍酒、精盐各少许，色拉油一大匙，葱一棵，生姜丝若干。具体做法是：一是羊肉洗净切片，用酱油、绍酒浸入味。二是萝卜洗净去皮切片，香菜切碎。三是用色拉油将葱、羊肉炒一下，加入适量清水，加入萝卜，中火 40 分钟，下香菜用盐调味即可。

一日半根葱，入冬腿带风

南京人有立冬吃生葱的习俗，用来抵抗南京冬季湿寒，减少疾病的发生。俗话说：人老先老腿。"腿带风"形容走路很快，身体强健。大葱味辛，性微温，具有发表通阳、解毒调味的作用。主要用于风寒感冒、阴寒腹痛、恶寒发热、头痛鼻塞、乳汁不通，二便不利等。特别是能让人出汗，使体内淤滞不通的阳气随着汗液排出，阳气运行通畅了，病邪也就被驱除了。

山东省青州市农民在收获大葱（王继林　摄）

葱原产于我国，已有三千多年的栽种历史。相传，神农尝百草找出葱后，便作为日常食物的调味品，各种菜肴必加香葱调和，故"葱"又有"和事草"的雅号。《郭注》云："葱生山中，细茎大叶。食之香美于常葱，宜入药用。"要说葱中最为有名的当属山东的章丘大葱。2020年11月15日，在中国·章丘大葱文化旅游节开幕式上，章丘葱农种出的2.532米大葱，创造了新的吉尼斯世界纪录，成为世界上"最长的葱"。

三、常用谚语

立冬发风，南霜北雪。　湖南（衡阳）

立冬有北风，早上见薄冰。　山西（闻喜）

立冬吹北风，皮袄贵如金；立冬吹南风，皮袄靠墙根。　湖北（潜江）

立冬刮南风，明年夏天干；立冬刮北风，明年春多霜。　湖南（湘西）

立冬南风雨，冬季无洞（干）土。　福建

立冬西北风，来年五谷丰。　天津、江苏（徐州）、湖北（英山）

立冬晴，好收成。　湖北（恩施）

立冬晴，黄毛鸡仔养得成。　湖南（株洲）

立冬晴，皮匠婆娘要嫁人；立冬阴，皮匠婆娘侃大话。　贵州（贵阳）

立冬阴，柴火油盐贵似金。　江西（九江）

立冬有雨地早封，明年一定好收成。　山西（古交）

立冬落雨会烂冬，吃到柴米都会空。　福建

立冬冬至寒，来年雨水好；立冬冬至暖，来年有雨也不多。　广西（崇左）

冬前霜多来年旱，冬后霜多晚稻宜。　福建（仙游）

立冬过后床垫秆，十月无霜地也寒。　江西（峡江）

冬前不见水，冬后冷死人。　广西（博白）

冬前冻破地，冬后不盖被。　湖南（益阳）

冰结立冬，来年必丰。　宁夏

不到立冬下了雪，过了立冬暖呵呵。　宁夏

立冬逢晴无雨雪。　湖南（湘西）

九月冬，好做冬，十月冬，烂到空。　福建（霞浦）

雷打冬，倒春寒。　福建（永定）

立冬打雷三趟雪。　湖北（咸宁）

白菜不怕寒，立冬要砍完。　天津、宁夏

立冬不出菜，必定烂白菜。　河北（丰家庄）

立冬不出菜，不知哪天要冻坏。　河北（保定）

立冬白菜赛羊肉。　河南（新乡）、陕西、甘肃、宁夏、江苏（镇江）、四川

立冬不刨葱，将来落场空。　山东（德县）

立冬不杀鹅，一日少一砣。　江西

立冬藏萝卜，小雪要藏菜。　河北（保定）

立冬打软枣，萝卜一齐收。　河北

立冬已过罢，豆在地里炸，天上麻雀吃，野兽又糟蹋，要想不抛撒，赶快收回它。　陕西（渭南）

红薯不吃立冬水。　湖南（益阳）

冬耕冻一冬，松土又治虫。　广西（桂平）

立冬不耕南阴地。　山西（忻州）

立了冬，把耧摇，种一葫芦打两瓢。　湖北

立冬种蚕豆，一斗还一斗。　　上海

白露胡豆霜降麦，立冬油菜迟不得。　　四川、贵州

芹黄韭黄，立冬盖上。　　陕西

立冬不撒种，春分不追肥。　　湖北（大悟）

寒露油菜霜降麦，立冬不种迟小麦。　　安徽（安庆）

立冬播春麦，青黄不接不惶恐。　　广西（靖西）

立冬番薯小雪麦。　　广东

立冬过后天还阳，拾掇苗床育菜秧。　　陕西

油菜移栽抓时机，霜降早，小雪迟，立冬前后正当时。　　安徽（舒城）

早禾立冬死，迟禾小雪亡。　　广东（平远）

过立冬，稻熟透。　　海南（临高）

立冬白一白，晴到割大麦。　　湖北（黄石）

冬天不喂牛，春来急白头。　　安徽（阜阳）

冬养千斤力，春耕百亩田。　　安徽（潜山）

要想养好牛，立冬一碗油。　　安徽（黟县）

冬天晒田晒过心，一亩多收几十斤。　　广西（象州）

立冬小雪天气寒，积肥修埂好种田。　　吉林

立冬捻河泥，桑树长破皮。　　浙江

立冬茅草干，割来好盖房。　　海南

立了冬，只有梳头吃饭工。

立冬北风冰雪多，立冬南风无雨雪。

种麦子到立冬，费力白搭工。

立冬有雨一冬寒，立冬无雨一冬暖。

立冬那天冷，一年冷气多。

冬天耕地好处多，除虫晒垡蓄雨雪。

冬天耕下地，春天好拿苗。

立冬麦子不露头，来年一块熟。

立冬不出土，来年猛如虎。

立冬不倒股（针），不如土里捂。

立冬过三朝，垌上无青苗。

立冬，青黄刈到空。

冬天少农活，草料要斟酌，粗料多，精料少，但是不能跌了膘。

冬无雨，把麦浇，湿冻冻不死，干冻冻死了。

冬前栽树来年看，来年多长一尺半。

做田只惊立冬风，做人只惊老来穷。

立冬不端饺子碗，冻掉耳朵没人管。

立冬补冬，补嘴空。

立冬有食补，春来猛如虎。

小　　雪

一、节气概述

小雪，二十四节气的第二十个节气，每年 11 月 21 日至 23 日，太阳到达黄经 240°进入小雪节气。小雪的含义是，气温下降、天气寒冷，开始降雪。

小雪分三候：一候虹藏不见，天空几乎不再出现彩虹；二候天气上升，地气下降，天之气向上升，地之气向下降；三候闭塞而成冬，天地之气不相交通，万物失去生机而转入寒冬。

小雪节气是秋去冬来的交替时节，虽然天气寒冷，但是北方依然要借此冬闲时机搞好农副业生产，因地制宜进行冬季积肥、造肥等工作。南方此时仍是秋收秋种的大忙季节，除收获晚稻外，秋大豆、秋花生、晚甘薯也都要相继收挖。小雪节气是小麦播种的关键时期，应在小雪后三五天播种完毕。小麦种完后要抓紧播种大麦。小雪节气还要做好鱼塘以及牲畜越冬的准备和管理工作，提高鱼类越冬的成活率。

小雪节气南方有吃糍粑的习俗，而糍粑就是古代南方地区传统的节日祭品，最早是农民用来祭牛神的供品。东南沿海尤其是台湾地区在此时会有供奉祭祀水仙王的活动，以祈求航海出行平安。同时还举行建醮活动，以祈求风调雨顺、国泰民安。小雪前后，土家族会开始一年一度的"杀年猪，迎新年"民俗活动，给寒冷的冬天增添了热烈的气氛。

二、谚语释义

气象类谚语

节到小雪天下雪

气象学上把下雪时水平能见距离等于或大于 1 000 米、地面积雪深度在 3 厘米以下、24 小时降雪量在 0.1～2.4 毫米的降雪称为"小雪"。小雪时节天气转冷，地面上的露珠变成霜，天空中的雨滴就变成了雪，这时的雪常是半冻半融状态，气象上称为"湿雪"，有时还会雨雪同降，称之为"雨夹雪";有时如同米粒一样大小的白色冰粒,称为"米雪"。小雪节气北方已经进入封冻季节,呈现出初冬景象。小雪是寒潮和强冷空气活动频率较高的节气。冷空气的直接表现就是使这些地区的气温逐步下降到0℃以下。强冷空气会导致出现大范围的大风降温天气,常伴有入冬后的第一场雪。随着冬季的到来,全国的降水逐渐跌入一年中的低谷。小雪节气后,长江中下游地区也将陆续进入冬季,此时南方降雨虽然相对较多,天气却是潮湿而阴冷。因为秦岭、大巴山等自然屏障阻挡了冷空气南下,致使华南地区"暖冬"显著,全年降雪日数多在5天以下,比同纬度的长江中、下游地区少得多。由于华南冬季近地面层气温常保持在0℃以上,所以积雪比降雪更不容易。

2015年小雪节气,北京迎来较强降雪天气(邹惟麟 摄)

小雪不冻地,惊蛰不开地

这句谚语意思是说,小雪节气应该出现寒冷天气,如果没有出现低温,不论是土地还是河水,都没有出现封冻的情况,那么到来年的时候,寒冷的时间会相当的长。这里的惊蛰不开地,所说的就是如果小雪节气没有封冻,那么很有可能在来年惊蛰之际,土地还会呈现封冻状态,没有消融开,所以叫做惊蛰不开地,这也从侧面说明倒春寒极端天气容易出现。俗话说小雪封地,大雪封河,随着节气的不断更迭,在小雪节气期间,大地会逐渐封冻,野外除了一些越冬的庄稼之外,其他的植物纷纷失去了生机,预示着寒冷的冬季正式拉开了帷幕。在古人看来，顺应自然规律，一年四季都应该有明显的变化，如果达不到预期，就会出现该冷不冷，难成年景。寒冷的冬季如果不冷，反而是暖烘烘的，这样肯定不会是一个好的年景。从科学角度看，低温有灭杀田地害虫及其虫卵的作用，这为来年春耕秋收提供了绝佳条件。其次，冬季寒冷往往与降雪密不可分，而下雪对田地的滋润是持久有效的。如果一冬无雪，在古代通常会被认为是上天惩罚，预示来年必然灾荒。

小雪见晴天，有雪到天边

这句谚语的意思是，如果小雪节气是晴天的话，那么之后的整个冬天，将会雨雪较多，尤其是北方地区，下雪的天气将会蔓延到年底，直至春节的时候，还会下雪不断。这种现象在气象学上被称为"气象韵律"，指相距一定时间两种天气现象过程或环流形势之间的某种联系，这在长期天气预报或气候变迁研究中应用较多。人们总结的天气韵律，大多是相隔 30 天、60天、90 天、100 天、120 天、150 天、180 天甚至 240 天的呼应关系。很多天气韵律的谚语所反映的是一种粗略的关联，体现的是人们对于天气周期性的一种直觉判断，它是在对大气运动机理缺乏科学认知的前提下，一种质朴的、有时较为灵验的较长时间推测。"小雪见晴天，有雪到天边"这句谚语说的就是 90 天的气象韵律。小雪节气后空气温度开始降低，但是地面温度不是很低，所以在小雪节气后并不会感受到冬天真正的寒冷。我们常说一场秋雨一场寒，其实冬天降雪也是如此，一场雪后气温会降低很多，如果在小

2016 年小雪节气，安徽省亳州市气温明显下降（刘勤利　摄）

雪节气就开始下雪，那么就代表着该年天冷的时间要比往年提前了很多，在一年之中最应该冷的小寒大寒节气，则会因为降雪次数减少，气温会逐渐升高。如果在小雪节气没有下雨雪，也就是处于晴天的状态下，根据气象韵律推测，那么该年的冬天则和往年一样，最冷的时候会出现在大寒节气前后，这期间恰好是中国农历春节前后，因为气温下降所以降雪的概率会增大，也就会出现有雪到天边的情况。

农 事 类 谚 语

小雪不分股，大雪不出土

"不分股"就是小麦不分蘖的意思。从麦苗基部茎节上长出的分枝叫做分蘖，这是壮苗的重要标志，正常秋播的冬小麦，分蘖较多且健壮的通常被认为是壮苗。分蘖还有再生作用，当主茎和分蘖遇到不良条件而死亡之时，即使分蘖期已经结束，只要水肥条件适合，仍可再生新的分蘖。因此，生产上应根据麦田群体状况和分蘖的消长规律，及时采取合理的促控措施，以促进大蘖成穗，提高分蘖成穗率，增加产量。"小雪不分股，大雪不出土"的意思是，种麦要适时种植，不要太晚，过小雪节气播种小麦，小麦就不会分股，也就是不能分蘖，穗数达不到，穗少且小，严重影响产量。要是等到大雪节气种麦就更晚了，麦苗在年前就不会长出来，虽然过完立春节气也会慢慢长出来，但是麦苗弱小，不发头不分蘖，生根少，长势差，产量极低，

河南省内黄县农民在麦田喷洒除草剂（刘肖坤　摄）

"不出土"就是无法顶破土壤的意思，即使能出苗，也是弱苗较多，不利于后续的生长，影响最终的产量。这句农谚就是告诫农民，冬季应尽早播种，以免耽误农时，造成损失。小麦栽培历史有1万年以上，始于中亚广大地区。其后，从西亚、近东一带传入欧洲和非洲，并向印度、阿富汗、中国传播。我国种植小麦的历史约有5000年，是由黄河中游逐渐扩展到长江以南各地，并传入朝鲜、日本。我国小麦分布十分广泛，黄淮海平原是我国最重要的小麦生产区，该区北部和北方冬麦区适合发展优质面包小麦，中部适合发展优质面条、馒头小麦，是我国最大的商品小麦生产基地和发展优质专用小麦生产的优势地带。

小雪大雪不见雪，大麦小麦粒要瘪

小雪节气来临之后，由于气温降低，天空降雨开始转变成为雪花，也是下雪季节的开启。按照民间的说法，冬季的天气不但要越冷越好，而且雪多才利于庄稼的生长。这样的说法也是有道理的，如果越冬的庄稼得不到充沛的灌溉，很难生长好，冬季如果降水丰沛，来年就能获得丰收。不止是小雪节气，大雪节气来临之后，出现降雪也利于庄稼成长，俗称"麦苗盖上三层被，来年枕着馒头睡"，冬季雨水较多，也预示着来年将会取得丰收。以小麦为例，进行科学田间管理很重要，要熟知小麦需水规律，尽量满足小麦需水临界期的水分供应，这是丰收的关键。不同生育时期小麦适宜的土壤含水

鲁南地区入冬以来第一场小雨雪，有助于缓解旱情、
降低麦田害虫越冬基数（王晗　摄）

量不同，比如出苗至分蘖期，土壤含水量为 80％左右；越冬期，土壤含水量为 55％～80％；返青至拔节期，土壤含水量为 70％～80％；孕穗到开花期，土壤含水量为 80％左右；灌浆期，土壤含水量为 60％以上。由此可以看出，在越冬期小麦对土壤的含水量要求依然很高，如果小雪节气来临之后，依然没有出现降雪的天气，那么也就说明这个冬季是一个干旱的冬季，庄稼没有得到充足的水分滋养，来年很难有好的收获，籽粒会生长的干瘪、不饱满，这样的年景也是大家最不愿意看到的。

小雪虽冷窝能开，家有树苗尽管栽；节到小雪天降雪，农夫此刻不能歇

前两句谚语的意思是，到了小雪节气，虽然有点寒冷了，但家中有一些树苗的人，可以挖坑开始种起来，因为在小雪节气之后一定会更加寒冷，这时候尽早地将树苗种到土中，并且做好一系列防护工作，比如用一些稻草保护好树苗根部，更利于它的生长，并且之后降温时可以增加抵抗能力，所以才有"家有树苗尽管栽"这样的说法。小雪节气算是一年里最后的植树期，这期间抓紧种树也有不少优势：一是气温相对比较低，树苗移栽的过程中不容易失水，能保持较多的水分。二是冬季苗木处于休眠状态，树苗与新换土壤适应期较长，到土壤封冻以前，树苗受伤根系能够得到愈合。此时树的新陈代谢活动也相对较慢，抗寒性强，不易受冻害，而且冬季种树还可避开苗木病虫害高发季节，等到明年初夏病虫高发季节，苗木就已具备一定的抵御能力了。

小雪节气，村民给冬小麦浇水（李明发　摄）

后两句谚语的意思是，到了小雪节气往往会迎来降雪，这个时候农事活动不能放松，要加强越冬作物的田间管理。比如，要确保冬小麦安全越冬，因地制宜，分类指导。浇冻水，即在临冰冻前给农作物或者苗木浇灌起密封保温作用的水。抓住时间，因地制宜浇好冻水能有效预防春旱、平抑地温，增强农作物或者苗木的抗寒能力，有助于它们安全越冬。对于田间土壤湿度偏大的区域，麦苗的根部非常容易发生腐病，因此在田间管理时要及时监测麦苗的病情，对有可能发生病害的地块，要想办法降低土壤的湿度，如有必要可喷施杀菌剂。采取有效措施，禁止麦田放牧。经过羊、牛、马等牲畜啃食过的小麦，死苗率会明显地增高，严重影响到小麦的返青，以及夏收时的产量。

到了小雪节，果树快剪截

北方地区小雪节气后，果农就开始为果树修枝，以草秸编箔包扎株秆，以防果树受冻。树木经过一年的生长，生出了许多多余的枝杈，初冬前后修剪正是时候。乡民修剪树木都是用刀斧砍除多余的枝杈，绝不用锯来锯。在民间看来，刀斧是冷器，一刀一斧砍在树上，树木破损处不会发热，不妨碍茬口愈合。如果用锯锯树枝，锯齿在来回的摩擦中生热，容易对树木茬口造成"烧伤"，不利于愈合。老百姓认为冬天修剪树木比春天修剪好。一是因为冬天没有虫子，虫子不会从树木破损处"乘虚而入"，钻入树干，能有效防止树干生虫。二是因为冬天干燥少雨，树木破损处不易被雨水侵蚀造成腐烂，导致树干"金玉其外，败絮其中"。不仅用材树木修剪是这样，果树修剪同样如此。果树冬季修剪的好不好，直接关系来年挂果多少。在果农眼中，果树就是他们的钱袋子，要比"十年树木"获利快。所以，果农看重果树管理，把果树当成"孩子"养。例如桃树，到了初冬，果农根据品种特性、树龄和树势对桃树进行整体修剪。幼年桃树树势生长旺，果枝要留长一些，一般长果枝剪留4～5节花芽，中果枝留3～4节花芽，短果枝留2～3节花芽，花束状果枝只疏不截，徒生长果枝密疏稀留。盛果期的桃树，适当短截果枝，使它既能结果又能生发新梢作为下年结果的枝条。衰老期桃树，树势衰弱，缩短果枝长度。对树上不结果的徒长枝，修剪时留20～30厘米，使它养成主枝、侧枝，作为以后的结果骨干枝。修剪桃树枝干的时候，还要内长外短，树冠内的大枝干剪截长一些，外冠的枝干剪截短一些，避免树冠内的过弱枝干被外围枝干围死。

小雪不起菜，就要受冻害

小雪节气的到来，意味着冬天气温要开始下降了，如果此时还不收白菜的话，万一天气骤变，一场雪把白菜捂在了雪底下，就有被冻烂的危险。小雪收白菜还有一个目的，就是要在刚收完白菜的田地里挖菜窖子，趁着天气还没降温、土地还没上冻，赶紧挖菜窖子，不然天气一有变化，可能就挖不动，即使勉强挖开，地下温度也很低，而不适合白菜储存了。小雪节气不仅仅收割了白菜，还需要挖菜窖储存白菜，挖好的菜窖要趁着天气还好时晒上几天，顺便把白菜也晒一晒，大概三两天时间，赶紧把菜储存起来。要把菜根朝上放，把一棵又一棵白菜像兵马俑一样整整齐齐排列在挖好的坑里，上面用一块大的塑料布盖一下，然后培土并覆盖玉米秸秆来进行保温。20世纪七八十年代，菜窖可是很多家庭过冬蔬菜的"冷藏库"，用于在初冬时储存白菜、土豆、萝卜等蔬菜，以此度过缺少新鲜蔬菜的漫长冬季。挖菜窖前先选位置，窖口宜选在不常走路和落脚的院墙内一角，窖口呈圆形，直径以略大于大人的身体宽度为宜，画出圆线后就可以开挖，刨近半米深后再到坑里深挖，挖至三米深左右即可收底，窖内形状由上到下呈梯形，上窄下宽，挖到收底处，就可以挖储菜洞了，一般以左右对称横向挖两个洞，其形似个"猫耳洞。"萝卜入窖前，要将萝卜缨子削掉，不让它发芽，入窖后用土少量覆盖，防止萝卜失掉水分出现"糠心萝卜"。白菜要留根，经过适当的晾

山东省潍坊青州市农民收获大白菜（王继林　摄）

晒，去掉泥土和黄帮、长叶，"打理"后才能进窖，利用窖底周边和洞内空闲处将其一棵挨一棵地摆好，并要经常检查是否出现掉帮烂叶。

小雪大雪天气寒，牲畜防疫莫迟延；施肥壅垅防霜冻，贮草备冬搭棚圈

冬季昼短夜长，气温低，家畜免疫能力下降，常因环境质量和营养水平下降而发生疾病。因此入冬以后，牲畜便开始了与严寒风雪的搏斗生活。漫长的冬季是牲畜的"难关"，也是夺取畜牧业丰收的关键时期。全面进行防灾保畜、保膘和保胎，确保牲畜安全过冬，是畜牧业一项十分重要的工作。一是要修棚搭圈，搞好畜舍防寒保暖。棚圈是牲畜在冬春季节必不可少的防寒设备，对于防御风雪灾害和做好保膘、保胎工作起着重要作用。一切有条件的地区都应做到大畜有圈、小畜有棚，圈棚建设要注意因地制宜、就地取材，气候寒冷的地区可以搭满棚，较暖地区可搭半棚，要符合经济、持久、适用的原则和高燥、避风、保暖、阳光充足、空气流通等几个条件。畜舍温度最好保持在 16℃ 左右，湿度以 65％～75％ 为宜。二是要保膘、多活。要保证营养需要，准备优质饲料。一般是储备天然牧草、人工牧草、玉米秸秆、青贮牧草以及玉米等品种。饲料垛应选在地势高燥、易排水，又要避开风口，同时接近畜群的地方，草料垛的形状有圆形、长方形两种，也可堆放在土墙边或围栏内，长期贮存时，草垛的顶部要搭成雨披状，最上部的脊，用草绳或泥土封压坚固。牛羊养殖中，流传着"秋肥、冬瘦、春死"的说法。山羊冬春吃不到青草料，营养跟不上，育肥、繁育难，甚至熬不过来年

村民收获圆根萝卜确保牲畜过冬（爱巴尔且　摄）

春天。为了解决类似难题，贵州省农科院筛选出蛋白饲料油菜作为饲草，既保障了越冬牲畜的营养，也降低了养殖成本。三是要建立卫生防病制度，减少疾病传播。要及时清理圈舍粪便，适当让牲畜在舍外运动，提高抗病力；要实施免疫接种，提高家畜机体的免疫力；要实行检疫制度，及时发现和控制家畜传染病。

小雪小到，大雪大到，冬后十日乌鱼就没了

小雪节气是捕获乌鱼的好时节。"小雪小到，大雪大到"是指从小雪时节，乌鱼群就慢慢进入台湾海峡，到了大雪时节因为天气越来越冷，乌鱼沿水温线向南回流，汇集的乌鱼群也越来越多，整个台湾西部沿海都可以捕获乌鱼，产量非常高。乌鱼又名黑鱼、溜鱼、生鱼，也称信鱼，光绪《澎湖厅志》中称从黄河来，每到仲冬季节，台湾以南巴士海峡的海面上、闽南渔场及粤东渔场便出现自北而来的乌鱼群，每年春季乌鱼漫游在韩国附近海域，夏季则迁徙至日本长崎海域附近，到秋季又转游跋涉至我国黄海、渤海，而到冬季必然出现在台湾以南的海面上，因季节交替而迁徊跋涉，竟从来无差错，"信鱼"由此得名。每年11月至翌年2月，成群结队的乌鱼随着北方寒流南下到暖海区度冬产卵。乌鱼刺少肉厚，食用率极高，其肉细腻而紧密，最适合做鱼片，是颇受海外人士欢迎的鱼类之一，乌鱼的卵巢营养价值极高，价格比鱼肉高出3～4倍。据《台湾府志》记载，"乌鱼，其子晒干，曰乌鱼子，味佳。"被列为"海八珍"之一。据《台海见闻录》记载："乌鱼放子后，仍回北路，至前为正头则肥，至后为回头乌则瘦。"因此，捕获成熟雌乌鱼的最佳时期是在冬至前和冬至后仅十多天的时间，也就是农谚中所说的"冬后十日乌鱼就没了"。

今冬小雪雪满天，来年必定是丰年

在小雪节气的时候，如果下起了雪，那么来年就会是风调雨顺的一年，到时候农作物就会迎来大丰收。这是古人总结的通过小雪节气的天气，预测来年收成的农谚。俗话说"瑞雪兆丰年"，瑞雪为何能预示来年是丰收之年呢？首先，什么样的雪才能称为"瑞雪"？"瑞"是古代作为凭信的玉器，诸侯朝见帝王时所执的玉器称为"瑞玉"。瑞有吉祥、好预兆之意。人们把洁白无瑕的雪称为"瑞雪"，是把雪作为吉祥的象征，寄托了美好的愿望。至

于"瑞雪"的提法最早出于何处，虽无从可考，但是人们对瑞雪咏之、赞之的诗文却有迹可循。南朝诗人张正见在《玄圃观春雪》诗中写道："同云遥映岭，瑞雪近浮空。拂鹤伊川上，飘花桂苑中。"瑞雪能保温土壤，在寒风呼啸的冬季，地面上的雪就像一条又厚又软的棉被，覆盖在越冬的作物之上，防止土壤中的热量向外散发，又阻止了外面冷空气的侵入，为越冬作物营造了一个温暖适宜的生长环境，保护其安全过冬。瑞雪能杀死害虫，积雪阻塞了地表空气的流通，可使一部分在土壤中越冬的害虫窒息而死。雪融化时，由于要消耗大量的热量，而使土壤温度骤然降低，此时可把土壤表面与作物根茬里的害虫和虫卵冻死，使农作物生长时的虫害大大减少。瑞雪能保水灌田，积雪慢慢融化，雪水又渗入土中，就像进行了一次灌溉一样，对缓解来年开春旱情大有好处。瑞雪能增肥加养，黄庭坚在《次韵张秘校喜雪三首》中说："润到竹根肥腊笋，暖开蔬甲助春盘。"唐朝诗人无可在《小雪》诗中说："作膏凝瘠土，呈瑞下深宫。"春回大地，残雪消融，憋了一冬的农作物苏醒了，在雪水的滋润下，茁壮成长，广袤的田野一片葱茏茂盛，一个五谷丰登的丰收之季即将来临。

河南省内黄县迎来冬季首场降雪（刘肖坤　摄）

生 活 类 谚 语

小雪大雪，烧火不歇
小雪节气正是孟冬之时，孟冬是冬季首月，此时北方很多地区已经开始供暖，而西南地区的农村烤火主要是以火炉为主。在寒冷的冬季，火炉已经不单单只为烤火取暖，更多的是凝聚着家人团聚的意义。东北农村无疑是我们国家最冷的地区之一，为御寒东北地区多用土炕，就像我们普通的床一样，下面是用砖块砌起来，空心的，在一边留一个灶口，另一边留一个排烟口，往灶口里添加柴火就可以使整个炕变暖和，这时，人就可以坐或躺在炕上取暖。西部、西南地区的农村烤火主要是以火炉为主，火炉的外观主要是正方形或者圆形，而且外面都是铁做的，最下面设有灰箱、搭脚板，中间内部是泥巴做的炉芯，火炉盘面上设有排烟孔、盖圈，排烟孔上面再安装管子到屋外排烟，盖圈可以揭开，往炉芯里加煤或者木柴就能取暖。火炉的使用地区比较广，在贵州、云南、四川、重庆等地区的农村基本上家家户户都有火炉，这种火炉除了用来取暖，还能用来做饭，特别是用来打火锅。为什么西南地区的人最喜欢吃火锅呢？就是因为和火炉有关，当你走遍贵州、重庆、四川农村地区，你会发现在冬天吃饭，每餐都有火锅，而且都是在火炉上边吃边煮。遇到过年来客，坐上十个八个人都没有问题，吃饭的时候炒好的菜端上炉来放上一两个小时都不会冷，还可以煮着火锅边吃边聊。东部，东南部地区农村一般冬天烤火都是用火盆，火盆大都是直径30厘米左右的铁盆，放在一个高10厘米左右的木架子上面，往里面加上木炭火，冷的时候把脚搭在木架上可取暖。进入小雪节气后，烧饭与取暖的双重需要，再加上天时也是越来越短，自然是烧火不歇。

四川省宜宾市高县土火锅制作技艺传承人黄丙学制作土火锅（庄歌尔　摄）

小雪前后做正酒，种如酒酿悉观嗅

我国人民懂得酿酒，早在夏朝就开始了。周朝的杜康以善于酿酒而闻名，他改良酿酒的方法，使酿酒工艺获得极大进步。古代有酒正的官职，专门掌管与酒有关的政令。在《诗经·豳风·七月》有云："为此春酒，以介眉寿。"古时酿酒多在刚入冬的时候，也就是小雪节气前后，这个时期秋收刚刚结束，人们手头粮食相对富裕。同时，在古代社会，饮酒除了具有娱乐的作用外，很多时候还是祭祀仪式的一部分，属于礼的范畴，而时至岁末，正是各种祭祀活动的高峰期，对酒的需求也就很大。这种初冬酿酒的习俗，一直延续到近现代。比如浙江安吉地区，人们至今仍然习惯在入冬之后酿酒，当地人称为"过年酒"。平湖一带农历十月上旬酿酒储存，称为"十月白"，也有用白面做酒曲，用白米、泉水酿酒的，称为"三白酒"。入春之后可以在酒里面加上一点桃花瓣，称为桃花酒。长兴地区民俗是在小雪当天酿酒，称之为"小雪酒"，据说是因为小雪时节，泉水特别清澈的缘故。

贵州省一家酒企工人在酿酒车间忙碌（胡攀学　摄）

冬腊风腌，蓄以御冬。小雪腌菜，缸纳百味

民间在小雪时节有腌制肉类和蔬菜的习俗。因为小雪节气后，天气开始变得寒冷干燥，气温也快速降低，这个时期正是民间加工腊肉、腌制咸菜的最佳时机。中国人很早就开始腌渍食物，而且每个地方都有其独特的腌食，这自然和地方的特产最为相关。东北人腌白菜、北方地区腌蒜、高邮人腌鸭

蛋、海边人腌鱼腌螃蟹、西南地区腌肉……都有"就地取材"的意思。腌菜或肉的方法其实很简单，将腌渍用料层层抹在食材上，最常见的就是盐、酱油、辣椒、醋，还有的要用醪糟。要腌制出恰到好处的味道，既需要找到咸与鲜的平衡，也需要不停地试炼，更需要时间的验证。进入小雪节气后，很多农家开始着手制作腊肉、香肠，将吃不了的肉类用传统方法储藏起来，以便等到春节期间再食用。南方沿海地区和台湾中南部沿海的渔民们开始准备晒制鱼干、储存干粮等，为过冬做好充分的准备。而对于许多人来说，记忆中冬天的味道往往是从腌菜的咸菜缸开始的，汪曾祺在《故乡的食物》中提到"咸菜茨菇汤"："一早起来，看见飘雪花了，我就知道：今天中午是咸菜汤。"这种被腌渍的青菜叫"黄芽菜"。袁枚在《随园食单》也提到过。"腌冬菜黄芽菜，淡则味鲜，咸则味恶。然欲久放非盐不可。常腌一大坛三伏时开之，上半截虽臭烂，而下半截香美异常，色白如玉。"华东江浙一带会在小雪节气"腌寒菜"，腌寒菜一般要使用一人高的大缸，在缸里铺一层青菜，撒一层盐，等到装满缸之后，人站上去踩实。具体方法是，先拿木板盖住菜，两个人踩上去，最好是年轻夫妇，两人可以在上面手拉手，哼着曲子摇摆挪步，如舞蹈一般。等压实了，人就可以从木板上下来，再放上大石头压住，"寒菜"就算腌上了。随着生活水平的日益提高，很多老腌菜也逐渐退出了我们的生活，但那些属于冬天的味道依然在我们的记忆中萦绕。

传统腌咸菜比赛在宁波市鄞州区邱隘镇文化广场举行（龚国荣　摄）

三、常用谚语

蚕豆小雪不结叶，到老不会结。　　江苏

春打黄昏冬五更，浑水白天清水夜。

大小冬棚精细管，现蕾开花把果结。

大雁来，拔棉柴。

冬旺不理想，春旺粮满仓。

麦子若冬旺，耘磙一齐上。

冬雪对麦似棉袄，春雪对麦如利刀。　　新疆

小雪不冻手，大雪冻死虫。　　安徽（寿县）

小雪大雪冷，小寒大寒寒。

小雪东北风，日日好天公。　　福建（晋江）

小雪东风春米贱，西风春米贵。　　浙江（湖州）

小雪豆高一筷子长，两粒豆子换成双。　　上海

小雪断犁把，人牛全归家。　　江苏（江都）

小雪过后不上冻，麦子豌豆白白种。　　陕西（咸阳）

小雪季节好烧灰，铲刮茶山草秋肥。　　广西（平乐）

小雪见雪，饭撬中折。　　浙江

小雪落了雨，干旱在小暑。

先下小雪有大片，先下大片后晴天。　　山东

小雪流凌一月冬，四十五天定打春。　　山西（保德）

小雪棚羊圈，大雪堵窟窿。

小雪透头，立夏吃豆。　　上海

小雪稳稻尽田决。　　福建（晋江）

小雪封地，大雪封河。　　吉林、内蒙古、安徽（歙县）、湖北（洪湖）、天津（武清）

小雪无云，次年雨水不均匀。　　湖南（湘西）

小雪无云莫种田，大雪无云空一年。　　江苏（宝应）

小雪下麦麦芒种，大雪下麦勿中用。

小雪小到，大雪大到，冬后十日乌鱼就没了。

小雪小种，大雪大种，冬至不种。　　福建（福州）

小雪夜里格雨，种田人碗里格饭。　江苏（苏州）

小雪应小暑，大雪应大暑。　四川

小雪强北风，处处防霜冻。　广西（上思）

小雪地能耕，大雪船帆撑。

小雪不发芽，大雪不出土。　江苏（常州）

小雪不分股，大雪不出土。　河南

趁地未冻结，浇麦不能歇。

继续浇灌冬小麦，地未封牢能耕掘。

到了小雪节，果树快剪截。

冬季积肥要开展，地壮粮丰囤加苽。

立冬下麦迟，小雪搞积肥。　江苏

浇后再划搂，保墒增温防裂口。

牛驴骡马喂养好，冬季不能把膘跌。

小雪大雪天气寒，牲畜防疫莫迟延。　江西

改造涝洼，治水治岭。水利配套，修渠打井。　山东

鱼塘藕塘看管好，江河打鱼分季节。

小雪点青稻。　福建

大白菜要抓紧砍，菠菜小葱风障遮。

三天不吃青，心里冒火星。

霜降摘柿子，小雪砍白菜。

小雪白菜大雪葱，萝卜地里能过冬。　河北（广平）

小雪不砍菜，必定有一害。

小雪不收菜，冻了没要怪。　河北、山东、山西（太原）、江西（安义）

立冬萝卜，小雪菜，若要不收准冻坏。　山西（临猗）

立冬小雪北风寒，棉粮油料快收完。油菜定植麦续播，贮足饲料莫迟延。　上海、浙江

过了大、小雪，火烟勿得歇。　浙江（常山）

小雪有霜多晴天。　广西（荔浦）

鱼生火，肉生痰，萝卜白菜保平安。

小雪云拖地，小麦大吉利。　浙江（绍兴）

雪水不拉沟，十种九不收。　新疆

鸭怕小雪，鸡怕大寒。　安徽（无为）

油坊粉坊豆腐坊，赚钱养猪庄稼长。

榨油磨面，富了不见。

小雪流凌，大雪合桥。　山西

大　　雪

一、节气概述

大雪，二十四节气的第二十一个节气，通常在每年 12 月 7 日至 9 日，太阳到达黄经 255°进入大雪节气。大雪意味着天气愈发积寒凛冽，降雪增多、雪量增大，影响范围更广。

大雪分三候：一候鹖鴠［hé dàn］不鸣，天寒地冻，寒号鸟不再鸣叫；二候虎始交，老虎开始求偶，孕育后代；三候荔挺出，马兰草在寒冬中顽强地长出来。

大雪时节，除华南和云南南部无冬区外，中国辽阔的大地已披上冬日盛装，东北、西北地区平均气温已达－10℃以下，黄河流域和华北地区气温也稳定在 0℃以下，冬小麦已停止生长。在此期间，农事活动仍然不能放松。北方田间管理已很少，一般根据冬小麦的墒情、苗情等加强田间管理，镇压、划锄，保墒增温，促进小麦扎根、分蘖。江淮及其以南地区，小麦、油菜仍在缓慢生长，要注意施好肥，为安全越冬和来春生长打好基础。华南、西南地区的小麦进入了分蘖期，应结合中耕施好分蘖肥，注意冬作物的清沟排水。在这一寒冷的节气，对畜禽圈舍采取加固、防寒、保温等措施额外重要。牧区要做好饲料的储备、调运和放牧、转场的防风雪工作。果农要修剪果树，加强果树越冬管理。

江苏省无锡市迎来当年第一场雪（汤毅　摄）

与大雪节气相关的民俗活动很多。在每年农历 11 月 12 日前后，滇西北泸沽湖地区的摩梭人举办祭牧神节，而内蒙古、黑龙江牧区鄂伦春人举办传统的米特尔节。我国北方很多地区在大雪时节都有吃饴糖、观冰河、赏雪景等传统习俗，在南方地区则保留着做夜宵、腌肉的习俗。

此时在养生方面要顺应自然规律，在"藏"字上下工夫，通过"进补"提高人体的免疫功能，促进新陈代谢。

二、谚语释义

气 象 类 谚 语

大雪封了江，冬至不行船

大雪节气，意味着已经进入一年中最寒冷的时期，寒流活跃、气温骤降、降水增多。我国北方大部分地区的平均温度约在 0℃ 以下。因天气寒冷，温度长期保持在冰点以下，使得大部分河流开始逐渐结冰，且面积逐渐增大、冰层日益加厚。在不长的时间里，江面会牢牢地封冻，连成一体，等到冬至时节，江面已完全不能驾船行运。

类似的谚语还有"大雪江茬上，冬至不行船"，是指大雪后江上到处只见芦苇枯死后的蔸茬，没有绿叶，毫无生机。冬至后江河结冰，不宜船只航行。

黄河内蒙古准格尔旗段河面结冰封河（黄启军　摄）

我国南北纬度差异大，冬季南北温差巨大。在大雪节气，西伯利亚地区冷空气极易入侵北方地区并一路南下，在遭受沿途山峦遮挡之后，到达南方地区的冷空气势能已经大大衰弱，对当地居民的影响也产生较大的差异。在同类的谚语方面，表现不同的自然景观，例如"大雪遍地白，冬至不行船（江苏南京）"，指的是在南京地区，大雪节气易降雪，遍地白茫茫；"大雪凝河泥，冬至河封严（贵州黔西南）"，指的是在贵州黔西南地区，在大雪节气，因为天气干燥、气温降低，河泥水分流失严重，逐渐凝固在一起。

大雪天已冷，冬至换长天

大雪是冬季的第三个节气，标志着仲冬时节的正式开始，此时天气已经开始变得很冷了。从冬至节气开始，太阳直射点开始从南回归线往北方折返，自此北半球的白天开始慢慢变长。

大雪（暴雪）：大雪时节，在强冷空气前沿冷暖空气交锋的地区，会降大雪，甚至暴雪，气温骤降易引发极端天气。降雪路滑，化雪成冰，容易导致民航航班延误、公路交通事故和车道拥堵；个别地区的暴雪封山、封路还会对牧区草原人畜安全造成威胁（称为"白灾"）。

冻雨（雨凇）：强冷空气到达南方，特别是贵州、湖南、湖北等地，容易出现冻雨。冻雨是从高空冷层降落的雪花，到中层有时融化成雨，到低空冷层，又成为温度虽低于 0℃，但仍然是雨滴的过冷却水。过冷却水滴从空中下降，当它到达地面，碰到地面上的任何物体时，立刻发生冻结，就形成了冻雨。出现冻雨时，地面及物体上出现一层不平的冰壳，对交通、电力、通讯都会造成极大影响，还会造成果树损毁。

雾凇：一般每年 11 月开始到翌年 2 月，西北、东北以及长江流域大部，先后会有雾凇出现，湿度大的山区比较多见。雾凇是低温时空气中水汽直接凝华，或过冷雾滴直接冻结，在物体上形成的乳白色冰晶沉积物。雾凇是受到人们普遍喜欢的一种自然美景，但是它有时也会成为一种自然灾害，严重时会将电线、树木压断，影响交通、供电和通信等。

凌汛：冬季，内蒙古包头河段结冰封河，而偏南的兰州河没有封河，河水流向已经封河的河段，由于封河河段上的冰层和凌坝阻挡了上游下来的河水，迫使水位抬高，易在包头河段产生水漫河堤的灾害。如果强冷空气来得晚，12 月就容易引发凌汛灾害。

夹雨夹雪，无休无歇

雨点中夹杂着雪花，会下得没完没了。指雨夹雪往往会久雨难晴。源自元朝娄元礼的《田家五行·天文类》，其记载为"雨夹雪，难得晴"。

山东鲁西南迎来雨夹雪天气（汤玉建　摄）

　　雨夹雪，是指由雨水与部分融化的雪混合并同时降落而形成的一种特殊降水现象。高空形成的降雪，在下降过程中，遭遇的气温稍微高于0℃，部分雪花便融化成雨滴，夹杂着尚未融化的雪花一起落地，则形成了所谓的"雨夹雪"。与冰雹、冻雨不同的是，雨夹雪硬度相对较低，且更为透明，但其中会带有些许冰晶的痕迹，这些冰晶是由一些已融化的雪花重新凝结形成的。这种特殊的天气现象常处于由雨转变为雪的阶段，或者是相反的阶段。

　　娄元礼，中国元末明初学者，字鹤天，雪川（今浙江吴兴）人。娄元礼富有天气预报经验，编写《田家五行》一书，是我国现存最早的全面系统研究农业气象的专著。全书分上、中、下三卷，每卷分若干类。上卷为正月至十二月类；中卷为天文、地理、草木、鸟兽、鳞虫等类；下卷为三旬、六甲、气候等类。书中气象的内容包括天气、气候、农业气象、物候等方面，特别是有谚语500余条。许多谚语见解十分精湛，用现代气象学来检验，大体也是对的，对指导农业生产、应对天气变化仍有较大参考价值。娄元礼在编纂本书过程中，还深入调查研究，对谚语作大量的验证鉴别，并指出运用时需要因地因时制宜。

大雪不冻倒春寒
　　大雪节气前后，已经进入深冬时期，如果此时的气温还没有到达较低的冰冻程度，较往年要高，那么翌年开春的时候就可能会出现倒春寒，属于一种气候异常情况。

在全球气候变暖背景下，我国暖冬的情况越来越显著，主要表现为当年冬季平均气温高于总平均气温，降水量较多。国家气象局国家气候中心于2008年制定并颁布了《暖冬等级》国家标准，2017年5月发布《冷冬等级》国家标准。判定冷暖冬的基本要素为冬季（12月至翌年2月）三个月的平均气温，在空间上分为气象观测单站、区域、全国三个范围等级。在单站方面：如果单站平均气温距平大于等于标准差的0.43倍，则为暖冬；反之，如果单站平均气温距平小于等于标准差的－0.43倍，则为冷冬。在区域总站数方面：暖冬站数超过总站数的50%，即为暖冬；冷冬站数超过总站数的50%，即为冷冬。在全国有效面积方面：暖冬面积超过全国有效面积的50%，即为暖冬；冷冬面积超过全国有效面积的50%，即为冷冬。

在暖冬的情况下，突然遭遇冷空气的侵入，使气温明显降低，甚至产生暴雪或者冰冻，这种"前冬暖，后春寒"的天气被称为倒春寒，极易给人体健康和农业生产造成严重危害。

雪下高山，霜打洼地

在高山上容易下雪并积聚不融，而地势低洼的地方就容易出现打霜的现象。

随着海拔的增高，气温逐渐降低。平均每上升100米，气温下降0.65℃。按照这个温度垂直变化率，如果在海平面附近气温为20℃，山的高度超过3000米，则温度差不多就变成零下了。相反海拔越低，则温度越高。所以很多高山都有自己的雪线，雪线以上地区，年降雪量大于年消融量，降雪逐年加积，形成常年积雪（或称万年积雪），进而变成粒雪和冰川冰，发育成冰川。雪线作为一种气候标志线，其分布高度主要决定于气温、降水量和坡度、坡向等条件。

霜是晚秋、冬季和早春常出现的一种天气现象。霜是地面温度下降到0℃以下，空气中的水分在地物上直接凝华而成的白色松脆冰晶。通常在冷空气南下后，晴朗微风的夜晚容易具备这个条件。"霜打洼地"的意思是低洼的地方最容易有霜，因为冷空气的密度大、比较重，从四面八方朝低洼的地方流动，使低洼的凹地成为冷空气聚集最多的地方，温度下降得比平地多。这就是洼地首先见到霜的原理。平地上有霜时，洼地里的霜则更重。

当地面温度降到0℃以下，但因为空气中的水汽含量少，地面上没有结霜，就称为黑霜。白霜和黑霜都会造成农作物的冻害，统称为霜冻。

一名游客正在拍摄玉龙雪山（许朝阳　摄）

下雪不冷化雪冷

下雪时人们一般感觉不太冷，往往在雪过天晴，积雪融化时反而感到寒冷逼人。这是符合气象物理学相关定律的。

第一，人体感受到的冷暖，不是地表温度，而是靠近地表的大气的冷暖。第二，水的气、液、固三种状态变化中隐含热量的变化。雪花形成过程中将释放大量热量，对下层空气有较强的加温作用。而雪过天晴后，融雪是一个吸热的过程，雪受到阳光的照射，吸收到阳光的能量后开始化掉，雪化成水这个过程是一个吸收环境热量的过程。因此，化雪能够吸收大量的环境热量，这也是造成化雪冷的一个主要原因。第三，一般下雪的时候，冷暖空气处于势均力敌状态，大量的积水云遇到了冷空气，凝结成为雪花飘落下来。在冷空气主力到达前，气温下降不明显，体感不冷。待天气放晴，冷空气已经占据主流，太阳直射消融冰雪，此时大量消耗地表附近热量，体感寒冷。第四，地面积雪反射能力强，温室效应被减弱。有时降雪几天都融化不完，雪还可以把大量阳光反射回大气，地表和雪面所吸收的热量也很少。这样雪在融化过程中就吸收空气中的热量，使气温降低，天气变冷。经过分析，我国古代人们总结的"下雪不冷化雪冷"是经得起现代气象物理学分析研判的。

农 事 类 谚 语

大雪冬至雪花飘，兴修水利积肥料

大雪时节，我国大部分地区天气已变寒冷，不适宜开展种植栽培，田间农事活动较少。冬季农闲时期的农民，会被组织起来，充分利用这一空窗期，兴修水利、增积肥料，为来年春耕做好准备。

我国历史上水旱灾害频繁，不仅挫伤农业生产，更是给人民生命财产造成巨大损失，尤其是黄淮海地区最为严重。新中国成立后，党中央十分重视黄河和淮河的治理，毛主席强调：一定要把黄河治好，一定要把淮河治好。组织起亿万民众兴修水利工程，如密云水库、官厅水库、三门峡水库、红旗渠等。从此黄河和淮河再也没有发生大的水灾。这些大型水利工程避免了洪水泛滥，提供生活用水，增加农田灌溉面积，减少旱灾的损失，还可用于发电和水产养殖等，综合效能十分显著。农民还注意建设修葺中小型水利灌溉设施，作为大型水利工程的配套设施。

冬、春两季也是开展积肥工作最有利的季节，但是冬季气温低，积造的农家肥不易发酵，需要选择背风向阳的合理位置、增加大牲畜粪热性肥料、构建保温层等，使堆肥较快地腐熟，提升肥力。

四川泸州市纳溪区干部群众利用农闲抓好农田水利冬修（刘能才　摄）

冬雪消除四边草，来年肥多害虫少

大雪节气，冬雪消融对庄稼种植有益处，冰冷的雪水润浸入土，可以冻死不少的虫子和杂草，来年少了杂草跟庄稼争夺养分，也减少了害虫侵蚀粮食，庄稼收成自然就会更好。类似的谚语还有"大雪半溶加一冰，明年虫害一扫空"，说的也是同样的道理。

冬季蒸发量小，越冬庄稼需水量相对较少，但缺水却影响到越冬植物的抗寒、抗病能力和来年的生长发育。合理的冬灌既能保证植物地上部分吸收充足的水分，又能保护地下根系抵抗冬季的干燥多风，是保证植物安全越冬的重要措施之一。浇灌防冻水的主要作用有以下几个方面：一是保证越冬期有适宜的水分供应，兼有冬水春用、防止春旱的效果；二是提高土壤的导热性，可有效地缩小地间温度速变，防止因温度剧烈升降造成冻害；三是可以踏实土壤，弥补裂缝，消减越冬害虫。

在冬季的华北地区，农民们根据气温高低，落雪是否消融来掌控冬季灌溉的节奏。例如"不冻不消，冬灌嫌早；一冻不消，冬灌嫌晚；又冻又消，冬灌最好"，说的是如果还没有上冻，就太早了；如果冻得结结实实，就太迟了；只有"又冻又消"，就是白天消融，夜晚冰冻，才是冬灌最适宜的时节。

山东省邹城市农民为冬小麦灌溉过冬水（王齐胜　摄）

瑞雪兆丰年，积雪如积粮

指天降吉利、应时的大雪，对农田作物生长比较有利，兆示来年可以有较好的收成，瑞为吉利、吉祥、应时之意，而"积雪"就如同"积粮"一样。

甘肃省天祝县被白雪覆盖的村庄和梯田（姜爱平　摄）

此为关于大雪"知名度"和通晓程度最高的天气谚语。"瑞雪兆丰年"，蕴含着"保暖土壤，积水利田"的基本原理。严冬积雪覆盖大地，可保持地面及作物周围的温度不会因寒流侵袭而降得很低，为冬作物创造了良好的越冬环境。土壤上覆盖的积雪，在融化时从土壤中吸收许多热量，冰水进一步浸入土壤，使得土壤变得非常寒冷，大量的越冬虫卵往往被冻死。另外，雪水中氮化物的含量是普通雨水的 5 倍，积雪融化时又增加了土壤水分含量，可供作物春季生长的需要。若下雪不及时，人们偶尔还在天气稍转暖时浇一两次冻水，提高小麦越冬能力。

表达同样寓意的农谚还有很多，承载了古代人民在严寒冬季期望来年获得大丰收的美好愿景，如："雪姐久留住，丰年好谷收""腊雪不烊，穷人饭粮"。

"瑞雪兆丰年"的美好寓意，甚至超越传统农耕文化，被人民广泛引用。瑞雪作为祥兆，寄托人们对未来美好生活和获得感的孜孜以求。

大雪过后菜入窖

在温室大棚广泛应用之前，北方的冬季蔬菜匮乏，有冬储大白菜的传统。到了大雪节气前后，将收获的大白菜等过冬蔬菜，修剪整齐之后放到挖好的地窖里储存。

相对其他地方存储蔬菜，地窖具有先天优势。一是地窖温度比室外、地表高，封闭性较好，可以有效防止冬季蔬菜冻伤。二是密闭的土窖提供了一个低温和低氧的环境，二氧化碳浓度增加，抑制细胞呼吸，极大延缓腐烂进程，从而延长蔬菜新鲜的时间。

冬天大白菜放入地窖储存之前还需要做好准备。一是进行初步晾晒，降低白菜的含水量。收割购买的大白菜，要先晾晒 4～5 天，每天将白菜翻晒一下，以免一边晒干一边腐烂，晒好后最外层的白菜叶因失去水分变蔫，将除掉烂叶的大白菜搬移到地窖。二是检查温度和适当通风。贮藏的蔬菜要勤于检查，适时通风，不可将窖封闭太死，以免升温过高，湿度过大导致烂窖。在不受冻害的前提下应尽可能地保持较低的温度。若温度在 0°以下，要在白菜上铺些塑料布或者棉被，防止冻伤。无论贮存在室外室内，都要隔几天翻动一下，发现有坏叶及时摘掉。

冬寒草料备充足，雨雪来时不叫苦

我国牧区大多处于北方，冬季寒冷且漫长，易遭受西伯利亚寒潮侵袭。为使牛羊等能安全过冬，就要在深秋冬初时提前储备充足的饲草饲料。

确保牛羊等牲畜安全越冬一般采取以下三项措施：一是提前储备充足饲草料。积极提高饲草料利用率，增强秸秆的营养价值和消化率。二是以草定量，控制越冬牲畜数量。依据过冬草牧场情况和贮备饲草料能力，留够强壮的能越冬的基础母畜、后备母畜和必要的种公畜外，其余全部出栏。三是加强疫病防控和种群优化，做好防疫、驱虫、药浴，避免出现疫情。尽量淘汰生产性能低、适应性差的品种，以及老弱病残个体，优化畜群。

在牧区，地广人稀，植被低矮，容易形成雪灾，例如风吹雪，又称风雪流。积雪在风力作用下，形成一股股携带着雪的气流，雪粒贴近地面随风飘逸，被称为低吹雪；大风吹袭时，积雪在原野上飘舞而起，出现雪雾弥漫、吹雪遮天的景象，被称为高吹雪；积雪伴随狂风起舞，急骤的风雪弥漫天空，使人难以辨清方向，甚至把人刮倒卷走，称为暴风雪。风吹雪的灾害危及农牧业生产和人身安全。风吹雪对农牧区造成的灾害，主要是将农田和牧场大量积雪搬运他地，使大片需要积雪储存水分、保护农作物墒情的农田、牧场裸露，农作物及草地受到冻害；还会淹没草场、压塌房屋、袭击羊群、引起人畜伤亡；风吹雪还会对公路交通造成危害。

新疆生产建设兵团塔里木垦区贮存越冬饲料（王志清　摄）

生 活 类 谚 语

大雪小雪，煮饭不歇

大雪时北半球各地日短夜长，用"煮饭不歇"形容白昼短到了农妇们几乎要连着做三顿饭的程度。

大雪是"进补"的好时节，素有"冬天进补，开春打虎"的说法。冬令进补能提高人体的免疫功能，促进新陈代谢，使畏寒的现象得到改善。冬令进补还能调节体内的物质代谢，使营养物质转化的能量最大限度地贮存于体内，有助于体内阳气的升发，俗话说"三九补一冬，来年无病痛"。此时宜温补助阳、补肾壮骨、养阴益精。中国人大雪节气后喜欢进补羊肉，具有驱寒滋补、益气补虚、促进血液循环、增强御寒能力。羊肉还可以增加消化酶，帮助消化。冬天食用羊肉进补，可以和山药、枸杞等"混搭"，营养更丰富。冬季食补应供给富含蛋白质、维生素和易于消化的食物。大雪节气前后，柑橘类水果大量上市，像南丰蜜橘、官西柚子、脐橙雪橙都是当家水果，适当吃一些可以防治鼻炎，消痰止咳。可常喝姜枣汤抗寒。

霜打雪压青菜甜

十字花科类的蔬菜，例如北方的冬储大白菜，越放越甜。南方的小油菜、白菜薹、红菜薹等，经过霜打之后更加鲜甜可口。

西汉《氾胜之书》记载"芸薹足霜则收"，意为打了霜之后再收萝卜，否则口感会苦涩。实际上，使得蔬菜由苦变甜的，是寒冷的气温，不是霜和雪。

十字花科蔬菜中含有苦味的芥子油苷类物质。天气温暖时，青菜会略带苦味，等天气转寒凉时，青菜的芥子油苷类物质的合成则会迟缓甚至停滞。在气温下降时，青菜为了防止细胞被冻坏，启动自我保护措施，将自身的淀粉在淀粉酶的作用下变成麦芽糖酶，进而转变为葡萄糖，细胞中增加了糖分。当气温继续降低至4℃以下时，青菜细胞因受冻而破损，细胞内的糖、氨基酸等物质外渗，从而形成甘甜、软糯的味蕾口感。在现代生活中，把青菜放进冰箱短暂置放一段时间再食用，也会产生类似变甜的效应。

山东省枣庄市农民抢收
越冬大白菜（刘明祥　摄）

有些蔬菜受冻之后则不宜贮藏，如番茄、辣椒、红薯、豆角之类。尤其是茄子，受冻之后不仅失去水分，呈现蔫瘪状，还会产生茶碱。茶碱对人体有害，食用过量可能会引起恶心、呕吐、腹泻等症状。

小雪腌菜，大雪腌肉

在古代，食物不易保鲜，人们为了迎接农历新年的到来，往往提前腌制不易变质的蔬菜和肉类食品。在食材选择上，大多进行"就地选材"。南方地区多选择雪里蕻、猪肉、鸡肉、鸭肉、鱼肉进行腌制，部分北方地区还会选择白菜、萝卜、芥菜疙瘩、牛羊肉等。

腌肉是通过向肉品中加入食盐，使其形成高渗环境，以抑制或杀灭肉品中的某些微生物，同时高渗环境也可减少肉制品中的含氧量，并抑制肉中酶的活性，从而达到食品保藏的目的。

腌制"咸货"往往成为展示厨艺的重要手段，既讲究工艺，还追求外观色泽。腌制中，要将大盐加八角、桂皮、花椒、白糖等入锅炒熟，待炒过的花椒盐凉透后，涂抹在鱼、肉和光禽内外，反复揉搓，直到肉色由鲜转暗，表面有液体渗出时，再把肉连剩下的盐放进缸内，用石头压住，放在阴凉背光的地方，半月后取出，将腌出的卤汁入锅加水烧开，撇去浮沫，倒入缸内，放入晾干的禽畜肉，一层层码在缸内，倒入盐卤，再压上大石头，十日后取出，挂在朝阳的屋檐下晾晒干。

腌制好的肉品，要放在低温、干燥的环境下保存，尽量在春节前后食用完毕，不宜放置过长时间。腌肉不是干肉，依然会存有相当的蛋白质和水分，长时间存放的腌肉会滋生一种肉毒杆菌，它的芽苞对高温高压和强酸的耐力很强，极易通过胃肠黏膜进入人体，引起食物中毒。因此，有较严重的哈喇味和严重变色的腌肉就不能再食用了。

腌肉是腌制食品，里面含有大量盐，从营养和健康的角度讲，腌肉对很多人，特别是高血脂、高血糖、高血压等慢性疾病患者和老年朋友而言，不是一种有益健康的食物。

浙江嘉兴南湖区一家饭店厨师晒制刚腌好的猪肉（金鹏　摄）

冬季鲫鱼夏季鲢

我国民间认为冬天是吃鲫鱼的最好季节，夏天是吃鲢鱼最好的季节，主要是从鱼成长的肥美程度和人体补充营养需求等角度考虑。

鲫鱼发源于我国，是最常见的淡水鱼类之一，生活在青藏高原地域以外的各大水系。鲫鱼富含优质蛋白质，多种维生素，微量元素，以及人体必需的氨基酸。蛋白质的氨基酸组成与人体蛋白质氨基酸模式接近，属于优质蛋白；肌纤维细短，水分含量较多，因此鲫鱼组织柔软细嫩，比畜、禽肉更易消化；脂肪多由不饱和脂肪酸组成，主要为 $\omega-3$ 多元不饱和脂肪酸，其中二十碳五烯酸（EPA）具有降血脂、防治动脉粥样硬化、抗癌等作用；是维生素 A、维生素 D 和维生素 B_2 的重要来源，维生素 E、维生素 B_1、烟酸的含量也很高。

大雪节气，寒冷干燥，人体易遭寒气侵入，免疫抵抗力减弱。此时，食用鲫鱼能够满足人体的生理需要，润燥滋补，增强免疫力和抗病能力。此外，鲫鱼能为产妇提供营养，还能有效地催乳，促进乳汁分泌。

各人自扫门前雪，休管他人瓦上霜

原意指下雪后，各家只要把自己门前的雪打扫干净就可以了，不要去管邻居等其他人家房瓦结霜的事情，引申意指"做好自己的本分之事，不要多去掺和他人的闲事"。源自宋朝陈元靓的《事林广记·警世格言》。

在古代，人们吃饭求生存是一件非常紧迫且重要的事情。在时刻面临生存困境的环境下，再插手去管别人家的事情，那就是对自己的生活、对自己的家人极其不负责的一种行为。"雪"和"霜"引申意义可以理解为：自己的重要事情和别人的小事情。应该先把自己重要的事情搞定，别把注意力放在别人的小事情上，否则自己门前的雪都不打扫却为别人屋顶上扫霜，这就成了一件主次颠倒、定位错乱的谬事。

三、常用谚语

大雪小雪，冻死老爷。　　新疆

大雪封了江，冬至不行船。　　黑龙江

大雪河封住，冬至不行船。　　黑龙江、山西（新绛）

大雪冬至后，篮装水不漏。　　湖南（衡阳）、江西（萍乡）

大雪不封地，不过三五日。　　河北（平乡）、江苏（徐州）

大雪小雪，不冷不行。　　海南（琼山）

大雪已天冷，冬至换天长。　　河南、陕西（宝鸡）

大雪天气冷，冬至挨天长。　　江苏（无锡）

大雪封了河，冬至改短天，小寒天气冷，大寒到了年。　　山东（寿光）

大雪刮北风，冬季多霜冻。　　福建（南靖）

岁朝蒙黑四边天，大雪纷飞是旱年。　　广西（资源）

大雪像春天，家家哭少年。　　江苏（扬州）

冬雪回暖迟，春雪回暖早。　　浙江

先下大片无大雪，先下小雪有大片。　　河南

雪后易晴。　江苏（常熟）

雪落有晴天。　湖南

大雪年年有，不在三九在四九。　福建（龙岩）、江苏（镇江）

大雪雾气多，来春雨水恶。　广西（荔浦）

大雪雨一滴，大暑雨不停。　海南

大雪晴天，立春雪多。　河北

大雪后，一百二十天涨大水。　福建

大雪落了雪，大暑有雨下。　广西（荔浦）

大雪落了雪，夏至大水发。　广西（平乐）

大雪落小雪，来年雨不缺。　湖南（株洲）

大雪下雪，来年雨不缺。　安徽

雪后一百二十天，大水冲檐边。　福建（明溪）

大雪东风是好年，肯定立春是晴天。　海南

大雪不寒明年旱。　河北

大雪不下雪，明年天旱不用说。　湖南（湘西）

到了大雪无雪落，明年大雨定不多。　湖北（枣阳）

大雪不见雪，过后无冬雪。　宁夏

沙雪打了底，大雪蓬蓬起。　江西

落雪是个名，融雪冻死人。　江西

大雪犁冬地，护理果园修水利。　广西（平乐）

大雪冬至，积肥当紧。　宁夏

大雪冬至雪花飞，搞好副业多积肥。　江西（萍乡）

大雪要封河，积肥满山坡。　山西（新绛）

大雪下雪，水淹岗田。　安徽（寿县）

大雪雨，甘蔗喜。　福建（厦门）

大雪（蚕豆）大结叶，到老没得结。　浙江

大雪不落雪，虫子遇了赦。　安徽（寿县）

大雪小雪不见雪，来年灭虫忙不撤。　湖北（来凤）

大雪无雪是荒年。　河北（张家口）

大雪下了雪，来年干五月。　四川

大雪三白，有益菜麦。　江苏（无锡）

大雪过来是冬至，长叶生菜爬满地。　广西

大雪见三白，农人衣食足。　江苏（镇江）

大雪三白定丰年。　江苏（徐州）、山东

冬雪是个宝，春雪是根草。　江苏、山西、广东、贵州

大雪纷纷是丰年。　四川

大雪下成堆，小麦装满仓。　吉林

大雪雪花飘，必定好年景。　宁夏

大雪雪满天，丰收在来年。　贵州（遵义）

大雪兆丰年，无雪要遭殃。　吉林、江苏、浙江、山东、湖南、广东

江南三足雪，米道十丰年。　河南（开封）

今冬大雪落得早，定主来年收成收。　四川

今年大雪飘，明年收成好。　江苏（苏州）

今年的雪水大，明年的麦子好。　甘肃

腊月里三白雨树挂，庄户人家说大话。　内蒙古（呼和浩特）

落雪见晴天，瑞雪兆丰年。　山西

入冬麦盖三床被，来年枕着馍馍睡。　内蒙古

霜重见晴天，雪多兆丰年。　山西（太原）

雪姐久留住，明年好谷收。　浙江、湖南、河南（扶沟）

大雪拔大菜，冬至不出门。　江苏（淮阴）

大雪不砍菜，必定有一害。　安徽（铜陵）

大雪小雪镰不停，保证耕牛过好冬。　湖北、河南

大雪小雪多北风，保护牲畜过好冬。　江西（上饶）

三伏时节猪难长，三九时节鱼难养。　安徽

大雪大捕捞，小雪小捕鱼。　安徽（安庆）

小雪小到，大雪大到。　台湾

碌碡顶了门，光喝红薯粥。　山东（鲁北）

大雪小雪，做饭唔彻。　广东（大埔）

大雪小雪，煮饭不及；大寒小寒，冷水成团。　广东、江苏（镇江）

大雪小雪天，弄饭打七跌。　江西（黎川）

大雪小雪做饭莫歇。　新疆

大雪到冬至，吃饭不喘气。　江苏（淮阴）、安徽（枞阳）

大雪交冬令，冬至一九天。　　江苏（扬州）

大雪更逢壬子日，灾伤疾病必然多，冬至日晴无云天，来年定唱太平歌。

风后暖，雪后寒。

寒风迎大雪，三九天气暖。

大雪不寒明年旱。

冬天骤热下大雪。

寒风迎大雪，三九天气暖。

大雪天晴，立春雪淋。

大雪不出土，大雪不行船。

冬无雪，麦不结。

腊雪是宝，春雪不好。

腊月大雪半尺厚，麦子还嫌被不够。

冬雪一层面，春雨满囤粮。

大雪纷纷落，明年吃馍馍。

雪多下，麦不差。

雪在田，麦在仓。

雪盖山头一半，麦子多打一石。

瑞雪飘落，增墒灭害。

大雪半融加一冰，来年病虫发生轻。

大雪堆河塘，明年谷满仓。

大雪节气带鱼旺，扬帆出海早下网。

大雪不雪，人畜不安。

大雪小雪镰不停，保证耕蓄过好冬。

水冷草枯雪霜冻，老瘦弱羊难过冬。

冬 至

一、节气概述

冬至，二十四节气的第二十二个节气，通常在每年 12 月 21 日至 23 日，太阳到达黄经 270°进入冬至节气。冬至的含义是开始进入最寒冷的隆冬。冬至日，太阳正午时分直射南回归线，北半球迎来一年中夜最长、昼最短的一天。

冬至分三候：一候蚯蚓结，蚯蚓向下的身体开始转而向上，像打了结的绳子一样；二候麋角解，麋鹿的鹿角逐渐脱落；三候水泉动，井水开始上涌，泉水开始流动。

"至"，意为极、最，冬至表示天文上冬天的极致。冬至雪纷纷，夏至雨连连。当冬至开始的时候，表示天气开始进入最寒冷的一段时间，也就是人们常说的"进九"，民间有"冷在三九，热在三伏"的说法。中国地域辽阔，冬至时节各地气候景观差异较大。冬至时节，由于气温继续下降，农活也很少，正是兴修水利，大搞农田基本建设，积肥造肥，进行冬种作物田间管理的大好时机。

农民画《冬至》（中国农业博物馆藏，王小俊 画）

冬至兼具自然与人文两大内涵，既是一个重要的节气，也是中国民间的传统节日。古代民间有"冬至大如年"的说法，各地存在不同的庆贺冬至的习俗。《汉书》中说："冬至阳气起，君道长，故贺。"人们认为：过了冬至，白昼一天比一天长，阳气回升，是一个节气循环的开始，也是一个吉日，应该庆贺。冬至也是养生的重要节气，应顺应时令特点，遵循"冬藏"的养生之道，科学、合理、适度养生。

二、谚语释义

气象类谚语

冬至当日归，一天长一针

流传于河北张家口地区，指从冬至开始，太阳北归，北半球接受日照的时间越来越长，白昼也就一天天越来越长。表达类似意思的谚语还有"冬至日头当日回""冬至日最短""冬至夜长天短，夏至夜短天长""冬至当日回，一九二里半"等。

冬至，又有日短、日短至、日南至等名称，是反映太阳光直射运动的节气。冬至是太阳直射点南行的极致，这一天太阳直射南回归线，太阳光对北半球最为倾斜，太阳高度角最小，北半球受太阳照射的时间最短。因此，这天成为北半球各地一年中白昼最短、夜晚最长的一天。在北极圈以北，这一天太阳整日都位于地平线之下，成为北半球一年中极夜范围最广的一天。冬至这天，北半球得到的太阳辐射比南半球少了约 50%，而此时的南半球正值酷热的盛夏。此外，冬至也是太阳直射点北返的转折点，这天过后它将走"回头路"，从南回归线向北移动，北半球太阳高度自此回升，白昼逐日增长，太阳光逐渐增强。冬至标示着太阳新生、太阳往返运动进入新的循环。所以古人认为阴极之至，阳气始生，自冬至起，天地阳气开始升发渐强，有"冬至一阳生"的说法。在天文上，由于冬至前后，地球位于近日点附近，运行的速度稍快，这就造成了在一年中太阳直射南半球的时间比直射北半球的时间约短 8 天，因此北半球的冬季比夏季要略微短一些。

冬至不过不寒，夏至不过不暖

指冬至和夏至是两个标志性很强的节气，不到冬至的时候天气还不是最寒冷的时候，而不到夏至的时候天不会真正地热起来。

在天文意义的气候特点上，冬至日北半球的白昼虽然短，得到的太阳辐射最少，但冬至日的温度并不是最低的。冬至前通常不会很冷，这是因为地球表面有大气和水分，能够储存热量，并不是"即存即失"，此时地表尚有"积热"，真正的寒冬是在冬至之后。自冬至开始，我国便进入了"数九寒天"，所谓"冷在三九、四九"。冬至之后，虽然太阳高度角渐渐高起来了，但这是一个缓慢的恢复过程，每天散失的热量仍旧大于接收的热量，呈现"入不敷出"的状况。到了三九、四九天，积热最少，温度最低，天气也就越来越冷了。此时如果有冷空气的影响，天气就更为寒冷。过了这个阶段，天气就会渐渐变暖。夏至也是一样，夏至之后就是三伏，是全年最热的时候。因此常言说，冷在数九，热在三伏。

干净冬至邋遢年

中国南方地区认为如果冬至是晴天，则春节将是阴雨天气。反之，如果冬至是阴雨天，则春节将晴好。表达类似意思的谚语还有"晴冬烂年""晴冬至，烂年边""冬至雨，必年晴""焦冬至，湛过年"等。

不论哪种说法，思路都是相同的，即冬至与春节的晴雨呈反相关。这是一条总结天气规律的谚语，是一种气象统计学概率事件。但是，这句谚语很难令人信服，因为"冬至"日基本上是固定的，但"春节"的日期是不固定的。有的年在元月下旬，有的年在二月中旬，前后相差近一个月。"冬至"的天气与变化不定的"春节"天气真的存在一定的韵律关系吗？《二十四节气志》一书中特别提到，有统计分析表明，以 1951—2017 年北京、南京、杭州这三个城市冬至和春节的天气实况为例，降水的有无在冬至与过年（指除夕和初一）都不存在显著的反相关关系，这句谚语并不准确。理论上，最早的春节是 1 月 21 日，最晚的春节是 2 月 20 日，如果将春节划分为五个时段分段验算，则会出现不同的结果。当春节在 1 月 24 日以前（即与冬至间隔 30 天左右）时，干净冬至邋遢年的准确率是最高的，南京达到 71.4%，杭州达到 85.7%。而其他时段内的春节，预报的准确率都很差。当然，仅仅用 67 年的天气数据去验算流传了超过一千年的古老谚语，在结论上都不能算确凿和充分。这条谚语是人们对节气和气象间规律的一种预测和探索。

农 事 类 谚 语

一九二九不出手，三九四九冰上走，五九六九沿河看柳，七九河开，八九雁来，九九加一九，耕牛遍地走

我国民间有数九的习俗，《荆楚岁时记》中有云："俗用冬至日数及九九八十一日，为寒尽"，即从冬至算起，每九天为一个阶段，称为"冬九九"，并有"数九歌"，一直数到"九九"八十一天，即为"出九"，此时已是春暖花开时节。由于中国气候差异较大，所以"数九歌"版本众多，此处选取的为华北版本的九九歌。冬至过后的一九、二九天气已经比较冷了，手在外面感到冻得慌，会不由自主地揣在兜里。进入三九、四九便到了一年中最为寒冷的季节，河里结起了较厚的冰，人们可以在河面上行走。按照时间来看，五九的最后一天为二十四节

九九消寒图（中国农业博物馆藏）

气中的"立春"，此时便意味着冬季结束进入春天。到了五九六九最寒冷的时候就过去了，天气开始逐渐转暖，柳树枝条开始冒出绿芽，远远看上去开始有绿意了。七九的时候冰封的河面会慢慢解冻，而到了八九大雁便会从南方飞回来。到了九九天气已经比较暖和了，九九的第二天为二十四节气中的"惊蛰"，蛰虫惊醒，天气转暖，渐有春雷，每到这时，中国大部分地区就进入了春耕大忙的季节。从一九到六九，都是两个两个数，七九开始一个一个数，因为回暖节奏快了，气温开始"转正"了，眼前的物候"看点"也多了。

大雪忙挖土，冬至压麦田

指在大雪节气前后，如果土壤还未封冻板结，就要抓紧进行犁翻深耕。冬至的时候，对于旺长的麦田要及时进行镇压。

冬耕深翻土壤，可以松土保湿，促进根系生长，既能将残余的枯枝落叶等翻入土中，增加土壤有机质的储存，还可以消灭越冬害虫，有效控制病虫害的发生。

镇压，是控制小麦旺长的有效措施，是许多地方长期以来形成的经验。镇压可以使用石磙、铁制镇压器或油桶装适量水碾压、人工踩踏等，因为小麦长得太旺，容易受冻。冬季正是小麦长根和靠近地面的根形成和分蘖的季节，为了让麦苗的根和分蘖长得粗壮，就不能让地面上的叶子长得太茂盛，否则消耗很多养料，留给地下的根和分枝的养料就变少了。所以，人们在冬季适当踩一踩或用石磙子压一压麦地，让麦苗叶子受点轻伤，它们就不会长得太茂盛。这样，小麦便可以把更多的养分输送到根及分枝上去。冬至镇压的作用：一是保墒，二是抑制小麦生长以顺利过冬，三是可以促进分蘖。但是在镇压的时候要注意看天看地看苗，一般适宜选择在晴暖天气进行，盐碱地和沙地不宜镇压，也不能压的太厉害。麦子在冬天虽然不怕踩，可是到了春天就不能踩了。立春后天气变暖，麦苗的地上、地下部分都已生长，再过一些时候用手在茎的基部摸一下，可以摸到一个小小的节，这就是已经开始拔节了。如果正在这个拔节孕穗的时候镇压，麦穗会被踩死的。

吃了冬至饭，送粪加一担

指冬至前后是宁夏地区积肥造肥的大好时机。

冬至时节，中国北方地区已迎来寒冷的天气，此时特别要施好腊肥，并做好防冻工作。中国北方地区冬季气温低、降雨少、土壤较干，冬季施肥是作物积蓄养分、安全越冬的重要保证，是一年生产中"大补"的关键。"腊肥"指的是冬至到大寒时给小麦等越冬作物施的肥。生产实践表明，给油菜、麦类、绿肥、苎［zhù］麻等越冬作物施用以含磷钾较多的农家肥为主的腊肥，一般可以提高地温 2～3℃，提高植株细胞含钾量，保温防寒。同时还可以增加土壤溶液中的盐分含量，减轻越冬作物根系受害程度。腊肥还有冬施春用的作用，促进春收作物生长发育。

冬季作物如何合理追施腊肥呢？首先，施腊肥不能搞"一刀切"，要看冬季作物的长势和叶色情况进行施用。叶色浓绿的旺长苗不宜施腊肥，叶色青绿的壮苗应少施或不施腊肥，叶色黄绿的瘦弱苗要重施腊肥。其次，要看土壤肥力情况施用。对肥力高、底肥足的地块，可少施或不施腊肥；对肥力低、底肥少的地块，没有施底肥的地块要增施磷钾肥；常年单一施用化肥的地块要增施有机肥。切勿滥施肥料，防止春暖后作物旺长，造成冬季作物倒伏或贪青晚熟而减产。此外，还要注意根据不同的作物种类来施用。

农民在给果树挖穴施肥（刘丽强　摄）

冬至定果年节定瓜，正月十五定棉花

冬至定果是说对于山西地区果农来讲，冬至这天的天气特别重要。冬至如果看到天晴，就如同吃了定心丸，因为来年果树的收成就会很好。而年节定瓜的"年节"指的是大年初一这天，对瓜农非常重要。大年初一这天，如果天气晴朗，则当年的各种瓜都能够有很好的收获，可以放心种。但若是初一这天阴天下雨雪，那么当年瓜类可能歉收或不收。农村老话讲，正月十五是"红"天。这是因为正月十五元宵节是灯节，在农村一般家家户户都会上祖坟送灯，农家宅院里外也要点灯挂灯笼。这一天如果没有风，各处的灯就会将天映照成红色。所以，如果元宵节是红天的话，就预示今年将会迎来棉花的大丰收。类似的谚语还有"冬至天气晴，来年果木成；冬至气爽真，来年果木广""冬至天气晴，来年果木成；冬至遇大雪，半年果不结"等。

农民是看天吃饭的，天气左右着他们的选择。一个好庄稼把式，往往会依据这些千百年留下来的宝贵民俗经验考虑自己来年的计划，判断种什么、种多少，以及可能面对丰收还是绝产，这样就可以把损失降到最小而把利益最大化。

果农变冬闲为冬忙，掀起果树冬管热潮（李俊生　摄）

冬在头，卖被去买牛；冬在尾，卖牛去买被

"冬"指的就是冬至，这句谚语揭示了冬至气象与农耕的关系。说的是如果冬至在月份的上旬到来，就说明今年冬天不会太冷，冬至过后天气很快就会回暖，这时候就可以早早地把厚棉被卖了购买养殖更多耕牛，准备下地干活、扩大生产。如果冬至是在月份的下旬，那么今年是冷冬无疑，即使开春了天气很可能也会持续冷一段时间。因此庄稼人就需要把家中耕牛卖掉，用所得钱买棉被来御寒。古人认为冬至是阴阳相争之日，是预测一年晴雨、冷暖的好时机，因此根据生活经验总结了不少相关的谚语。

冬至无霜，碓里无糠

山西晋城地区认为如果冬至这天霜少，那么第二年农作物就会歉收。与此类似的谚语还有"冬至有霜，碓头有糠"等，是说冬至霜多有利，这两条谚语实际上是从同一事物的两面去说的。因为如果霜少，病虫就容易多，农作物就会减产，粮食产量自然就大大减少了。

糠指谷的外壳，带有糠皮的米为粗米，除去糠皮的米则为精米。碓是一种舂米用具，用柱子架起一根木杠，杠的一端装一块圆形的石头，下面的石臼里放上准备加工的稻谷。使用者用脚连续踏另一端，石头就连续起落，去掉下面石臼中的糙米的皮。碓的雏形是杵臼，传说在月宫中捣药的玉兔，所用的就是杵臼这种工具。

汉灰陶舂米人物雕塑（中国农业博物馆藏）

生 活 类 谚 语

冬至大于年

我国古代对冬至很重视，视其为冬季的大节日，其礼俗和过新年相差无几，有"冬至大如年"的讲法。

冬至是四时八节之一，俗称"冬节""长至节""亚岁"等。早在2500多年前的春秋时代，我国就已经通过土圭测日影测定出冬至了。冬至也是二十四节气中最早制订出的一个节气。周代自此以农历十一月为正月，以冬至为岁首，即新年。可见冬至从诞生之日起，就是以"年"的面目出现的。《汉书》中说："冬至阳气起，君道长，故贺。"人们认为：过了冬至，白昼一天比一天长，阳气回升，是一个节气循环的开始，也是一个大吉之日，应该庆贺。《晋书》上记载有"魏晋冬至日受万国及百僚称贺……其仪亚于正旦。"说明古代对冬至日的重视。到了明清两代，皇帝每年在冬至这一天都要亲自主持祭天大典，然后于次日颁布来年新历。先民们自古以来就有在冬至祭祀祖先的传统，以示孝敬、不忘本。古时候，漂泊在外地的人到了冬至时节都要回家过冬节，所谓"年终有所归宿"。在中国南方部分地区广泛流传着"冬至大如年，不返没祖先"的说法。冬至一到，新年就在眼前，所以古人认为冬至的重要程度并不亚于新年，至今仍有不少地方有庆贺冬至的习俗。

北京天坛公园进行祭天仪仗（刘军民　摄）

冬至萝卜夏至姜

这句谚语的意思是要在不同的季节进食恰当食物，以达到养生目的。冬季天气寒冷，人们为了御寒，习惯进补而日常少动，体内比较容易生热生痰，特别是中老年人表现更为明显。萝卜除了是人们喜欢食用的大众化蔬菜外，其药用价值更令人刮目相看，有"小人参"的美称。它含有蛋白质、糖、维生素 A、维生素 C、烟酸，以及钙、磷、铁等，特别是萝卜里面含有的糖化醇素和芥子油成分，对人体消化功能大有裨益。冬至时节吃萝卜的好处非常多，可以消谷食、去痰癖、止咳嗽、解消渴，能够通利脏腑之气，有利于身体健康。萝卜是一种冬季进补的理想蔬菜，可以生吃，也可以做成其他的美食，比如和牛羊肉一起炖着吃，有非常高的保健功效。夏日食姜与人们的夏日生活习惯和生姜的多种药用功效有关。炎炎夏日，人体受暑热侵袭或出汗过多，促使消化液分泌减少，而生姜中的姜辣素却能刺激舌头的味觉神经和胃黏膜上的感受器，通过神经反射促使胃肠道充血并促进消化液的分泌，从而起到开胃健脾、促进消化、增进食欲的作用。

冬至不端饺子碗，冻掉耳朵没人管

在中国北方地区，一直有冬至吃饺子的习俗。

冬至吃的饺子与春节吃的饺子含意不同。春节吃的饺子在新年与旧年相交的时刻，饺子意味着更岁"交子"；而冬至吃的饺子含有消寒之意。饺子原名"娇耳",据传是我国东汉时期著名的"医圣"——张仲景发明的,距今已有1800多年的历史。而冬至吃饺子,也正是为了纪念"医圣"张仲景在冬至时舍药而形成的习俗。据说张仲景告老还乡回到南阳时,正值大雪纷飞的冬日。当时,张仲景看见不少父老乡亲耳朵被冻烂了,感到非常难过。他吩咐其弟子就地搭起医棚,把羊肉、辣椒和一些驱寒药材放到锅里煮熟,然后捞出来剁碎,再用面皮包成像耳朵的样子,最后放入锅中煮熟,做成了一种"祛寒娇耳汤"。人们吃了"娇耳",喝了"祛寒汤",浑身暖和,两耳发热,冻伤的耳朵都治好了。后来,为了纪念张仲景,每逢冬至人们便模仿着做饺子吃,因此形成了吃饺子的习俗,并流传至今。在北方,除了吃饺子还有冬至吃羊肉的习俗,过去老北京还有"冬至馄饨夏至面"的说法。

冬至当天,人们包好彩色饺子送进厨房(孙中喆 摄)

冬至蒸冬,冬至不蒸,扬场无风

冬至节"蒸冬",是北方一些地方的老习惯、老传统,是为了来年打粮扬场时求风。蒸冬,就是蒸窝头。扬场,指的是把打下来的谷物、豆类等用木锨〔xiān〕、风扇车等扬起,借助自然风力吹掉谷壳和尘土,分离出干净的子粒。扬场是个技术活,需要掌握风向、出锨的力道等,风越大效果越明显,可以省下好多力气。这句谚语寓意冬至蒸了冬,明年夏秋两季扬场时就会有风,而风遂人愿,把辛苦劳动打来的粮食扬得干干净净。这样,粮食早日入仓,人们才能早日歇手,也免得遭遇坏天气而糟践了丰收的成果。由此可见,这句谚语蕴含祈祷来年风调雨顺之意。类似的谚语还有"冬至不蒸冬，穷得乱哼哼"，也是提示人们冬至节不要忘记蒸冬。但是在现在，蒸冬作为一种习俗已经非常少见了。

　　虽然窝头是农家常见的食物，但冬至节这一天要蒸的窝头，与平时的家常便饭所蒸的窝头不同。首先，窝头的用料不太一样。平日一般都是用玉米面或高粱面蒸的，而冬至节这天蒸的窝头，家庭条件好些的，是用小米面，里面还掺着红枣泥儿。条件不济的，起码也要往玉米或者高粱面里掺上红枣泥。另外，平日蒸窝头随便什么时间都可以，而冬至节这天，必须是早晨蒸窝头。

内蒙古马场职工扬场情景（韩颖群　摄）

冬至到时葭灰飞

　　葭［jiā］指的是芦苇，葭灰也叫葭莩之灰，是用芦苇烧成的灰烬。《诗经·国风·秦风》中的"蒹［jiān］葭苍苍，白露为霜。所谓伊人，在水一方"是脍炙人口的诗句。在与冬至有关的诗词中，"葭灰"是一个出现频率很高的用典。比如杜甫有一首《小至诗》："天时人事日相催，冬至阳生春又来。刺绣五纹添弱线，吹葭六琯动飞灰。"葭灰占律，是古代汉族人测量节气中的中气到来的一种行为。这里的中气不是指人的呼吸和肺腑之气，而是一个专门的节气用语。二十四节气包括十二个中气和十二个节气，中气和节气相间地排列，在月初的叫节气，在月中以后的叫中气。通常冬至时间在月的中间，所以冬至也叫做冬天的中气。在冬至前的三天，古人在一个用布幔密封的房间内，摆上 12 根长短不一的律管，类似于音乐中的笛管，并在每根管内填上芦苇灰。等到冬至时刻到来，地气上升、阳气生长，相对应的律管内就会飘出葭灰。葭灰占律所折射出的是中国传统的思想体系，包括卦气说、候气法等在内的传统律历合一学说。清代《幼学琼林·岁时篇》里提到："冬至到而葭灰飞，立秋至而梧叶落。"我国古代除了用芦苇灰测量冬至，还会以梧桐树叶报秋。

冬日的芦苇（刘倩　摄）

吃了冬至圆，每人大一岁

冬至经过数千年发展，形成了各地不同的节令食文化和饮食习俗，在南方有冬至吃汤圆、米团、长线等习俗。糯米粉做的汤圆是江南地区冬至必备食物，冬至吃的汤团又叫"冬至圆""冬节丸""冬至团"等，取其团圆的意思。冬至团可以用来祭祖，也可用于互赠亲朋。古人认为到了冬至，虽然还处在寒冷的季节，但春天已经不远了。这时外出的人都要回家过冬节，表示年终有所归宿。为了区别于后来的春节前夕的"辞岁"，冬节的前一日叫做"添岁"或"亚岁"，表示"年"还没过完，但大家都已经长了一岁，因此民间有"吃了冬至圆多一岁"之说。闽台的人们吃了冬至圆后，还要在家宅的门、窗、桌、橱、梯、床等显眼处黏附两

在冬至日浙江一家糯米圆店员工
为大圆"点红"（江勇兵　摄）

粒冬至圆，甚至渔家的船首，农户耕牛的牛角，果农种植的果树也不例外。现代台湾著名学者林再复在《闽南人》一书中描述台湾冬节（闽南语称冬至为冬节）之日"家家户户清晨要以冬至圆仔致祭祖先……从大门、小门、窗门、仓门、床、柜、桌、井、厕、牛舍、猪舍都得以冬至圆一二粒粘在上面，祭告一番，以求保佑一家大小平安"。也有诗句写到："家家捣米做汤圆，知是明朝冬至天。平安皮包如意馅，冰天雪地不觉寒。"

冬至后，熏腊肉

这句谚语的意思是说冬至过后就应该开始熏制腊肉了。

这是在农村流传的老话。农村都有过年吃腊肉的习惯，几乎家家户户都会自己制作腊肉食用。为何要过了冬至才熏，而不能够在冬至前熏腊肉呢？原因主要有两个说法。首先是从气温来考虑，时节过了冬至就是一年之中最冷的时候了，腊肉虽然能够长期保存，但是如果天气太暖和，那也是不能够熏制的。在制作腊肉的时候虽然放了盐，但是如果气温太高，也会出现放坏的情况，就算不坏品质也可能不佳。所以农民都知道要等到过了冬至，天气最冷的时候再制作，就是为了避免腊肉坏掉。其次是从食用的时间进行考

冬至时节居民晾晒腊肉（张玉　摄）

虑，腊肉是需要时间来制作的，一般来说整个过程至少要一个月，放得越久脱水越多，味道就会更好一些。而腊肉一般都是为了过年食用的，所以冬至过后再熏腊肉主要就是为了刚好可以在过年的时候食用。制作太早怕变坏，制作太晚又怕过年还不能够吃上，而冬至这个时间点就是刚刚好了。这是在农村人们长时间的经验总结，流传至今是为了告诉后辈制作腊肉的时间点。选在冬至之后，不仅有利于腊肉的储存，更能够让回来过年的人吃上美味的腊肉。

三、常用谚语

冬至不吹风，冷到五月中。　陕西

冬至不冻，冷齐芒种。　四川

冬至刮风，冻坏田公。　宁夏

冬至好天气，大年仍是好天气。　山西（朔州）

冬至后有风，夏至后有雨。　山西（和顺）

冬至晴，立春冷。　山西（河曲）

冬至晴，万物成。　吉林

冬至晴，雪雨滴答到清明。　宁夏

冬至热，要下一场雪。　宁夏

冬至无南风，夏至旱得凶。　陕西（宝鸡）

冬至无雪一冬晴，冬至有雪连九天。　天津

冬至无云三伏热，重阳无雨一冬晴。　新疆

冬至西北风，来年干一冬。　山西（晋城）

冬至西南一日阴，半晴半雨到清明。　江西

冬至下雨，晴到年底。　湖北（枣阳）

冬至下雨连九天。　江西

冬至一日晴，来年雨均匀。　湖北

冬至有雾，来年天旱。　山西（五台）

冬至有雪，九九有雪。　陕西（渭南）

冬至有雪来年旱，冬至有风冷半冬。　山西（晋城）

冬至雨，年必晴；冬至晴，年必雨。

明冬至，暗腊八。　山西

干净冬，龌龊年。　河南（新乡）

冬至月尾，大冷正二月。　浙江

冬至月中，无雪过冬。　山东

冬至在月头，有天无日头；冬至在月腰，有米无柴烧；冬至在月尾，长牛细子不知归。　广东

冬至月头，霜雪年盲兜。　福建

冬至日头当日回。　河北

冬至夜回头，夏至日回头；春分日同夜，秋分日夜同。　山西（临猗）

冬走十里不亮，夏走十里不黑。　河北（平泉）

过了冬，日长一棵葱；过了年，日长一块田。　河北（丰宁）

吃了冬至面，一天长一线；吃了入伏面，一天短一线。　宁夏

冬至是个头儿，两手揣袖口儿。　河北（邯郸）

冬至小阳春。　江苏

冬至过了九个九，农民谷种满田丢。　广东

冬至不过，地皮不破。　河北（石家庄）、河南

冬至不割禾，一夜脱一箩。　广东

冬至不收菜，一定收霜害。　陕西

冬至麦，一百六（指收麦）。　苏北

冬至时节雪茫茫，来年粮食堆满仓。　陕西（宝鸡）

冬至接近三日晴，来年谷米价平定；冬至接近三日阴，来年谷米贵如金。　陕西（渭南）

冬至无太阳，来年五谷香。　山西（沁源）

冬至西北风，来年好收成。　甘肃（天祝）

冬至雪茫茫，开年粮满仓。　宁夏

冬至不冷腊月冻，豌豆大麦装满瓮。　陕西（宝鸡）

立冬封了田，冬至一阳生。　山西（临汾）

冬至清明一零五，清明到伏不同数。　内蒙古

双日冬至单日九，单日冬至连天走。　陕西（汉中）

要知来年闰，抛过冬至数月尽。　山西

冬至三个九，坐下有一斗。　宁夏

冬至数头九。　陕西（咸阳）

冬至数一九，两手揣袖口；二九一十八，口中似吃辣；三九二十七，见

火亲如蜜；四九三十六，关门把炉守；五九四十五，开门寻暖处；六九五十四，杨柳皮发绿；七九六十三，行人把衣担；八九七十二，柳絮长上翅；九九八十一，农民打早起。　河北（安国）

一九二九，闭门袖手；三九四九，暖瓶对酒；五九转回暖，六九消井口；七九河开，八九雁来；九九搭一九，黄牛遍地走。　河北（昌黎）

一九二九，在家苦求；三九四九，冻破杵臼；五九六九，沿河看柳；七九八九，敞开袖口；九九加一九，耕牛遍地走。　河北（井陉）

一九二九不舒手，三九四九凌上走，五九六九沿河看柳，七九八九寒不来，九九十九杨花开。　河北（邯郸）

过了冬至，长一枣刺；过了五豆，长一斧头；过了腊八，长一权把；过了年，长一椽；过了正月十五，天长得没谱。　陕西（渭南）

冬至有风，寒冷年丰。

冬至前不结冰，冬至后冻煞人。

冬至有霜年有雪。

冬至有云天生病。

冬至头，卖被去买牛；冬至中，十只牛栏十只空；冬至尾，卖牛去买被。

冬至日子短，两人吃一碗。

冬至夜长，夏至夜短。

冬至前后，泄水不完。

冬至东风高田旱，东南东北低田收。

冬至天晴无日色，定主农夫好岁来。

冬至青云从北来，定主年丰大发财。

冬至杨柳青：来年米价贱。

冬至插田青，夏至一口嚼。

冬至清明百零六，家家户户囤满屋。

冬至长于岁，冬至大于年。

冬至头，夏至尾，春秋二季吃分水。

头九至二九，相唤不出手；三九二十七，笆头吹觱栗；四九三十六，夜眠似露宿；五九四十五，牀头把唔唔；六九五十四，笆头出嫩莉；七九六十三，破絮担头摊；八九七十二，黄狗向阴地；九九八十一，犁耙一齐出；十九足，蛤蟆闹嘛嘛。

小　　寒

一、节气概述

小寒，二十四节气的第二十三个节气，通常在每年的 1 月 5 日至 7 日，太阳到达黄经 285°时进入小寒节气。小寒，标志着一年中最寒冷日子的到来。

小寒分三候：一候雁北乡，身在南地的大雁因感知到时节变化而念及北方，开始计划启程；二候鹊始巢，喜鹊开始衔树枝和草木等搭巢；三候雉始雊，雉鸡开始鸣叫求偶。

小寒时节，北方地区的气温已是滴水成冰，基本没有新鲜蔬菜了。在大棚种植技术未普及前，家家户户入冬前都要买过冬吃的冬存菜。南方地区因气温较高，还有一些新鲜的蔬菜，如大白菜、豌豆尖、青萝卜、儿菜、红油菜等。

从西周开始，小寒时节历代就沿袭着"腊祭"的习俗。从天子、诸侯到平民百姓，人人都不例外。此外，小寒节气还常常与腊月初八相遇。腊八这一天，许多地方都有吃腊八粥、泡腊八蒜的习俗。进入小寒，也就临近春节了，家家户户都在积极准备年货迎新年。

二、谚语释义

气 象 类 谚 语

小寒正逢三九中，脸上冻得红彤彤

"小寒正逢三九中"，意思是小寒往往在三九、四九之间，实际情况也确实如此。小寒节气紧跟在冬至节气之后，中间相隔 15 天，即冬至后的第 16～30 天都属于小寒节气。而三九是冬至后的第 18～27 天，四九是第 28～36 天，因此，小寒节气正好在三九、四九之间。"脸上冻得红彤彤"，意思是说小寒时节，冷到极致，直冻得人脸通红。

面对这个时节的寒冷天气，古人想了很多办法来保护面部皮肤。面脂就是其中一种。一个"脂"字，就说明了这款古代面霜是以动物体内提取的油

脂为原料。唐《千金要方》中详细说到炼
脂："凡合面脂，先须知炼脂法，以十二
月买极肥大猪脂，水渍七八日，日一易
水，煎，取清脂没水中。炼鹅、熊脂，皆
如此法。"唐代时，上至帝王，下至平民
百姓，都流行隆冬时节，向他人赠送面
脂、口脂。《本草纲目·石部》中提到：
"唐时，腊日赐群臣紫雪、红雪、碧雪。"
紫雪、红雪、碧雪都是不同颜色面脂的名
字。在冬季使用的面脂，则会在其中加入
防裂药物，以抵抗严寒天气对面部皮肤的
伤害。口脂，即唇膏，用于涂抹唇部。

装面脂、口脂的精美银盒
（陕西历史博物馆藏）

　　如此看来，古人既会养生又会待客，而且这种好习惯也流传了下来。现
在这两样护肤品还是小寒时节的必备品，也经常用作礼物，赠送友人。

过了小寒，滴水成团

　　小寒时节，我国的大部分地区都已进入一年当中最冷的时期。

　　在东北地区，土壤冻结、河流封冻。最北部的黑龙江北部漠河地区，最
低气温可达−40℃左右，最高气温也才−25℃。冻掉鼻子，也许稍微夸张了
点，但滴水成冰是绝对有的。

　　在华北地区，以首都北京为代表，小寒时节的平均气温一般都在日间
−2℃、夜间−9℃左右，极寒天气下，能达到−23℃（1951年）。进入21
世纪后，北京地区最冷的一天是在2021年的1月7日，当天在北京南郊气
象台测得的温度是−19.5℃。人民日报社记者的采访记录显示，当天北京群
众的口罩都冻得僵硬，不但滴水成团，连泼出来的水，也变成了好看的冰
花。而这一年的小寒是1月5日，可以说是对"过了小寒，滴水成团"这句
谚语的生动应验。

　　再往南，到了秦岭、淮河一带，小寒节气的平均气温在0℃左右。江南
地区平均气温一般在5℃上下，虽然没有北方峻冷凛冽，但受冷空气的影响
还是很大的。举例来说，在2021年1月8日（即小寒节气的第三天），受寒
潮影响，江苏省扬州市出现降温天气，最低气温降至−9℃。如此严酷寒冷

却又难得一见的天气，给市民们带来了很多欢乐——他们开心地玩起了"泼水成冰"的游戏。

江苏扬州居民体验"泼水成冰"（孟德龙　摄）

在华南地区，这句农谚就不适用了。因为小寒时节，华南一带的平均温度在 10℃左右，还是比较温暖的。2020 年的 1 月 6 日（小寒当天），广州最高气温甚至达到了 26℃，说是过初夏也不为过。

所以，二十四节气的农谚还是很有地域性的。

三九、四九，冻破碓臼

这句谚语的意思是，到了三九四九（即小寒时节），天气寒冷彻骨，不但人在户外受不了，连碓臼也受不了，被冻破了。这是对小寒时节极寒天气一种略带夸张的形容。一方面，说明小寒时节天气确实寒冷；另一方面，也说明碓臼在农民的生产生活中十分常见。

碓臼，山东一带称之为石臼，江苏一带称之为碓窝子，四川一带称之为碓窝儿，是过去我国农村劳动人民一种常用的粮食加工工具。在加工技术还不发达的时期，碓臼在农民的生产生活中发挥了较大作用。碓臼一般分为碓窝和碓锥两部分。其中，碓窝是大石头中间雕凿出来的圆窝，有 40 厘米左右深，上粗下细，非常光滑。而碓锥是一长条形石头（或者木头，由各地方农民就地取材），也是上粗下细，下端光滑，比碓窝小一圈，一般用来舂数量不大的糙米、杂粮、米粉和面粉，还兼带着打糍粑、年糕等。

农谚往往来源于生活、服务于生活，同时也记录了生活。随着社会的不

山东枣庄的百年石臼（周文虎　摄）

断发展，碓臼这种传统的舂捣用具正在逐渐消失，只留存在一些偏远的农村。好在，我们还有这些农谚，可以用来回忆和探究前人的生活，这也是农谚传承和弘扬农耕文化的一种体现。

小寒胜大寒，常见不稀罕

这句谚语意思是，小寒时节比大寒时节的温度要低是常态，一点也不稀罕。意思相近的谚语还有"只有冻死人的小寒，没有冻死人的大寒"等。

那么，实际情况是这样的吗？《二十四节气志》中所列举的温度数据显示，极端天气下，最低气温记录发生在小寒的次数占37％，发生在冬至的次数占23％，发生在大寒的次数只占22％，发生在立春的次数占13％。因此，从这个维度来说，确实是小寒比大寒冷。接下来再看第二个维度，以全国平均气温数据来统计。从1951年到2015年的数据显示，65年间有42％的年份，小寒更冷；有24％的年份，大寒更冷；有34％的年份，二者没有差别，打成平手。

因此，若仅以寒冷程度来比赛，小寒以绝对的优势赢得了胜利。

那么，既然小寒这天最冷，寒气很大，为什么还叫小寒呢？或许有以下几个原因。一是很有可能在古代的黄河流域（即二十四节气的发源地），大寒是比小寒冷的。《月令七十二候集解》言，"月初寒尚小，故云，月半则大矣"。意思是月初的时候，还不太冷，到了月中，就非常的冷。所以有小寒、大寒之称。二是古人界定寒冷程度时，并不是依据温度的数值，而是依据人的主观感受。在小寒时节，气温虽然最低，但人们的忍耐力尚可，所以并未觉得冷到极点。但到了大寒时节，人已经又在小寒的低温中冻了半个月，力倦神疲，反而会觉得大寒冷得更难受。三是可能为了与夏季的小暑相对应，所以将冬季的这个节气命名为小寒。

小寒大寒寒得透，来年春天暖得早

从字面含义理解，谚语的意思是小寒、大寒时节，天气如果冷透了，那么来年春天就会暖和得早一些。这句谚语和"小寒大寒不下雪，小暑大暑田开裂""三九、四九不下雪，五九、六九旱还接""小寒暖，春多寒""小寒寒，惊蛰暖""小寒暖，清明冻秧"等都属于天气预测类农谚，即采用小寒时节的天气情况，来预测这之后的天气情况。或以雨雪预测干旱，或以冷暖预测温度。这些农谚都是人们在长期的观察和体会中总结出来的经验，并且通过这些对未来的预测，来指导当下的农事活动。

举例来说，相较于冬日和初春的大雪严寒，农民更害怕的其实是倒春寒。前者虽然寒冷，但冷得正是时候。一方面，冬天的冷，符合作物生长发育规律，另一方面，寒冷的天气还能消灭地里的害虫，对庄稼来说也是好事。后者则是指初春气温回升较快，但春季后期气温较正常年份偏低，并且伴随着冰雪的天气现象。这样的天气冷得非常不是时候，违反了农事活动的时节规律。气象学上的春季从立春开始，一般是在阳历2月初，而现实中的春季要到阳历3月初了，也就是我们所说的阳春三月。这个时候应该是气温回升的时候，但是如果碰到连续的阴雨天气以及北方南下的冷空气，就成为了我们常说的倒春寒。一般发生在阳历的3、4月份，有时甚至出现冰雪极端低温天气。倒春寒发生时，会使得正处于返青或拔节生长阶段的冬小麦遭受不同程度的冻害，已经播种、尚未出土的棉花、水稻等喜温农作物烂种死苗，已经出土的幼苗被大量冻死，开花授粉期的果树大面积烂秧、开花坐果率降低，给农业生产带来严重破坏，给农民带来经济损失。

所以这句农谚，一方面是农民对以往天气情况的总结和预测，另一方面是对来年生产生活的提醒——如果小寒这天不够寒冷，就要提前采取适当措施，预防倒春寒的发生，并尽可能减少不利影响。

抢采春茶（徐德文、徐越坚 摄）

农 事 类 谚 语

小寒三九天，把好防冻关

小寒节气，正处于三九天，十分寒冷，此时各类农事活动中最重要的就是做好防冻。确实，无论是作物还是牲畜，往往需要借助人的力量来帮助它们越冬。人们在小寒节气期间，要密切关注气象信息、气象预警等，以提前采取有针对性的措施。特别是冷空气活动、温湿度变化以及阴雨、大风等天气过程，及早做好不利天气的防御准备工作。此外，还要依据作物生长发育特点的不同，采取有针对性的防冻措施。

果树受寒冷天气侵袭时，枝干、根系等会受到不同程度的损伤，容易导致来年春天萌芽晚、发芽不整齐、树梢生长弱、花芽分化不良以及果品产量、品质双双下降等情况。通常可采用套袋、覆膜等方式，通过为果树"穿冬衣"的方式来进行保暖。

小麦越冬时，如遇低温严寒，其叶片容易受害乃至死亡。并且，干旱多风会加剧低温危害，小麦分蘖节处于干旱的土层中，冷风侵入时，地温变化剧烈，易导致冻害冻死苗。常用人工覆盖法、适时冬灌、喷洒矮壮素等方法防冻。

油菜也是越冬作物，因此在寒潮来临前，应增施有机肥，以增强植株的抗寒性。可考虑用稻草、谷壳或其他作物秸秆铺盖在油菜行间保暖，以减轻寒风的直接侵袭。在油菜叶面上撒一层草木灰、谷壳灰、火土灰等，以防止叶片受冻。适时给油菜田灌水，以避免地温大幅度下降，缓解冻害，尤其对防止干冻效果更好。

对于畜禽防冻，小寒时节要注意做好栏舍加固、保温保暖及管线防冻，还要增强畜禽营养，备好饲料，做好通风、消毒工作，防止畜禽受到病菌侵害。

千亩果树穿上"冬衣"（刘浩军　摄）

腊月大雪半尺厚，麦子还嫌被不够

谚语的意思很好理解，指腊月下很多场雪，即使堆积了半尺厚，也不能够完全满足麦子的生长发育需求。麦子在我国有近 5000 年的栽培历史，在我国农耕文明进程中扮演了重要的角色。智慧的人民早就发现大雪能够帮助麦子越冬。因此，我国民间流传了大量类似的农谚，如"瑞雪兆丰年""雪笼大小寒，明年是丰年""九里雪水化一丈，打得麦子无处放""腊月三白，适宜麦菜""腊月有三白，猪狗也吃麦"等，从不同角度描绘了冬季下雪是麦子有个好收成的重要保障。

谚语里的麦子，普遍指冬小麦。在我国主要种植两种小麦，分别为冬小麦和春小麦。二者按播种期来区分和命名。冬小麦指秋、冬两季播种，第二年夏季收割的小麦；春小麦则指春季播种，当年夏、秋两季收割的小麦。二者大致以长城为界，长城以北为春小麦种植区，长城以南为冬小麦种植区。

按照这个划分，春小麦主要分布在黑龙江、河北北部、天津、新疆、甘肃和内蒙古等地区。这些地区因为冬季太冷，冬小麦无法越冬，只能在开春后再行播种；又因无霜期短促，所以小麦以一年一熟为主。

冬小麦则广泛种植于长城以南，是我国小麦的主力。这其中又以秦岭淮河为界，界北为北方冬小麦区。这个区域的冬小麦产量约占全国小麦总产量的一半以上，主要包括河北南部、河南、山东、陕西、山西等地区。其中河南为我国小麦产量第一大省，约占全国小麦总产量四分之一、北方冬小麦区的一半。冬小麦是越冬作物，种植冬麦与其他粮食作物矛盾较少，可以减少冬闲地面积，扩大夏种面积，增加粮食总产量。

秦岭淮河以南为南方冬小麦区，这个区域的冬小麦产量约占全国小麦总产量的30％，主要包括江苏、四川、安徽、湖北等地区。这个区域同时也是我国的水稻主产区，种植冬小麦有利提高复种指数，增加粮食产量。并且，这个地区的人民多以稻米为主食，所以小麦的商品率较高，是中国商品小麦的重要产区。

小麦盖上厚"棉被"（小龙　摄）

在冬小麦产区，小寒节气降雪有以下几个显著优点：一是能够很好地补充麦田里的水分，改善土壤墒情。二是雪的导热性较差，土壤表面覆盖了厚厚的雪花后，可以有效减少土壤热量的外传，阻挡寒气的入侵，帮助麦苗越冬。三是大雪或连续降雪往往都伴随着大降温，这样的寒冷天气能够有效抑制麦蚜等虫害的发生。四是厚厚的雪在冬天是麦苗的被子，到了春天，就又变成了麦苗返青时的琼浆玉露。

小寒不结冰，虫子满天飞

谚语的意思是小寒节气如果没有冷到零度以下，那地下的虫卵就能安全越冬，来年孵化成活的各类害虫就一定非常多，甚至到虫子满天飞的程度。类似的谚语还有"数九不冷，病虫得利""小寒不冻大寒冻，大寒不冻来年起虫"。

其实这条谚语除了字面上的意思外，还蕴含着对农民的提醒：到了小寒这种寒冷天气，要时刻关注天气情况，多管齐下——不仅要采取保温措施，助力农作物安全越冬，还要采取病虫害防治措施，将来年的病虫害风险降到最低。因为冬季正是病虫害防治的好时机，此时气温低，大部分害虫将进入越冬休眠状态。这一时期它们基本上不活动，如果防治措施得力，可大大降低来年病虫的发生及危害程度，达到事半功倍的效果。

冬日的病虫害防治可以从以下几个方面入手：一是清理落叶。很多病虫的越冬卵，都藏在枯枝落叶或杂草中。因此，冬季应当将枯枝落叶和杂草彻底清除。二是剪除带病虫枝叶。结合冬季的树枝修剪工作，着重剪除带病虫的枝叶，剪下的病虫枝叶要及时清理，并做好销毁处理工作。三是做好冬耕深翻。这个工作可以使潜伏在土壤中的地下害虫如地老虎、蝼蛄等的幼虫、蛹、卵等遭受机械损伤，同时破坏病虫的生存环境，病虫暴露在地表后又可以使其被鸟类等天敌啄食。四是做好树干涂白。树干涂白不仅能有效地防止冻害，提高抗病能力，还能破坏病虫的越冬场所，既防冻又杀虫，一石二鸟。特别是杀灭在树皮里越冬的螨类、蚧类等，效果更佳。五是做好刮翘皮工作。红蜘蛛等病虫的幼虫和成虫，喜欢在树干的粗皮和裂缝中越冬，所以在冬季刮掉粗皮、翘皮、病皮，可收到防治病虫的良好效果。六是做好冬灌。尤其是果园，要做好冬季灌水，降低土壤温度、含氧量，有利于杀死根部虫卵、降低蛹的羽化程度。

小寒寒，六畜安

谚语的意思是：如果小寒节气天气寒冷，六畜都会比较安生，能够健康成长。在农民长期的农事生活中，他们发现如果小寒天气非常冷，那将有助于牲畜的健康生长。类似的谚语还有"小寒大冷人马安"。

小寒节气当天天气寒冷，往往预示当年是冷冬而非暖冬。相比于暖冬而言，冷冬更有利于农作物生长；冷冬之后的春天将会比较温暖，来年出现倒

牛羊等家畜自由觅食（魏月飞　摄）

春寒天气的几率也比较少，这将有利于农作物春化返青。那么，这些跟六畜有什么关系呢？主要体现在以下两个方面。一是更有利于粮食的丰收，从而保障六畜的食物供应。不管是牛马羊的草料，还是猪狗鸡的食物，都需要农民有个好收成，六畜安的前提是农业大丰收。二是天气寒冷，更易做好疫病预防。对于养殖者来说，最怕的就是各类畜禽遭受了疫病，疫区畜禽因无人购买而导致价格暴跌，养殖户亏损严重，产业信心受到重创；而未出现疫情的销售区价格大涨，居民的消费支出则被迫上涨。一般来说，冬天天气冷的话，各种细菌病毒活性相对较低，因此，来年六畜动物疫病会少一些，这也算是小寒给养殖户带来的好事了。

一月小寒接大寒，备肥完了心里安

谚语的意思是，一月间小寒、大寒先后来到，此时天气寒冷，相比于春夏秋三季的节气，田间农事活动较少，正是农民备耕的时期，备肥就是其中一项重要内容。农民要备好肥料、做好来年春耕准备工作才能安心。这其实是农民在长期农事活动中积累的经验：提前谋划、提早行动，以尽可能地把握农时。所以还有很多类似意思的农谚，如"一月小寒接大寒，农人拾粪莫偷闲""一月小寒随大寒，农人无事拾烘团"。

在农事活动不那么多的冬日里先备好肥，等到来年开春用肥高峰期的时候，随时都有化肥可用，不至于发生苗等肥、人着急的情况。通过把备肥提前到冬季，也使得农事活动的分布更加均匀，不至于开春忙得四脚朝天、应接不暇。类似的谚语还有"腊月小寒接大寒，备肥完了心理安"。

不仅古代如此，即便是物流业发达的现代，无论对农户，还是对肥料厂家，提早备肥、供肥都是一件最好在腊月就完成的事儿。

江苏淮安工人正在卸肥（刘彬　摄）

从农户角度来说，一月就提早备好肥，一方面不受第三方物流以及其他因素的影响，开春随时都有肥可用，更加方便自由；另一方面，趁着冬储一次性备足肥料也能享受到更优惠的价格和政策，可谓省钱省力省心。

从经销商角度来说，冬储备肥，订肥越多，享受到的政策也更加优惠，是有显著经济效益的；另一方面自己的仓库或店中备足了肥料，就能比没有提早备肥的同行领先一步，在开春用肥高峰期抢占更多的市场，获得更多的收益。

从肥料生产厂家角度来说，客户趁着冬季农闲，提早备肥能够很好地分散开春集中购肥、备肥、打包、发货的紧张。开春正是农业种植需要用肥的高峰期，而冬季和开春间还隔着一个春节假期，物流行业往往上班时间比较晚，如果所有客户都扎堆购买肥料，厂家的物流发货压力会大大增加。一旦由于种种原因导致收货延迟，会影响农户正常施肥，误了农时。以往年份可能不太明显，2020年新冠肺炎疫情突发，极大地影响了经济、社会正常运行，很多城市直接实行了封闭。如果农户没有提前备肥，误了春播，那真是损失惨重。但如果农户提前备好肥料，这种时候反而是一个占得先机的好机会。

综上，不论从哪个角度来看，冬季储备肥料确实是一个很有必要的、"有备无患"的选择。

腊月栽桑桑不知

这句谚语的意思是，腊月适合栽桑树。因为此时天气寒冷，桑树还没有发芽，整体处于休眠状态，这会栽下桑树，桑树都感觉不到人们对它做了什么，也就不会受到损伤，因此成活率较高。

四川广安送技术下乡（廖小兵　摄）

如果要更严谨一点，最好是在冻土前栽下桑树。这样桑可以在"不知"的状态下"不觉"吸收土地的营养和水分，保持生长状态。

读者朋友可能马上就要问下一个问题了：腊月能种桑树我知道了，那腊月和小寒又有什么关系？其实，民间俗称的腊月就是农历十二月，阳历一月。而小寒往往始于 1 月 5—7 日，之后延续 15 天，基本都处在腊月。可以说，小寒正在腊月里。

在中国传统文化中，"腊月"有什么含义呢？一种说法是，"腊者，接也，新故交接，故大祭以报功也"，即腊的本义是"接"，有新旧交替之意，古时人们习惯在新旧之交祭祀神灵。第二种说法是，"腊"是古代祭祀祖先和百神的"祭"名。农历十二月时，按照传统，民间要猎杀禽兽、举行大祭活动，拜神敬祖，祈福求寿，避灾迎祥。这种祭奠仪式称为"猎祭"。因

"腊"与"猎"通假，"猎祭"遂写成了"腊祭"。到公元前221年，秦始皇统一中国，下令制定历法，将冬末初春新旧交替的十二月称为"腊月"，腊月就这么确定下来了。

生 活 类 谚 语

腊七腊八，冻裂脚丫

这条谚语的意思是，腊月初七、初八的时候，最是寒冷，脚丫子都冻裂了。我们知道，小寒往往都在腊月里，所以这条谚语也正是小寒节气天气寒冷的反映。所以，皮肤比较干燥的朋友，小寒期间，除了给脸涂上面脂，记得也给脚丫子抹点油。

一说起腊月，其实很多人的第一个反应就是——腊八。其实腊八最早是个佛教节日，又被称为"法宝节""佛成道节""成道会"等。按佛教记载，释迦牟尼成道之前曾苦修多年，形销骨立，遂发现苦行不是解脱之道，决定放弃苦行。此时遇见一牧女呈献乳糜，食后体力恢复，端坐菩提树下沉思，于十二月八日"成道"。为纪念此事，佛教徒于此日举行法会，以米和果物煮粥供佛。后来腊八才逐渐成为民间节日。

村民晒制古黔特产——腊八豆腐（吴寿宜　摄）

在腊八这天，全国各地人民吃的东西可能不太一样，但毫无疑问，大家都以某种形式来庆祝腊八节。如果读者朋友来自华北、东北地区，那应该喝过腊八粥，或者吃过腊八蒜；如果来自西北地区，那应该吃过腊八面、挂过腊八穗；如果来自江淮地区，那很有可能吃过腊八豆腐；如果来自华南地区，那很有可能吃过糯米饭、糍粑或者海南鸡饭。腊八这个节日，就是春节的前兆，过了腊八，年味渐渐就有了。所以还有农谚说道，"过了腊八就是年"。

有时小寒正好和腊八赶在一天，双节临门、好事成双，比如2017年的小寒（1月5日）就是如此。

天寒人不寒，改变冬闲旧习惯

这句农谚的意思是，冬日里天气寒冷，农事活动逐渐减少，农民进入了农闲时间。旧时女孩们往往利用这个时间学习女红，男孩们则练习射箭比武等。伴随农业农村现代化的不断推进，现在很多地方一改冬闲的旧习惯，纷纷开展多种形式的"冬忙"活动。主要包括以下几种。

一种是修水渠、修公路、购买种子化肥、平整土地备春耕等。这些主要是围绕来年农业生产而开展的较为传统的备种、备耕活动。

另一种是听讲座、学技术等。这些是为来年农业生产、兼职工作、外出务工、农产品销售等方面而开展的知识储备活动。至于学的种类，那可就太多啦！有插花、果树修剪、农用车驾驶、农产品深加工、电商销售、甚至是母婴师技能……得益于社会专业化分工和政府相关指挥部门的有力工作，农民朋友们冬闲时可学的知识门类之齐全、涵盖面之广泛，只有想不到，没有学不到。

农民在大棚内松土准备播种（王华斌　摄）

还有一种，曾经是南方地区农民专享，随着温室大棚的广泛运用，已经变得南北通吃了，那就是冬日的作物耕种。例如江西地区可种植白菜、玫瑰、萝卜、黄秋葵等越冬作物，四川地区可种植红萝卜、儿菜、红油菜等，华北地区，可通过温室大棚种植草莓、西红柿等。

此外，还有一些地区引进了能够适应当地气候的新作物来进行冬日种植。比如贵州省剑河县引进了羊肚菌。冬季时加盖一层地膜，既能防止白天水分蒸发过快，又能在夜间为羊肚菌保温，还提高了农民收入和土地利用率，真可谓一举多得。

看到看到要过年，红萝卜儿抿抿甜

这句谚语的意思是，越是要到过年，红萝卜的味道就越甜。这是一条广泛流传于四川地区的农谚，通过"抿抿甜"这样的描绘，既表达了胡萝卜的甜，也蕴含了人们心中对于临近春节那种想要抿嘴而笑的喜悦和开心。不同于北方常见的那种头粗脚细的橙色胡萝卜，或是粉皮白心的粉萝卜，谚语里的萝卜，是一种头和脚一样粗细、体积比橙色萝卜稍小的红皮萝卜，原产于四川。相比于前面几种萝卜，这种萝卜才是真正的"红"萝卜，因为它颜色从外到内，皆为红色，只有中间一点点为黄色。这种萝卜洗净生吃，嫩甜可口；凉拌三丝，清脆爽口；腌制泡菜，饭加一半；红烧牛肉，更是最佳拍档。在四川，家家户户都爱吃这种红皮萝卜。

居民清理红萝卜、装框（钟敏　摄）

红萝卜为半耐寒性蔬菜，它们的发芽适宜温度为 20～25℃，生长适宜温度为昼温 18～23℃、夜温 13～18℃，温度过高、过低均对其生长不利。可分为春、秋两季收获。春萝卜在 2—3 月播种，60～100 天后，也就是 5—

7月收获。秋萝卜则在7—8月播种，90～150天后，也就是10—12月，土壤冻结前收获。按照播种到收获时间的长短，可将萝卜分为早熟、中熟和晚熟。四川的这种红皮萝卜相对晚熟。它能够适应四川冬天潮湿的气候，并且随着气温的下降、昼夜温差的增加，萝卜内部积攒的糖分会越来越多，所以越冷、越临近过年，甜度越是增加。

到了小寒时节，四川农村正是冷得直哆嗦的时候，往往屋子里比屋子外还要冷，没有取暖设备的年代，晚上钻进被窝先要抖20分钟，靠身体抖动发热把被窝捂暖。在这种艰苦的环境下，老天爷并没有太亏待四川人，而是给他们送来了冬日馈赠——抿抿甜的红皮萝卜。

三、常用谚语

北风迎小寒，盛夏雨连连。　天津

小寒雪厚多雨水。　湖南（湘西）

小寒枯水，冷成一团。　福建（龙岩）

过了小寒，滴水成团。　江西（萍乡）

小寒冻死人。　黑龙江

大小寒日报南风，小雨大雨降天空。　福建（诏安）

小寒过了是大寒，风寒水冷近年关。　浙江（台州）

小寒大寒，不久过年。　内蒙古、江苏（南通）

小寒大寒，打春过年。　河北（邯郸）

小寒大寒，打儿不出栏。　福建

小寒大寒，抱成一团。　福建（福清）

小寒不出门坎，大寒不离火炉。　安徽（石台）

小寒大寒，无风自己寒。　江西（乐安）

小寒大寒，冻死老蛮。　贵州（遵义）［土家族］

小寒大寒出日头，冻死老黄牛。　海南

小寒大寒，赶狗不出门。　广西（平乐）、海南（保亭）

小寒大寒，赶牛不下田。　海南（万宁）

小寒冷死鸡，大寒猪滚泥；小寒猪滚泥，大寒冻死鸡。　海南（保亭）

小寒大寒不寒，往后一定寒。　福建

小寒大寒寒不透，过了立春寒个够。　天津、宁夏

小寒大寒月日光，来年必定冷得惨。　广西（田阳）［壮族］

小寒大寒不冷，小暑大暑不热。　福建（上杭）、湖北（郧西）

冷在小寒大寒，热在小暑大暑。　河北（昌黎）

小寒大寒冷不够，来秋雨水下得粗。　海南（保亭）

小寒大寒有雨雪，小暑大暑不会干。　湖南（零陵）

小寒大寒寒得透，来年春天暖得早。　福建

小寒冷，立春晴；小寒暖，立春雨。　广东（连山）

小寒冷到哭，小暑台风到。　广东（揭阳）

小寒大寒多南风，明年六月早台风。　福建

小寒遇东风，冷死万年种。　广东（江门）

小寒交九不收，大寒冰上行走。　山东、江苏（常州）

小寒无雨，小暑必旱。小寒进入三九天，温棚防风要管好。　山西（运城）

薯菜窖，牲口栅，堵封严密来防冻。　山西（长治）

雪笼大小寒，明年是丰年。　宁夏

雪下大小寒，粮食憋破圆。　宁夏

小寒节日雾，来年五谷富。　陕西、河北（衡水）、湖北（仙桃）、浙江（金华）

小寒不冻大寒冻，大寒不冻来年起虫。　内蒙古

小寒不下大寒下，大寒不下干一夏。　安徽（长丰）

小寒晴，旱春田。　广西（上思）

小寒暖，大寒无地钻。　广东（清远）

小寒日晴旱秧田，大寒日晴旱本田。　广西（来宾）

小寒不晴，要暖等清明。　广西（荔浦）

一月小寒接大寒，农人拾粪莫偷闲。　云南（红河）

一月小寒随大寒，农人无事拾烘团。　陕西（宝鸡）

当冷不冷人生病。　内蒙古

该冷不冷地生虫，该热不热人生病。　内蒙古

小寒小寒，棉上加棉。　安徽（肥东）

小寒大寒，打春过年。　河北（邯郸）

冷在三九，热在中伏。

腊七腊八，冻死旱鸭。

三九不封河，来年雹子多。

九里的雪，硬似铁。

腊月三场雾，河底踏成路。

小寒天气热，大寒冷莫说。

小寒大寒，滴水成冰。

小寒大寒多南风，明年六月早台风。

小寒不寒，清明泥潭。

小寒进入三九天，御寒防冻是关键。

数九寒天鸡下蛋，鸡舍保温是关键。

小寒鱼塘冰封严，大雪纷飞不稀罕，冰上积雪要扫除，保持冰面好光线。

九里雪水化一丈，打得麦子无处放。

三九不冷夏不收，三伏不热秋不收。

牛喂三九，马喂三伏。

一早一晚勤动手，管它地冻九尺九。

冬北风吹刺骨寒，小寒大寒又一年。老婆老汉腿发寒，羊皮大衣难遮寒。

大 寒

一、节气概述

大寒，二十四节气的第二十四个节气，通常在每年 1 月 19 日至 21 日，太阳到达黄经 300° 进入大寒节气。大寒的含义是天气寒冷到了极点，此时中国大部分地区呈现的是冰天雪地、天寒地冻的严冬景象。

大寒分三候：一候鸡乳，母鸡开始产蛋、孵小鸡；二候征鸟厉疾，鹰隼等猛禽捕猎时猛厉而迅疾；三候水泽腹坚，天气寒至极处，冰层变得深厚、坚实。

大寒节气天气酷冷，农业上需加强牲畜和越冬作物的防寒防冻。北方地区老百姓多忙于积肥堆肥，为开春做准备，南方地区加强小麦及其他作物的田间管理。大寒不冻，冷到芒种，人们常以大寒气候的变化预测来年雨水及粮食丰歉，以便及早安排农事。

大寒节气是进补的时节，宜多吃红色、辛辣味及甜味的食物御寒，如枸杞搭配桂圆肉，香甜的红枣等。旧时有"大寒大寒，防风御寒，早喝人参黄芪酒，晚服杞菊地黄丸"的说法。

在大寒时节，哈尔滨冰灯晶莹绮丽，广州年宵花市万紫千红，老北京有凿冰储存的习俗。春节从腊月二十三起，至正月十五止，以除夕和正月初一为高潮。"小寒忙买办，大寒要过年。"大寒节气多位于春节前夕或过年期间，从大寒到除夕，有小年祭灶、尾牙祭、赶年集、赶婚、搬家、破土、腊月扫尘、糊窗户、贴窗花、蒸花馍、买芝麻秸等多种民俗活动。

二、谚语释义

气 象 类 谚 语

小寒大寒，冻成一团

小寒和大寒节气一般是一年中最冷的时候。谚云："冷在三九"，大寒一般正值三九、四九。虽然冬至节气是北半球太阳光斜射最厉害的时候，但是一年中最冷的时候却是在冬至节气以后的小寒或者大寒节气。按常理来说，冬至应该是全年最冷的节气，事实并不是这样。冬至是北半球白天时间最短，夜晚时间最长的一天，从冬至节气后，白天时间会慢慢加长，夜晚时间会慢慢缩短。冬至后虽然北半球光照时间会增加，但是太阳的直射点依然在南半球，对北半球斜射角度最大，北半球白昼短，黑夜长，所以北半球的热量依然处于散失的状态。白天地面吸收的太阳热量最少，而夜间散发出去的热量最多，地面的热量"入不敷出"，到了阳历的1月中下旬，三九、四九时期，地面原来积存的热量已经消耗尽了，气温下降的速度加快，加上来自西伯利亚和蒙古高原的强冷空气不断入侵，使气温急剧下降，天气达到极冷。

2016年1月20日，黄河山东滨州段河面漂浮的大片冰凌（张滨滨　摄）

大寒到顶点，日后天渐暖

大寒节气命名上直接反映了气温与节气的关系。《授时通考·天时》引《三礼义宗》："大寒为中者，上形于小寒，故谓之大……寒气之逆极，故称大寒。"我国民间把"冬至""小寒""大寒"三个节气称为"隆冬"。隆冬时节平均5天左右就有一次冷空气南下，带来寒潮、霜冻、暴雪等主要灾害性天气。大寒节气，常出现大范围雨雪天气、大风降温和持续低温，"旧雪未及消，新雪又拥户"，地面积雪不化，呈现出冰天雪地、天寒地冻的严寒景象。

"花木管时令，鸟鸣报农时"，花草树木、鸟兽飞禽按照季节规律性地活动，成为区分时令节气的重要标志。到了极寒的大寒节气，一候鸡始乳，母鸡便开始孵小鸡。这是因为母鸡下蛋需要一定的阳光，母鸡卵巢需要光照的

2016年1月19日晚，甘肃省会宁县迎来首场降雪和最低气温（常琦彪　摄）

刺激，产蛋所需的维生素D等矿物质元素生成量与光照时间密切相关，大寒节气之前，光照少母鸡极少下蛋，大寒节气开始，光照增加，母鸡便开始下蛋繁衍了。大寒过后便是立春，天气逐渐变暖，农村的农事活动也随之全面展开。

大寒大寒，无风也寒

大寒前后当气温下降到一定的程度，没有风也会让人感觉到寒冷彻骨。大寒节气"征鸟厉疾"，"征鸟"指鹰隼类比较凶猛的长途跋涉鸟类。征鸟叼着一小截树枝，历尽艰辛穿越太平洋，中途累了，把树枝丢在海上，立在上面休息，饿了直接捕捉鱼来吃，得以成功穿越太平洋。"厉疾"指凶狠快速，征鸟之所以大寒节气变得凶狠快速，因为大寒时节天气相比于冬季其他节气更加寒冷，要强悍抢夺更多食物才可以抵御寒冷。

大寒时节，受西伯利亚冷空气的影响，与世界同纬度地区相比我国更为寒

河南淮阳大寒时节遇寒潮（杨正华　摄）

冷。黑龙江漠河镇与英国利物浦同纬度（北纬 53.29°）相比，1 月平均气温相差 30℃，1969 年 2 月 13 日我国最北端的黑龙江漠河曾出现了极端气温−52.3℃的记录，新疆维吾尔自治区富蕴县曾出现−58.7℃的全国最低气温记录。大寒节气的持续低温是由于在乌山有阻塞高压或稳定脊（气象学界称为乌拉尔山阻塞高压，乌拉尔山脉是欧亚两洲的分界线，乌拉尔山阻塞高压亦称乌拉尔山阻塞反气旋，是西风带高空深厚的暖性高气压系统，经常稳定在乌拉尔山附近）中蒙边境一带有横槽或中心气旋，亚洲中纬环流平直，形成比较稳定的大气环流，在大气环流调整时，常出现大范围雨雪天气和大风降温，而环流调整周期大约为 20 天左右，同时受西北风气流控制，在不断补充的冷空气影响下，出现了大寒节气的持续低温。周易的六十四卦中，冬至一阳初生；大寒一阳两阴，重复一次，则为二阳；到了正月则为三阳，正月为泰卦，故曰"启三阳之泰"。王象晋《群芳谱》云："小寒后十五日，斗柄指丑，为大寒，十二月中时已二阳，而寒威更甚者闭藏，不甚则发泄不盛，所以启三阳之泰，此造化之微权也。"意思是大寒节气为二阳之时，只有寒冷达到极致，把阴气全部发泄出去，才能开启三阳之泰，迎接春天的到来。

农事类谚语

大寒大寒，防风御寒

季节交替，有寒有暖，是大自然的规律。大寒节气，天寒地冻，需要防止极端寒冷气候对农作物的冻害，养殖场要适当为畜舍加温，防止牲畜被冻伤。"小寒接大寒，麦苗要冬苦 [shàn]"，若冬小麦在过冬时，遇上干冷的

2021 年 1 月 20 日，江西省九江市农民在苗圃基地里盖膜防寒（张玉 摄）

气候或强寒潮的天气，致使最低气温低于－15℃，冬小麦麦苗将会遭受冻害损失。为了保护麦苗安全过冬，需酌情进行冬苫。冬苫可以保温防寒，还可以增加肥力，减少农田水分蒸发，保持地墒，在一定程度上可防止畜禽伤害麦苗，是一举多得的护青措施。农事上常用大粪、圈粪遮盖。如果冬九天气偏暖，麦苗有冬旺现象时也可以不苫。广东岭南地区有大寒联合捉田鼠的习俗，此时作物已收割完毕，平时见不到的田鼠窝显露出来，大寒也成为岭南当地集中消灭田鼠的重要时机。

大寒不寒，人马不安

大寒节气正常情况下是天气最冷的时候，不过在某些年份，大寒也会出现不冷反暖的情况，但人们并不认为这是件好事。因为气候反常，人、牲畜、庄稼可能都不会安宁。大寒宜冷不宜暖，大寒暖对来年的农业生产将带来不利的影响。农谚云："寒冬不寒，来年不丰""腊月冻，来年丰""大寒不寒不冻，来年一定虫多"，寒潮带来的低温天气可以抑制土壤中害虫的生长，或杀死潜伏在土壤中的害虫和病菌，减轻虫、病对农作物的危害，来年才会有个好收成。通过大寒气候的变化可以预测来年雨水及粮食丰歉情况，更好及早地安排农事。此外，天气忽冷忽热，极易诱发并加重各类疾病。

冬性较强的小麦、油菜等越冬作物需要适当的低温来通过春化阶段，如果冬天气候不寒冷，小麦生长过快过旺，提前拔节反而易遭受低温冻害，导致来年减产。春化一般是指植物必须经历一段时间的持续低温才能由营养生长阶段转入生殖生长阶段，这一现象也称为"春化作用"。冬性草本植物一般于秋季萌发，经过一段营养生长后度过寒冬，于第二年夏初开花结实。如果于春季播种，则只长茎、叶而不开花，或开花大大延迟。这是因为冬性植物需要经历一定时间的低温才能形成花芽。冬性禾谷类作物（如冬小麦），二年生作物（如甜菜、萝卜、大白菜）以及某些多年生草本植物（如牧草），都有春化现象，这也是它们必须等到翌年才能开花的基本原因。中国农民很早就有了用低温处理种子的经验。如"闷麦法"，将萌发的冬小麦种子装在罐中，放于冬季低温下 40～50 天，以便于春季播种时，获得和秋播同样的收成。也可以利用人工低温处理，来满足植物分化花芽所需的低温，而取得过冬的效果，这种处理方式叫做"春化处理"。在我国部分地区常年暖冬，过早播种的小麦、油菜，往往长势太旺，提前拔节、抽薹，抗寒能力大大减弱，容易遭受低温霜冻的危害。

大寒见三白，猪狗不吃黑

民间在大寒节气忌天晴不雪。唐代张文成《朝野金发》中说："一腊见三白，田公笑赫赫"。为什么腊月下雪就预兆丰收呢?《清嘉录》卷十一《踏雪》说的好，"谓之腊雪，亦曰'瑞雪'，杀蝗虫、主来岁丰稔。"大寒见三白，"三"是程度词，虚指多、大，意思大寒十五天期间如果能够下多场大雪，那么来年庄稼的收成就会很好，农民收成好了自然丰衣足食。大寒下雪，既称腊雪，又称瑞雪。这个时节下的雪，犹如为麦苗盖上一条棉被，不仅可以覆盖麦田保温，避免小麦遭受冻害，并且能够给予过冬的农作物丰沛的水肥，起到保湿保墒的作用，为麦苗冬发提供有利条件，等到开春后，就可以快速返青，使来年麦子获得好收成。腊雪还起抑制害虫生长的作用，有效节省成本，寒冷气温能够冻死部分土传病菌与虫卵，减少源发性虫害的基数。资料显示，每当厚厚的大雪覆盖田野，第二年的农药施用量可以减少50％以上。类似的农谚还有"大寒白雪定丰年""大寒一场雪，来年麦堆田""大寒三白宜菜麦""大寒见三白，农人衣食足"等。其中，"大寒见三白，猪狗不吃黑"中的"黑"指粗粮做成的饭，在物资极其匮乏、粮食不足时期，多以黍米、高粱等谷物或谷物制成品等粗粮作为主食，相对于白面做成的饭，粗粮做的东西发黑。"猪狗不吃黑"，猪和狗都不会吃黑的东西，可以吃到白面了，都不愁吃喝，说明收成真的好。

大寒节气瑞雪"打灯"（李世居　摄）

大寒一夜星，谷米贵如金

这是古代劳动人民根据气象规律总结出来的经验，意指大寒时节天气不好没关系，就怕大寒这天天气晴朗，夜间繁星满天，那么来年地里庄稼收成将不会很好，粮食减产，粮价也就上去了。也表明大寒当天的天气，影响着地里庄稼的收成，大寒期间一定要冷得透，这样在春天来临之后，气温才回升快。如果在大寒期间出现漫天星光的大晴天，天气不但不冷，而且非常暖和。特别在北方地区，大寒时节如果天气不冷反而很暖和，这股冷劲也相应往后推迟，很容易到春季气温回升之后，出现"倒春寒"。根据农民的经验来看，"大寒天气暖，寒到二月满"，大寒时天气暖和，整个农历的二月都会很冷。"大寒地不冻，惊蛰地不开"，大寒时大地都没有上冻，到了惊蛰的时候还是很冷，连大地都还有冰霜。"大寒牛滚塘，春分冷死秧"，大寒这天牛还能在池塘里面活动，说明天气暖和，到了春分的时候就会温度很低，农民就无法安排庄稼播种，甚至把已经播种下去的秧苗冻死，这样会给农作物的生长带来极大伤害。对于很多农民来说，他们希望大寒这天一头牛都不要在池塘里，最好是冷到让这些牛全部待在牛棚里不敢出来，这样就能看到明年丰收的希望。"大寒脱衣裳，雪打清明秧"，如果大寒这天天气暖和，人们脱去了厚厚的棉衣，那么大寒过后天气就会变冷，甚至会持续到清明的时候。"大寒在月中，明春冷得凶"，大寒节气一般都是在农历的腊月初，如果大寒在农历腊月月中，那么到了春天的时候，天气可能会非常冷。很多老农也是担心"倒春寒"，冬天和早春气温高于同期，到晚春时气候突然变冷，气温偏低于往年，便会将刚返青的庄稼苗冻伤甚至冻死。所以，"倒春寒"对庄稼来说非常不利，对于农业生产带来的危害是极为严重的，轻则减产，严重的甚至绝收，自然就发生了谷米贵如金的情况。

大寒天气干，旱到二月满

此谚语意指，如果大寒时节天气晴朗干燥，那么之后的很长一段时间就会比较干旱，一直持续到农历二月底。大寒时节大地经过整个冬天的风刮日耗，土壤中的水分显著降低。此时万物开始复苏，万物复苏需要水分支撑，倘若大寒时节没有下雨或下雪，土壤中的水分非常匮乏，那么就会导致万物复苏时间上的延迟，最后导致春天不能及时到来，如果二月底干旱没有雨

2020 年 1 月 20 日大寒期间，苏州街头暖如春（王建康　摄）

水，就不利于春天的播种和农作物生长，庄稼的收成势必会因此受到影响。大寒是一年中雨水最少的时段，我国华南大部分地区的降雨量为 5～10 毫米，西北高原山地一般只有 1～5 毫米，不过"苦寒勿怨天雨雪，雪来遗我明年麦"，在雨雪稀少的情况下，不同地区可以按照不同的耕作习惯和条件适时浇灌。"大寒天下雨，春天都是雨"，在大寒前后几天里，天气较为阴冷，下雪或者下雨，那么来年的春天，降雨量将十分充沛，没有什么比一场透透的春雨更喜人了，大寒前后天下雨，预示来年是一个比较好的年景。

生 活 类 谚 语

二之日凿冰冲冲，三之日纳入凌阴

"小寒大寒，滴水成冰"大寒时节冷空气活动频繁，一些地方滴水成冰。"大寒小寒，冻成冰团"。在大寒时节，老北京有凿冰储存的习俗。古代没有冰箱，冬季储冰成为皇宫及达官贵人小寒、大寒期间最重要的活动之一。也有人专门在冬季挖冰窖储冰，到第二年盛夏取出来卖。《诗经》中便有"二之日凿冰冲冲，三之日纳入凌阴"的记载，意思是说十二月凿取冰块，正月将冰块藏入冰窖，说明凿冰窖储早在周代就开始了。而且由于我们现在使用的阴历是汉太初历，为夏历演化而来，故在时间上比较一致，即 12 月天气最冷，可以凿冰，正月天气转暖，应该把凿好的冰放在窖中储藏。明清两代，尤其是清代，作为首都的北京就有很多冰窖。到了清末民初，北京仍有三大冰窖，其中德胜门外的冰窖口是当时京城最大冰窖所在地。1965 年，冰窖口改称冰窖口胡同。据记载，冰窖口胡同的冰厂到 20 世纪 50 年代还在使用，每年的小寒、大寒之间，寒风刺骨，冰厂工人们就开始到积水潭或太平湖取冰，用专用工具将已冻得非常厚实的冰面切割成一米见方的冰块，用溜槽将冰块提到岸边运至冰厂，再用溜槽将冰块放至储冰坑中码放好，每块冰之间都铺有稻草相隔，随后再用保温物品如棉被、稻草等将全部冰块厚厚盖好，以防融化。待盛夏到来，便将储冰取出供应市场或特殊机构。相同的取冰、储冰方式，在京城其他地方也很多。中国在 20 世纪 50 年代开始生产冰箱，有数百

江苏省连云港市大暑节气冰块热销
（王健民　摄）

年历史的冰窖口胡同冰厂被遗弃。遗留下来的储冰大坑在 1958 年前后被西城区团委动员全区青年义务劳动，改造成为现在的青年湖公园。

早喝人参黄芪酒，晚服枸菊地黄丸

　　大寒节气，时常与岁末时间相重合。南北朝时期守岁时，全家欢聚，饮花椒酒、屠苏酒，吃五辛盘。南朝庾肩吾的《岁尽应制》诗就描写了守岁情景："聊开柏叶酒，试奠五辛盘"。大寒节气是进补的时节，旧时有"大寒大寒，防风御寒，早喝人参黄芪酒，晚服杞菊地黄丸"的说法，天气寒冷时颜色红润、具有辛辣味及甜味的食物有生热、保暖，驱寒解乏的功效，辛辣的食物，如辣椒、生姜、胡椒等，红色食物如枸杞搭配桂圆肉或生姜，香甜的红枣都是极佳的驱寒食品。大寒时节是感冒等呼吸道传染性疾病高发期，宜多吃一些温散风寒的食物以防风寒邪气的侵袭。饮食方面应遵守保阴潜阳的原则，适当增加生姜、大葱、辣椒、花椒、桂皮等作料，切忌黏硬、生冷食物，尽量少吃海鲜和冷饮等食物。大寒时节人的新陈代谢减慢，这时候多喝些红茶或黑茶可以起到扶阳益气的功效。大寒时节蔬菜是个宝，如绿叶菜、

甘蓝族蔬菜、根茎类、菌菇类等。可适当补充抗寒食物，如八宝饭、山药紫薯银耳汤、姜枣桂圆汤、芪杞炖仔鸡、羊肉汤等。大寒与立春相交接，进补的食物量宜逐渐减少，多添加些具有升散性质的食物，以适应将来春天万物的生发。

大寒时节广东人一般家家户户都有吃糯米饭的习惯，吃糯米饭不仅是一种习俗，更是一种养生的方式。民间认为糯米比大米含糖量高，食用后全身感觉暖和，利于驱寒。中医认为，寒为阴邪，最寒冷的节气也是阴邪最盛的时期，从饮食养生的角度讲，宜多食用一些温热食物以补益身体，防御寒冷气候对人体的侵袭。糯米味甘、性温，有补中益气的功效，吃了后会周身发热，起到御寒、滋补的作用，最适合在冬天食用。于是老百姓们一试，果然觉得胃里暖烘烘的，就像揣了个小暖炉，不再怕寒气入侵，大寒日吃糯米饭的风俗便开始流传起来。加之糯米饭寓意温暖，从年头到年尾"暖笠笠"，更有寓意吉祥之意。

冬季严寒万物藏，保健敛阴又护阳

大寒时节万物多处于休眠状态，人们应顺应自然规律，休养生息，保存阳气，养精蓄锐，以等待来年春天的到来。《黄帝内经》说："早睡晚起，必待日光。"意思是说，早睡迟起，避寒就暖，最好是太阳出来后起床，不扰动人体内潜藏的阳气。特别是老年人气血虚衰，冬天不宜早起，锻炼不提倡"闻鸡起舞"。老年人大寒"防五寒"分别为：一防颈寒：戴围巾穿立领装。冬天是颈椎病高发的季节，一条围巾或者立领冬装不但能挡住寒风，给脖子保暖，还能避免头颈部血管因受寒而收缩，对预防高血压病、心血管病、失眠症等都有一定的好处。二防鼻寒：晨起冷水搓鼻。天冷后"凉燥"明显，鼻炎成了许多人的大麻烦。每天早晚用冷水洗鼻有利于增强鼻黏膜的免疫力，洗鼻子时顺便揉搓鼻翼可改善鼻黏膜的血液循环，有助缓解鼻塞、打喷嚏等过敏性鼻炎症状，是防治鼻炎的好办法。三防肺寒：喝热粥散寒。风寒感冒是冬日最常见的毛病。症状较轻的，可以选用一些辛温解表、宣肺散寒的食材，熬制"神仙粥"，"把糯米煮成汤，七根葱白七片姜，熬熟兑入半杯醋，伤风感冒保安康。"四防腰寒：双手搓腰暖肾阳。双手搓腰有助于疏通带脉，强壮腰脊，固精益肾。肾喜温恶寒，常按摩能温煦肾阳、畅达气血。五防脚寒：常做足浴。"寒从脚起，冷从腿来"，人的腿脚一冷，全身皆冷。

应该养成睡前热水洗脚或泡脚的习惯。

2016 年 1 月 20 日大寒时节，江苏淮安市民包裹严实出行（赵启瑞　摄）

大寒大寒，一年过完

大寒是二十四节气中最后一个节气，立春是二十四节气中第一个节气。过完大寒，万物复苏，万象更新。正常年份大寒节气之后，农历年只剩下最后半个月了，人们开始忙着除旧饰新，腌制年肴，准备年货，欢庆中国人最重要的节日——春节。市场上各种年货纷纷登场，年味越来越浓，到处洋溢着辞旧迎新的气氛，准备过年是全家最重要的活动。春节从腊月二十三起，至正月十五止，以除夕和正月初一为高潮，正月十五的元宵节为尾声。人们祭祀灶神、扫除、写春联、贴福字、购买鞭炮、为孩子做（买）新衣服、准备各种祭祀用品，杀猪宰羊是必不可少的。人们争相到集市上购买芝麻秸秆，取"芝麻开花节节高"之口彩，除夕之夜，把芝麻秸秆放在庭院中让孩童踩碎，寓意"岁岁平安"。从腊月三十开始放鞭炮，节日期间鞭炮声不断。正月初一以后人们互相拜年，祝贺新年的到来，迎接财神等。孩子们从大人那里得到压岁钱。节日期间吃饺子、年糕，不能说不吉利的话。有"腊月歌"编得好，把迎接新年的程序都罗列出来了："二十三，糖瓜粘，灶君老爷要上天；二十四，扫房子；二十五，磨豆腐；二十六，去割肉（炖炖肉）；二十七，宰公鸡（杀灶鸡）；二十八，把面发；二十九，蒸馒头；三十晚上熬一宿，大年初一扭一扭。"过去说"爆竹声中一岁除""大寒大寒家家刷墙，刷去不祥；户户糊窗，糊进阳光。"从大寒到除夕，还有祭尾牙、小年、除夕等多项活动。

2009 年 1 月 20 日，江苏南京大寒时节年味浓（孙文潭　摄）

小寒大寒，杀猪过年

进入大寒后年味越来越浓了。以前，各种节日对猪肉的需求最旺，尤其是阖家团聚的过年日子，也是农村地区杀猪最集中的时间段。小寒大寒杀的猪又被称为"过年猪"。我国农村地区，以前家家户户基本都养殖一两头猪，从年前开始养的猪，到了年终刚好长大成熟。猪在农民心目中就如一个"聚宝盆"，不仅剩饭剩菜能喂给猪吃，田里土里的蔬菜粮食也能喂养猪，猪将农民家里所有能利用的粮食利用起来，变成猪肉，还可以宰杀卖钱。在农村还有很多杀"还愿猪"的习俗，如在年初时节立下的愿望实现了，要杀一头猪来还愿。小寒大寒期间，人们忙完了地里的农活，都很清闲，正好找人帮忙杀猪。年底杀猪时左邻右舍可以聚一聚，聊聊天，热热闹闹拉近感情，也成为一种风俗。以前很多地方杀一次猪都是吃一年，所以要制作成腊肉以便长期保存，而制作腊肉需要有较充足的时间，选择在小寒大寒的时候来杀猪，到了过年的时候正好就有了好吃的腊肉。过去，因为有的农村没有冰箱，趁着小寒大寒两个节气天气寒冷，猪肉也容易存放，这个时候把猪给杀了，保存的时间较长。

大寒过年，总结经验

大寒过后又将迎来新一年的节气轮回，万物更新，这句谚语告诉忙碌了一年的人们，大寒时节既要安心调整，休养生息，迎接春天的到来，也是总结经验，计划来年生活、工作的好时机。并且总结出许多朗朗上口的俗语趣话，例如：节前节后多商量，想法再把台阶上。节约过新年，不能狂花钱。好过的年，难过的春。年好过，春难熬，盘算好了难不着。日子要过好，一勤二节约。人勤搬倒山，人懒板凳也坐弯。夏不劳动秋无收，冬不节约春要愁。多逛地头，少逛街头。勤是井泉水，俭是聚宝盆。光增产，不节约，等于买了无底锅。光增产，不节省，好像口袋有窟窿。劳动吃饱饭，挨饿是懒汉。奔小康勤劳致富，家家都有小金库。早起三日顶一工，早起三年顶一冬。靠天越靠越荒，靠手粮食满仓。十个懒汉九个馋，有事没事把亲串。吃饭穿衣看家底，推车担担凭力气。打长谱，算细账，过日子，不上当。能掐会算，钱粮不断。细水长流，吃穿不愁。吃不穷，穿不穷，算计不到就受穷。节约要从入仓起，船到江心补漏迟。不会省着，窟窿等着。有钱常想无钱日，莫到无时思有时。一天节省一根线，十年能织一匹绢。平常不喝酒，零钱手里有。勤扫院子清地皮，三年能买一头驴。一天节省一两粮，十年要用囤来量。院内院外打扫净，过好年来讲卫生。乡富村富家富共走致富路，山收水收田收同唱丰收歌。农林牧副渔五业并举，东西南北中四方繁荣。等等。

三、常用谚语

大寒不冻，冻到芒种。　广东（阳江）

大寒不翻风，冷到五月中。　广西（横县）、广东（茂名）

大寒不寒，大暑不热。　广西（荔浦）

小寒不冷大寒冷，大寒不冷倒春寒。

大寒若逢天下雨，二月三月雨水多。　广西（上思）

南风入大寒，赶狗不出门。　广东（江门）

大寒南风吹，来年雪花飞。

大寒见三白，农民衣食足。

大寒三白定丰年。　江西（赣东）

不怕冬月三一阴，就怕大寒满天星。

大寒须守火，无事不出门。　江苏（常州）

大寒须守家，出门受寒冻。　内蒙古

大寒要保温，无事不出门。　福建

大寒小寒，汽水成团。　陕西（咸阳）

大寒大寒，滴水成团。　安徽（涡阳）

大寒干本田，小寒旱秧田。　广西（横县）

大寒干，种湖滩。　安徽（望江）

大寒干旱，春雨较多。　广西（横县）

大寒四九、五九心，檐口滴水都成冰。　江苏（连云港）

大寒不寒，一二月必寒。　江苏（常州）

大寒不寒终须寒。　江苏（淮阴）、吉林

大寒暖，立春冷；大寒冷，立春暖。　广西（容县）

冬至在月头，大寒年夜交。

冬至在月中，天寒也无霜。

冬至在月尾，大寒正二月。

大寒牛滚溪，四月稻草做扫帚。　海南（琼海）

大寒牛暗澄，来年冷到三月三。　广东（茂名、化州）

大寒牛浸水，来岁旱春头。　广西（平南）

大寒牛恋塘，春分冻死秧。　广西（罗城、柳江、融水），湖南（株洲），贵州（遵义）

大寒牛恋塘，冷死早稻秧。　福建（诏安）

大寒牛辘澄，冷死早禾秧。　广东（广州、连山），海南（保亭），广西（来宾、田阳）

大寒牛睡水，春天旱一季。　海南（儋县）

大寒牛打浆，冻死早禾秧。

冬不藏精，春必病温。

冬天进补，开春打虎。

胡萝卜，小人参，经常吃，涨精神。

大步走精神抖。

寒头暖足胜吃药。

常晒阳光，身体如钢。

冬季是藏精的季节，冬天藏精充足，春天可少发病。

冬季严寒万物藏，保健敛阴又护阳。

冬练日出最佳时，雾中锻炼身受伤。

前腹后背要保暖，谨防寒气脚下凉。

红萝卜，显神通，降压降脂有奇功。

冬天一碗姜糖汤，去风去寒赛仙方。

冬有生姜，不怕风霜。

冬吃萝卜和葱姜，不用医生开药方。

图书在版编目（CIP）数据

二十四节气经典谚语释义 / 中国农业博物馆，隋斌
主编. —北京：中国农业出版社，2021.6
ISBN 978 - 7 - 109 - 28359 - 6

Ⅰ. ①二…　Ⅱ. ①中… ②隋…　Ⅲ. ①二十四节气—
普及读物②农谚—中国—普及读物　Ⅳ. ①P462 - 49
②S165 - 49

中国版本图书馆 CIP 数据核字（2021）第 114126 号

二十四节气经典谚语释义
ERSHISI JIEQI JINGDIAN YANYU SHIYI

中国农业出版社出版
地址：北京市朝阳区麦子店街 18 号楼
邮编：100125
责任编辑：赵　刚
版式设计：王　晨　责任校对：吴丽婷
印刷：北京通州皇家印刷厂
版次：2022 年 1 月第 1 版
印次：2022 年 1 月北京第 1 次印刷
发行：新华书店北京发行所
开本：700mm×1000mm　1/16
印张：30
字数：800 千字
定价：160.00 元